"十四五"高等学校新工科计算机类专业系列教材

人 工 智 能 专 业

总主编 陈 明

人工智能引论

陈 明◎编著

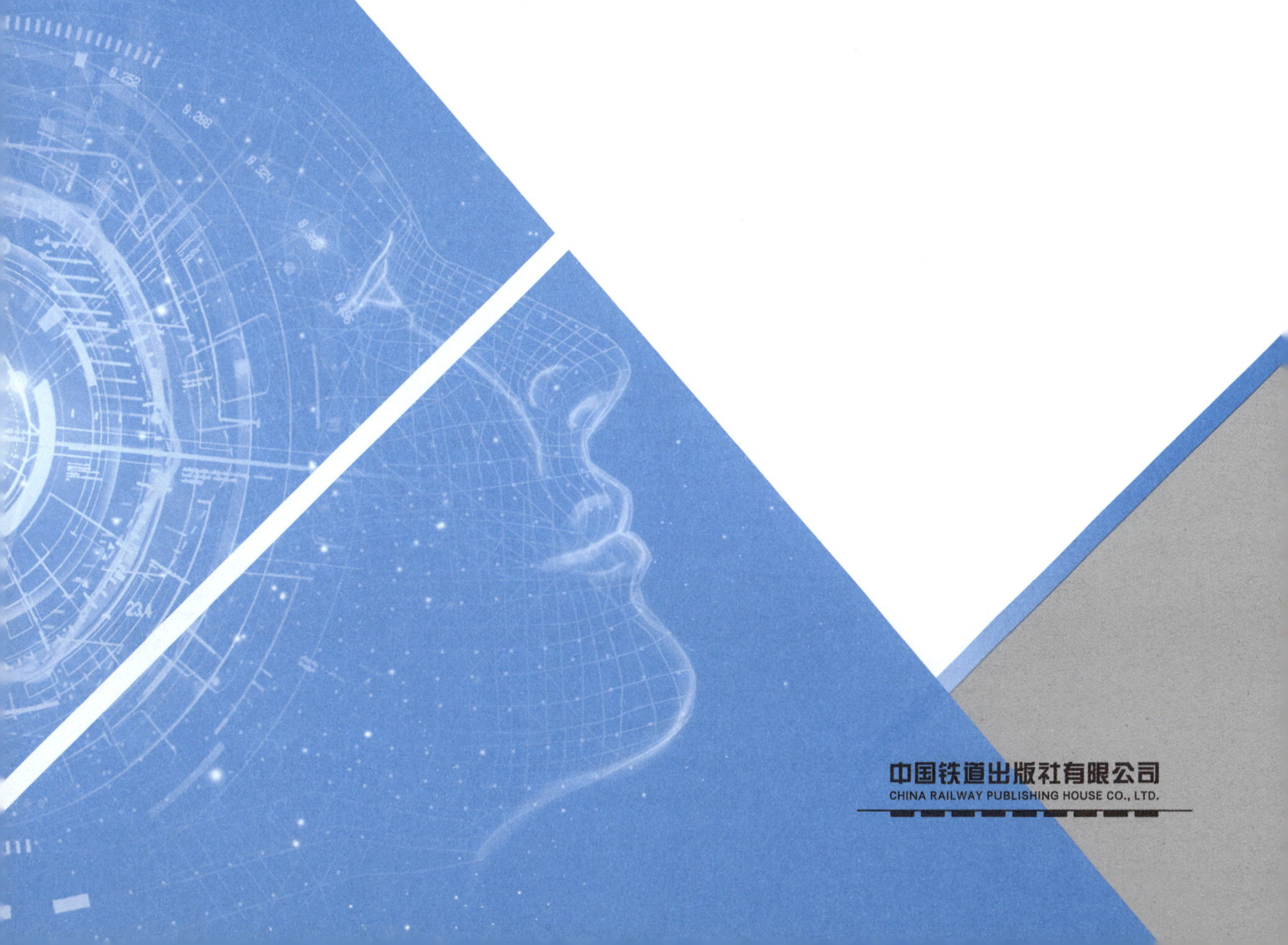

中国铁道出版社有限公司
CHINA RAILWAY PUBLISHING HOUSE CO., LTD.

内 容 简 介

本书为“十四五”高等学校新工科计算机类专业系列教材之一，较系统地论述了人工智能专业第一门专业基础课所涉及的基本内容，主要包括人工智能概述、知识与知识表示、机器推理、搜索策略、专家系统、智能体、机器学习、深度学习、计算机视觉、自然语言处理、知识图谱、人工智能博弈和智能机器人等。

本书注重基本概念、基本方法和应用实例的介绍。语言精炼，逻辑层次清晰，内容先进实用，适合作为高等学校人工智能及相关专业教材，也可作为科技人员的参考书。

图书在版编目(CIP)数据

人工智能引论 / 陈明编著. -- 北京 ：中国铁道出版社有限公司，2025. 7. --（“十四五”高等学校新工科计算机类专业系列教材）. -- ISBN 978-7-113-30927-5

Ⅰ. TP18

中国国家版本馆 CIP 数据核字第 2025RQ8157 号

书　　名：人工智能引论

作　　者：陈　明

策　　划：秦绪好　汪　敏　　　　编辑部电话：(010)51873135

责任编辑：汪　敏　许　璐

封面设计：崔丽芳

责任校对：苗　丹

责任印制：赵星辰

出版发行：中国铁道出版社有限公司(100054，北京市西城区右安门西街 8 号)

网　　址：https://www.tdpress.com/51eds

印　　刷：河北燕山印务有限公司

版　　次：2025 年 7 月第 1 版　2025 年 7 月第 1 次印刷

开　　本：787 mm×1 092 mm　1/16　印张：21　字数：562 千

书　　号：ISBN 978-7-113-30927-5

定　　价：66.00 元

编审委员会

序

习近平同志在党的二十大报告中回顾了过去五年的工作和新时代十年的伟大变革，指出："我们加快推进科技自立自强，全社会研发经费支出从一万亿元增加到二万八千亿元，居世界第二位，研发人员总量居世界首位。基础研究和原始创新不断加强，一些关键核心技术实现突破，战略性新兴产业发展壮大，载人航天、探月探火、深海深地探测、超级计算机、卫星导航、量子信息、核电技术、新能源技术、大飞机制造、生物医药等取得重大成果，进入创新型国家行列。"辉煌成就，鼓舞人心，更激发了广大科技工作者再攀科技高峰的决心和信心！

"新工科"建设是我国高等教育主动应对新一轮科技革命与产业革命的战略行动。新工科重在打造新时代高等工科教育的新教改、新质量、新体系、新文化。教育部等五部门在2023年2月21日印发的《普通高等教育学科专业设置调整优化改革方案》"深化新工科建设"部分指出，"主动适应产业发展趋势，主动服务制造强国战略，围绕'新的工科专业，工科专业的新要求，交叉融合再出新'，深化新工科建设，加快学科专业结构调整"。新的工科专业，主要指以互联网和工业智能为核心，包括大数据、云计算、人工智能、区块链、虚拟现实等相关工科专业。工科专业的新要求，主要是以云计算、人工智能、大数据等技术用于传统工科专业的升级改造。交叉融合再出新，指推动现有工科交叉复合、工科与其他学科交叉融合、应用理科向工科延伸，形成新兴交叉学科专业，培育新的工科领域。相对于传统的工科人才，未来新兴产业和新经济需要的是实践能力强、创新能力强、具备国际竞争力的高素质复合型新工科人才。而新工科人才的培养急需有适应新工科教育的教材作为支撑。

在此背景下，中国铁道出版社有限公司联合北京高等教育学会计算机教育研究分会、河南省高等学校计算机教育研究会、河北省计算机教育研究会等组织共同策划组织"'十四五'高等学校新工科计算机类专业系列教材"。本系列教材充分吸收了教育部推出"新工科"计划以来的理念和内涵、新工科建设探索经验和研究成果。

本系列教材涉及范围除了本科计算机类专业核心课程教材之外，还包括与计算机专业相关的蓬勃发展的特色专业的系列教材，例如人工智能、数据科学与大数据技术、物联网工程等专业系列教材。各专业系列教材以子集形式出现，主要有：

- “系统能力课程”系列
- “网络工程专业”系列
- “软件工程专业”系列
- “网络空间安全专业”系列
- “物联网工程专业”系列
- “数据科学与大数据技术专业”系列
- “人工智能专业”系列

本系列教材力图体现如下特点：

(1)在育人功能上：坚持立德树人，为党育人、为国育才，把思想政治教育贯穿人才培养体系，注重培养学生的爱国精神、科学精神、创新精神以及历史思维、工程思维，扎实推进习近平新时代中国特色社会主义思想进教材、进课堂、进头脑。

(2)在内容组织上：为了满足新工科专业建设和人才培养的需要，突出对新知识、新理论、新案例的引入。教材中的案例在设计上充分考虑高阶性、创新性和挑战度，并把高质量的科研创新成果在教材中进行了充分体现。

(3)在表现形式上：注重以学生发展为中心，立足教学适用性，凸显教材实践性。另外，教材以媒体融合为亮点，提供大量的视频、仿真资源、扩展资源等，体现教材多态性。

本系列教材由教学水平高的专家、学者撰写。他们不但从事多年计算机类专业教学、教改，而且参加和完成多项计算机类的科研项目和课题，将积累的经验、智慧、成果融入教材中，努力为我国高校新工科建设奉献一套优秀教材。热忱欢迎广大专家、同仁批评、指正。

“十四五”高等学校新工科计算机类专业系列教材总主编 陳明①

2023 年 8 月

---

① 陈明：中国石油大学（北京）教授、博士生导师、北京市教学名师。历任北京高等教育学会计算机教育分会副理事长、中国计算机学会理事、开放系统（分布计算系统）专委会副主任、中国人工智能学会理事、智能信息网专委会副主任。曾编著13 部国家级规划教材、6 部北京高等教育精品教材，对高等教育教学、教改、新工科建设有较深造诣。

前言

人工智能(artificial intelligence,AI)是新一轮科技革命和产业变革的重要驱动力量,将对经济社会发展和人类文明进步产生深远影响。其在深度学习、自然语言处理、强化学习等领域的突破发展,有助于形成新质生产力,推动生产方式全面变革。人工智能的发展背景深远,涉及科技、经济、社会、政治等多个层面,基于数学、逻辑学、计算机科学、认知科学和神经科学等多个学科的理论积累而发展。人工智能引论课是人工智能专业的第一门专业基础课程,通过这门课程的学习,读者可以走进人工智能专业的大门,为深入学习人工智能奠定基础。本书从当代人工智能技术角度出发,结合高等院校人工智能专业的课程体系,构建了人工智能引论的内容。

全书主要内容包括概述、知识与知识表示、机器推理、搜索策略、专家系统、智能体、机器学习、深度学习、计算机视觉、自然语言处理、知识图谱、人工智能博弈和智能机器人。

具体章节内容安排如下:在第1章概述中,介绍了人工智能的产生与发展、人工智能的内涵与外延、人工智能的三大学派、人工智能的数学基础、人工智能的应用等。尤其对人工智能发展的三个热潮、可计算理论与图灵机、人工智能的数学基石和人工智能的主要应用场景进行了介绍。通过这部分的学习,读者可以对人工智能有一个宏观了解和概括性认识。在第2章知识与知识表示中,论述了知识的特征与分类、人工智能知识表示,并细述了几种典型的知识表示方法。在第3章机器推理中,论述了非单调推理、谓词逻辑推理、不确定性推理和推理控制策略,并论述了思维、概念与判断、公理系统与形式逻辑等。在第4章搜索策略中,论述了盲目搜索策略、启发式搜索策略和 A^* 算法,并介绍了搜索与搜索过程、常用的搜索策略。在第5章专家系统中,论述了专家系统的产生与发展、专家系统的功能与特点、专家系统的结构、专家系统的构建与开发环境、专家系统应用案例。专家系统对人工智能发展产生过重大影响,知识表示、机器推理和搜索策略是构建专家系统的重要基础。在第6章智能体中,论述了智能体工作过程与分类、多智能体与移动智能体,并论述了分布式人工智能的特点与分类,以及智能体特征与结构。在第7章机器学习中,论述了几种典型的机器学习方法。机器学习是人工智能的核心技术,是必须掌握的技术。在第8章深度学习中,论述了深度学习的概念与特点、卷积神经网络、循环神经网络、生成式对抗网络与自编码器。深度学习是一种用数学模型对真实世界中的特定问题进行建模,以解决该领域内相似问题的过程。在第9章计算机视觉中,论述了图像分类、目标检测、目标跟踪与语义分割等。在第10章自然语言处理中，论述了词法分析、句法分析与语义分析。在第11章知识图谱中，论述了知识图谱架构、知识图谱构建、知识图谱推理、知识图谱应用等。在第12章人工智能博弈中，论述了人工智能博弈的定义与发展、强化学习、深度强化学习模型与算法、蚁群算法。在第13章智能机器人中，论述了智能机器人的分类、要素与技术，导航定位技术，智能机器人感知，智能机器人交互技术等。

本书主要特点如下：在内容设计上，以“101计划”（由教育部统筹的拔尖创新人才培养的筑基性工程，汇聚顶尖高校、顶尖师资、顶尖出版单位等各方资源，以课程、教材、教师和实践项目等基础要素建设，来带动教育系统改革。）为指导；注重使用深度学习模型与算法，以保证教材内容的先进性；注重结构的合理性，本书在结构上为积木状，各章内容独立论述，逻辑层次清楚、层次分明；对于较复杂的算法，不仅给出严谨的形式化描述，而且还通过举例说明，以保证算法学习和理解的准确性。对于书中提及的每个模型，都先从提出的基本思想开始论述，然后再进行模型结构的数理描述，最后举例运行，并说明其主要应用。

由于编著者水平有限，书中不足之处在所难免，敬请读者批评指正。

陈明

2024年12月

目　录

第1章 人工智能概述

人工智能(artificial intelligence,AI)是关于计算机系统实现人类智能的理论、方法和技术的学科,更确切地说,它是研究、开发用于模拟、延伸和扩展人类智能的理论、方法、技术及其应用系统的一门技术科学。虽然人工智能是计算机科学的前沿,但是,人工智能又不仅局限于计算机、信息和自动化等学科,还涉及智能科学、认知科学、心理科学、脑科学与神经科学、生命科学、语言学、逻辑学、行为科学、教育科学、系统科学、数理科学、控制论、哲学甚至经济学等众多学科领域。人工智能是一门综合性的交叉学科,是一个开放性研究领域。人工智能是人工制造出来的系统所表现出来的智能,人工智能的核心问题主要包括机器推理、知识获取与处理、机器学习、机器感知、智能机器人等。

本章知识导图

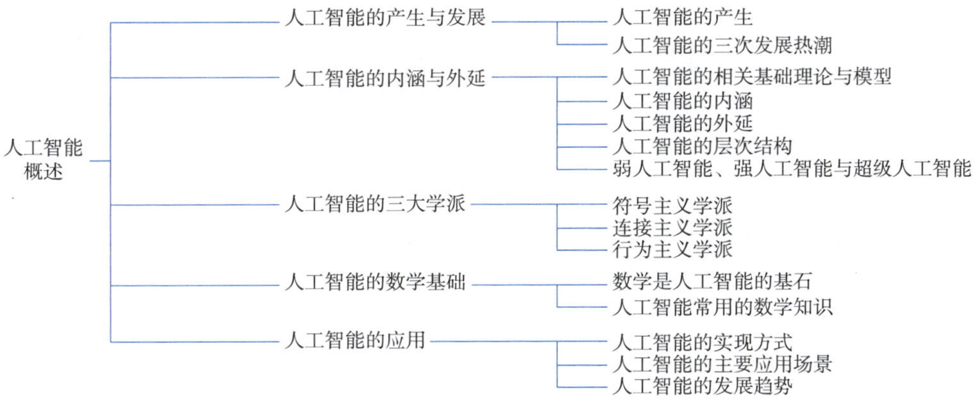

1.1 人工智能的产生与发展

人工智能于1956年提出,众多学者的努力研究推动了人工智能的不断发展。人工智能的发展道路颇为坎坷,这主要是由于人工智能的基本理论还不完整。人们还不能解释人的大脑为什么能够思考一系列重要机理性问题,但是,人工智能所提出的终极目标诱人且前景广阔,因此,吸引了大量优秀学者和科学家坚持不懈地进行研究与探索,不断突破技术屏障并获得惊人成就。

1.1.1 人工智能的产生

在1951年,马文·明斯基与邓恩·埃德蒙一起建造了世界上第一台神经网络计算机,这是人工智能的起点。与此同时，阿兰·图灵提出了图灵测试，而且还大胆预言了真正具备智能机器的可行性。1956 年，在由达特茅斯学院举办的一次会议上，来自数学、神经学、心理学、信息科学和计算机科学领域的杰出科学家齐聚一堂，计算机专家约翰·麦卡锡首先提出了“人工智能”一词。就在这次会议后不久，麦卡锡和明斯基在麻省理工学院共同创建了世界上第一个人工智能 MITAILAB 实验室，并且开始从学术角度对 AI 展开了精专的研究。从那时起，最早的一批人工智能学者开始出现，因此达特茅斯会议被广泛认为是人工智能诞生的标志，人工智能从此走上了漫长而充满希望的发展道路。

1.1.2 人工智能的三次发展热潮

回顾人工智能的发展历程，从产生以来，跨越了两次低谷，现在已进入第三次发展热潮。图 1-1 所示为人工智能和一般技术的发展对比。

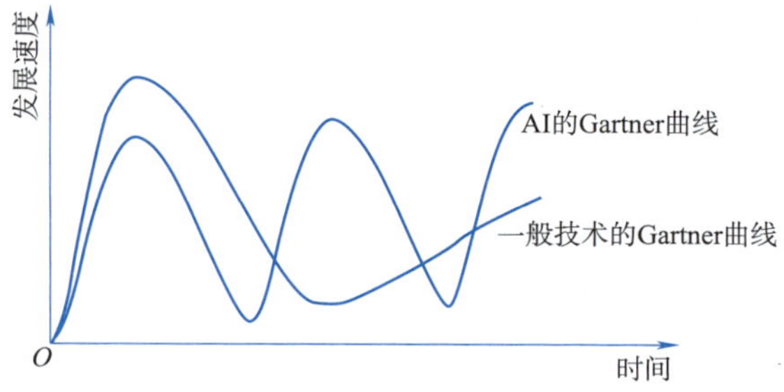

图 1-1 人工智能和一般技术的发展对比

1. 第一次发展热潮

第一次发展热潮发生在 20 世纪 50 年代到 60 年代，其主题是理论的革新。这个时代正是电子计算机诞生后发展的时代，当时的计算机更多地被视为运算速度特别快的数学计算工具，图灵在思想上走到了所有研究者的最前沿，研究计算机是否能像人一样思考，开始从理论高度探索人工智能的存在。1950 年 10 月，艾伦·图灵发表了一篇名为《计算机械和智能》的论文，提出了著名的图灵测试，影响深远。以图灵测试为标志，数学证明系统、知识推理系统、专家系统等里程碑式的技术出现，掀起了第一次人工智能发展热潮。在当时，人们对人工智能普遍持过分乐观的态度，认为看到了几年内计算机通过图灵测试的希望曙光。然而受到计算机性能和算法理论的局限，接踵而来的失败似乎渐渐浇灭了人们的热情，人工智能的研究热度迅速消退。

2. 第二次发展热潮

第二次发展热潮发生在 20 世纪 80 年代到 90 年代，其主题是思维的转变。语音识别是最具代表性的突破性进展之一，而这个突破依赖的是思维的转变。过去的语音识别更多的是使用专家系统，根据语言学的知识，总结出语音和音素，再将每个字拆解成音节与音素，计算机使用了人类学习语言的方法。在新的研发过程中，计算机工程师与科学家围绕着语言学家进行工作。新的方法是基于数据的统计建模，抛弃了模仿人类思维方式总结思维规则的路线，研发过程中没有或极少有语言学家的参与，更多的是计算机科学家与数学家的合作。这种转变是思维的转变，抛弃了人类既有的经验知识，转向依赖于问题本身的数据特征，导致统计模型开始广泛应用。

3. 第三次发展热潮

第三次发展热潮发生在 2006 年至今，发展的主题是技术的融合，也就是互联网计算、大规模计算和大数据等技术的融合。在当下的人工智能中，深度学习应用广泛、成果显著。知名的 AlphaGo 和在 2014 年 ImageNet 竞赛中第一次超越人眼的图像识别的算法，都是基于深度学习的产物。深度学习是一种用数学模型对真实世界中的特定问题进行建模，以解决该领域内相似问题的过程。计算机的计算性能和处理能力大幅提高，符合摩尔定律的指数级增长的计算机性能跨过了新的台阶；互联网的迅速发展带来了大数据；因为计算机性能的提高，大数据得以存储和应用，这是深度学习发展的机遇与条件。深度学习现已成为人工智能的主流技术之一。

1.2 人工智能的内涵与外延

概念的内涵就是这个概念所反映的对象的本质属性的总和;概念的外延是指适合这个概念的一切对象的范围。人工智能的内涵与外延组成了人工智能的主要研究领域,即自然语言处理、计算机视觉、机器学习、知识表示、自动推理和智能机器人学等。

1.2.1 人工智能的相关基础理论与模型

1. 可计算性理论

可计算性理论(computability theory)是关于计算的可行性和函数算法的理论,又称算法理论,它是算法设计与分析的基础,也是计算机科学的理论基础之一。

可计算性理论是关于计算的一般性质的数学理论,可计算性理论通过建立计算的数学模型来精确地回答什么是计算、哪些是可计算问题、哪些是不可计算问题等。因为计算的过程就是执行算法的过程,所有算法的精确化是可计算性理论的重要课题之一。20 世纪 30 年代,为了讨论对于每个问题是否都有解决它的算法,数学家和逻辑学家们提出了几种不同的算法定义。图灵和波斯特各自独立地提出了抽象计算机的概念,并且证明了这些数学模型的等价性。后来,人们又提出了许多等价的数学模型,例如,马尔可夫于 20 世纪 40 年代提出的正规算法、20 世纪 60 年代前期提出的随机存取机器模型等。把算法看成抽象计算机的程序,能在抽象计算机上编出程序来计算的函数称为可计算函数。可计算性理论研究的主要内容有递归函数、图灵机、波斯特系统和判定问题等。可计算性理论不仅是建立计算机的理论模型,它也为程序及形式语言提供了理论模型,各种自动机及形式语言的语法就是在图灵机及波斯特系统的基础上发展起来的。可计算性理论中的基本思想、概念和方法被广泛应用于计算机科学的各个领域。递归的思想被用于程序设计,产生了递归过程和递归的数据结构,也影响了计算机的体系结构。建立数学模型的方法在计算机科学中已被广泛采用。

可计算性理论的核心是图灵提出的基本概念,即图灵机,一个抽象的设备,能够模拟任何算法过程。图灵机成为判断一个问题是否可以计算的标准模型。可计算理论的主要内容如下:

(1)可计算性:研究问题可以通过某种算法或等价的计算过程来解决。如果一个函数可以由图灵机计算,那么这个函数就是可计算的。

(2)计算复杂度:这是研究问题可计算性的一个方面,它关注的是解决问题所需的资源,包括时间复杂度和空间复杂度。时间复杂度衡量了随着输入规模增长,算法执行所需要的时间步骤数量;空间复杂度则衡量了算法执行过程中所需要的存储空间。

(3)递归论:这是可计算理论的一个分支,它使用递归函数来描述计算过程。递归函数是一种可以通过一系列计算步骤精确定义的函数。递归论中还区分了原始递归函数和更一般的 μ-递归函数,后者包括了所有可计算函数。

(4)计算理论的基本定理:包括图灵机的停机定理、不可计算性定理(例如,停机问题是不可计算的)以及可计算性完备性定理(每次计算都可以模拟任何其他计算)。

(5)编程语言和编译理论:研究如何将高级编程语言编写的问题转换成机器语言,以及这个过程(编译或解释)如何影响计算的效率。

(6)量子计算:在量子力学的基础上,研究量子计算机如何执行计算,以及量子计算与传统计算的异同。

可计算理论不仅为我们提供了理解计算的基础框架,还为计算机科学的其他领域,如算法设计、程序验证、软件开发等提供了理论基础。同时,它也揭示了计算的限制,帮我们认识到并非所有问题都是可计算的,这是理解和应用计算理论时必须考虑的重要一面。

2. 计算复杂性理论

可计算理论的另一主要内容是计算复杂性理论,主要考虑一个问题如何才能被有效地解决。计算复杂性理论是计算机科学中的一个分支,它研究了解决问题所需资源的量度,特别是时间和空间复杂性。这个理论可以帮助我们理解不同类型问题的难度,以及算法在处理这些问题时的效率。计算复杂性理论的基础概念包括以下几个方面:

(1)时间和空间复杂性:这是评估算法效率的两个关键指标。时间复杂性衡量了算法执行所需的时间,通常与输入数据的大小成某种函数关系。空间复杂性衡量了算法在执行过程中所需的内存或存储空间。

(2)复杂性类:计算复杂性理论中定义了一系列的复杂性类,用来表示不同难度的问题。下面仅介绍 P 类和 NP 类。

①P 类(多项式时间):多项式时间是计算复杂性理论中的一个概念,用来描述计算时间复杂度的一种方式。在复杂性理论中,一个算法如果在执行过程中所需的时间随着输入数据大小的增加而以多项式的速度增长,则称这个算法具有多项式时间复杂性。

具体来说,如果一个算法的时间复杂度可以表示为 $O(n^k)$,其中 n 是输入数据的大小,k 是一个常数,那么这个算法就被认为是多项式时间。这里的 n^k 表示输入数据大小的 k 次方。例如,$O(n)$、$O(n^2)$ 和 $O(n^3)$ 都是多项式时间的复杂度,而 $O(2^n)$ 则不是,因为它随着输入数据规模的增加而呈指数级增长,这在计算理论中通常是不可接受的。

多项式时间复杂性的算法是计算理论中理想的目标,因为它们在实际应用中通常是可行的。例如,在很多实际问题中,我们希望能够找到多项式时间的算法来解决问题,因为这样的算法在处理大规模数据时仍然能够高效运行。

在密码学和算法设计中,多项式时间也是一个重要的概念。例如,如果一个密码系统能够在多项式时间内被破解,那么它通常被认为是相对安全的。这是因为即使攻击者拥有强大的计算能力,他们也需要相当长的时间才能破解系统,这在大规模攻击中不切实际。

综上所述,多项式时间复杂性是衡量算法效率的一个重要标准,它为我们提供了在理论和实际应用中评估算法性能的一个参考框架。

②NP 类(非确定性多项式时间):可以在多项式时间内验证解的问题。

非确定性多项式时间(non-deterministic polynomial time,NP)是计算复杂性理论中的一个分类,它描述了一类特定的计算问题及其解决方案。在 NP 类别中,问题的解决方案可以在多项式时间内验证,但找到这个解决方案的时间可能不是多项式的,也可能是指数级的,甚至是不可行的。

具体来说,一个问题是 NP 的,如果存在一个多项式时间的算法,能够验证给定的任何候选解是否为正确解。这表明,如果有一个候选解,就可以用一个多项式时间的算法来检查它是否是正确的,而且这个验证过程不会比候选解的生成过程慢太多。

非确定性多项式时间中的"非确定性"指的是算法在执行过程中可能会做出非确定的选择。在非确定性多项式时间算法中,算法每一步都可能尝试所有可能的行动,但只报告一个解(可能是正确的,也可能不是)。这种算法在理论上存在,但实际上并不可行,因为它们需要比实际可用的计算资源多得多的资源来执行。

NP 类别中的问题包括著名的图灵完备问题,如旅行商问题(TSP)、子集和问题(subset sum)、0-1

背包问题等。这些问题都有一个共同的特性：给定一个候选解，可以快速验证它是否是正确的解，但是找到这个候选解本身可能非常困难。

3. 图灵机模型

图灵机模型是英国数学家图灵于 1936 年提出的一个抽象计算模型，它是现代计算机科学理论的基础之一。图灵机模型定义了一个机器，能够读写符号在一条无限长的带上，并根据读到的符号进行计算。这个模型用来研究可计算性理论，即什么是可以被计算的。

图灵机是一种抽象计算模型，将人们使用纸笔进行数学运算的过程进行抽象，由一个虚拟的机器替代人们进行数学运算。图灵机有一条无限长的纸带，纸带分成了一个一个的小方格，每个方格有不同的颜色。有一个机器头在纸带上移来移去。机器头有一组内部状态，还有一些固定的程序。在每个时刻，机器头都要从当前纸带上读入一个方格信息，然后结合自己的内部状态查找程序表，根据程序输出信息到纸带方格上，并转换自己的内部状态，然后进行移动，如图 1-2 所示。

图灵的基本思想是用机器来模拟人们用纸笔进行数学运算的过程，将这样的过程看作下列两种简单的动作：

①在纸上写上或擦除某个符号；

②把注意力从纸的一个位置移动到另一个位置。

而在每个阶段，人要决定下一步的动作，依赖于此人当前所关注的纸上某个位置的符号和此人当前思维的状态。

图灵机是现代计算机的理论模型，其主要意义如下：

①它证明了通用计算理论，肯定了计算机实现的可能性，同时它给出了计算机应有的主要架构。

②图灵机模型引入了读写、算法与程序语言的概念，极大地突破了在此之前的计算机器的设计理念。

③图灵机理论是计算学科核心的理论，因为计算机的极限计算能力就是通用图灵机的计算能力，很多问题可以转化到图灵机这个简单的模型来考虑。

通用图灵机展示这样一个过程：程序和其输入可以先保存到存储带上，图灵机就按程序一步一步运行直到给出结果，并将结果保存在存储带上。另外，可以隐约看到现代计算机主要构成，存储器（相当于存储带），中央处理器（控制器及其状态，并且其字母表可以仅有 0 和 1 两个符号），I/O 系统（相当于存储带的预先输入）。

图灵机模型为我们理解计算的本质提供了重要的视角，它定义了一种计算过程，这个过程可以模拟人类的所有计算活动。因此，图灵机模型被认为是计算理论的基础，对于计算机科学的发展具有重要意义。

图灵在 1950 年又提出了著名的图灵测试，图灵测试是指测试者与被测试者（一个人和一台机器）分隔开的情况下，通过一些装置（如键盘）向被测试者随机提问。进行多次测试后，如果有超过 30% 的测试者不能确定被测试者是人还是机器，那么这台机器就通过了测试。图灵测试并不直接测试计算机的行为是否为智能，只是测试计算机是否具有人一样的行为，其示意图如图 1-3 所示。

4. 人工智能主要的学习算法模型

算法是解题方案的准确而完整的描述，是一系列解决问题的清晰指令，算法代表着用系统的方法描述解决问题的策略机制。下述是人工智能一些常用学习算法模型。

（1）线性回归。线性回归就是要找一条直线，并且让这条直线尽可能地拟合散点图中的数据点。它试图通过将直线方程与该数据拟合来表示自变量和数值结果，然后用这条线来预测未来的值。

（2）逻辑回归。逻辑回归与线性回归类似，但逻辑回归的结果只能有两个值。逻辑函数中 Y 值的范围从 0 到 1，是一个概率值。逻辑函数通常呈 S 形，曲线把图表分成两块区域，因此适合用于分类任务。

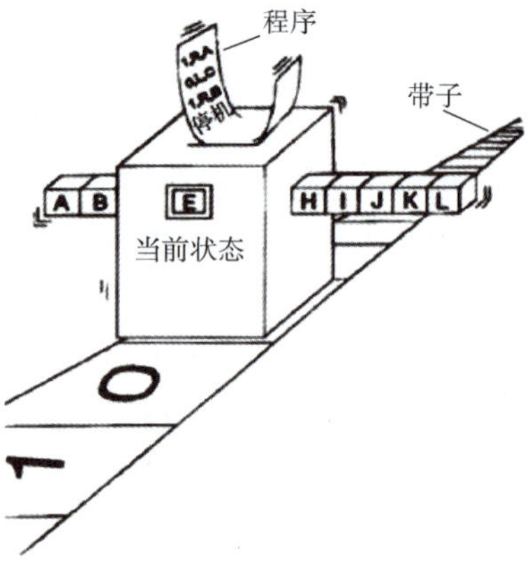

图 1-2 图灵机模型

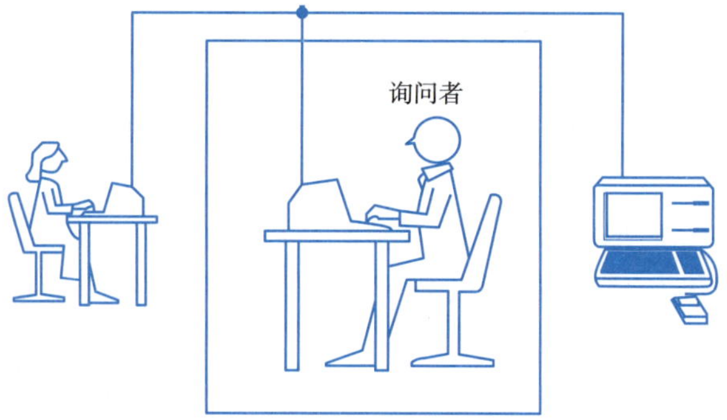

图 1-3 图灵测试示意图

(3)决策树。线性回归和逻辑都是把任务在一个回合内结束,那么决策树是一个多步走的动作,它同样用于回归和分类任务中,不过场景通常更为复杂。

(4)贝叶斯分类算法。贝叶斯分类算法是统计学的一种分类方法,它是一类利用概率统计知识进行分类的算法。在许多场合,朴素贝叶斯分类算法简单、分类准确率高、速度快。

(5)支持向量机。支持向量机(support vector machines,SVM)是机器学习中最常用的一种分类算法。SVM 具有非常完善的数学理论基础,在众多机器学习模型中其预测效果出类拔萃。

(6)*K*-最近邻算法。*K*-最近邻(*K*-nearest neighbor,KNN)算法是一个理论成熟的方法,也是最简单的机器学习算法之一。该方法的思路是:在特征空间中,如果一个样本附近的 *K* 个最近(即特征空间中最邻近)样本的大多数属于某一个类别,则该样本也属于这个类别。

(7)*K*-均值算法。*K*-均值(*K*-mean)算法是指中心的距离的平方和最小。*K*-均值法的基本思想是,通过迭代逐次移动各类别的中心,直至得到最好的聚类结果为止。

(8)随机森林算法。随机森林(random forest)算法是一种非常流行的集成学习算法。这个算法的基本思想是,许多人的意见要比个人的意见更准确。在随机森林中,使用决策树集成。在训练过程中,每个决策树都是基于训练集的引导样本来构建的;在分类过程中,对输入实例的分类决定是根据投票多数做出的。

(9)主成分分析。主成分分析是考查多个变量间相关性的一种多元统计方法,研究如何通过少数几个主成分来揭示多个变量间的内部结构,即从原始变量中导出少数几个主成分,使它们尽可能多地保留原始变量的信息,且彼此间互不相关。通常数学上的处理就是将原来 *P* 个指标作线性组合,作为新的综合指标。

(10)深度神经网。深度神经网是广泛使用的 AI 算法之一,深度神经网的一个重要优点是它能够处理大量的数据和高维度的特征,因为它可以通过多层结构来提取更高级的特征。此外,深度学习还能够解决非线性问题,并且在计算机视觉、语音识别、自然语言处理等领域取得了巨大的进展。

1.2.2 人工智能的内涵

人工智能的内涵包括脑认知功能、机器感知与模式识别、自然语言处理和知识工程等部分。脑认知是基础,知识工程能将人类知识用计算机表达出来并进行知识的数字化建模。

1. 脑认知功能

将脑的高级功能统称为认知功能。认知功能是让脑接收、选择、存储、转换、发展和恢复从外部刺激中接收到的信息的心理过程。这一过程使我们能够更有效地理解和联系周围的世界。主要的认知功能如下：

(1)注意力：注意力是用来选择同时到达大脑的认知，注意力可以分为不同的类型：集中注意力、持续注意力、交替注意力、分散注意力。

(2)记忆：记忆是一个复杂的过程，它使我们可以编码、存储和恢复信息。记忆可以分为瞬时记忆、短期记忆和长期记忆。

(3)执行功能：执行功能是最复杂的认知功能。虽然对认知功能有不同的定义，但大多数定义包括认知控制和思维，以及通过各种相关过程进行的行为控制。

(4)语言：语言是一种通过语言呈现的符号通信系统。语言不仅对于与他人交流很重要，而且对于构造我们的内部思想也很重要。语言处理使用不同的大脑区域，这些大脑区域通过涉及左半球的不同功能系统共同发挥作用。

(5)视觉感知：视觉感知功能是指能够识别和区分刺激的功能。它们有助解释所看到的事物，并将其归为已知类别，整合到知识中。

2. 机器感知

机器感知就是要让机器具有类似于人的感知能力，如视觉、听觉、触觉、味觉、嗅觉，通过一连串复杂程序组成大规模信息处理系统。

(1)视觉感知：通过视觉器官获取图形、图像信息。

(2)听觉感知：依靠听觉在黑暗环境中或者光线很暗的环境中进行声源定位和语音识别。

(3)触觉感知：触觉本身有很强的敏感能力，可直接测量对象和环境的多种性质特征。

3. 模式识别

研究自然界中存在的大量模式规律的表达，对表征事物或现象的各种形式的信息进行处理与分析，从而达到对事物和现象进行描述、辨认、分类和解释的目的。模式识别过程如下：

(1)数据获取。

(2)模式分割。

(3)预处理。

(4)特征生成。

(5)特征选择。

(6)模式分类。

(7)后处理。

4. 自然语言的理解与生成

自然语言处理就是用计算机来处理人类的自然语言，主要内容是分析与理解、产生相应的动作。在听到别人问话之后，需要理解和思考所听到的内容，这个过程就是分析与理解过程。当听懂别人问话之后，需要产生动作，进行沟通，这就是互动与生成过程。自然语言处理指的是使计算机来按照这种语言所表达的意义给出相应的反应机制。

5. 知识工程

知识工程是人工智能的原理和方法，对那些需要专家知识才能解决的应用难题提供求解的手段。知识工程以知识为研究对象，它将具体智能系统中的共同问题抽出来作为知识工程的核心内容。知识工程过程如下：

(1)知识获取：从人类专家、书籍、文件、传感器或计算机文件获取知识，知识可能是特定领域或特定问题的解决程序，或者是一般知识或者是元知识(知识的知识)解决问题的过程。在知识工程的过程中,知识获取是一个瓶颈,限制了专家系统和其他人工智能系统的发展。

(2)知识验证:是指知识被验证(例如,通过测试用例),直到它的质量可以被接受。测试用例的结果通常被专家用来验证知识的准确性。

(3)知识表示:获得的知识被组织在一起的活动称为知识表示。这个活动需要准备知识地图以及在知识库进行知识编码。

(4)推论:包括软件的设计,使计算机做出基于知识和细节问题的推论。然后该系统可以推论结果、提供建议给非专业用户。

(5)解释与理由:包括设计和编程的解释功能。

1.2.3 人工智能的外延

人工智能的外延主要包括智能机器人、智能系统等应用。

1. 智能机器人

智能机器人具有感觉、识别、推理和判断能力,可以根据外界条件的变化,在一定范围内自行修改运行程序。智能机器人主要特点如下:

(1)智能机器人与一般机器人不同,它是控制论的产物。控制论主张无论生命还是非生命,其有目的的行为在多方面是一致的。

(2)智能机器人能够理解人类语言,并用人类语言与操作者对话。智能机器人能够分析出现的情况,并能够调整自己的动作以达到操作者所提出的全部要求。

(3)智能机器人视觉使用了相机硬件和计算机算法的组合来处理来自机器人外部世界的视觉数据。

智能机器人主要包括工业机器人、农业机器人和国防机器人等。

2. 智能系统

智能系统是能够产生人类智能行为的系统。

1)智能系统处理的对象

智能系统处理的对象不仅有数据,而且还有知识。表示、获取、存取和处理知识的能力是智能系统与传统系统的主要区别之一,因此一个智能系统也是一个基于知识处理的系统,它需要:知识表示语言;知识组织工具;建立、维护与查询知识库的方法与环境;支持现存知识的重用。

2)智能系统处理的特征

智能系统采用人工智能的问题求解模式来获得结果,其主要特征如下:

(1)非确定性的或启发式的问题求解。

(2)主要是依赖知识问题求解。

(3)求解的问题通常具有计算复杂性。

智能系统通常采用的问题求解方法可分为搜索、推理和规划三种类型。智能系统具有自动组织与自动适应能力,例如,智能商务、智能制造和智慧金融等都是智能系统。

1.2.4 人工智能的层次结构

基于产业考虑,人工智能可分为基础层、技术层和应用层,如图 1-4 所示。

1. 基础层

基础层是人工智能产业的基础,主要是研发硬件及软件,如 AI 芯片、数据资源、云计算平台等,为人工智能提供数据及算力支撑。

2. 技术层

技术层是人工智能产业的核心，以模拟人的智能相关特征为出发点，构建技术路径。

3. 应用层

应用层是人工智能产业的延伸，集成一类或多类人工智能基础应用技术，面向特定应用场景需求而形成软硬件产品或解决方案。

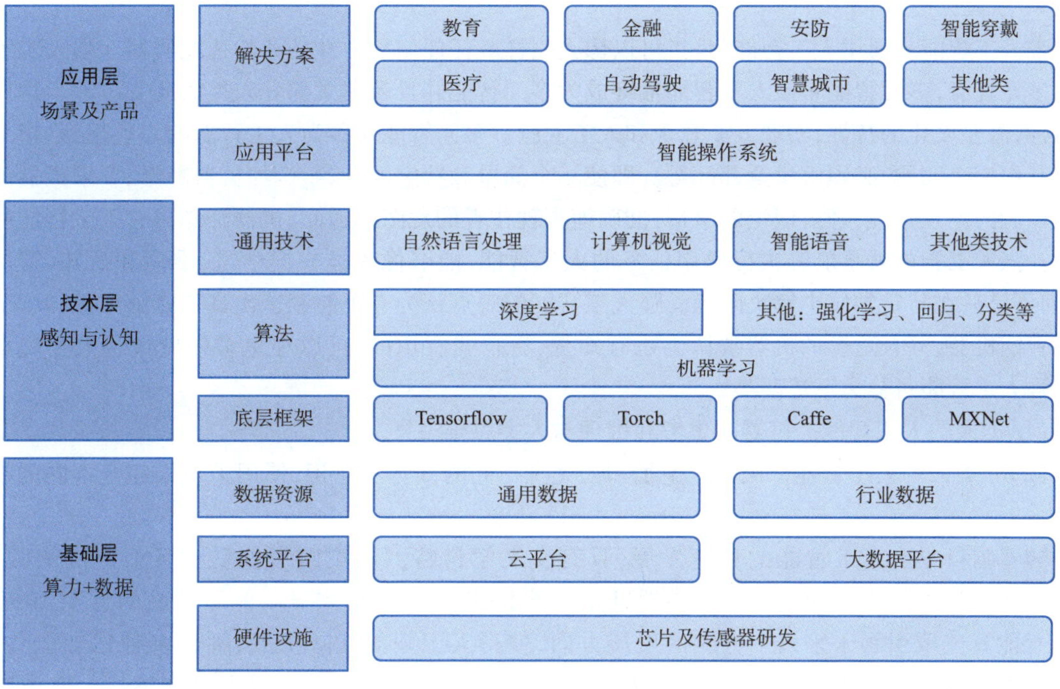

图 1-4　人工智能的层次结构

1.2.5　弱人工智能、强人工智能与超级人工智能

对于人的思维模拟，可以从两方面进行：一个方面是基于生理学的模拟，仿照人脑的结构机制，制造出类人脑的机器；另一个方面是基于心理学的模拟，计算机的产生便是对人脑思维的功能和过程进行模拟，也就是对人脑思维的信息过程的模拟。国际普遍认为人工智能有弱人工智能、强人工智能、超级人工智能三类。

1. 弱人工智能

弱人工智能指的是只能完成某一项特定任务或者解决某一特定问题的人工智能。弱人工智能就是利用现有智能化技术，来改善经济社会发展所需要的一些技术条件。弱人工智能认为不可能制造出能够真正推理和解决问题的智能机器，基于弱人工智能建构的机器看起来是智能的，但是并不真正具有智能，也不会有自主意识。机器按照事先写好的程序进行工作，每个动作都是按照程序设计者所设计的程序驱动。如果出现特殊情况，程序设计者做出相对应的方案，最后由机器去判断是否符合条件再加以执行。

例如，传统的聊天系统属于弱人工智能系统，当与聊天系统进行语音对话或者文本聊天时，实际上就是程序设计者在背后设计出一套相对应的流程，或者通过大数据在网络上进行搜索，然后在语音识别的基础上加了一套应对，使得大家都以为它们能够听得懂说什么。实际上语音助手只不过是执行了一遍程序员编写的程序而已。目前,所研究的人工智能大部分都属于弱人工智能,如语音识别、图像识别、无人驾驶等。

很多科学家和工程师们进行了更加实用的、工程化的弱人工智能研究,并在这些领域取得了丰硕的成果,如人脸识别、字迹识别等。应说明的是,弱人工智能并非与强人工智能完全对立,也就是说,即使强人工智能成为可能,弱人工智能仍有其现实意义与应用价值。

2. 强人工智能

强人工智能或通用人工智能,是指可以像人一样胜任任何智力性任务的智能机器。强人工智能又称多元智能,多元智能希望人工智能最终成为多元智能并且超越大部分人类的能力。为了达成上述目标,需要人化的特性,实现人工意识和人工大脑。多元智能又称为人工智能的完整性,是指为了解决其中一个问题,必须解决全部问题。即使一个简单和特定的任务,例如机器翻译,要求机器能够按照作者的论点推理,理解谈论的事情,准确地再现作者的意图。因此,机器翻译具有人工智能的完整性。强人工智能就是能够执行通用任务的人工智能,能够像人类一样学习、推理和认知、解决问题,而不是只在特定领域中解决问题。强人工智能的观点认为有可能制造出真正能够推理和解决问题的智能机器,并且这样的机器被认为是有知觉、有自我意识的,可以在更多领域代替人类完成工作。强人工智能可分为下述两类:

(1)类人的人工智能。机器的思考和推理与人类思维一样。

(2)非类人的人工智能。机器产生了和人完全不同的知觉和意识,使用了与人完全不同的推理方式。

随着脑科学和人工智能的快速发展,具有交叉学科特点的类脑智能受到日益广泛的关注。类脑智能算法的本质是期望从生物科学研究结果中得到结构、机制或功能等方面的启发,来完善人工智能算法或引领未来人工智能的发展方向,使得人工智能能够扩展、融合多种认知能力,逐步逼近类人水平的强人工智能。因此,人工智能和神经科学交叉融合成为艰巨挑战。在类脑计算中,脉冲神经网络具有生物合理性和计算高效性,可以为人工智能提供新范式。简单地可认为:脉冲神经网络 = 非脉冲神经网络 + 神经元动力学。寻找与构建生物合理性与计算高效性的脉冲神经元模型,以及建立脉冲神经元模型与 AI 任务之间的关系是类脑计算领域的核心问题。强人工智能不受领域、规则限制,只要是人能干的事情,它都能干。也就是说,强人工智能才是真正的人工智能。

3. 超级人工智能

超级人工智能是脑科学和类脑智能有极大发展后,人工智能就成为一个超强的智能系统。超级人工智能就是远远超越人类的智能。超级智能可以像人类智能实现生物上的进化一样,对自身进行重编程和改进,这也就是“递归自我改进功能”。一些学者认为将超级智能定义为“在几乎所有领域都大大超过人类认知表现的任何智力”。

实现主动适应环境,自主确定目标并形成行动方案,将是人工智能无法逾越的天堑,这个天堑并不是人类的智慧不足,无法克服,而是与自然环境以及化学因素有关。担心人工智能全面超越人类形成超级智能只是存在于幻想之中。

1.3 人工智能的三大学派

在人工智能发展的历史长河中,不同学科背景的学者对人工智能做出过各自的理解,提出了不同的观点,作出了卓越的贡献,并由此产生了不同的人工智能学术流派。其中,对人工智能发展影响较大的主要有符号主义、连接主义和行为主义三大学派。

1.3.1　符号主义学派

符号主义学派又称为逻辑主义学派、心理学派,符号主义学派认为人工智能源于数理逻辑。数理逻辑从 19 世纪末开始迅速发展,到 20 世纪 30 年代开始用于描述智能行为。当计算机出现后,又在计算机上实现了逻辑演绎系统。其中有代表性的成果为启发式程序"逻辑理论家"(logic theorist,LT),逻辑理论家证明了数学名著《数学原理》(作者:罗素 · 怀特海)一书第二章 52 个定理中的 38 个定理(1963 年对逻辑理论家进行改进后可证明全部 52 个定理),表明可以应用计算机来研究人的思维过程,模拟人类智能活动。符号主义者早在 1956 年首先采用人工智能这个术语,此后又发展了启发式算法、专家系统、知识工程理论与技术,并在 20 世纪 80 年代迅速发展。在人工智能发展史上,符号主义学派曾经长期一枝独秀,为人工智能的发展作出重要贡献,尤其是专家系统的成功开发与应用,开创了人工智能走向工程应用的先河,对实现理论应用具有特别重要的意义。在人工智能的其他学派出现之后,符号主义仍然是人工智能的主流学派。

1.3.2　连接主义学派

连接主义学派又称为仿生学派或生理学派,连接主义学派从神经生理学和认知科学的研究成果出发,将人的智能归结为人脑的高层活动的结果,强调智能活动是由大量简单的单元通过复杂的相互连接后并行运行的结果。其中,人工神经网络、深度学习就是其典型代表性技术。

连接主义学派认为人工智能源于生理学的仿生学,特别是对人脑模型的研究。它的代表性成果是 1943 年由生理学家麦卡洛克和数理逻辑学家皮茨创立的脑模型,即 MP 模型,使用电子装置模仿人脑结构和功能。基于神经网络模型与脑模型的研究开辟了人工智能的又一发展道路。20 世纪 60 ~ 70 年代,连接主义出现,对以感知机为代表的脑模型进行了研究,但由于受到当时的理论模型、生物原型和技术条件的限制,脑模型研究在 20 世纪 70 年代后期至 80 年代初期落入低潮。直到霍普菲尔德在 1982 年提出用计算机硬件模拟神经网络以后,神经网络才又重新引起重视。1986 年,鲁梅尔哈特等人提出多层网络中的误差反向传播算法(back propagation,BP)。此后,从模型到算法,从理论分析到工程实现,为神经网络计算机走向市场奠定了基础。尤其近年来,基于连接主义的深度学习成功应用,掀起了人工智能研究的新热潮。

1.3.3　行为主义学派

行为主义学派认为人工智能源于控制论。控制论思想早在 20 世纪四五十年代就成为时代思潮的重要部分,影响了早期的人工智能工作者。维纳和麦克洛克等提出的控制论和自组织系统以及钱学森等提出的工程控制论和生物控制论,影响了许多领域。控制论将神经系统的工作原理与信息理论、控制理论、逻辑以及计算机建立联系。早期的研究重点是模拟人在控制过程中的智能行为和作用,例如对自寻优、自适应、自镇定、自组织和自学习等控制论系统的研究,并进行控制论动物的研制。到 20 世纪六七十年代,上述控制论系统的研究取得一定进展,对智能控制和智能机器人的发展奠定了基础,并在 20 世纪 80 年代诞生了智能控制和智能机器人系统。行为主义是 20 世纪末才以人工智能新学派的面孔出现,引起众多学者的注意。行为主义的代表作者布鲁克斯首推六足行走的机器人,被看作新一代控制论动物,是一个基于感知、动作模式模拟昆虫行为的控制系统。

深度学习、深度神经网络属于连接主义的成就;而知识图谱、专家系统属于符号主义的成就;行为主义的贡献主要在机器人控制系统和车联网方面。随着人工智能领域的不断发展,不同的学术流派也开始逐渐走上了协同并进的发展道路。

1.4 人工智能的数学基础

人工智能是计算机科学的前沿,数学是人工智能的基石。

1.4.1 数学是人工智能的基石

人工智能的核心技术是语音识别、计算机视觉、自然语言处理、机器学习、智能机器人等。正是因为有了这些核心技术,才可以让人工智能更加产业化。当人工智能产业化了以后,就可以带来广泛的子产业。人工智能可使人类智慧再攀新峰,算法就是人工智能最核心的部分。

人或者智能体通过与环境的交互提升自身行为和解决问题能力,机器学习则将这种智能形式化为数学公式,转换成计算机可操作的算法和软件。可以看出,人工智能实际上是将数学、算法理论和工程实践紧密结合的领域,但其本质就是算法,也就是数学、概率论、统计学、数理逻辑等各种数学理论的体现。

大数据技术的出现助推了人工智能的发展,但仍然需要解决一些制约了人工智能进一步发展的数学问题,如深度学习的数学理论、大数据处理基础算法、大数据的统计学基础等。

数学是从量的侧面去探索与研究客观世界的一门学问。数学蕴含着处理智能问题的基本思想与方法,也是理解复杂算法与模型的必备基础。没有数学基础科学的支持,人工智能很难行稳致远。归根结底,人工智能是建立在数学模型之上,所以学习人工智能需要具有必备的数学基础。人工智能的发展所面临的一些基础问题,其本质是来自数学的挑战。

人工智能就是模拟人的一种行为或者能力,也就是说,在给定的环境中,通过与环境交互来提高自身解决问题的能力,而机器学习就是采用一个机器或者软件来模拟这种智能。从数学的维度而言,机器学习表示的是一个函数空间或参数空间的优化问题。

从认识论和方法论上来看,需要模型驱动与数据驱动的结合,而这种结合具有巨大的潜力,其中具体的结合方式包括:模型就是数据的升华,因而一个好的模型可以大大减少对数据的依赖性,然而当无法实现一个精致的模型时,还需要使用数据弥补模型的不足。

1.4.2 人工智能常用的数学知识

计算机科学是算法和算法变换的科学,数学是理解复杂算法的必要元素,只有掌握必备的数学知识,才能学习和应用人工智能。在这里,简单介绍本书中所用到的数学知识点。

1. 线性代数

线性代数是以现代数学作为主要分析方法的众多学科的基础。线性代数的本质是将具体事物抽象为数学对象,并描述其静态和动态的特性。向量的实质是 n 维线性空间中的静止点,其线性变换描述了向量或者坐标系的变化。线性变换可以用矩阵(张量)表示,矩阵的特征值和特征向量描述了变化的速度与方向。

事实上,线性代数不仅是人工智能的基础,更是现代数学和以现代数学作为主要分析方法的众多学科的基础。从量子力学到图像处理都离不开向量和矩阵的使用。而在向量和矩阵背后,线性代数的核心意义在于提供了一种看待世界的抽象视角。

2. 概率论

随着连接主义学派的兴起，概率统计取代了数理逻辑，成为人工智能研究的主流工具之一。随着数据爆炸式增长和计算力指数化增强，概率论已经在人工智能中扮演了核心角色，与线性代数一样，概率论关注的焦点与应用无处不在，主要用于描述统计规律。Bayes 学派认为先验分布是随机的，模型参数要靠后验概率最大化计算，而正态分布是最重要的一种随机变量的分布。

3. 数理统计

掌握统计理论有助于对机器学习的算法的结果做出解释，只有做出合理的解读，数据的价值才能够体现。数理统计根据观察或实验得到的数据来研究随机现象，并对研究对象的客观规律做出合理的估计和判断。

虽然数理统计以概率论为理论基础，但两者之间存在方法上的本质区别。概率论作用的前提是随机变量的分布已知，根据已知的分布来分析随机变量的特征与规律。数理统计的研究对象则是未知分布的随机变量，研究方法是对随机变量进行独立重复的观察，根据得到的观察结果对原始分布做出推断。数理统计可以看成逆向的概率论。数理统计的任务是根据可观察的样本反过来推断总体的性质。以小见大，推断的工具是统计量，统计量是样本的函数，是一个随机变量。

4. 最优化理论

在本质上，人工智能的目标就是最优化，在复杂环境与多体交互中找到最优解，做出最优决策。几乎所有的人工智能问题最后都会归结为一个优化问题的求解，因而最优化理论同样是人工智能必备的基础。最优化理论研究的问题是判定给定目标函数的极值是否存在，并找到令目标函数取到极值的数值。如果将给定的目标函数看成一座山脉，最优化的过程就是判断顶峰的位置并找到到达顶峰路径的过程。通常情况下，最优化问题是在无约束情况下求解给定目标函数的最小值。在线性搜索中，确定寻找最小值时的搜索方向需要使用目标函数的一阶导数和二阶导数。置信域算法的思想是先确定搜索步长，再确定搜索方向。以人工神经网络为代表的启发式算法是另外一类重要的优化方法。

5. 信息论

香农提出了信息熵，为信息论和数字通信奠定了基础。信息论是运用概率论与数理统计的方法研究信息传输和信息处理系统中一般规律的学科。其核心问题是信息传输的有效性和可靠性以及两者间的关系。

科学研究证实了不确定性就是客观世界的本质属性。概率模型是描述不确定性的最好模型，进而促成了信息论的诞生。信息论使用信息熵的概念，对单个信源的信息量和通信中传递信息的数量与效率等问题做出了解释，并在不确定性和信息的可测量性之间搭建起一座桥梁。

信息论处理的是客观世界中的不确定性，条件熵和信息增益是分类问题中的重要参数，KL 散度用于描述两个不同概率分布之间的差异，最大熵原理是分类问题汇总的基本准则。

1）信息熵

在信息论中，熵是表示随机变量不确定性的度量，如果一个事件是必然发生的，那么它的不确定度为 0。信息熵是数据混乱程度或分散程度的一种度量。数据分布越分散、越混乱，则信息熵就越大。分布越有序，则信息熵就越小。假设某一个概率系统中有 n 个事件：$(X_1, X_2, \cdots, X_n)$，则第 i 个事件发生的概率记为 $P(X_i)$。

计算给定的样本集 X 的信息熵公式：

$$H(X)=-\sum_{i=1}^{n}P(X_i)\log_2 P(X_i)$$

式中，n 为样本集 X 的分类数；$P(X_i)$ 为 X 中第 i 类元素出现的概率。

信息熵越大表明样本集 X 分类越分散，信息熵越小则表明样本集 X 分类越集中。显然，当样本集 X 中 n 个分类出现的概率一样大时（都是 $1/n$），信息熵取最大值 $\log_2 n$。当 X 只有一个分类时，信息熵取最小值0。

例如，计算表1-1数据集的信息熵。

表1-1 数据集

性别(X)	考试成绩(Y)
男	优
女	优
男	差
女	优
女	良
男	优
男	良

在表1-1数据集中：

$$P(\text{男})=4/7=0.57$$

$$P(\text{女})=3/7=0.43$$

列 X 的信息熵为：

$$H(X)=-(0.57\log_2 0.57+0.43\log_2 0.43)$$

$$P(\text{优})=4/7=0.57$$

$$P(\text{良})=2/7=0.29$$

$$P(\text{差})=1/7=0.14$$

列 Y 的信息熵为：

$$H(X)=-(0.57\log_2 0.57+0.29\log_2 0.29+0.14\log_2 0.14)$$

克劳德·香农给出的信息熵的三个性质：

(1)单调性：发生概率越高的事件，其携带的信息量越低。

(2)非负性：信息熵可以看作一种广度量，非负性是一种合理的必然。

(3)累加性：多随机事件同时发生存在的总不确定性的量度，可以表示为各事件不确定性量度的总和。

2)条件熵

条件熵表示在已知随机变量 X 的条件下随机变量 Y 的不确定性，定义为 X 给定条件下，Y 的概率分布的熵对 X 的数学期望。设有随机变量(X,Y)。条件熵 $H(Y|X)$ 表示在已知随机变量 X 的条件下随机变量 Y 的不确定性，条件熵的计算公式如下：

$$\begin{aligned}H(Y|X)&=\sum_{x\in X}P(X=x)H(Y|X=x)\\&=-\sum_{x\in X}P(X=x)\sum_{y\in Y}P(Y|X)\log_2 P(Y|X)\\&=-\sum_{x\in X}\sum_{y\in Y}P(X=x,Y=y)\log_2 p(Y|X)\end{aligned}$$

因为条件熵中 X 是一个变量，含义是在一个变量 X 的条件下，另一个变量 Y 对 X 的数学期望。

条件熵的概念类似于条件概率，就是在给定 X 的情况条件下，Y 的信息熵。

在分类时，通常可以通过建立一个决策树来完成机器视觉的分类。当分类分得越好，这一类中的随机性越小，同样其熵也越小。

6. 形式逻辑

形式逻辑通过符号系统抽象化自然语言中的推理。核心目标是通过有效性判定来判断一个论证是否在结构上保证结论为真（前提为真时结论必然为真）；通过真值表、模型论等方法分析命题的真假条件。

在计算机科学中关键应用主要有算法正确性证明（形式化验证程序逻辑）、数据库查询（SQL 中的谓词查询基于谓词逻辑）、自动推理（Prolog 等逻辑编程语言）。其数学基础主要有公理化系统（如 ZFC 集合论的形式化）、定理机器证明等。形式逻辑通过符号系统剥离自然语言的模糊性，为推理提供严格框架。”

7. 模糊数学

人类自然语言具有模糊性，人们经常接收模糊语言与模糊信息，并能做出正确的识别和判断。传统逻辑习惯于假设使用的是精确的符号，但不适用于模糊的形态。大脑的语言不是数学语言，与计算机相比，人脑的优越性是能够掌握未明确的模糊概念。模糊数学是在模糊集合、模糊逻辑的基础上发展起来的模糊拓扑、模糊测度论等数学领域的统称，是研究现实世界中许多界限不分明甚至是很模糊的问题的数学工具，在人工智能中有广泛的应用。

1.5　人工智能的应用

人工智能已经逐渐走进了人类生活，并应用于各个领域，它不仅给许多行业带来了巨大的经济效益，也为人类生活带来了许多改变和便利。

1.5.1　人工智能的实现方式

人工智能在计算机上实现有两种不同的方式。

一种是基于心理学的智能模拟方法，采用传统的编程技术，使系统呈现智能的效果，而不考虑所用方法是否与人或动物机体所用的方法相同。这种方法称为工程学方法，暂时撇开人脑的内部结构，而从其功能过程进行模拟。现代计算机的产生便是对人脑思维功能的模拟，是对人脑思维的信息过程的模拟。该方法已在一些领域内作出了成果，如文字识别、博弈下棋等。

另一种是基于生理学的智能模拟方法，它不仅要看效果，还要求实现方法也和人类或生物机体所用的方法相同或相类似。仿照人脑的结构机制，制造出类人脑的机器，这是一种结构模拟，人工神经网络属于这一类型，可模拟人类或动物大脑中神经细胞的活动方式。

为了达到相同智能效果，上述两种方式通常都可使用。采用基于心理学的智能模拟方法，需要人工详细规定程序逻辑，如果程序简单，则比较方便。如果程序复杂，角色数量和活动空间增加，相应的逻辑就会很复杂，人工编程就非常烦琐，容易出错。而一旦出错，就必须修改原程序，重新编译、调试。采用基于生理学的智能模拟方法时，智能系统需要增加自学习功能。编程者要为每一角色设计一个智能系统来进行控制，这个智能系统开始时缺乏知识，但它通过学习，能够渐渐地适应环境，应对各种复杂情况。利用这种方法来实现人工智能，要求编程者具有生物学的思考方法。这种方法编程时无须对角色的活动规律做详细规定，应用于复杂问题时通常比前一种方法更为简洁。

1.5.2 人工智能的主要应用场景

人工智能的应用十分广泛,几乎渗透到所有应用领域,在现阶段,令人关注的主要应用场景如下。

1. 自然语言生成

自然语言处理包括自然语言理解和自然语言生成。自然语言生成是人工智能和计算语言学的分支,相应的语言生成系统是基于语言信息处理的计算机模型,其工作过程与自然语言分析相反,是从抽象的概念层次开始,通过选择并执行一定的语义和语法规则来生成文本。

2. 语音识别

近年来,语音识别技术取得显著进步,开始从实验室走向市场。语音识别技术已进入工业、家电、通信、汽车电子、医疗、家庭服务、消费电子产品等各个领域。与机器进行语音交流,让机器"听懂"人类的语言,这是人们长期以来梦寐以求的事情。我们可以形象地将语音识别比喻为机器的听觉系统。语音识别技术就是让机器通过识别和理解过程将语音信号转变为相应的文本或命令的技术。语音识别技术所涉及的领域包括信号处理、模式识别、概率论和信息论、发声机理和听觉机理和人工智能等。

3. 虚拟助理

虚拟助理是一种能与人类进行交互的计算机代理或程序,其中以聊天机器人最为著名。虚拟助理多用于客户服务和支持,并可以作为智能家居的管理者。虚拟助理是在网络上提供助理服务,通过电子邮件、传真、网络即时信息、手机等方式,可在家中为客户提供预约、整理档案、制订商业计划以及联系业务等商业服务。行政助理在办公室里的工作,虚拟助理都能远程实现,并且一天 24 小时待命。

4. 机器学习平台

机器学习是计算机科学和人工智能技术的分支,它能提升计算机的学习能力。机器学习平台为传统机器学习和深度学习提供了从数据处理、模型训练、服务部署到预测的一站式服务。通过提供算法、API(应用程序接口)、开发和训练工具包、数据以及计算能力来设计、培训和部署模型到应用程序、流程和其他机器,用以解决预测和分类任务。

5. 人工智能硬件

人工智能硬件用于运行面向人工智能的计算任务,可将经过专门设计的图形处理单元(GPU)和中央处理单元(CPU)芯片直接嵌入便携设备中。

6. 决策管理

智能机器能够向 AI 系统引入规则及逻辑,因此可以利用它们进行初始化设置与训练以及进行持续的维护和优化。决策管理在多类企业应用中得以实现,它能协助或者进行自动决策,实现企业收益最大化。

7. 深度学习平台

深度学习平台是机器学习的一种特殊形式,它包含多层人工神经网络,能够模拟人类大脑,处理数据并创建决策模式。目前主要用于基于大数据集的模式识别和分类。

8. 生物信息

生物信息技术能够识别、测量、分析人类行为以及身体的物理结构和形态。它能赋予人类和机器之间更多的自然交互能力,包括但不仅限于图像、触控识别和身体语言识别,目前被广泛用于市场研究领域。

9. 机器处理自动化

机器处理自动化通过脚本和其他方法实现人类操作的自动化，以支持更高效的流程，被用于人力成本高昂或效率较低的任务和流程。机器处理自动化能将人类的才能最大化地展示出来，并且帮助使用者更加具有创造性。

10. 文本分析和自然语言处理

文本分析和自然语言处理利用统计和机器学习方法理解句子的结构、含义、情绪和意图，广泛应用于欺诈探测和信息安全等领域，同时还可用于非结构化数据的挖掘。

11. 网络防御

网络防御是一种计算机网络防御机制，专注于预防、检测以及在基础设施和信息在受到攻击和威胁时进行及时响应。人工智能将网络防御带入了新的发展阶段。循环神经网络能够处理输入序列，与机器学习技术相结合创建出监督学习技术，能够发现可疑目标，并检测出高达 85% 的网络攻击。

12. 内容创作

内容创作包括人们对网络世界输入的任何材料，如视频、广告、博客、白皮书、信息图表以及其他视觉或者书面材料。人们可以使用 AI 技术进行内容生成，也可以通过人工智能视频产品把文字内容转化为视频内容以及在获取数据后利用自然语言处理技术进行新闻写作。

13. 情绪识别

情绪识别可以通过高级图像处理或音频数据处理来读取人类表情，已经能够捕捉微表情，识别肢体语言暗示，以及分析含有情绪的语音语调。执法人员在审讯过程中使用这项技术能够获取更多的信息，这项技术也被广泛运用于市场营销等领域。

14. 图像识别

图像处理技术是计算机视觉的基础，而图像识别是图像处理技术的核心内容，图像识别是指在数字图像或者视频中识别和检测出物体或特征的过程，是图像检测、图像跟踪和图像语义分割的基础。人工智能技术在该领域具有独特的优势。人工智能可以在社交媒体平台上搜索照片，并将其与大量数据集进行比较，从而找出与之最为相关的内容。图像识别技术能用于车牌识别、疾病检测、客户意见分析以及身份验证等。

15. 人工智能伦理学

人工智能伦理学是研究人工智能技术应用过程中所涉及的伦理问题和道德抉择的学科。随着人工智能技术的迅猛发展，其广泛应用于各个领域，从医疗、教育、金融到自动驾驶等，人工智能伦理问题也日益凸显。

人工智能伦理学主要涉及以下几个方面的问题：

(1)人工智能与人的尊严：人工智能技术在提高工作效率、方便人们生活的同时，也可能侵犯人的尊严，如通过大数据分析对个人进行歧视、侵犯隐私等。

(2)人工智能与公平正义：人工智能技术的应用可能会加剧社会不公，例如，通过算法歧视，使得弱势群体陷入更不利的地位。

(3)人工智能与责任归属：当人工智能系统出现错误，造成损失或伤害时，责任的归属难以界定，是开发者、使用者还是人工智能本身？

(4)人工智能与隐私保护：人工智能技术在大数据分析、图像识别等方面的应用可能会侵犯个人隐私。

(5)人工智能与自由意志：人工智能的决策是否具有道德性，是否能够理解和尊重人的自由意志？

1.5.3 人工智能的发展趋势

应用是推动学科发展的原动力,人工智能发展方兴未艾,显示出强大的生命力。经过70多年的发展,人工智能在算法、算力和算料(数据)等方面的支持下取得了重要突破,人工智能与大数据、物联网、云计算和量子计算的完美结合,催生了人工智能技术的进步。目前已从不能用达到可以用,但是达到很好用还存在许多瓶颈。在可以预见的未来,人工智能发展将呈现出一些新的趋势与特征。人工智能的发展趋势呈现出以人为本、与应用场景紧密结合、关注每个人、赋能每个人的理念。一方面,人工智能的发展趋势在大模型、多模态、自主智能和边缘智能方向与各行各业深度结合,构建智能经济形态。另一方面,人工智能在软件开发领域的应用日益广泛,AI辅助研发已从研发数字化向AI+开发工具2.0转变。同时,人工智能的发展也表现出从云端向终端侧转移的趋势。

1. 从专用智能向通用智能发展

通用系统比专用系统的制造更为困难,实现从专用人工智能向通用人工智能(强人工智能)的跨越式发展,是下一代人工智能发展的必然趋势,人工智能将加速与其他学科领域交叉渗透,这也是人工智能研究与应用的重大挑战。

2. 从人工智能向人机混合智能发展

借鉴脑科学和认知科学的研究成果是人工智能的一个重要研究方向。人机混合智能是将人的作用或认知模型引入人工智能系统中,提升人工智能系统的性能,使人工智能成为人类智能的自然延伸和拓展,通过人机协同更加高效地解决复杂问题。人机混合智能是重要的发展方向。

3. 加速人工智能与其他学科融合

人工智能本身是一门综合性的前沿学科和高度交叉的复合型学科,是一个开放性研究领域。研究范畴广泛而又异常复杂,其发展需要与计算机科学、数学、认知科学、神经科学和社会科学等多学科深度融合。随着超分辨率光学成像、光遗传学调控、透明脑、体细胞克隆等技术的突破,脑与认知科学的发展开启了新时代,能够大规模、更精细地解析智力的神经环路基础和机制。人工智能将进入生物启发的智能阶段,依赖于生物学、脑科学、生命科学和心理学等学科的发现,将机理变为可计算的模型,同时人工智能也会促进脑科学、认知科学、生命科学甚至化学、物理、天文学等传统科学的发展。

4. 人工智能产业将蓬勃发展

随着人工智能技术的进一步成熟以及产业的发展日益增长,人工智能应用的云端化将不断加速,全球人工智能产业规模将进入高速增长期。

5. "人工智能+"将向自主智能转化

"人工智能+"的创新模式将随着技术和产业的发展日趋成熟,对生产力和产业结构产生革命性影响,"人工智能+"将向自主智能转化。在应用方面,人工智能与各行各业日益融合,形成了智能制造、智能医疗、智能安防、智能交通、智能零售等全方位行业应用。

人工智能的未来发展需以人为本,注重应用场景结合,推动全球合作,确保人工智能的安全与可靠,使其为人类带来更多福祉。

小　结

本章主要介绍了人工智能的产生与发展、人工智能的内涵与外延、人工智能学派、人工智能数学基础、人工智能应用。通过学习,可以对人工智能的发展历史、现状和主要内容有一个概括性了解。对于后续学习中将使用的基本数学内容也进行了简单的说明。

第 2 章 知识与知识表示

人类的智能活动过程也就是获得知识并运用知识的过程，人工智能是机器的智能，知识是人工智能的基础。人工智能是以知识为对象，设计知识获取、知识表示和知识处理的方法。自动获取知识和应用是人工智能的核心问题之一。

本章知识导图

- 知识与知识表示
  - 知识的特征与分类
    - 知识的特征
    - 知识的分类
  - 人工智能知识表示
    - 知识表示原则
    - 知识表示分类
    - 人工智能知识表示与计算机知识表示比较
    - 知识表示全过程
  - 产生式表示法
    - 产生式的结构
    - 产生式表示法的举例
  - 一阶谓词逻辑表示法
    - 知识的谓词逻辑表示
    - 谓词逻辑表示法举例
  - 语义网络表示法
    - 语义网络的特点与结构
    - 事物与概念的表示
  - 框架表示法
    - 框架的基本结构
    - 框架的类型与层次结构
    - 框架表示法的特点
  - 状态空间表示法
    - 问题的状态描述
    - 状态空间表示法举例

2.1 知识的特征与分类

知识是人类发展的精神财富，人类的智力活动过程是一个获取并运用知识的过程。按照符号主义的观点，知识是一切智能行为的基础，要使计算机具有智能，首先必须使它拥有知识。

2.1.1 知识的特征

1. 知识的概念

知识是信息接收者通过对信息的提炼和推理而获得的正确结论，是人们在认识与改造客观世界、解决实际问题的过程中形成的认识与经验抽象，知识是认识与经验的抽象体。知识的抽象性决定了它具有强大的指导性与影响力。

(1)从科学角度出发，知识必须满足三个条件：经过验证、正确、人们相信。

知识不具有实体性，必须依赖于一定的载体。知识是人类心智结晶的外在客观表现，因而必然利用了人类大脑这种物质材料,以及外在表达所赖以实现的物质材料双重载体才得以存在。

(2)知识在时间上具有永存性的特点。知识一旦产生,就呈现一种可为人感知的客观状态。在知识产生之后,无论是借助于各种物质材料作为介质以支撑其存在,还是被抽象转化为以意象,都存储于大脑的记忆中。

(3)知识具有永不磨损的品格。知识受其物质性决定,在空间上可以无限地再现或复制。人类可以不受地域以及特定物质材料的限制,在同一时间,利用不同的载体,不受数量限制地复制相同结构与形式,并互不影响。

(4)知识由符号组成,同时包含符号的语义,知识是一种带有语义的符号体系。

2. 知识的主要特性

知识具有四个主要特性:

(1)相对正确性。知识是在一定的条件及环境下产生的,所以知识在一定的条件及环境下才正确,这表明知识具有相对的正确性。

(2)不确定性。现实客观世界的复杂性及信息的不精确性、模糊性,导致知识不能只有真与假两种状态,而是在其之间还有多种中间状态,也就是知识为真的程度问题,这就出现了知识的不确定性。知识的不确定性的起因可归纳如下:由随机性引起的不确定性;由模糊性引起的不确定性;由不完全性引起的不确定性;由经验引起的不确定性。

(3)可表示性。知识可以使用某种形式表示出来,这些形式主要有语言、文字、图形、网络等。

(4)可利用性。可利用性是指知识可以被使用,我们每天都在利用掌握的知识进行分析与推理,解决各种具体的问题。

2.1.2 知识的分类

知识体系是指人类在实践中所获得的互相联系的整体。其最初定义为关于自然的知识体系。随着历史的发展,科学的概念由本来意义上的自然科学演变为反映客观世界(即自然界、人类社会、人类思维本质)联系的知识体系。基于不同的角度对知识进行分类,如下所述。

1. 基于层次划分

1)对象

对象是客观世界中的事物,对象并不能够组成完整的认识与经验,因此对象不是知识,它仅是知识的一个组成部分,但在知识构成中起到核心作用,所以对象是知识最基本、最关键的组成部分。对象有常值对象和变值对象之分,例如,红旗轿车、解放牌卡车等是常值对象,一个汽车变量是变值对象。

2)事实

事实是对象性质与对象之间关系的表示,事实表示的是静态的知识。在知识体系中,事实属于最底层、最基础的知识,事实能够反映某一对象或某一类对象的属性。例如,“计算机科学属于自然科学”。又例如,“小张是一名研究生”“老张是小张的父亲”,前者表示性质,后者表示老张与小张的关系。与对象一样,事实也有常值与变值之分,如果事实中所有的对象都为常值,则称为常值事实,如果事实中含有变值对象,则称为变值事实。“小张是一个研究生”“老张是小张的父亲”都是常值事实,而“y 是 x 的父亲”“z 是 y 的父亲”就是变值事实。可以看出,变值事实反映了更为广泛与抽象的性质与关系。

事实可看成一个语言变量的值或是多个语言变量间的关系的陈述句,语言变量的值或语言变量间的关系不一定是数字,也可以是一个词。如“雪是白色的”,其中雪是语言变量,其值是白色的。

一般使用三元组(对象,属性,值)或者(关系,对象 1,对象 2)来表示事实,其中对象就是语言变量,如果考虑不确定性就成了四元组表示,增加了可信度。这种表示的机器内部实现就是一个表。

事实:“老李年龄是 35 岁”,可写成(老李,年龄,35)。

事实:“老李、老张是朋友”,可写成(朋友,老李,老张)。

3)规则

规则是客观世界中的事实间的动态行为,它反映了知识与动作的联系,描述了特定情境下可以做出的推断。推理是指从一个或多个事实或假设出发,通过逻辑推导出新的结论或断言的过程。常用的推理有归纳推理、演绎推理和类比推理。归纳推理是从特殊到一般的过程,即从特殊的实例中归纳出一般的结论。类比推理是从特殊到特殊的推理过程;演绎推理是从一般到特殊的推理过程,即从一般到具体实例的过程的推理过程。例如,大前提是“人总是要死的”,小前提是“苏格拉底是人”,结论是“苏格拉底也是要死的”。这是著名的三段论推理示例,其推理过程是一个从一般到特殊的演绎过程。规则大都为变值规则,这使得规则具有广泛的使用价值。

4)元知识

元知识就是关于知识的知识,是知识体系中的顶层知识。它表示的是控制性知识和使用性知识,如规则的使用知识、事实间约束性知识。元知识可用来描述一类知识或知识集合所包含的内容、基本结构和一般特征。没有元知识,就无法描述知识、使用知识和认识知识。在人工智能领域中,通常将使用该系统领域知识的知识称为元知识。元知识不是领域知识,不能解决具体知识领域问题,而是关于各领域知识的性质、结构、功能、特点、规律、组成与使用的知识,是管理、控制和使用领域知识的知识。

元知识是思想和意识的核心,如果没有掌握元知识,就不能学习和认知基本的知识,元知识对于认知系统的建立起着重要作用。人工智能和深度学习领域研究各种各样的智能系统,自主学习机制均是以模拟人脑思维活动为目的,没有学习元知识的能力的智能系统不是一个智能系统。

图 2-1 描述了知识的层次结构,事实由对象组成,规则由事实组成,元知识处于最顶层,元知识是控制与约束事实与规则的知识,处于最底层的对象是基础性知识。

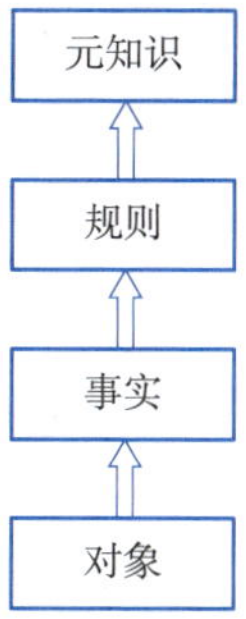

图 2-1　知识的层次结构

2. 基于作用域划分

基于知识的作用域考虑,可以将知识分为常识性知识和领域性知识。

1)常识性知识

常识性知识是指广泛存在且被普遍接受了的客观知识,常识性知识是人们日常生活中大量运用的知识,特别是众所周知或众所接受的知识。

2)领域性知识

领域性知识是某一领域的专业性知识,也就是说,是指按学科、门类所划分的知识,例如,物理学中的知识、数学中的知识和计算机科学中的知识都是领域性知识。

3. 基于确定性划分

从知识的确定性来划分,可以分为确定性知识和不确定性知识。

1)确定性知识

可以指出其真值为“真”或“假”的知识,是精确性的知识。

2)不确定性知识

具有不精确、不完全及模糊等特性的知识。

(1)不精确:知识本身是有真假之分,但是由于认识水平限制不能够肯定知识的真假,所以用可信度或概率等描述。

(2)不完全：当解决问题时不具备解决该问题的全部知识。

(3)模糊：知识本身的边界不清楚，例如大、小等，使用隶属度、可能性来描述。

4. 基于人类的思维及认识方法划分

基于人类的思维及认识方法不同，可将知识分为逻辑性知识和形象性知识。

1)逻辑性知识

逻辑性知识是反映人类逻辑思维过程的知识，一般具有因果关系或难以精确描述的特点，逻辑性知识是人类的经验性知识和直观感觉，例如，人的某一方面的经验和风格。

2)形象性知识

形象性知识是通过事物的形象建立起来的知识，例如，什么是航空母舰？什么是潜艇？什么是直升飞机？

5. 基于知识表述划分

根据知识表述不同可将知识划分为隐性知识和显性知识。通常将以文字、图表和数学公式加以表述的知识称为显性知识。而将未被表述的知识称为隐性知识。显性知识是能够使用符号形式加以完整表述的知识。例如，牛顿第二定律公式 $F=ma$，加速度和合力的方向始终保持一致。其中，F 表示作用在物体上的合力，m 为质量，a 为加速度。隐性知识与显性知识相反，指那些难以使用文字、图表、数学公式和符号等形式加以完整表述的知识。也就是说，隐性知识是不容易用显性知识表示的知识。例如，每个人都有不同的审美观，审美观就是隐性知识。

2.2 人工智能知识表示

为了使计算机具有智能，使它能够模拟人类的智能活动，就必须使其具有知识，知识需要用适当的模式表示后，存储于计算机中。

2.2.1 知识表示原则

在人工智能中，知识表示直接影响到系统的性能和效率，设计知识表示时应遵循的原则如下：

(1)准确性：知识表示应当准确地反映现实世界的知识，避免误导或错误的推理。

(2)完整性：知识表示应该包含解决问题所需的所有相关事实、规则和概念。

(3)模块性：知识应该被分解成独立的模块，每个模块负责表示一个特定的领域或概念，便于管理和维护。

(4)可扩展性：知识表示应当能够容易地扩展，以适应新知识的添加。

(5)可理解性：知识表示应当易于人类理解，以便领域专家和开发者能够轻松地验证和修改知识。

(6)一致性：知识表示应当保持内部一致性，避免矛盾和冲突。

(7)高效性：知识表示应当高效，以便快速检索和使用。

(8)可推导性：知识表示应当允许从已知事实推导出新的结论。

(9)适应性：知识表示应当能够适应不同的应用场景和问题类型。

(10)容错性：知识表示应当能够在信息不完整或存在错误的情况下依然进行有效的推理。

具体的原则如下：

(1)最小承诺原则：在表示知识时，只做出必要的最小承诺，避免不必要的假设。

(2)最大继承原则:尽可能重用已有的知识表示结构,通过继承和组合来构建新的知识。

(3)最小冗余原则:避免在知识库中重复表示相同或相似的知识。

(4)可区分性原则:确保不同概念之间的区分度,避免混淆。

(5)层次性原则:按照层次结构组织知识,从一般到特殊,从抽象到具体。

(6)可逆性原则:如果可能,知识表示应当允许逆向推理。

(7)经济性原则:在保持功能的同时,尽量减少知识表示的复杂性和大小。

遵循上述原则可以设计出更有效、更可靠的人工智能知识表示。然而,实际应用中还需要在不同的原则之间进行权衡,以达到最佳的性能和效果。

2.2.2　知识表示分类

知识表示是人工智能领域的一个核心概念,涉及将知识编码成计算机可以处理的形式。根据需求和特点,知识表示方法可以分为以下几类:

1. 逻辑表示方法

(1)命题逻辑:使用命题和逻辑运算符(如与、或、非)来表示知识。

(2)谓词逻辑:使用谓词、变量和量词来表示更复杂的知识。

(3)模态逻辑:用于表示可能性和必然性等模态概念。

(4)时态逻辑:用于表示时间相关的知识。

2. 产生式表示方法

(1)使用 IF-THEN 形式来表示条件-行动规则。

(2)基于规则的专家系统,用于模拟专家的决策过程。

3. 框架表示方法

框架用于表示对象或概念的结构化数据,包含槽和值。

4. 语义网络表示方法

语义网络使用节点和边来表示实体及其之间的关系。

5. 脚本表示方法

脚本用于表示事件序列和场景,常见于故事理解和自动故事生成。

6. 本体表示方法

本体用于表示领域概念及其之间关系的形式化知识表示。

7. 过程表示方法

过程表示用过程和函数来表示知识和行动。

8. 基于实例的表示方法

(1)通过存储过去的案例和经验来解决问题。

(2)构建实例的模型来进行推理和学习。

9. 决策树表示方法

通过一系列的测试来表示决策过程,每个节点代表一个测试,每个分支代表一个测试结果。

10. 马尔可夫决策过程(MDP)表示方法

用于在不确定性环境中进行决策制定,涉及状态、行动、奖励和概率转移。

11. Petri 网表示方法

用于表示并行和分布式系统,强调位置和转移之间的动态关系。

12. 贝叶斯网络表示方法

用贝叶斯网络表示变量之间的概率关系。

13. 神经网络表示方法

通过模拟人脑神经元连接的方式来存储和处理知识。

14. 知识图谱表示方法

以知识图谱的图结构的形式表示实体、概念以及它们之间的复杂关系。

每种知识表示方法都有其适用的场景和局限性，选择哪一种方法往往取决于特定应用的需求、知识的特点以及推理任务的复杂性。在实际应用中，这些方法有时会相互结合使用，以达到更有效的知识处理和推理。

2.2.3 人工智能知识表示与计算机知识表示比较

人工智能知识表示和计算机知识表示紧密相关，因为人工智能系统通常是基于计算机技术来实现的。不过，它们关注的侧重点和抽象层次有所不同。两者的比较如下：

1. 人工智能知识表示方法

①目的性：人工智能知识表示方法旨在模拟人类的认知过程，使计算机能够理解和处理知识，以解决复杂问题。

②抽象性：它更侧重于知识的抽象表示，如规则、概念、信念、意图等。

③语义性：强调知识的语义内容，即知识所代表的意义，而不仅仅是数据结构。

④推理能力：通常包含推理机制，能够进行逻辑推理、决策制定和学习。

⑤表示形式：常见的知识表示形式包括产生式规则、本体论、语义网络、框架表示法等。

⑥复杂性：处理的知识通常是复杂和模棱两可的，需要处理不确定性。

2. 计算机知识表示方法

①功能性：计算机知识表示方法更侧重于如何高效地存储、检索和处理数据。

②具体性：它关注数据的具体存储结构，如数组、列表、树、图等。

③语法性：重点在于数据结构和算法的语法，而不是深层含义。

④处理能力：通常涉及具体的数据处理算法，但不一定包括高级推理能力。

⑤表示形式：表示形式通常与计算机科学中的数据结构相对应，如哈希表、数据库、文件系统等。

⑥简单性：处理的数据通常是结构化且明确的，容易用算法进行处理。

人工智能知识表示试图在更高的认知层次上工作，模仿人类的智能行为，而计算机知识表示方法则更侧重于数据的存储和处理效率，是实现人工智能知识表示的基础技术之一。两者相辅相成，共同推动着智能系统的发展。

2.2.4 知识表示全过程

知识表示是将人类知识表示成机器能处理的数据结构和系统控制结构的策略。

1. 知识表示的客体与主体

知识表示的客体就是知识，知识表示的主体包括表示方法的设计者、表示方法的使用者、知识的使用者。更具体地说，知识表示的主体主要指的是人（个人或集体），有时也可以是计算机。

2. 隐性知识到显性知识

隐性知识到显性知识的转化就是对隐性知识的显性描述，将其转化为容易理解的形式，这个转化所利用的方式有类比、隐喻和假设等。知识挖掘系统、商业智能和专家系统等智能技术，可作为实现隐性知识的显性化常用手段。

3. 知识表示的全过程

知识表示的全过程如图 2-2 所示，首先对各种类型的问题设计多种知识表示方法，然后使用者选用合适的表示方法表示某类知识，最后知识的使用者使用或者学习经过表示方法处理后的知识。

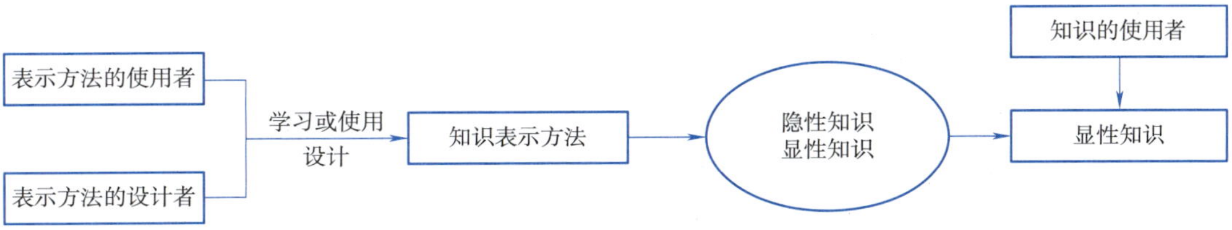

图 2-2　知识表示的全过程

隐性知识与显性知识的深层结构一致，只是表示形式不同。所以知识表示的过程就是将隐性知识转化为显性知识的过程，也就是将知识由一种表示形式转化成另一种表示形式的过程。

2.3　产生式表示法

产生式表示法是一种常用的知识表示方法，在专家系统中应用广泛。

2.3.1　产生式的结构

产生式是一种规则，又称产生式规则，规则用于表示事物间的因果关系，其基本形式为 IF P THEN Q，其语义是：如果前提 P 满足时，应该得出结论 Q 或应该执行动作 Q。P 为前提、前件或条件，而 Q 为动作、后件或结论。

1. 规则性知识的产生式表示

1）确定性知识

例如：IF 动物能飞 AND 能下蛋 THEN 是鸟。

其含义是：如果动物能飞又能下蛋，那么它是鸟。

2）不确定性知识

如果考虑不确定性，需要另附可信程度，可以使用概率、信度、隶属度和程度描述可信程度。

IF P THEN Q（信度）

例如：IF 发烧 THEN 感冒（0.6）。

其含义是：如果发烧，那么 60% 得了感冒。

2. 事实性知识的表示

1）确定事实性知识

事实性知识可以是断言、一个语言变量的值或是多个语言变量间的关系的陈述句。

例如：雪是白色的。

其中雪是语言变量，其值是白色的。

又例如：小李和小张是朋友。

其中小李、小张是两个语言变量,两者的关系值是朋友。

可用三元组表示确定性事实知识:

格式:(对象,属性,值)

例如:“小李是 20 岁”的三元组表示为(小李,年龄,20)。

格式:(关系,对象 1,对象 2)

例如:“小李和小王是朋友”的三元组表示为(朋友,小李,小王)。

2)不确定事实性知识

可用四元组表示不确定事实性知识:

格式:(对象,属性,值,信度)

例如:“小李年龄可能是 20 岁”的四元组表示为(小李,年龄,20,0.8)。

格式:(关系,对象 1,对象 2,信度)

例如:“小李和小王可能是朋友”的四元组表示为(朋友,小李,小王,0.7)。

“小韩和小张不可能是朋友”的四元组表示为(朋友,小韩,小张,0.1)。

上述三例中的信度分别为 0.8、0.7 和 0.1,表明了信度。

3. 产生式表示法的特点

(1)产生式表示格式固定,形式单一。

(2)各产生式规则之间相互较为独立,知识库(事实与规则的集合)较容易建立。

(3)产生式推理方式单纯,也没有复杂计算,特别是当知识库与推理机分离时,知识的修改方便,无须修改推理机程序。

(4)对系统的推理路径容易作出解释。

基于上述,产生式表示知识方法是构造专家系统的首选知识表示方法。

2.3.2 产生式表示法的举例

例 2-1 产生式和三元组事实知识表示。

三元组表示事实知识:

A:(病人,观察,咽部充血)

B:(病人,咽部,疼痛)

C:(病人,白细胞数,高)

D:(病人,中性指标,高)

E:(病人,体温,高)

F:(病人,病症,急性咽炎)

产生式规则的知识表示:

If A and B and C and D and E then F

其含义是:如果病人咽部充血、咽部疼痛、白细胞数高、中性指标高、体温高,则患了急性咽炎。

2.4 一阶谓词逻辑表示法

一阶逻辑是由个体、函数及关系构成的命题,以及由这些命题使用量词和命题连接词构成的更复杂的命题和这类命题之间的推理关系组成。在推理建立形式系统的过程中,一阶逻辑处于核心地位，多数常见的数学公理系统都可以用一阶逻辑表述。

一阶逻辑是数理逻辑的基础部分，一阶逻辑所包含的谓词逻辑是一阶的。谓词是表示对象属性的语词。对象的属性具有层次，在谓词用法中，层次称为阶。一阶谓词就是指刻画个体属性的谓词，谓词的谓词就是高阶谓词，刻画的是属性的属性。

一阶谓词逻辑表示法是能够最精准地表达人类思维活动规律的一种形式语言，它不但接近人类的自然语言，而且又可方便地将知识存储到计算机，完成精确推理。一阶谓词逻辑是最早出现的知识表示方法之一。

2.4.1 知识的谓词逻辑表示

一条知识可以用完整意义的一句话或几句话表示出来，但用谓词逻辑表示知识，一般是使用谓词连接符号将谓词连接起来的公式，用谓词公式既可以表示事物的状态、属性和概念等事实性的知识，也可以表示事物间具有确定因果关系的规则性知识。对事实性知识，谓词逻辑的表示法通常是由以合取符号（∧）和析取符号（∨）连接形成的谓词公式来表示。例如，对事实性知识“张三是学生，李四也是学生”，可以表示为：

$$\text{ISSTUDENT(张三)} \wedge \text{ISSTUDENT(李四)}$$

在 ISSTUDENT(x)中，ISSTUDENT 是一个谓词，表示 x 是学生；对规则性知识，谓词逻辑表示法通常由以蕴涵符号（→）连接形成的谓词公式（即蕴涵式）来表示。例如，对于规则“如果 x，则 y”可以用下列谓词公式进行表示：

$$x \rightarrow y$$

又例如，“如果 x 是 y 的父亲，并且 y 是 z 的父亲，则 x 是 z 的祖父”可以用下列谓词公式进行表示：

$$\text{FATHER}(x,y) \wedge \text{FATHER}(y,z) \rightarrow \text{GRANDFATHER}(x,z)$$

可以用以合取符号（∧）和析取符号（∨）连接形成的谓词公式表示事实件知识，也可以用蕴涵符号（→）连接形成的谓词公式表示规则性知识。

1. 用谓词公式表示知识的步骤

（1）定义谓词及个体，确定每个谓词及个体的确切含义。

（2）根据所要表达的事物或概念，为每个谓词中的变量赋值。

（3）根据所要表达的知识的语义，用适当的连接符号将各个谓词连接起来，形成谓词公式。

例如，谓词公式表示知识。

设有下列事实性知识：

雨晗是学生（Yuhan is a student）。

雨晗喜欢编程序（Yuhan likes programming）。

小王比他父亲长得高（Xiaowang is taller than his father）。

（1）用谓词公式表示上述知识如下：

STUDENT(x)：x 是学生。

LIKE(x,y)：x 喜欢 y。

TALLER(x,y)：x 比 y 长得高。

其中涉及的个体有：Yuhan，programming，Xiaowang，father(Xiaowang)。

（2）将这些个体代入谓词公式中，得到：

STUDENT(Yuhan)

LIKE(Yuhan,programming)

TALLER (Xiaowang,FATHER(xiaowang))

(3)根据语义,用逻辑连接词将它们连接起来,就得到了表示上述知识的谓词公式:

$$STUDENT(Yuhan) \wedge LIKE(Yuhan, programming)$$

例如,使用谓词逻辑表示"所有教师都有自己的学生"。

定义下述谓词:

$T(x)$:表示 x 是教师。

$S(y)$:表示 y 是学生。

$TS(x,y)$:表示 x 是 y 的老师。

对"所有 x,如果 x 是一个教师,那么一定存在一个体 y,y 的老师是 x,且 y 是一个学生",谓词公式表示如下:

$$(\forall x)(\exists y)(T(x) \rightarrow TS(x,y) \wedge S(y))$$

在上述谓词公式中,$\forall x$、$\exists y$ 是谓词逻辑的量词,全称量词 $\forall x$ 是指对个体域中所有个体 x。存在量词 $\exists x$ 是指在个体域中存在个体 x。

2. 一阶谓词逻辑表示法的特点

一阶谓词逻辑是一种形式语言系统,它用数理逻辑的方法表示知识和推理的规律,即条件与结论之间的蕴涵关系,其主要特点如下:

(1)自然性。谓词逻辑是一种接近于自然语言的形式语言,用它表示知识易于被人理解和接受。

(2)精确性。用谓词逻辑表示的问题是以谓词公式的形式为结果的,谓词公式的逻辑值只有真和假两种结果,而对某一知识有百分之几的可能为真或为假的情况则无法表示,因此适于表示那些精确性的知识,而不适于表示不确定性知识和模糊性的知识。

(3)易实现。用谓词逻辑法表示的知识可以比较容易地转换为计算机的内部形式,易于模块化,便于对知识的添加、删除和修改。

(4)易推理。在用谓词逻辑对问题进行表示以后,求解问题就是要以此表示为基础进行相应的推理。谓词逻辑表示法相对应的推理方法称为归结推理方法或消除法,其特点是易于推理。

2.4.2 谓词逻辑表示法举例

例 2-2 使用谓词表示法来描述积木状态。

有一张桌子上堆放着 A、B、C 三块积木,初始状态如图 2-3(a)所示,通过移动三块积木,达到如图 2-3(b)所示的目标状态。

(a)初始状态　　(b)目标状态

图 2-3 例 2-2 图

描述初始状态的谓词如下:

$ON(x,y)$:积木 x 在积木 y 上面。

$CLEAR(x)$:积木 x 的上面是空的。

$ONTABLE(x)$:积木 x 在桌子上。

其中,$x,y \in \{A,B,C\}$。

初始状态描述如下:

ONTABLE(B) :积木 B 在桌子上。

ON(C,B)：积木 C 在积木 B 上面。

ON(A,C)：积木 A 在积木 C 上面。

CLEAR(A)：积木 A 的上面为空。

目标状态如图 2-3(b)所示。

目标状态描述如下：

ONTABLE(C)：积木 C 在桌子上。

ON(B,C)：积木 B 在积木 C 上面。

ON(A,B)：积木 A 在积木 B 上面。

CLEAR(A)：积木 A 的上面为空。

其中，$x,y \in \{A,B,C\}$。

2.5　语义网络表示法

语义网络表示法是一种采用网络形式表示知识的方法，也是最重要的知识表示方法之一，其特点是表达能力强而且又灵活。语义网络利用节点和带标记的边结构的有向图描述事件、概念、状况、动作及客体之间的关系。带标记的有向图可以十分自然地描述客体之间的关系。

语义网络表示法适合根据非常复杂的分类进行推理的场景，以及需要表示事件状况、性质以及动作之间的关系的场景。

2.5.1　语义网络的特点与结构

1. 语义网络表示法特点

1)语义网络表示法的优点

(1)将各个节点之间的联系以明确、简洁的方式表示出来，是一种直观的表示方法。

(2)注重强调事物间的语义联系，体现了人类思维的联想过程，符合人们表达事物间关系的习惯，因此较容易完成将自然语言到语义网络的映射。

(3)具有广泛的表示范围和强大的表示能力，用其他形式的表示方法能表达的知识几乎都可以用语义网络来表示。

(4)将事物的属性以及事物间的各种语义联系显式地表示出来，是一种结构化的知识表示法。

2)语义网络表示法的缺点

(1)推理规则不十分明了，不能充分保证网络操作所得推论的严格性和有效性。

(2)如果节点个数太多，网络结构复杂，推理就难以进行。

(3)不便于表达判断性知识与深层知识。

2. 语义网络的结构

语义网络中的基本组成元素是点和边。

(1)语义网络中的点可以是实体、概念和值：实体也可称为对象或实例；概念也可称为类别、类等；值是实体的属性值，可以是常见的数值类型、日期类型或者文本类型。

(2)边可以表示点之间的语义关系，边可以分为属性与关系两类：属性描述实体某方面的特性，如出生日期、身高、体重等；关系可以认为是一类特殊的属性，当实体的某个属性值也是一个实体时，这个属性实质上就是关系。

语义网络中的边按其两端节点的类型可以分为概念之间的子类关系、实体与概念之间的实例关系,以及实体之间的各种属性与关系等。

1)语义基元

在语义网络表示中语义基元是最基本的语义单元,基本网元是指一个语义基元所对应的网络结构。语义基元可用一个三元组(节点1,边,节点2)来描述。它的结构可以用一个基本网元来表示。例如,用A、B分别表示三元组中的节点1、节点2,用R表示A与B之间的语义联系,那么语义基元所对应的基本网元的结构如图2-4所示。

将多个基本网元用相应的语义联系关联到一起就形成了语义网络。语义网络中边的方向是有意义的,不能随意调换,语义网络表示和谓词逻辑表示有着对应的表示能力。在逻辑上,一个基本网元相当于一组二元谓词。三元组(节点1,边,节点2)可用谓词逻辑表示为P(节点1,节点2),其中边的功能由谓词完成。

2)基本语义关系

(1)实例关系。实例关系是指一个事物是另一个事物的具体例子。例如"我是一个学生"的基本网元如图2-5所示。边上的语义标记为"ISA",即为"isa",含义为"是一个"。

图2-4 一个基本网元的结构

图2-5 实例关系

(2)分类关系。分类关系表示一个事物是另一个事物的一个成员,体现的是子类与父类的关系,边的语义标记为"AKO",即为"a kind of",例如"我是学生"的基本网元如图2-6所示。

(3)成员关系。成员关系体现个体与集体的关系,表示一个事物是另一个事物的成员。边的语义标记为"A-Member-of",例如,"虎是一种动物"的基本网元如图2-7所示。

图2-6 分类关系

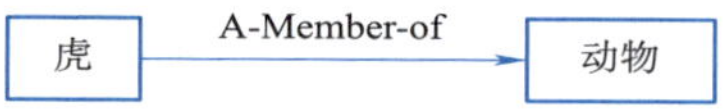

图2-7 成员关系

(4)属性关系。属性关系是指事物与其行为、能力、状态、特征等属性之间的关系,因此属性关系可以有许多种,边的语义标记为"Have"。例如,"我有手"的基本网元如图2-8所示。

(5)包含关系(聚类关系)。包含关系是指具有组织或结构特征的"部分与整体"之间的关系。边的语义标记为"Part-of"。与分类关系最主要的区别在于包含关系一般不具备属性的继承性。例如,"手是人体的一部分"的基本网元如图2-9所示。

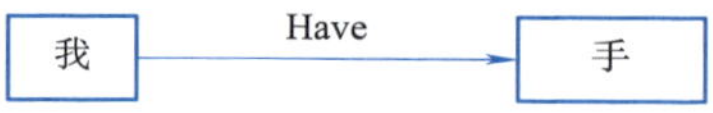

图2-8 属性关系

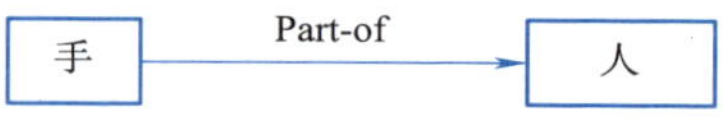

图2-9 包含关系

(6)时间关系。时间关系表示时间上的先后次序关系。常用的时间关系有:Before表示一个事件在另一个事件之前发生;After表示一个事件在另一个事件之后发生。例如,"数据结构课在离散数学课之后上"的基本网元如图2-10所示。

(7)位置关系。位置关系是指不同的事物在位置方面的关系,常用的位置关系有:

Located-on:表示某一物体在另一物体上面。

Located-at:表示某一物体所处的位置。

Located-under:表示某一物体在另一物体下方。

Located-inside:表示某一物体在另一物体内。

Located-outside:表示某一物体在另一物体外。

例如,“书在桌子上”的基本网元如图 2-11 所示。

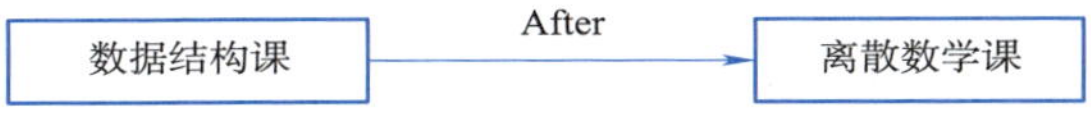

图 2-10　时间关系

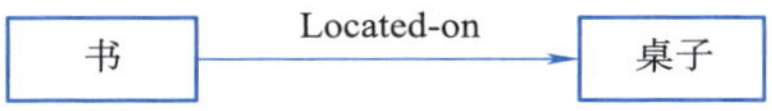

图 2-11　位置关系

2.5.2　事物与概念的表示

1. 表示一元关系

一元关系就是最简单、最直观的事物或概念,例如,“雪是白的”“天是蓝的”“我是一个学生”。

2. 表示较复杂关系

例如,“动物能吃、能运动;鸟是一种动物,鸟有翅膀、能飞;鱼是一种动物,鱼生活在水中、能游泳”的语义网络表示如图 2-12 所示。这些关系较一元关系更为复杂,可称为较复杂关系。

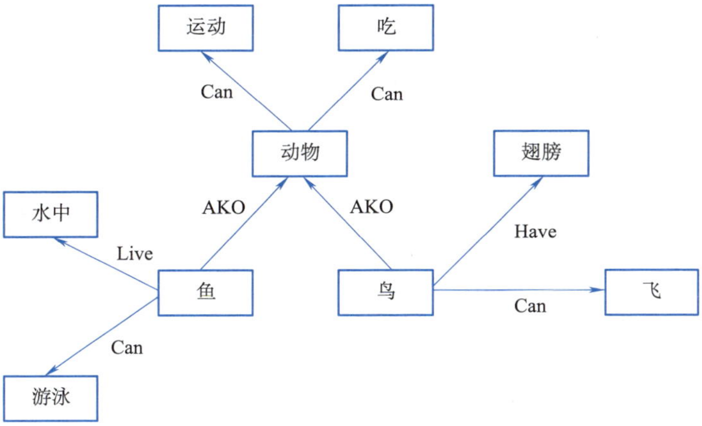

图 2-12　较复杂关系

3. 事件和动作的表示

用语义网络表示事件或动作时需要设立一个事件节点。事件节点有一些向外引出的边,表示动作的主体和客体。例如,“我给他一本书”的表示如图 2-13 所示。

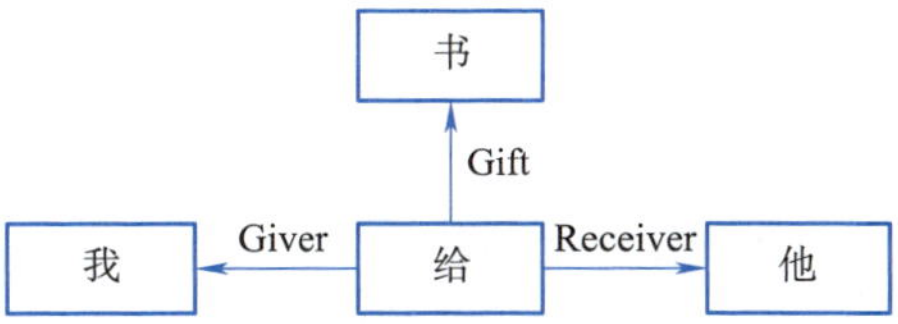

图 2-13　事件和动作的表示

例 2-3　语义网络表示知识。

刘和李是朋友,刘和王是同学。李是学生,所学专业是数学。王是学生,所学专业是计算机科学。刘所学专业是数据科学。使用语义网络表示出来,如图 2-14 所示。

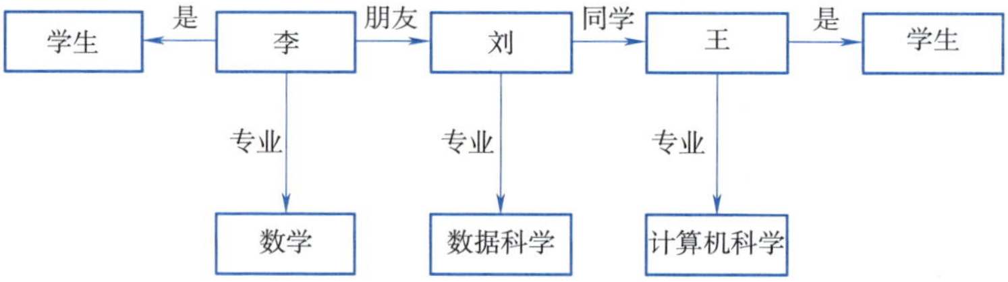

图 2-14 语义网络表示知识

2.6 框架表示法

框架表示法最突出的特点是善于表示结构性知识,能够将知识的内部结构关系以及知识之间的特殊关系表示出来,并将与某个实体或实体集的相关特性都集中在一起。一个具体事物可由槽中填入的值来描述,具有不同槽值的框架可以反映某一类事物中的各个具体的事物。相关的框架链接在一起形成了一个框架系统,框架系统中由一个框架到另一个框架的转换可以表示状态的变化、推理或其他活动。不同的框架可以共享同一个槽值,可以将不同角度搜集起来的信息较好地协调起来。

2.6.1 框架的基本结构

框架是一种描述固定情况的数据结构,一般可以将框架看成一个节点和关系组成的网络。框架的最高层次是固定的,并且它描述对于假定情况总是正确的事物,在框架的较低层次上有许多终端,称为槽。在槽中填入具体值,就可以得到一个描述具体事务的框架,每一个槽都可以有一些附加说明,称为侧面,其作用是指出槽的取值范围和求值方法等。一个框架中可以包含各种信息:描述事物的信息,如何使用框架的信息,关于下一步将发生什么情况的期望及如果期望的事件没有发生应该如何处理等信息,这些信息包含在框架的各个槽或侧面中。

框架由描述事物各个方面的若干个槽组成,每一个槽可以根据实际情况拥有若干个侧面,每一个侧面又可以拥有若干个值。在框架系统中每个框架都有自己的名字,称为框架名;每个槽都有自己的名字,称为槽名;每个侧面也都有自己的名字,称为侧面名。

(1)框架:用来指代某一类或某一个对象。

(2)槽:用来表示对象某个方面的属性。

(3)侧面:有时一个属性还要从不同侧面来描述。

槽/侧面的取值可以为原子型,也可以为集合型。

框架的结构如下:

Frame < 框架名 >

槽名 1:侧面名 1_1 值 1_{11},值 1_{12},…
    侧面名 1_2 值 1_{21},值 1_{22},…
……
槽名 2:侧面名 I_1 值 I_{11},值 I_{12},…
    侧面名 I_2 值 I_{21},值 I_{22},………
槽名 n:侧面名 n_1 值 n_{11},值 n_{12},…
    侧面名 n_2 值 n_{21},值 n_{22},…
……
    侧面名 n_m 值 n_{m1},值 n_{m2},…

2.6.2 框架的类型与层次结构

1. 框架的类型

框架分为下述两种类型:

(1)类框架:用于描述一个概念或一类对象。

(2)实例框架:用于描述一个具体的对象。

2. 框架的层次结构

(1)子类 $\xrightarrow{\text{subclass of}}$ 父类:类框架之间的包含关系。

(2)实例 $\xrightarrow{\text{Instance of}}$ 类:实例框架和类框架的从属关系。

下层框架可以从上层框架集成某些属性和值。

2.6.3 框架表示法的特点

(1)框架系统的数据结构和问题求解过程与人类的思维和问题求解过程相似。

(2)框架结构表达能力强,层次结构丰富,提供了有效的组织知识的手段,只要对其中某些细节做进一步描述,就可以将其扩充为另外一些框架。

(3)可以利用过去获得的知识对未来的情况进行预测,而实际上这种预测非常接近人的知识规律,因此可以通过框架来认识某一类事物,也可以通过一些实例来修正框架对某些事物的不完整描述,例如填充空的框架,修改默认值等。

(4)框架表示法与语义网络表示法存在类似问题。

①缺乏形式理论,没有明确的推理机制保证问题求解的可行性和推理过程的严密性。

②由于许多实际情况与原型存在较大的差异,因此适应能力不强。

如果框架系统中各个子框架的数据结构不一致,将影响整个系统的清晰性,造成推理的困难。

例 2-4 描述研究员有关情况的框架表示见表 2-1。

表 2-1 <研究员>框架表示

研究员有关情况的框架	填入具体数据的框架
框架名:< >	框架名:<研究员>
姓名:单位(姓名)	姓名:李勇
性别:范围(男,女)默认(男)	性别:男
年龄:岁	年龄:45
研究方向(方向名)	研究方向:机器学习
主持课题	主持课题:<国家级课题>
任职时间单位(年、月)	任职时间:2001 年 6 月

2.7 状态空间表示法

在经典控制理论中,建立数学模型是通过传递函数进行的,在这个过程中,只考虑输入和输出之间的关系,所以将系统变成一个黑盒子,其中的具体过程已被浓缩其中。而在现代控制理论中,首先从系统中抽取一些状态变量，通过表示这些状态变量之间的关系来描述这个系统，并将暴露系统的过程，所以不是一个黑盒子。描述方法采用的是状态空间法。系统被看作一个状态空间，状态空间表示法是用来表示问题及其搜索过程的一种方法，是人工智能最基本的形式化方法，主要是使用状态和算符表示问题。

2.7.1 问题的状态描述

1. 状态空间表示方法的三要素

1）状态

状态是为描述某类不同事物间的差别而引入的一组最少变量 $q_0,q_1,\cdots,q_n$ 的有序集合，其向量形式如下：

$$Q=(q_0,q_1,\cdots,q_n)^{\mathrm{T}}$$

式中，每个元素 $q_i(i=0,1,\cdots,n)$ 为向量的分量，又称状态变量。给定每个分量的一组值，就得到一个具体的状态：

$$Q_k=(q_{0k},q_{1k},\cdots,q_{nk})^{\mathrm{T}}$$

2）算符

算符（或操作符）是使问题从一种状态变化为另一种状态的手段。操作符可以是过程、规则、数学算子、运算符号或逻辑符号等。

3）状态空间

问题的状态空间是指某问题的全部可能状态及其关系，它主要包含三种集合，即所有可能的问题的初始状态集合 S、操作符集合 F 以及目标状态集合 G。因此，可将状态空间称为三元状态（S，F，G）。

2. 状态图

（1）可以使用一个带权的有向图表示状态空间，该有向图又称为状态空间图，在状态空间图中结点表示状态，有向边表示操作，整个状态空间就是一个知识模型。

（2）对于某个结点序列（$n_{i1},n_{i2},\cdots,n_{ik}$），当 $j=2,3,\cdots,k$ 时，如果每一个 $n_{i,j-1}$ 都有一个后继结点 n_{ij} 存在，就将这个结点序列称为从节点 n_{i1} 至结点 n_{ik} 的长度为 k 的路径。

（3）给边线指定数值以表示边线的权（代价）。

（4）图的显式说明是指各结点及其具有代价的边线用一张表明确给出。

（5）图的隐式说明是指各结点及其具有代价的边线不使用一张表明确给出。

从 S_n 结点到 G 结点的路径为求解路径，求解路径上的操作算子序列为状态空间的一个解。例如，操作算子序列 $O_1,O_2,\cdots,O_K$ 使初始状态 S 转换为目标状态 G：

$$S\xrightarrow{O_1}S_1\xrightarrow{O_2}S_2\xrightarrow{O_3}S_3\xrightarrow{O_4}\cdots\xrightarrow{O_k}G$$

$O_1,O_2,\cdots,O_k$ 为状态空间的一个解。

任何类型的数据结构都可以用来描述状态，例如，符号、字符串、向量、多维数组、树和表格等。所选用的数据结构需要与状态所蕴含的某些特性具有相似性。

2.7.2 状态空间表示法举例

1. 问题描述

在一个房间里有一只猴子、一个箱子和一束香蕉。香蕉挂在天花板下方，但猴子的身高有限，不能碰到它，为了获得香蕉，这只猴子只能将箱子推到香蕉下面的位置，然后猴子爬上箱顶，摘到香蕉。

2. 状态空间表示

设用四元组(w,x,y,z)，其中：

w：猴子的水平位置；

x：当猴子在箱子顶上时，可取到香蕉 $x=1$；否则取不到香蕉 $x=0$；

y：箱子的水平位置；

z：当猴子摘到香蕉时，$z=1$；否则 $z=0$。

初始状态：$(a,0,b,0)$。

目标状态：$(c,1,c,1)$。

3. 操作(算符)

(1)goto(u)：猴子走到水平位置 u；

(2)pushbox(v)：猴子将箱子推到水平位置 v；

(3)climbbox：猴子爬上箱顶；

(4)grasp：猴子摘到香蕉。

4. 求解过程

将初始状态$(a,0,b,0)$变换为目标状态$(c,1,c,1)$的操作序列为：

(1)goto(b)

(2)pushbox(c)

(3)climbbox

(4)grasp

初始状态为$(a,0,b,0)$，目标状态为$(c,1,c,1)$，执行 goto(b)唯一适用的操作，并导致下一状态$(b,0,b,0)$。现在有两个适用的操作，即 pushbox(c)和 climbbox。将所有适用的操作继续应用于每个状态，就能够得到状态空间轨迹，将初始状态变换为目标状态的操作序列为：

goto(b)→pushbox(c)→climbbox→grasp

而下述两个操作序列不能达到目标状态：

goto(b)→climbbox

goto(b)→pushbox(c)→pushbox(a)

其状态空间图如图 2-15 所示。

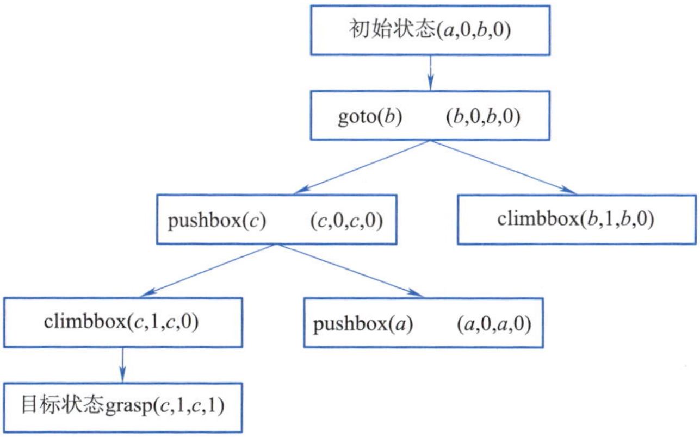

图 2-15 状态空间

小　结

知识与知识表示是人工智能的重要基础。本章主要内容包括知识的概念、特征和分类以及人工智能中常用的知识表示方法(主要包括产生式、谓词逻辑、语义网、框架和状态空间等常用知识表示方法)。此外,还有多种知识表示方法,如知识图谱的知识表示方法、脚本知识表示方法和过程知识表示方法等,由于篇幅所限,在本章没有介绍。通过本章的学习,读者可以掌握知识表示的基本方法,为后续的机器推理、知识图谱、机器学习和专家系统等方面的学习奠定基础。

第3章 机器推理

本章知识导图

- 机器推理
  - 机器推理基础
    - 思维与数理逻辑
    - 概念与判断
    - 推理及分类
    - 逻辑推理
  - 非单调推理
    - 单调逻辑与单调推理
    - 非单调逻辑与非单调推理
    - 非单调推理与单调推理的比较
  - 谓词逻辑推理
    - 谓词逻辑
    - 谓词逻辑自然推理的规则
    - 谓词逻辑自然推理的方法
  - 不确定性推理
    - 不确定性推理基础
    - 贝叶斯推理
    - 信度推理
    - 模糊推理
  - 推理控制策略
    - 正向推理
    - 反向推理
    - 混合推理
    - 冲突消解策略

3.1 机器推理基础

推理是人脑的重要基本功能，是求解问题的一种重要方法，人工智能的所有领域几乎都与推理有关。因此，要实现人工智能，就必须将推理的功能赋予机器，实现机器推理。机器推理又称为计算机推理或自动推理，它是人工智能的核心内容之一。

3.1.1 思维与数理逻辑

1. 思维及基本规律

1）思维

人类大脑对事物的认识活动是借助于概念、判断和推理等思维活动来进行，思维过程就是运用概念做判断的过程，思维是人的理性认识。思维对事物的间接反映是通过其他媒介作用认识客观事物，及借助已有的知识、经验和已知的条件推测未知的事物。

2）思维规律

思维规律是客观世界的规律在人们意识中的反映，是对事物发展过程中的本质联系和发展的必然趋势的再现。客观事物的规律和思维规律的一致是在认识中实现的,说明同一律是思维的基本规律。同一律是指在同一思维过程中,必须在同一意义上使用概念和判断,不能在不同意义上使用概念和判断。

2. 逻辑思维

逻辑思维是人们在认识过程中借助概念、判断、推理等思维形式能动地反映客观现实的理性认识过程,又称理论思维。只有经过逻辑思维,才能达到对具体对象本质规定的把握,进而认识客观世界。它是人的认识的高级阶段,即理性认识阶段。逻辑思维是思维的一种高级形式,是指符合世间事物之间关系,合乎自然规律的思维方式。

逻辑思维是一种确定的、不是自相矛盾的、有根据的思维。在逻辑思维中,要用到概念、判断、推理等思维形式和比较、分析、综合、抽象、概括等方法,而掌握和运用这些思维形式和方法的程度也就是逻辑思维的能力。

3. 数理逻辑

逻辑学是探索、阐述和确立有效推理原则的学科,最早由古希腊学者亚里士多德创建。用数学的方法研究推理、证明等问题的学科就称为数理逻辑。也称为符号逻辑。数理逻辑的主要分支包括:模型论、证明论、递归论和公理化集合论。数理逻辑和计算机科学多处重合,其原因是许多计算机科学的先驱者既是数学家,又是逻辑学家。程序语言学和语义学衍生于模型论,而程序验证衍生于模型论的模型检测。

3.1.2 概念与判断

推理是思维的最高形式,概念构成判断,判断构成推理,在总体上,思维就是由概念、判断和推理这三大要素所决定。

1. 概念

概念是存于人的大脑意识中的对象,只有本质的属性才能将一类对象与其他对象区别开来,所以概念能够有效地区别对象。概念的内涵和外延是概念最基本的逻辑特征,内涵反映概念中对象的本质属性,将内涵称为含义,外延是指具有概念所反映的本质属性的对象。例如,人的内涵是指能够使用文字符号的动物,外延是指世界上所有的人。

(1)概念间的关系。在逻辑学的思维规律的研究中,概念之间的关系是基于外延角度考虑,也就是说,是外延间的关系。主要分为四种,即全同关系、从属关系、交叉关系和全异关系,其欧拉图表示如图 3-1 所示。

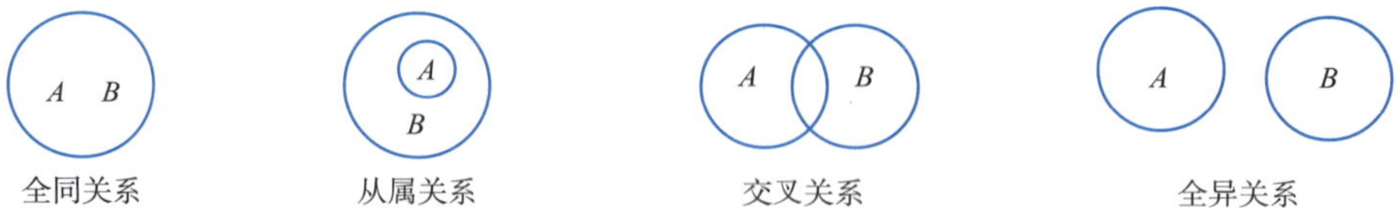

图 3-1 概念间关系的欧拉图表示

根据概念外延的数量,概念可以分为单独概念和普遍概念。根据概念指的是某类事物还是该类事物以外的事物,又可以将概念分为正概念和负概念。

2. 判断

判断是思维的核心部分,其含义是指根据一定的先知条件,借助拥有的知识,通过思维进行判定,推断得出结论的能力。判断是对思维对象是否存在,是否具有某种属性以及事物之间是否具有某种关系的肯定或否定。显然,没有判断就无法进行正常的解释活动。

3.1.3　推理及分类

推理方法是一种符号主义的方法，使用符号方法研究形式逻辑，出现了数理逻辑。在人工智能中，数理逻辑可用于知识表示与基于知识的推理，构造智能系统。

1. 推理

推理是人类求解问题的主要思维方法，推理就是按照某种策略从已有事实和知识出发，推出结论的过程。通过一个或几个被认为是正确的陈述、声明或判断达到另一真理的行动，而且相信这一真理是从前面的陈述、声明或判断中得出的。

在人工智能中，推理是从某些前提产生结论的行动。推理由判断组成，一个推理至少包含两个判断：一个已知判断和一个新判断。由已知判断推出未知的新判断是推理的主要特征。已知的判断与新的判断之间必有一定的关系，这种关系就是前提与结论之间的逻辑关系。将各种不同的推理形式简称为论式，每种论式都有自己的推理规则。推理是凭借推理规则将前提和结论两部分联结而构成的模式。前提、结论、推理规则是推理的三个基本要素。

2. 基于产生式规则的推理

利用产生式规则可以实现有前提条件的操作，也可以实现逻辑推理。实现操作的方法是当测试一条规则的前提条件满足时，就执行其后部的动作。利用产生式规则实现逻辑推理的方法是当有事实能与某规则的前提匹配时，就得到该规则后部的结论，表示为：

$$\begin{array}{c} A\rightarrow B \\ A \\ \hline B \end{array}$$

这里的大前提就是一个产生式规则 $A\rightarrow B$，小前提就是证据事实 A，结论是 B，上面的式子也就是基于产生式规则的一般推理模式。

3. 推理的分类

人类的智能活动呈现出多种思维方式，人工智能是人类智能的模拟，相应地出现了多种推理方式。

1）基于前提与结论之间蕴含程度划分

根据前提与结论之间蕴含程度，可将推理分为确定性推理和不确定性推理。

（1）确定性推理：推理所用的知识与证据都是确定的，推出的结论也是确定的，其结论或者为真或者为假。

（2）不确定性推理：推理所用的知识与证据不都是确定的，推出的结论也是不确定的。不确定性推理主要包括基于概率论的似然推理和基于模糊逻辑的模糊推理。

2）基于思维方式划分

逻辑思维是分析事物的因果关系，基于思维方式不同可将推理划分为演绎推理、归纳推理和类比推理。

（1）演绎推理：是从一般性认识推出个别性或特殊性认识的推理，从一般性的前提出发，通过推导得到具体描述或个别结论。

（2）归纳推理：是一种基于一系列已知事实来形成理论的逻辑形式，是从特殊到一般的逻辑。从一类事物的大量特殊事例出发，推出该类事物的一般性结论，推出的结论增加了新知识。

（3）类比推理：是从个别性或一类事物的认识推出个别性或一类事物认识的推理，使用类比对两个事物进行比较，来帮助人们进一步理解事物的意义。

3）基于前提的数量划分

根据前提的数量多少，推理可分为直接推理和间接推理两类。

（1）直接推理：只有一个前提的推理。例如，前提是一个性质判断的直接推理；前提是一个关系判断的直接推理；前提是一个假言判断的直接推理。

（2）间接推理：是由两个或两个以上的前提推出结论的推理。例如，由 $A=B$、$B=C$ 和 $C=D$ 这三个前提推出结论“$A=D$”。

4）基于结论是否递增划分

推理方法按照推理过程中推理出的结论是否单调递增，可划分为单调推理和非单调推理。

（1）单调推理：在推理的过程中，随着推理的方向向前推进和新的前提知识的加入，推理出来的结论逐步接近终极目标，多个命题的演绎推理就属于单调推理。

（2）非单调推理：在推理的过程中，随着新的知识的加入，需要否定已经推理出来的结论，将推理回退到前面的某一步，重新开始。

5）基于是否使用启发性划分

基于是否使用启发性知识可将推理划分为启发式推理和非启发式推理。

（1）启发式推理：使用启发式的规则和策略的推理过程。

（2）非启发式推理：没有使用启发式的规则和策略的推理过程。

6）基于推理方向划分

基于推理方向不同，可将推理分为正向推理、反向推理和混合推理，用于控制推理进行的策略。

（1）正向推理：是事实驱动推理，由已知事实得出结论。

（2）反向推理：是目标驱动推理，以某个假设作为出发点。

（3）混合推理：分为先正向后逆向和先逆向后正向两种方式。

（4）双向推理：双向推理从两个方向进行，直至某个中间界面上两个方向结果相符便成功结束。

基于不同依据而划分的推理分类如图 3-2 所示。实际上，一个推理可以分属不同的种类。例如，三段论推理属于演绎推理，也属于必然性推理（从真前提能够必然地推出真结论的推理），还属于间接推理。

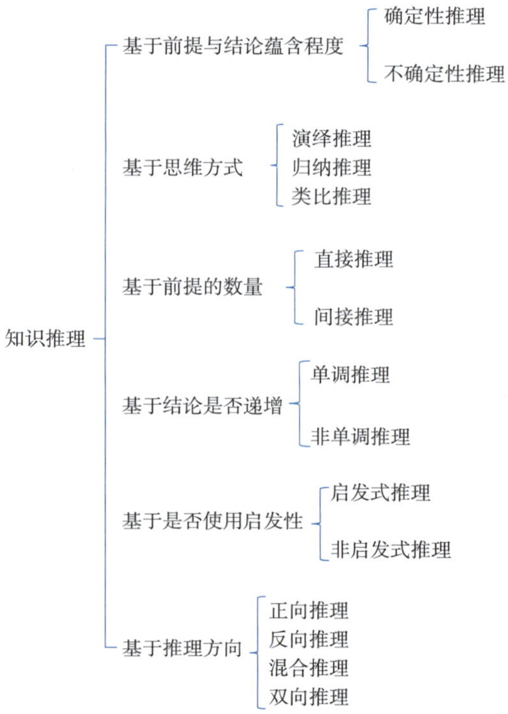

图 3-2 推理分类

3.1.4 逻辑推理

逻辑思维是分析事物的因果关系，基于逻辑进行推理，主要有演绎推理、归纳推理和类比推理。

1. 演绎推理

1）演绎推理的定义

演绎推理是从一般性的前提出发，通过推导来演绎出具体陈述或个别结论的过程。演绎推理自上而下的逻辑，常用来寻求现象来证明理论，它使用形式逻辑并在逻辑上产生结果。

关于演绎推理，存在以下几种定义：是从一般到特殊的推理；是前提蕴涵结论的推理；是前提和结论之间具有必然联系的推理。

演绎推理就是前提与结论之间具有充分条件或充分必要条件联系的必然性推理。演绎推理的逻辑形式是对人的思维保持严密性、一贯性，有着不可替代的校正作用。这是因为演绎推理保证推理有效的根据并不在于它的内容，而在于它的形式。演绎推理最典型、最重要的应用是逻辑证明和数学证明。

2）演绎推理的形式

演绎推理主要有三段论推理、假言推理、选言推理、关系推理等形式。

（1）三段论推理。三段论是由两个含有一个共同项的性质判断作为前提，得出一个新的性质判断为结论的演绎推理。三段论是演绎推理的一般模式，包含三个部分：大前提（已知的一般原理）；小前提（所针对的特殊情况）；结论（根据一般原理对特殊情况作出判断）。

例如：

大前提——所有金属都是闪光的；

小前提——铜是金属；

结论——所以铜是闪光的。

（2）假言推理。假言推理是以假言判断为前提的推理，分为充分条件假言推理和必要条件假言推理两种。

①充分条件假言推理的基本原则是：小前提肯定大前提的前件，结论就肯定大前提的后件；小前提否定大前提的后件，结论就否定大前提的前件。

②必要条件假言推理的基本原则是：小前提肯定大前提的后件，结论就要肯定大前提的前件；小前提否定大前提的前件，结论就要否定大前提的后件。

（3）选言推理。选言推理是以选言判断为前提的推理，分为相容的选言推理和不相容的选言推理两种。

①相容的选言推理的基本原则是：大前提是一个相容的选言判断，小前提否定了其中一个（或一部分）选言支，结论就要肯定剩下的一个选言支。

②不相容的选言推理的基本原则是：大前提是一个不相容的选言判断，小前提肯定其中的一个选言支，结论则否定其他选言支；小前提否定其中一个以外的选言支，结论则肯定剩下的那个选言支。

（4）关系推理。关系推理是前提中至少有一个是关系命题的推理。常用的关系包括：

①对称性关系推理，例如，1 m = 100 cm，所以 100 cm = 1 m。

②反对称性关系推理，例如，A 大于 B，所以 B 小于 A。传递性关系推理，例如，$A>B$，$B>C$，所以 $A>C$。

给出一段陈述，假设这段陈述是正确的，不容置疑的。要求根据这段陈述，选择一个答案。正确的答案应与所给的陈述相符合，不需要任何附加说明，即可以从陈述中直接推出。

2. 归纳推理

归纳推理是一种由特殊具体的事例推导出一般原理、原则的解释方法。从对个别事物的认识上升到对事物的一般规律性的认识。这是从个别事物得出一般性结论的推理过程。在进行归纳时，解释者不单纯运用归纳推理，同时也运用演绎法。在人们的解释思维中，归纳和演绎互相联系、互相补充、不可分割。

根据前提所考察对象范围的不同，将归纳推理分为完全归纳推理和不完全归纳推理。完全归纳推理考察某类事物的全部对象，不完全归纳推理则仅考察某类事物的部分对象。不完全归纳推理分为简单枚举归纳推理和科学归纳推理。不完全归纳推理的前提是其结论的必要条件。其次,归纳推理的前提是真实的,但结论却未必真实,可能为假。归纳推理有完全和不完全之分,不完全归纳推理是或然性推理的一种形式,或然性推理是其前提与结论间不具有蕴含关系的推理。

1)完全归纳

完全归纳是根据某类事物的所有情况都一一考察,做出一般结论。例如,通过直观得出,直角三角形的内角和是180°;锐角三角形的内角和是180°;钝角三角形的内角和也是180°,得出任意三角形的内角和都是180°。

2)不完全归纳

不完全归纳是仅根据某类事物中的部分情况具有某种属性得出一般性结论。例如,数学0的乘法、运算定律、分数的基本性质等,一般举几个例子,分别做出个别结论(即单称判断),然后做出一般结论(即全称判断)。

应用不完全归纳推理,有时根据不够多的几个事实,有可能得出不正确的结论。例如,3是质数、也是奇数;7是质数、也是奇数;11是质数、也是奇数。归纳出:所有的质数都是奇数。但是,2是质数,却是偶数。显然,获得的结论不正确。为此,使用不完全归纳推理所列举事实必须有代表性,而且,获得的结论还需要做进一步验证。

3. 类比推理

类比推理又称类推。类比推理是逻辑推理的方法之一,是启发人们进行创新思维的重要形式。类比推理是根据两个或两类事物在某些属性上有相同或相似之处,而且已知其中一个事物具有某种属性,由此推知另一个事物也可能具有这种属性的推理。

类比推理分为完全类推和不完全类推两种形式。完全类推是两个或两类事物在进行比较的方面完全相同时的类推;不完全类推是两个或两类事物在进行比较的方面不完全相同时的类推。

类比推理是从特殊性前提推出特殊性结论的一种推理,也就是从一个对象的属性推出另一对象也可能具有这属性。因为进行类比推理的两个事物虽有许多相似之点,但仍有一些差异,如果遇到有差异的属性,或者在第二个事物中根本没有这种属性,而仍使用类比推理,就会出现错误。由于类比推理所得的结论有或然性,所以不能代替科学论证,需要在推出结论后进一步论证或再通过实践检验。

3.2 非单调推理

非单调推理是在知识不完全的情况下进行的推理,对于非单调推理,如何提出合理的假设以及进行矛盾的处理是主要问题。

3.2.1 单调逻辑与单调推理

1. 单调逻辑

单调逻辑是指从前提推出的结论总是有效,即使后来又获得了新的信息,得出来的结论也不会否定以前推出的结论,所以结论集将随着前提集的增加而单调递增。

公理是指依据人类理性的不证自明的基本事实,依据人类理性和愿望发展起来的大家共同遵从的道理。一个公理系统是一个公理的集合,其中一些或全部公理可以用来逻辑地导出定理。经典逻辑是单调的逻辑,以一个无矛盾的公理系统为基础。多数形式逻辑都有单调性的推论关系,也就是说,如果一个句子可以从前提的集合中推理出来,则它也可以从将这个前提集合作为子集包含的任何前提集合中推理出来，这表明向理论增加一个公式永不引起它的推论集合的减小，简单地说，单调性表示学习一些新知识不能减少已知知识。

2. 单调推理

单调推理是指随着推理向前推进及新知识的加入，推出的结论越来越接近终极目标。其中加进系统的新知识必须与已有的知识不矛盾。随着运行时间的推移，系统内含的知识有增无减，这就是单调推理的单调性。单调性的优点如下：

(1)加入新命题时无须审查与系统原有知识的相容性，因为这些新命题只能是已有知识的逻辑推理结果，不可能引起矛盾。换言之，加入的新命题必定为永真。

(2)不需要记忆推导过程，因为推导的结论永远不会失败，不存在事后审查推导过程的需求问题。

3. 单调逻辑不能处理的问题

单调逻辑不能处理如下推理任务：

(1)缺省推理。缺省推理是指事实已知，但缺乏反面的证据。例如，如果给出一个动物是鸟，并且不知道其他事情，仅假定它能飞。如果后来知道这个动物其实是企鹅，仅假定它能飞的这个事实必须撤销。这个例子也说明缺省推理逻辑不应当为单调逻辑。

(2)溯因推理。溯因推理是从已知事实推导出可能解释的过程。事实只按最合适的解释演绎出来。溯因逻辑不应当是单调的，因为最可能的解释并非必然正确。例如，看到潮湿的草地最可能的解释是浇水了，但是在知道了草地潮湿的真正原因是下雨了的时候，这个是浇水了的解释应当被撤销。因为获得了增加的知识(下雨了)，旧的解释(浇水了)被撤销了。因此，溯因推理也不是单调推理。

(3)知识推理。对于知识的推理，在事实变成已知的时候，对一个无知的事实必须被撤消，这违反了单调性的条件。在非单调逻辑中，随着新信息的加入，原有的结论可能会被推翻或修正。这与单调逻辑形成对比，在单调逻辑中，一旦某个结论被推导出来，它就不会因为新信息的加入而被否定。在非单调逻辑中，一个无知的事实(即某个知识是未知的)在获得新的信息后，可能会被撤消。这是因为新信息可能会揭示这个无知的事实实际上是错误的，或者是不完全的。因此，非单调逻辑允许我们根据新的证据来修正或撤消先前的结论。例如，假设有一个知识库，其中包含以下公式：

如果某物体是鸟，那么它会飞。

某物体是鸟。

该物体是否会飞是未知的。

现在，获得了一个新的信息，即该物体是一只企鹅。由于企鹅是一种特殊的鸟，它不会飞。因此，需要撤消原先的结论(即该物体是否会飞是未知的)，并得出新的结论：该物体不会飞。这个例子说明了非单调逻辑中的推理过程，其中新信息的加入导致原有结论的撤消和修正，这种推理方式在处理现实世界中的不确定性和不完全信息时非常有用。

3.2.2　非单调逻辑与非单调推理

1. 非单调逻辑

非单调逻辑能够完成非单调推理，非单调逻辑是指知识库加入新知识后，原有的推论可被推翻的逻辑。也就是说，知识库中的推论不随知识增长而增长，呈现了非单调递增情况。这时需采用合理机制维持，确保推理继续进行。因此，非单调推理是在知识不完全的情况下所进行的推理。

2. 非单调推理

在解决复杂问题的过程中,经常面对不完全信息、不断变化的场景,难以找到一组一致性的逻辑公式来表示,如果能找到,也不能保证在变化的环境中保持一致性。为此,可以允许包含假设,将假设作为推理的依据。但在推理过程中,随着新事物的出现,可能发现原先所做的假设不正确,应予删除,从而造成推理的非单调性,即新知识(事实)的加入会引起已有知识的删除。这就是面向非单调推理的概念、方法和技术。

可以看出,对于非单调推理,如何提出合理的假设以及如何处理矛盾是主要问题。

3. 非单调性的特征

推理形式呈现非单调性的特征,非单调性即非演绎性。归纳推理、模糊推理和概率推理都具有非单调性的特征。非单调推理具有一定的灵活性,所得结论具有暂时性。随着新信息的出现,可以不断修正结论。这满足了常识推理的要求。非单调推理可以处理日常情景中所遇到的复杂推理问题。在实际应用中,很少拥有所需的一切信息。在缺乏信息时,一个有效的作法就是根据已有信息和经验做有益的猜测,构造这些猜测的过程称为缺省推理。

缺省推理是在知识不完全的情况下,假设某些条件已经具备所进行的推理。例如,在条件 A 已成立的情况下,如果没有足够的证据能够证明条件 B 不成立,则缺省 B 是成立的,并在此缺省的前提下进行推理,推导出某个结论。在缺省的推理过程中,如果某一时刻发现原先的假设不正确,则需要撤销缺省前提以及由此推出的结论,重新按新情况进行推理。

缺省逻辑是用来形式化有缺省假定推理的非单调逻辑。缺省逻辑可以表达缺省某个事物是真的事实;相反,标准逻辑只能表达某个事物为真或某个事物为假。因为推理经常遇到在多数时是真、但不总是真的事实的推理情况。缺省逻辑则形式化这样的推理规则,而不需要明确提及所有的例外。例如:鸟通常能飞。这个规则可以在标准逻辑中表达为要么所有鸟都能飞,这与鸵鸟、企鹅不能飞的事实相矛盾;要么除了企鹅、鸵鸟等的所有鸟都能飞,这就要求规则指定出所有的例外。

4. 非单调推理的最终目标

非单调推理的最终目标是实现推理的合理性,这不同于单调推理所要求的有效性。推理的合理性往往带有时效性和主观性,这种时效性与主观性体现出模态的特征。

(1)时效性。时效性体现在所相信的事实暂时为真,而非永久为真。随着时间推移,有用信息的扩大,所相信的事实可能为假,或者在某段时间内为假。

(2)主观性。主观性体现在相信某事实为真的主体之间,对于判断事实为真的标准的认定可能不一致。

3.2.3 非单调推理与单调推理的比较

非单调推理与单调推理二者都是一种推理模式,在功能上都能从前提中得出相应的结论。但不同的是:

(1)在推理的形式上,单调推理呈现线性特征,而非单调推理不呈现线性特征。

(2)在推理的有效性上,单调推理要强于非单调推理,但单调推理在常识推理中的应用范围要远小于非单调推理。

(3)在常识推理中,非单调推理要比单调推理更加灵活。

更具体地说,单调推理是非单调推理的基础。这就类似于演绎推理是归纳推理、模糊推理和概率推理的基础。非单调推理的合理性试图逼近单调推理所具有的有效性,使得犯错误的风险尽可能地小,以获得更多可靠的结论。

3.3　谓词逻辑推理

3.3.1　谓词逻辑

在前一章介绍了基于谓词逻辑的知识表示方法，在这里，进一步介绍基于谓词逻辑的知识推理方法。谓词逻辑是能够表达人类思维活动规律的一种最精准的形式语言。它不仅接近人类的自然语言，又可方便将知识存于计算机中，并可以被计算机进行精确处理。命题是一个非真即假的陈述句，一个命题可在一种条件下为真，在另一种条件下为假。命题逻辑是命题及命题之间关系的逻辑系统，由于命题包含的信息量太少，命题逻辑无法将所描述的事物的结构及逻辑特征反映出来，也不能将不同事物间的共同特征表述出来，但谓词逻辑克服了命题逻辑的弊端，可以精准描述和精确处理。

1. 谓词逻辑基本成分

1）命题

一个陈述句称为一个断言，有真假意义的断言称为命题，命题只有真、假两种情况，是非真即假的陈述句。

2）论域

论域也称为个体域，是由讨论对象的全体构成的非空集合。

3）谓词与个体

谓词刻画个体的性质、状态或个体之间的关系。谓词实现的是从个体域中的个体到真或假的映射。谓词分为谓词名和个体两个部分。谓词名表示个体的性质、状态或个体之间的关系，用大写英文字母表示谓词，用小写英文字母表示命题中的主语。主语可以是常量、变元和函数。

谓词的一般形式为：$P(x_1, x_2, \cdots, x_n)$。其中，P 为谓词名，它刻画个体的性质、状态或个体间关系。$x_1, x_2, \cdots, x_n$是某个独立存在的事物或某个抽象概念的个体。

（1）个体是常量：一个或一组指定的个体。

例如，Wang is a teacher：TEACHER（Wang）

TEACHER 为谓词名，Wang 为一个抽象的概念的个体。

（2）个体是变元，没有指定的一个或一组个体，只有将个体赋值后才能判断真假。

例如，$x<5$：LESS（x，5）

（3）个体可以是函数，函数是一个个体到另一个个体的映射，函数本身没有真值。在谓词逻辑中，函数本身不能单独使用，它必须嵌入谓词之中。

例如，The father of Li is a teacher：TEACHER（father（Li））

其中，TEACHER 是谓词，而 father 是函数。

4）连接词

（1）否定：非，$\neg$。

（2）析取：或，$\vee$。

（3）合取：与，$\wedge$。

（4）蕴含：如果条件 P 为 F 时，不管 Q 值为 T 或 F，$P \rightarrow Q$ 为 T。

（5）等价：当且仅当 P 和 Q 的值相同时，$P \leftrightarrow Q$ 值为 T。

（6）连接词的优先级为：量词、非、合取、析取、蕴含、等价。

可以看出:一元运算优先于二元运算,非运算优先级最高,然后是合取、析取、蕴含、双蕴含。另外,量词(全称量词、存在量词)的优先级要高于上述运算符。

谓词逻辑真值表见表 3-1。

表 3-1 谓词逻辑真值表

P Q	$\neg P$	$P \vee Q$	$P \wedge Q$	$P \to Q$	$P \leftrightarrow Q$
T T	F	T	T	T	T
T F	F	T	F	F	F
F T	T	T	F	T	F
F F	T	F	F	T	T

5)量词

量词用来对个体的数量进行约束。常用的量词有:全称量词 $\forall$ 和存在量词 $\exists$。

(1)全称量词($\forall x$):对个体域中所有个体 x。

例如:所有机器人都是灰色的:$(\forall x)[\mathrm{ROBOT}(x)] \to \mathrm{COLOR}(x, \mathrm{gray})]$。

(2)存在量词($\exists x$):在个体域中存在个体 x。

例如:$r1$ 号房间有个物体:$(\exists x)\mathrm{INROOM}(x, \mathrm{r1})$。

(3)全称量词和存在量词出现的先后次序会影响命题的内容。

$(\forall x)(\exists y)\mathrm{FRIEND}(x,y)$:表示对于个体域中的全部个体 x 都存在一个个体 y,x 与 y 是朋友。

$(\exists x)(\forall y)\mathrm{FRIEND}(x,y)$:表示在个体域中存在一个个体 x,与个体域中的任何个体 y 都是朋友。

$(\exists x)(\exists y)\mathrm{FRIEND}(x,y)$:表示在个体域中存在一个个体 x 与另一个个体 y 是朋友。

$(\forall x)(\forall y)\mathrm{FRIEND}(x,y)$:表示对于个体域中的任何两个个体 x 和 y 都是朋友。

(4)量词的辖域:位于量词后面的单个谓词或用括号括起来的谓词公式。

(5)约束变元与自由变元:辖域内与量词中同名的变元称为约束变元;不同名的变元称为自由变元。

例如:$(\exists x)(P(x,y) \to Q(x,y)) \vee R(x,y)$

$(\exists x)$的辖域内的变元 x 是受$(\exists x)$约束的约束变元,$R(x,y)$中的 x 是自由变元,所有 y 也都是自由变元。

2. 谓词公式

谓词公式是指对谓词进行自由包含和组合连接词与量词所构成的公式。将单个谓词称为原子谓词公式。谓词公式在个体域上的解释是个体域中的实体对谓词演算表达式的每个常量、谓词和函数符号的指派。对于每一个解释,谓词公式都能求出一个真值。

谓词公式的主要性质如下:

(1)永真性:如果谓词公式 P 对个体域 D 上的任何一个解释都取得真值 T,则 P 在 D 上是永真的;如果 P 在每个非空个体域上均永真,则 P 永真,并称为重言式。

(2)可满足性:对于谓词公式 P,如果至少存在一个解释,使得 P 在此解释下的真值为 T,则称 P 是可满足的,否则,P 是不可满足的。

(3)等价性:设 P 与 Q 是两个谓词公式,D 是它们共同的个体域。如果对 D 上的任何一个解释,P 与 Q 都有相同的真值,则称公式 P 和 Q 在 D 上等价,如果 D 是任意个体域,则 P 和 Q 等价,记为 $P \leftrightarrow Q$。

(4)谓词公式的永真蕴含:对于谓词公式 P 与 Q,如果 $P \rightarrow Q$ 永真,则称公式 P 永真蕴含 Q,且称 Q 为 P 的逻辑结论,称 P 为 Q 的前提,记为 $P \rightarrow Q$。

3.3.2　谓词逻辑自然推理的规则

谓词演算的推理规则有:US、ES、EG 和 UG 规则,使用这些限制条件是对于同一个客体变元,应先去 $\exists$,再去 $\forall$ 量词,必须是公式最左边的量词,且前面没有任何符号。在公式末尾添加量词时,也是最左边开始,辖域到末尾。

推理是从前提推出结论的思维过程,前提为已知公式,结论是指从前提出发,应用推理规则推出的公式。显然,如果推理正确,而且前提也正确,则结论一定也正确。将谓词逻辑中的推理方法称为自然推理方法,常用的自然推理规则如下。

1. 基本规则

(1)P 规则(premise rule),是前提引入规则。P 规则允许在逻辑推导或证明的过程中,引入(或假设)前提集合中的任意一个前提作为当前推导步骤的一个有效部分。P 规则是逻辑证明的基础。没有 P 规则,就无法将给定的初始假设或已知条件引入证明过程。它是构建证明的起点。如果有一个前提集合,比如$\{A,B,C\}$,那么在任何时候,都可以单独写下 A,或者 B,或者 C,并注明它是根据 P 规则引入的。例如:

$A(P)$//引入前提 A

$B(P)$//引入前提 B

$C(P)$//引入前提 C

P 规则是演绎推理系统(如自然演绎系统)中的一个基本规则。它确保了证明能够从给定的初始信息开始。没有它,就无法利用任何给定的前提来推导出结论。P 规则与其他推理规则(如下面的全称特指规则 T)不同。其他规则通常依赖于前面已经推导出的命题来进行新的推导,而 P 规则则允许直接“插入”一个原始前提,无论之前推导了什么。

简单来说,P 规则就是告诉这个(来自前提集合的)命题是真的,可以用它来做下一步推导了,它是逻辑证明得以开始的基石。

(2)T 规则(transformation rule),在逻辑学中通常被称为转换规则或传递规则。这些名称反映了该规则的核心功能:将全称命题(普遍性命题)转换为特定命题(特指命题)。全称特指规则的核心是从一个全称命题(例如“所有 x 满足 $P(x)$”)推导出一个特定命题(例如“某个特定个体 y 满足 $P(y)$”)。这种转换过程在逻辑推理中具有普遍性,因此用“T”作为简写符号。T 规则允许从全称命题中推导出关于某一特定个体的结论。例如,从“所有鸟都会飞”可以推导出“某只特定的鸟会飞”。这种推导是必然的,因为全称命题的真值已经隐含了特指命题的真值。如果全称命题为真,那么它必然适用于其类别的每一个成员。T 规则体现了逻辑推理中的“从普遍到特殊”的思维方式。它帮助我们从一般性结论中提取具体信息,是逻辑推理中不可或缺的工具。在非单调逻辑中,T 规则的应用尤其重要,因为它允许根据新的信息修正或撤销原有的结论。例如,当发现某个特指命题不符合全称命题时,可以推导出新的结论。

总之,T 规则的命名来源于其功能中的“转换”或“传递”特性,即将全称命题转换为特指命题。这种命名方式在逻辑学中是合理的,并且广泛用于描述该规则的逻辑功能。

2. 消去和添加量词的规则

在谓词逻辑的推理中,前提和结论均有量词出现,只有消去前提中的量词,才能运用命题逻辑的推理规则,而推导出的结论又必须适当加上量词,才能得到含有量词的最后结论。因此,定义了消去和添加量词的规则。

1）US 规则

US（universal instantiation）规则又称全称实例化规则，是消去全称量词的基本规则。如果个体域的所有个体都具有性质 A，则个体域中的任一个体都具有性质 A，则可消去全称量词

$$\forall xA(x)\rightarrow A(y) \quad 或 \quad \forall xA(x)\rightarrow A(c)$$

换成常元还是变元主要取决于要证明结论的形式，上述规则成立的条件是：

（1）取代 x 的 y 应为任意不在 $A(x)$ 中约束出现的个体变元。

（2）用 y 取代 $A(x)$ 中自由出现的 x 时，必须将所有的 x 都取代。

（3）自由变元 y 也可替换为个体域中任意的个体常元 c，c 为任意不在 $A(x)$ 中出现的个体常元。前两点就是保证不要与其他的符号重复。

2）ES 规则

ES 规则是消去存在量词的规则。存在量词的属性是存在，如果个体域存在具有性质 A 的个体，则个体域中必有某一个个体具有性质 A。

$$\exists xA(x)\rightarrow A(c)$$

规则成立的条件：

（1）c 是个体域中使 A 为真的特定的个体常元。

（2）不曾在 $A(x)$ 或前面的推导公式中出现过。

（3）$A(x)$ 中除了自由出现的 x 外，还有其他自由出现的个体变项不能用此规则。

前两个显而易见，对于第（3）个考虑 $\exists yF(x,y)$，并不能得出 $F(x,c)$。$F(x,c)$ 表示的是对于指定的 c，任意的 x 都满足 F，错误在于：如果 F 表示大小关系，c 的具体指定可能与 x 的取值有关。

3）UG 规则

UG 规则是全称量词的推广规则。如果个体域的任意个体都具有性质 A，则个体域中的所有个体都具有性质 A。

$$A(y)\Rightarrow \forall xA(x)$$

规则成立的条件：

（1）y 在 $A(y)$ 中自由出现，且 y 取任何值时 A 均为真。

（2）x 不在 $A(y)$ 中约束出现（符号不重复即可）。

4）EG 规则

EG 规则是存在量词的推广规则。如果个体域有某一个个体 c 具有性质 A，则个体域中必存在具有性质 A 的个体，即能找出一个就表示其存在。

$$A(c)\Rightarrow \exists xA(x)$$

规则成立的条件：

（1）c 是个体域中某个确定的个体。

（2）代替 c 的 x 未在 $A(c)$ 中出现过（符号不重复即可）。

例 3-1 P、ES 和 T 自然推理规则的使用。

（1）$\exists xA(x)$	P
（2）$A(c)$	ES（1）
（3）$\exists xB(x)$	P
（4）$B(c)$	ES（3）
（5）$A(c)\cap B(c)$	T（2），（4）

在上述推理中,第(5)步使用 T 规则出错,原因是使 A 成立的个体不一定能够使 B 也成立。

例 3-2　证明 $\forall xP(x)$,由 $\exists x(P(x)\to Q(x))$ 推出 $\exists x(Q(x))$。

(1) $\exists x(P(x)\to Q(x))$	P
(2) $P(x)\to Q(x)$	ES(1)
(3) $\forall xP(x)$	P
(4) $P(c)$	ES(3)
(5) $Q(c)$	T(2) (4)
(6) $\exists x(Q(x))$	EG(5)

3.3.3　谓词逻辑自然推理的方法

在谓词逻辑中,常用的自然推理方法有:永真推理、假设推理和反证推理。

1. 永真推理

永真式指重言式。如果一个公式,对于它的任一解释其真值都为真,则称公式为永真式。数理逻辑旨在利用有限的公理推出尽可能多的永真式。永假式又称矛盾式,如果对任意一个赋值 V,都有 $V[A]=0$,即公式 A 对任一赋值均取假值,则公式 A 为永假式。

永真推理是建立在永真式、领域知识及规则基础上的正向推理。由于永真式及规则是常识,所以永真推理是建立在领域知识(已知条件)基础之上的正向推理。谓词逻辑中的永真推理方法就是谓词逻辑中的定理证明。证明是一个过程。证明条件是由已知条件到定理的一种形式化过程的规范描述。

2. 假设推理

假设推理是永真推理中的一种,也是一种正向推理。所不同的是,在假设推理中,需要求证的定理具有 $A\to B$ 的形式,此时,可将 A 作为已知条件列入,而所求证的定理仅为 B。这样可以做到增加已知部分,又减少求证部分,进而达到简化证明的目的。

3. 反证推理

反证推理与永真推理的区别是:

(1)目标不同。

永真推理:通常的目标是直接从已知的前提($P_1,P_2,\cdots,P_n$)出发,通过一系列逻辑有效的步骤,推导出要证明的定理 Q。即证明 $P_1\wedge P_2\wedge\cdots\wedge P_n\to Q$ 是一个永真式。

反证推理:目标是证明定理 Q 为真。它通过假设 Q 的否定($\neg Q$)为真,然后结合已知前提($P_1,P_2,\cdots,P_n$),推导出一个逻辑矛盾(例如,推导出 $R\wedge\neg R$,或者推导出某个已知为假的前提 P_i)。这表明前提($P_1,P_2,\cdots,P_n$)与 $\neg Q$ 无法同时为真。根据排中律($P\vee\neg P$ 恒真),既然($P_1\wedge P_2\wedge\cdots\wedge P_n$)$\wedge\neg Q$ 导致矛盾(必为假),那么($P_1\wedge P_2\wedge\cdots\wedge P_n$)$\to Q$ 就必须为真,从而证明了 Q。

(2)起点不同。

永真推理:起点是已知的前提 $P_1,P_2,\cdots,P_n$。

反证推理:起点是已知的前提 $P_1,P_2,\cdots,P_n$ 以及要证明的定理 Q 的否定 $\neg Q$(这个 $\neg Q$ 在反证法中被当作一个临时添加的假设)。

(3)过程与结果不同。

永真推理:过程是正向推导,目标是得到 Q,结果是 Q 被证明。

反证推理:过程是在假设 $\neg Q$ 成立的情况下进行推导,目标是得到一个矛盾(一个永假式,常用符号“□”表示)。结果是因为推导出了矛盾,说明最初的假设$\neg Q$在前提$P_1, P_2, \cdots, P_n$下不成立,因此Q必须成立。

反证法是一种强大的证明技术。它通过引入要证命题的否定作为假设,并展示这个假设会导致逻辑上的不可能(矛盾),从而间接证明原命题必然为真。这与直接从前提推导出结论的永真推理(或直接推理)形成了对比。

3.4 不确定性推理

主观贝叶斯方法是基于概率论而建立的不确定性推理,模糊推理是基于模糊理论而建立的不确定性推理。

3.4.1 不确定性推理基础

1. 不确定性的含义

(1)(狭义)不确定性:所表示事件的真实性不能完全肯定,而只能对其为真的可能性给出某种估计。

(2)不确切性(模糊性):一个命题中所出现的某些言词的含义不够确切,在概念上,也就是其代表的概念的内涵没有硬性的标准或条件,其外延没有硬性的边界,即边界是不明确的。

(3)不完全性:对某事物来说,关于它的信息或知识还不全面、不充分。例如,在有关信息不完全的情况下,仍然可以通过分析、推理等手段得到最终结果。

(4)不一致性:在推理过程中发生了前后不相容的结论,或随着时间的推移或者范围的扩大,原来一些成立的命题已变得不成立、不适合了。

2. 不确定性推理及其分类

1)不确定性推理的定义

不确定性推理是指建立在不确定性知识和证据的基础上的推理。不完备、狭义不确定性知识的推理和模糊知识的推理等都属于不确定性推理。其实质都是一种从不确定的初始证据出发,通过运用不确定性知识,最终推出具有一定程度不确定性结论,但却又是合理或基本合理结论的思维过程。

由于不确定性推理中所用的知识和证据都具有某种程度的不确定性,所以推理机制设计除了解决推理方向、推理方法、控制策略等基本问题以外,还需要解决不确定性的表示与量度、不确定性匹配、不确定性的传递算法以及不确定性的合成等问题。

不确定性推理中存在三种不确定性,也就是知识不确定性、证据不确定性和结论不确定性。在选择知识的表示方式时,需要考虑能够准确地描述问题本身的不确定性和便于推理过程中不确定性的计算。知识静态强度是指知识的可信程度,在专家系统中的知识静态强度是由领域专家给出,通常是一个数值。可以使用概率、信度、隶属度和程度描述知识静态强度。

(1)用概率来表示知识静态强度。如果用概率来表示知识强度,则其取值范围为[0,1],该值越接近于1,说明该知识越接近于真;其值越接近于0,说明越接近于假。

(2)用信度来表示知识静态强度。信度是指测量结果的可靠性、一致性和稳定性,即测验结果是否反映了被测者的稳定的、一贯的真实特征。如果用信度来表示静态强度,则其取值范围为[-1,1]。当该值大于0时,值越大,说明知识越接近于真;当其值小于0时,值越小,说明知识越接近于假。

(3)用隶属度表示知识静态强度。隶属度是后者对前者的隶属关系程度,用隶属度表示知识静态强度，则其取值范围为[0,1]区间，该值越接近于0，隶属度越低；反之，越接近于1，隶属度越高。

（4）用程度来表示静态强度。程度就是一个命题中所描述事物的特征强度。程度化方法是给语言特征值（简称语言值）附加一个程度的参数来刻画对象的特征。并将这种附有程度的语言值称为程度语言值，其一般形式为

（<语言值>，<程度>）

例如，使用（高，0.8）表示一个人身高的程度。基于程度化知识的推理比确切推理多了一个程度计算的过程。推理时除了要进行符号推演操作外，还要进行程度计算。将这种附加程度计算的推理称为程度推理。程度推理的一般模式是等于符号推演加上程度计算。

在推理过程中，规则的前件要与证据事实匹配成功，不但要求两者的符号模式能够匹配，而且要求证据事实所含的程度必须达到已定的阈值。所推得的结论是否有效，也取决于其程度是否达到已定的阈值。

2）证据不确定性的表示

如果按照证据的组织形式，可分为基本证据和组合证据。基本证据是指那种单一证据或单一证据的否定。组合证据是指那种将多个基本证据组织到一起形成的复合证据。

如果按照证据的不同来源，可分为初始证据和中间结论。初始证据是指在推理之前由用户提供的原始证据，其信度是由提供证据的用户给出；中间结论是指在推理中所得到的中间结果，它将被存入综合数据库，并作为以后推理的证据来使用，其信度是在推理过程中按不确定性更新算法计算出来的。

证据不确定性的表示应包括基本证据的不确定性表示和组合证据的不确定性计算。基本证据的不确定性表示方法与知识的不确定性表示方法一致，以便推理过程能够对不确定性进行统一处理。

当一个知识的前提条件是由多个基本证据组合而成时，多个基本证据的组合方式可以是析取关系，也可以是合取关系。组合证据的不确定性可在各基本证据的基础上由最大最小方法、概率方法和有界方法等计算而获得。

3）结论不确定性的表示

由于使用的知识和证据具有的不确定性，使得出的结论也具有不确定性。这种结论的不确定性也称为规则的不确定性，它表示当规则的条件被完全满足时，产生的某种结论的不确定程度。在不确定性推理过程中，如果出现由多个不同知识推出同一结论，并且推出的结论的不确定性程度又各不相同，那么需要对这些不同的不确定性进行合成，求出该结论的综合不确定性。

4）不确定性推理类型

不确定性推理类型包括非数值方法和数值方法，如图3-3所示。其中，常用的是数值方法的不确定性推理。

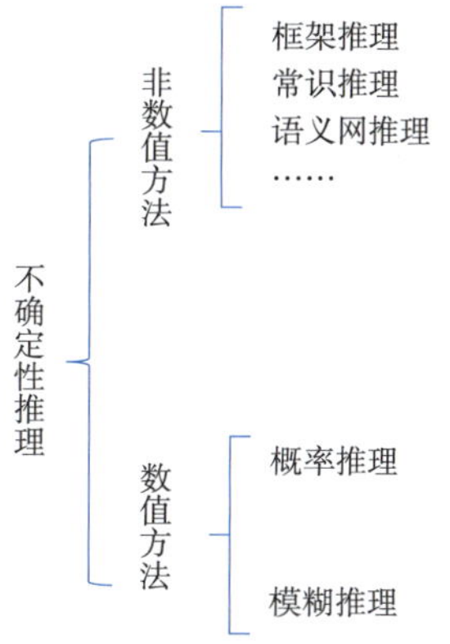

图 3-3　不确定性推理分类

应用概率论与模糊数学产生两种不同的不确定性推理。概率论用于处理随机现象，事件本身有明确的含义，只是由于条件不充分，使得在条件和事件之间不能出现确定性的因果关系。对于模糊现象，概念本身就不明确，一个对象是否符合这个概念难以确定，属于模糊的概念。

3.4.2　贝叶斯推理

贝叶斯推理是推论统计的一种方法。这种方法使用贝叶斯定理，在有更多证据及信息时，更新特定假设的概率。贝叶斯推理是统计学（特别是数理统计学）中很重要的技巧之一。

1. 贝叶斯公式

如果 B 是一个事件，而 A 是另一个事件，两者不互斥，则在 A 发生后 B 发生的条件概率为

$$P(B|A)=(B\text{ 和 }A\text{ 同时发生的概率})/(A\text{ 发生的概率})=P(B\wedge A)/P(A)$$

同样，因为 $$P(A|B)=P(A\wedge B)/P(B)$$

因此 $$P(A\wedge B)=P(B)P(A|B)=P(A)P(B|A)$$

所以贝叶斯公式为 $$P(B|A)=P(B)P(A|B)/P(A)$$

2. 全概率公式

全概率公式是概率论中的重要公式，它将对一复杂事件 A 的概率求解问题转化为了在不同情况下发生的简单事件的概率的求和问题。如果事件 B_1、B_2、B_3、…、B_n 构成一个完备事件组，即它们两两互不相容，其和为全集，并且 $P(B_i)$ 大于 0，则对任一事件 A 有

$$P(A)=P(A|B_1)P(B_1)+P(A|B_2)P(B_2)+\cdots+P(A|B_n)P(B_n)$$

3. 先验概率和后验概率

从原因到结果的论证称为先验，而从结果到原因的论证称为后验。先验概率是指根据以往经验和分析得到的概率，在全概率公式中的先验概率，它作为“由因求果”问题中的“因”出现。后验概率是指在得到结果的信息后重新修正的概率。

先验概率没有使用贝叶斯公式计算；而后验概率需要使用贝叶斯公式计算，而且在利用样本信息计算逻辑概率时，还要使用理论概率分布，需要更多的数理统计知识。例如，对于 C_1 和 C_2 二分类，由贝叶斯公式可得：

$$P(C_1|X)=P(X|C_1)P(C_1)/P(X)$$
$$P(C_2|X)=P(X|C_2)P(C_2)/P(X)$$

$P(C_1)$，$P(C_2)$，$P(X|C_1)$，$P(X|C_2)$ 都是先验概率，因为这些概率是已知。但是 $P(C_1|X)$ 和 $P(C_2|X)$ 是后验概率，因为得到了结果（抽到了某个 X），然后求从 C_1 或 C_2 中抽到 X 的概率。

4. 独立性和条件独立性

1）独立性

两个随机变量 X 和 Y，概率分布表示成两个因子乘积形式，一个因子只包含 X，另一个因子只包含 Y，两个随机变量相互独立。

当事件独立时，联合概率等于概率的乘积，$P(XY)=P(X)P(Y)$，事件 X 和事件 Y 独立。此时给定 Z，

$$P(X,Y|Z)\neq \mathrm{P}(X|Z)P(Y|Z)$$

2）条件独立性

给定 Z 的情况下，X 和 Y 条件独立，当且仅当：

$$X\perp Y|Z\Leftrightarrow P(X,Y|Z)=P(X|Z)P(Y|Z)$$

X 和 Y 的关系依赖于 Z，而不是直接产生。

5. 贝叶斯推理过程

产生式规则可以表示为：

if E is true then H is true（概率 P）

E 表示前提，H 代表结论。

$$P(H|E)=P(H)P(E|H)/(P(E|H)P(H)+P(E|\neg H)P(\neg H))$$

$\mathrm{P}(H|E)$ 称为在观察到前提 E 后的结论 H 的后验概率。$\neg H$ 表示假设不成立的事件。等式右侧的概率由专家提供，$P(H)$ 称为先验概率，$P(E|H)$ 称为条件概率，这个等式的意义可以根据假设

(先验概率)得到结论的概率。

如果问题提供了多个结论(H_1、H_2、…、H_m)或者给定多个前提(E_1、E_2、…、E_n),产生的多个结论之间各自相互独立,且所有假设的概率之和为1时,有下述几种情况:

1)单个前提多个结论

$$P(H_i \mid E) = P(E \mid H_i)P(H_i)/\sum(P(E \mid H_k)P(H_k))$$

2)多个前提多个结论

$$P(H_i \mid E_1E_2\cdots E_n) = P(E_1E_2\cdots E_n \mid H_i)\ P(H_i)/\sum(P(E_1E_2\cdots E_n \mid H_k)P(H_k))$$

得到H_k发生时,$E_1E_2\cdots E_n$同时发生的难度较大,因此,需要假定所有的前提之间相互独立,上面的等式可以变换为:

$$P(H_i \mid E_1E_2\cdots E_n) = \frac{P(E_1 \mid H_i)\ P(E_2 \mid H_i)\cdots P(E_n \mid H_i)\ P(H_i)}{\sum(P(E_1 \mid H_i)\ P(E_2 \mid H_i)\cdots P(E_n \mid H_k)\ P(H_k))}$$

3)充分性似然和必要性似然

充分性似然可以表示E对H的充分性程度,充分性似然为:

$$P(E|H)/P(E|\neg H)$$

该值远大于1时,则表示E出现时H出现的概率极其大。

必要性似然表示E对H的必要性程度,必要性似然为:

$$P(\neg E|H)/P(\neg E|\neg H)$$

如果该值在0和1之间,那么即使没有发现E,H也极有可能不出现。

求解在H发生的条件下E_i发生的概率是一件困难的事情,而求事件E_i发生条件下,事件H发生的概率则相对简单。

例3-3 设H_1、H_2、H_3分别是三个结论,E是支持这些结论的前提,且已知:

$$P(E_1)=0.3,\quad P(E_2)=0.4,\quad P(E_3)=0.5$$

$$P(H|E_1)=0.5,\quad P(H|E_2)=0.3,\quad P(H|E_3)=0.4$$

则有

$$P(E_1|H)=P(H|E_1)P(E_1)=0.15$$

$$P(E_2|H)=P(H|E_2)P(E_2)=0.12$$

$$P(E_3|H)=P(H|E_3)P(E_3)=0.20$$

贝叶斯推理将概率值作为主要输入。

3.4.3 信度推理

如果将信度作为不确定性推理的表示,则推理的结果仍然含有信度。也就是说,在进行信度推理时,除了要进行符号推理外,还要进行信度计算,因此信度推理等于符号推理加上信度计算。信度推理是一种简单而有效的推理方法。

1. 信度推理的信度计算

(1)信度推理规则的前件要与证据事实匹配成功,不但要求两者的符号模式能够匹配,而且要求证据事实所含的信度也必须达到一个阈值。

(2)信度推理的一个规则的触发,不仅要求其前件能匹配成功,而且前件条件的总信度还必须至少达到阈值。

(3)信度推理中所推得的结论是否有效,也取决于其信度是否达到阈值。

(4)信度推理需要信度计算,包括∧关系的信度计算、∨关系的信度计算、¬关系的信度计算和推理结果信度的计算。

2. 信度推理方法

信度是基于概率的一种度量,或者就直接以概率作为信度。例如,在著名的专家系统 MYCIN 中的信度就是基于概率而定义。

1)知识的不确定表示

应用信度产生式规则表示知识的基本格式如下:

$$\text{if}\quad E\quad \text{then}\quad H\quad (CF(H,E))$$

其中 $CF(H,E)$ 为信度因子,即规则的可信度,反映了前提条件与结论的联系程度。

例如:if 乌云密布 and 电闪雷鸣 then 下暴雨(0.9),信度因子为 0.9,$CF(H,E)$ 取值范围为 $[-1,1]$。

(1)如果 $CF(H,E)>0$,其值越大,则前提越支持结论 H 为真。

(2)如果 $CF(H,E)<0$,其值越小,则前提越支持结论 H 为假。

(3)如果 $CF(H,E)=0$,则前提与 H 无关。

2)前提(证据)不确定性表示

在 CF 模型中,证据 E 的信度也是使用 $CF(E)$ 来表示。

例如,$CF(E)=0.8$ 表明 E 的信度为 0.8。

(1)$CF(E)$ 的取值范围:$[-1,1]$。

(2)对于初始证据 E,如果肯定为真,则有 $CF(E)=1$。

(3)对于初始证据 E,如果肯定为假,则表示有 $CF(E)=-1$。

(4)对于初始证据 E,如果以某种程度为真,则 $0<CF(E)<1$。

(5)对于初始证据 E,如果以某种程度为假,则 $-1<CF(E)<0$。

(6)对于初始证据 E,如果没有获得任何相关的观察,则 $CF(E)=0$。

可以使用 $CF(E)$ 来表示静态强度,证据 E 为真时,对结论 H 的影响度。可以使用 $CF(E)$ 表示动态强度,表示证据 E 当前的不确定性程度。

3. 组合证据的不确定性计算

组合证据包括多个单一证据的合取和析取两种形式。

1)合取形式

合取形式是指多个单一证据的合取,表示如下:

$E=E_1$ and E_2 and $\cdots$ and E_n 时,如果已知 $CF(E_1),CF(E_2),\cdots,CF(E_n)$,则

$$CF(E)=\min\{CF(E_1),CF(E_2),\cdots,CF(E_n)\}$$

2)析取形式

当组合证据是多个单一证据的析取时,表示如下:

当 $E=E_1$ or E_2 or $\cdots$ or E_n 时,

$$CF(E)=\max\{CF(E_1),CF(E_2),\cdots,CF(E_n)\}$$

且定义

$$CF(\neg E)=-CF(E)$$

4. 信度的传递计算

推理是从不确定的初始证据出发,运用相关的不确定性知识,最终推出结论,并计算出结论的信度值。每一次运用不确定的知识,都需要由证据的不确定性和规则的不确定性计算结论的不确定性。

(1)证据确定存在,且 $CF(E)=1$ 时,则

$$CF(H)=CF(H,E)$$

上式表明规则强度 $CF(H,E)$ 就是在前提条件对应的 1 证据为真时结论 H 的信度。

(2)当证据不是肯定存在,且 $CF(E)\neq 1$ 时,则

$$CF(H)=CF(H,E)\max\{0,CF(E)\}$$

上式表明,如果 $CF(E)<0$ 时,则 $CF(H)=0$,这表明该模型中没有考虑证据为假时对结论 H 所造成的影响。

其中结论 H 的信度计算如下:

当 $CF(E)<0$ 时,则 $CF(H)=0$。

当 $CF(E)=1$ 时,则 $CF(H)=CF(H,\mathrm{E})$。

5. 信度结论的合成计算

信度产生式规则如下:

$$\text{if } E_1 \text{ then } H\ (CF(H,E_1))$$
$$\text{if } E_2 \text{ then } H\ (CF(H,E_2))$$

(1)首先计算每一条信度产生式规则的结论 H 信度 $CF(H)$:

$$CF_1(H)=CF(H,E_1)\max\{0,CF(E_1)\}$$
$$CF_2(H)=CF(H,E_2)\max\{0,CF(E_2)\}$$

(2)计算 E_1 与 E_2 对 H 的综合影响所形成的信度 $CF_{1,2}(H)$:

$$CF_{1,2}(H)=CF_1(H)+CF_2(H)-CF_1(H)CF_2(H) \quad 当\ CF_1(H)\geqslant 0, CF_2(H)\geqslant 0$$
$$CF_{1,2}(H)=CF_1(H)+CF_2(H)+CF_1(H)CF_2(H) \quad 当\ CF_1(H)<0, CF_2(H)<0$$
$$CF_{1,2}(H)=CF_1(H)+CF_2(\mathrm{H})/(1-\min\{|CF_1(H)|,|CF_2(H)|) \quad CF_1(H)与\ CF_2(H)异号$$

可以看出,贝叶斯推理和信度推理都需要人类专家来提供先验概率信息。

3.4.4　模糊推理

1965 年,Zadeh 首先提出了模糊集概念,自此之后,模糊推理理论迅速发展,现在已经出现了多种模糊推理方法。

模糊逻辑是建立在多值逻辑基础之上,运用模糊集合的方法来研究模糊性思维、语言形式及其规律的科学。模糊逻辑是模仿人脑的不确定性概念判断、推理思维方式。对于模型未知或不能确定的描述系统,以及强非线性、大滞后的控制对象,可以应用模糊集合和模糊规则进行推理。运用模糊逻辑可以表达界限不清晰的定性知识与经验,它借助于隶属度函数概念来区分模糊集合,处理模糊关系,模拟人脑实施规则型推理,解决各种不确定问题。

将从不精确的前提集合中得出可能的不精确结论的推理称为近似推理。在人类的思维中,推理过程常常是近似的。例如,人类根据条件语句(假言)“如果西红柿是红的,则西红柿是熟的”。这种不精确的推理不能使用经典的二值逻辑或多值逻辑来完成。模糊推理包括的主要内容如图 3-4 所示。

与信度推理一样,模糊推理是通过计算得出结论,而不是推理出逻辑的结论。具体做法是将推理前提约定为一些算子,再借助计算得出结论。

1. 模糊集合与隶属函数

由于概念本身不清晰、界限不分明,因而对象对集合的隶属关系也不明确。模糊集合概念的出现使得人们可以用数学的思维和方法来处理模糊性现象,从而构成了模糊集合论的基础。

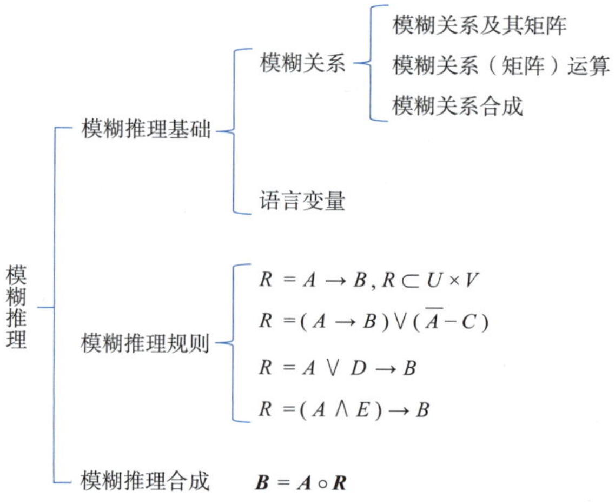

图 3-4　模糊推理内容

1)经典集合

(1)论域:需要研究的全体对象。

(2)元素:论域中的每个对象。

(3)集合:在论域中具有某种相同属性的、确定的、可以彼此区别的元素的全体。

例如,$A=\{x|f(x)>0\}$,A 为 $f(x)$ 大于 0 的 x 的集合,x 为元素。

在经典集合中,元素 a 与集合 A 的关系只有两种,a 属于 A 或 a 不属于 A,对于双值逻辑只有真或假两个真值。经典集合可用特征函数表示,例如,成年人(大于或等于 18 岁)集合的特征函数可以表示为

$$\mu(x)=\begin{cases}1 & x\geqslant 18\\ 0 & x<18\end{cases}$$

2)模糊逻辑的隶属度

在模糊逻辑中引入隶属度的概念,描述在真或假之间的程度,为集合中每个元素赋予一个[0,1]闭区间的实数,用于描述属于一个集合的程度。将该实数称为该元素属于一个集合的隶属度,集合中所有元素的隶属度构成集合的隶属度函数。

在经典集合中,当论域中的元素有限时,集合 A 的数学描述为

$$A=\{x,x\in X\}$$

当论域中的元素数目有限时,模糊集合 A 的数学描述为

$$A=\{(x,\mu_A(x)),x\in X\}$$

式中,$\mu_A(x)$属于为元素 x 属于模糊集 A 的隶属度;X 为元素 x 的论域。

模糊集合是经典集合的扩充,经典集合是模糊集合的特例。

3)常用的确定隶属函数的方法

(1)模糊统计方法。模糊统计方法是根据隶属度的客观存在来确定,如果进行 n 次模糊统计实验,则可计算出

$$x_0\text{对 }A\text{ 的隶属频率}=(x_0\in A\text{ 的次数})/n$$

当 n 不断增大时,隶属频率趋于稳定,将其频率的稳定值称为 x_0对 A 的隶属度。

(2)指派方法。指派方法主要是依据人们的实践经验来确定某些模糊集隶属函数的一种方法。

如果模糊集定义在实数域 **R** 上,则模糊集的隶属函数称为模糊分布,指派方法就是根据问题的性质主观地选用某些形式的模糊分布,再根据实际测量数据确定其中所包含的参数,常用的部分模糊分布见表 3-2。实际中,根据问题对研究对象的描述来选择适当的模糊分布。

①偏小型模糊分布一般适合于描述偏小程度的模糊现象。

②偏大型模糊分布一般适合于描述偏大程度的模糊现象。

③中间型模糊分布一般适合于描述处于中间状态的模糊现象。

表 3-2 给出的隶属函数都是近似的,应用时需要对实际问题进行分析,逐步修改进行完善,最后得到近似程度更好的隶属函数。

表 3-2　常用模糊分布

类型	偏小型	中间型	偏大型
矩阵型	$\mu_A=\begin{cases}1 & x\leqslant a\\ 0 & x>a\end{cases}$	$\mu_A=\begin{cases}1 & a\leqslant x\leqslant b\\ 0 & x<a \text{ 或 } x>b\end{cases}$	$\mu_A=\begin{cases}1 & x\geqslant a\\ 0 & x<a\end{cases}$
梯形型	$\mu_A=\begin{cases}1 & x<a\\ \dfrac{b-x}{b-a} & a\leqslant x\leqslant b\\ 0 & x>b\end{cases}$	$\mu_A=\begin{cases}\dfrac{x-a}{b-a} & a\leqslant x<b\\ 1 & b\leqslant x<c\\ \dfrac{d-x}{d-c} & c\leqslant x<d\\ 0 & x<a,x\geqslant d\end{cases}$	$\mu_A=\begin{cases}0 & x<a\\ \dfrac{x-a}{b-a} & a\leqslant x\leqslant b\\ 1 & x>b\end{cases}$

(3)其他方法。在实际应用中,用来确定模糊集的隶属函数的方法有多种,主要根据问题的实际意义来确定。例如,如果设论域 X 表示机器设备,在 X 上定义模糊集 A = 设备完好,则可以用设备完好率作为 A 的隶属度。如果 X 表示产品,在 X 上定义模糊集 A = 质量稳定,则可以用产品的正品率作为 A 的隶属度。另外,对于有些模糊集而言,有时直接给出隶属度困难,但可以利用二元对比排序法来确定,即首先通过两两比较确定两个元素相应隶属度的大小排出顺序,然后用数学方法处理得到所需的隶属函数。

4)模糊集合的表示方法

当论域 X 为有限集时,记 $X=\{x_1,x_2,\cdots,x_n\}$,则 X 上的模糊集 A 有下列三种常用的表示形式。

(1)Zadeh 表示法。当论域是离散且元素数目有限时,经常采用下述模糊集合 Zadeh 表示法:

$$A=\sum\mu_A(x_i)/x_i=\mu_A(x_1)/x_1+\mu_A(x_2)/x_2+\cdots+\mu_A(x_n)/x_n$$

式中,x_i表示模糊集合所对应的论域中的元素;$\mu_A(x_i)$表示相应的隶属度;符号/是分隔符,并不是表示除法;符号 + 和 Σ 也不是表示加法和累加和,而是表示各元素之间的并列关系和模糊集合在论域上的整体。

(2)序偶表示法。

$$A=\{(\mu_A(x_1),x_1),(\mu_A(x_2),x_2),\cdots,(\mu_A(x_n),x_n)\}$$

(3)向量表示法。

$$A=(\mu_A(x_1),\mu_A(x_2),\cdots,\mu_A(x_n))$$

在向量表示法中,隶属度为 0 的项不能省略。

例 3-4　模糊集合的表示。

设论域 $X=\{x_1(140),x_2(150),x_3(160),x_4(170),x_5(180),x_6(190)\}$(单位:cm)表示人的身高,$X$ 上的一个模糊集高个子(A)的隶属度 $\mu_A(x)$ 可定义为

$$\mu_A(x)=(x-140)/(190-140)$$

Zadeh 表示法为

$$A=0/x_1+0.2/x_2+0.4/x_3+0.6/x_4+0.8/x_5+1/x_6$$

向量表示法为

$$A=(0,0.2,0.4,0.6,0.8,1)$$

2. 模糊矩阵与模糊关系

1)模糊矩阵

模糊矩阵是用来表示模糊关系的矩阵,如果集合 X 有 m 个元素,集合 Y 有 n 个元素,集合 X 与集合 Y 的模糊关系可用模糊矩阵表示。设 $X=\{x_1,x_2,\cdots,x_m\}$ 和 $Y=\{y_1,y_2,\cdots,y_n\}$ 是有限论域,则 X,Y 的模糊关系集可用 $n\times m$ 矩阵 $\boldsymbol{R}$ 表示。矩阵 $\boldsymbol{R}$ 称为模糊关系集的模糊矩阵。

$$\boldsymbol{R}=\begin{pmatrix}\mu_R(x_1,y_1) & \mu_R(x_1,y_2) & \cdots & \mu_R(x_1,y_n)\\ \mu_R(x_2,y_2) & \mu_R(x_2,y_2) & \cdots & \mu_R(x_2,y_n)\\ \vdots & \vdots & & \vdots\\ \mu_R(x_m,y_1) & \mu_R(x_m,y_2) & \cdots & \mu_R(x_m,y_n)\end{pmatrix}$$

模糊矩阵的并交余运算如下:

(1)并运算:相同位置元素取最大,$X\vee Y=(x_{ij}\vee y_{ij})_{m\times n}$。

(2)交运算:相同位置元素取最小,$X\wedge Y=(x_{ij}\wedge y_{ij})_{m\times n}$。

(3)余运算:1 减去所有元素,$X^c=(1-x_{ij})_{m\times n}$。

2)模糊关系

模糊关系描述了两个模糊集合中的元素之间的关联程度,对于有限论域,可以采用模糊矩阵表示模糊关系。设论域 U 和 V 的乘积空间上 $U\times V=\{(u,v),u\in U,v\in V\}$ 上的一个模糊子集 R 为从集合 U 到 V 的模糊关系。如果模糊关系 $\boldsymbol{R}$ 的隶属函数为

$$\mu_R:U\times V\to[0,1],(x,y)\to\mu_R(x,y)=x\wedge y$$

则称隶属度 $\mu_R(x,y)$ 为 (x,y) 的相关程度。

模糊关系的合成定义:设 Q、R 为模糊关系,Q 对 R 的合成就是从 U 到 V 的一个模糊关系,记作 $Q\circ R$。模糊关系矩阵 $Q\circ R$ 计算法则为

$$Q\circ R=(s_{ij})=(x_{i1}\wedge y_{1j})\vee(x_{i2}\wedge y_{2j})\vee\cdots\vee(x_{ik}\wedge y_ky_j)$$

例 3-5 模糊关系计算。

设模糊关系:

$$\boldsymbol{Q}=\begin{pmatrix}0.2 & 0.8 & 0.5\\ 0 & 1 & 0.7\end{pmatrix},\quad \boldsymbol{R}=\begin{pmatrix}0.4 & 0.8\\ 0.2 & 0.6\\ 0.5 & 0.7\end{pmatrix}$$

则

$$\boldsymbol{Q}\circ\boldsymbol{R}=\begin{pmatrix}s_{11} & s_{12}\\ s_{21} & s_{22}\end{pmatrix}$$

根据模糊关系合成的定义:

$$s_{11}=(0.2\wedge0.4)\vee(0.8\wedge0.2)\vee(0.5\wedge0.5)=0.5$$

$$s_{12}=(0.2\wedge0.8)\vee(0.8\wedge0.6)\vee(0.5\wedge0.7)=0.6$$

$$s_{21}=(0\wedge0.4)\vee(1\wedge0.2)\vee(0.7\wedge0.5)=0.7$$

$$s_{22}=(0\wedge0.8)\vee(1\wedge0.6)\vee(0.7\wedge0.7)=0.7$$

所以

$$Q\circ R=\begin{pmatrix}0.5 & 0.6\\ 0.7 & 0.7\end{pmatrix}$$

又例如,模糊关系的合成。

设 $X=\{x_1,x_2,x_3,x_4\}$,$Y=\{y_1,y_2,y_3\}$,$Z=\{z_1,z_2\}$为模糊集合,$\boldsymbol{Q}$、$\boldsymbol{R}$、$\boldsymbol{S}$ 分别为 $\boldsymbol{X}$ 与 $\boldsymbol{Y}$、$\boldsymbol{Y}$ 与 $\boldsymbol{Z}$、$\boldsymbol{X}$ 与 $\boldsymbol{Z}$ 的模糊关系矩阵。

$$Q=\begin{pmatrix}0.4 & 0.5 & 0.3\\ 0.7 & 0.3 & 1.0\\ 0.0 & 0.8 & 0.0\\ 1.0 & 0.4 & 0.7\end{pmatrix}\qquad R=\begin{pmatrix}0.3 & 1.0\\ 0.6 & 0.3\\ 0.4 & 0.8\end{pmatrix}$$

则模糊关系的合成为:

$$S=Q\circ R=\begin{pmatrix}(0.4\wedge0.3)\vee(0.5\wedge0.6)\vee(0.3\wedge0.4) & (0.4\wedge1.0)\vee(0.5\wedge0.3)\vee(0.3\wedge0.8)\\ (0.7\wedge0.3)\vee(0.3\wedge0.6)\vee(1.0\wedge0.4) & (0.7\wedge1.0)\vee(0.3\wedge0.3)\vee(1.0\wedge0.8)\\ (0.0\wedge0.3)\vee(0.8\wedge0.6)\vee(0.0\wedge0.4) & (0.0\wedge1.0)\vee(0.8\wedge0.3)\vee(0.0\wedge0.8)\\ (1.0\wedge0.3)\vee(0.4\wedge0.6)\vee(0.7\wedge0.4) & (1.0\wedge1.0)\vee(0.4\wedge0.3)\vee(0.7\wedge0.8)\end{pmatrix}$$

$$=\begin{pmatrix}0.5 & 0.4\\ 0.4 & 0.8\\ 0.6 & 0.3\\ 0.4 & 1.0\end{pmatrix}$$

合成运算只有当前一个模糊矩阵的列与后一个模糊矩阵的行在同一个论域才适用。结果为前一个行数和后一个的列数的矩阵。

3. 模糊推理过程

模糊推理的一般形式为:

如果已知输入为 A',使用合成规则来获取输出 B',其形式为

$$B'=A'\circ R$$

如果

$$A'=0.3/a_1+0.6/a_2+0.0/a_3+0.8/a_4+1.0/a_5$$

$$R=\begin{pmatrix}0.7 & 1.0 & 0.8 & 0.0\\ 0.5 & 0.8 & 0.4 & 0.0\\ 0.5 & 0.5 & 0.5 & 0.0\\ 0.2 & 0.2 & 0.2 & 0.0\\ 0.0 & 0.0 & 0.0 & 0.0\end{pmatrix}$$

进行模糊合成得到模糊输出 $\boldsymbol{B}'$,即

$$B'=A'\circ R=\begin{pmatrix}0.3\\ 0.6\\ 0.0\\ 0.8\\ 1.0\end{pmatrix}^{\mathrm{T}}\circ\begin{pmatrix}0.7 & 1.0 & 0.8 & 0.0\\ 0.5 & 0.8 & 0.4 & 0.0\\ 0.5 & 0.5 & 0.5 & 0.0\\ 0.2 & 0.2 & 0.2 & 0.0\\ 0.0 & 0.0 & 0.0 & 0.0\end{pmatrix}=(0.5\quad 0.6\quad 0.4\quad 0.0)$$

$$B'=0.5/b_1+0.6/b_2+0.4/b_3+0.0/b_4$$

4. 模糊决策

由于模糊推理得到的输出是一个模糊量，并不能直接应用，需要转换为确定量之后再使用。将模糊量转变为确定量的过程称为模糊决策。现已有多种模糊决策方法，较常用的模糊决策方法是最大隶属度方法。

1）最大隶属度方法

最大隶属度方法是在模糊向量中取隶属度最大的元素作为推理结果，例如，如果模糊向量为

$$U=0.1/3+0.5/4+1.0/5+0.8/6$$

元素5的隶属度为1.0，最大，所以取结论：确定量 $W=5$。

如果有多个最大，则取它们的平均值。

例如，得到模糊向量 $U=0.5/-3+0.5/-2+0.5/-1+0.0/0+0.0/1+0.0/3$，取结论：确定量 $W=(-3-2-1)/3=-2$。

2）加权平均判决法

最大隶属度方法简单易行，但忽略了较小隶属度的作用，没有充分利用信息。为此，可以采用加权平均判别法，即

$$W=\sum\mu(u_i)\,u_i/\sum\mu(u_i)$$

式中，$\mu(u_i)$是第 i 个元素 u_i的隶属度。

例如，$U=0.1/2+0.6/3+0.5/4+0.4/5+0.2/6$，则

$$W=(0.1\times2+0.6\times3+0.5\times4+0.4\times5+0.2\times6)/(0.1+0.6+0.5+0.4+0.2)=4$$

3）中位数法

例如，$U=0.1/-4+0.5/-3+0.1/-2+0.0/-1+0.1/0+0.2/1+0.4/2+0.5/3+0.1/4$，由于各元素的隶属度为：0.1，0.5，0.1，0.0，0.1，0.2，0.4，0.5，0.1，其中位数为0.1，所以选为元素1，即 $W=1$。

例3-6 设科研成果评定等级指标集为 $X=(x_1,x_2,x_3,x_4,x_5)$，x_1表示科研成果的创新程度；x_2表示安全性能；x_3表示经济效益；x_4表示推广前景；x_5表示成熟性。Y 表示定性评价的评语论域，$Y=(y_1,y_2,y_3,y_4)$，y_1、y_2、y_3、y_4分别表示很好、较好、一般和不好。通过专家评审打分，$X\times Y$ 上每个有序对(x_i,y_i)指定的隶属度见表3-3。

表3-3 有序对(x_i,y_i)指定的隶属度

X	y_1（很好）	y_2（较好）	y_3（一般）	y_4（不好）
x_1	0.55	0.38	0.15	0.03
x_2	0.31	0.33	0.21	0.24
x_3	0.52	0.36	0.15	0.15
x_4	0.59	0.35	0.08	0.06
x_5	0.53	0.18	0.22	0.17

由此确定一个从 X 到 Y 的模糊关系 $\boldsymbol{R}$，这个模糊关系是一个 5×4 阶的模糊关系矩阵，记为：

$$R=\begin{pmatrix}0.55 & 0.38 & 0.15 & 0.03\\ 0.31 & 0.33 & 0.21 & 0.24\\ 0.52 & 0.36 & 0.15 & 0.15\\ 0.59 & 0.35 & 0.08 & 0.06\\ 0.53 & 0.18 & 0.22 & 0.17\end{pmatrix}$$

例3-7　基于 If A and B then C;三元模糊关系的模糊条件推理过程。

首先计算 $\boldsymbol{R}=(A\times B)^{\mathrm{T1}}\times C$,其中$(A\times B)^{\mathrm{T1}}$为模糊关系矩阵$(A\times B)_{m\times n}$构成的 $m\times n$ 列向量,m 和 n 分别为 A 和 B 论域元素个数。

根据模糊关系 $\boldsymbol{R}$,可以求出给定输入 A_1 和 B_1 所对应的输出 C_1:

$$C_1=(A_1\times B_1)^{\mathrm{T2}}\boldsymbol{R}$$

其中$(A_1\times B_1)^{\mathrm{T2}}$为模糊关系矩阵$(A_1\times B_1)_{m\times n}$构成的 $m\times n$ 列向量,T2 为列向量转换。

设论域 $A=\{a_1,a_2,a_3\}$,$B=\{b_1,b_2,b_3\}$,$C=\{c_1,c_2,c_3\}$,已知:

$$A_1=0.5/a_1+1/a_2+0.1/a_3$$

$$B_1=0.1/b_1+1/b_2+0.6/b_3$$

$$C_1=0.4/c_1+1/c_2$$

计算"If A_1 and B_1 then C_1"所决定的模糊关系 $\boldsymbol{R}$,以及输入 $A_2=1.0/a_1+0.5/a_2+0.1/a_3$,$B_2=0.1/b_1+0.5/b_2+1/b_3$时的输出 C_2。

当输入 A_1和 B_1时,有

$$A_1\times B_1=A_1^{\mathrm{T}}\times B_1=\begin{pmatrix}1\\0.5\\0.1\end{pmatrix}\wedge(0.1\quad 0.5\quad 1)=\begin{pmatrix}0.1 & 0.5 & 1\\ 0.1 & 0.5 & 0.5\\ 0.1 & 0.1 & 0.1\end{pmatrix}$$

将 $A_1\times B_1$矩阵扩展成下述行向量:

$$A_1\times B_1=(A_1\times B_1)^{\mathrm{T1}}=(0.1\ 0.5\ 1\ 0.1\ 0.5\ 0.5\ 0.1\ 0.1\ 0.1)$$

$$\begin{aligned}\boldsymbol{R}&=(A_1\times B_1)^{\mathrm{T1}}\times C\\&=(0.1\quad 0.5\quad 1\quad 0.1\quad 0.5\quad 0.5\quad 0.1\quad 0.1\quad 0.1)^{\mathrm{T}}\circ(0.4\quad 1)\\&=\begin{pmatrix}0.1 & 0.4 & 0.4 & 0.1 & 0.4 & 0.4 & 0.1 & 0.1 & 0.1\\ 0.1 & 0.5 & 1 & 0.1 & 0.5 & 0.5 & 0.1 & 0.1 & 0.1\end{pmatrix}\end{aligned}$$

当输入为 A_2和 B_2时,有:

$$A_2^{\mathrm{T}}\times B_2=\begin{pmatrix}1\\0.5\\0.1\end{pmatrix}\wedge(0.1\quad 0.5\ 1)=\begin{pmatrix}0.1 & 0.5 & 1\\ 0.1 & 0.5 & 0.5\\ 0.1 & 0.1 & 0.1\end{pmatrix}$$

将 $A_2\times B_2$扩展为下述行向量:

$$A_2^{\mathrm{T}}\times B_2=(0.1\ 0.5\ 1\ 0.1\ 0.5\ 0.5\ 0.1\ 0.1\ 0.1)$$

$$C_2=(0.1\ 0.5\ 1\ 0.1\ 0.5\ 0.5\ 0.1\ 0.1\ 0.1)\circ\begin{pmatrix}0.1 & 0.4 & 0.4 & 0.1 & 0.4 & 0.4 & 0.1 & 0.1 & 0.1\\ 0.1 & 0.5 & 0.5 & 0.1 & 1 & 0.6 & 0.1 & 0.1 & 0.1\end{pmatrix}$$

$=(0.4\quad 0.5)$

Zadeh 表示法写为:$C_2=0.4/c_1+0.5/c_2$

求模糊关系时 $A_1\times B_1$扩展成列向量,由模糊关系求 C_1时,$A_2\times B_2$扩展成行向量。

例 3-8 使用模糊推理确定加热程度设置。

设模糊规则：如果温度低，则将加热程度设置增大，设温度和加热程度的论域为{1,2,3,4,5}。

(1)温度低和加热程度设置的模糊量：

$$温度低 = 1/1 + 0.6/2 + 0.3/3 + 0.0/4 + 0.0/5$$

$$加热程度设置 = 0.0/1 + 0.0/2 + 0.3/3 + 0.6/4 + 1/5$$

(2)已知事实温度较低，可以表示为：

$$温度较低 = 0.8/1 + 1/2 + 0.6/3 + 0.3/4 + 0/5$$

使用模糊推理确定加热程度设置，求解过程如下：

(1)确定模糊关系 $\boldsymbol{R}$。

$$\boldsymbol{R} = \begin{pmatrix} 1.0 \\ 0.6 \\ 0.3 \\ 0.0 \\ 0.0 \end{pmatrix} \circ (0.0 \quad 0.0 \quad 0.3 \quad 0.6 \quad 1.0) = \begin{pmatrix} 0.0 & 0.0 & 0.3 & 0.6 & 1.0 \\ 0.0 & 0.0 & 0.3 & 0.6 & 0.6 \\ 0.0 & 0.0 & 0.3 & 0.3 & 0.3 \\ 0.0 & 0.0 & 0.0 & 0.0 & 0.0 \\ 0.0 & 0.0 & 0.0 & 0.0 & 0.0 \end{pmatrix}$$

(2)模糊推理。

$$B' = A' \circ \boldsymbol{R} = \begin{pmatrix} 0.8 \\ 1.0 \\ 0.6 \\ 0.3 \\ 0.0 \end{pmatrix}^{\mathrm{T}} \circ \begin{pmatrix} 0.0 & 0.0 & 0.3 & 0.6 & 1.0 \\ 0.0 & 0.0 & 0.3 & 0.6 & 0.6 \\ 0.0 & 0.0 & 0.3 & 0.3 & 0.3 \\ 0.0 & 0.0 & 0.0 & 0.0 & 0.0 \\ 0.0 & 0.0 & 0.0 & 0.0 & 0.0 \end{pmatrix} = (0.0, 0.0, 0.3, 0.6, 0.8)$$

(3)模糊决策。

①采用最大隶属度法：得加热程度设置为 5。

②采用加权平均判决法：得加热程度设置为 4。

③采用中位数法：得加热程度设置为 4。

3.5 推理控制策略

推理控制策略是指推理方向选择和推理冲突消解策略，推理方向选择主要包括正向推理、反向推理(反向推理)、混合推理和双向推理。

3.5.1 正向推理

正向推理又称数据驱动推理，是按照由条件推出结论的方向进行的推理方式，它从一组事实出发，使用一定的推理规则，来证明目标事实或命题的成立。一般的推理过程是首先由综合数据库提供初始已知事实，控制系统利用这些数据与知识库中的知识进行匹配，可将被触发的知识(结论)作为新的事实添加到综合数据库中。重复上述过程，用更新过的综合数据库中的事实再与知识库中另一条知识匹配，将其结论更新至综合数据库中，直到没有可匹配的新知识和不再有新的事实加入综合数据库中为止。然后测试是否得到解，有解则返回解，无解则提示运行失败。正向推理过程如图 3-5 所示。

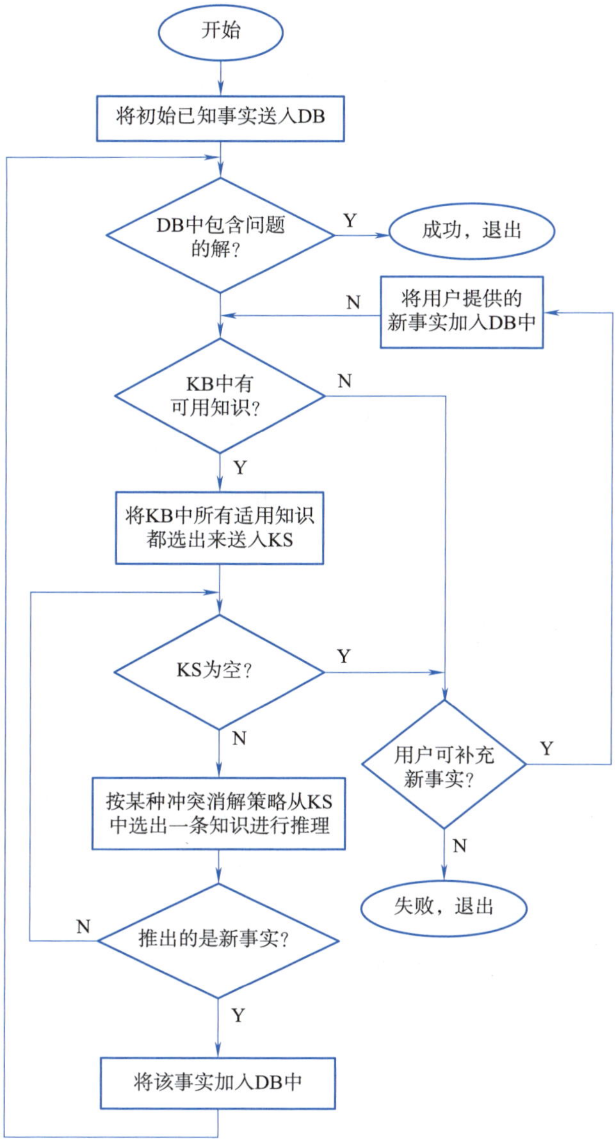

图 3-5　正向推理的详细流程

1. 正向推理步骤

(1)将用户提供的初始已知事实送入综合数据库(DB)。

(2)检查综合数据库中是否已经包含问题的解,如果包含,则求解结束,否则执行下一步。

(3)将初始已知事实与知识库中的知识做匹配,如果匹配成功,则转(4),否则转(6)。

(4)将所有的匹配成功的知识构建成一个知识集。

(5)如果知识集不为空,则按某种冲突消解策略选择一条规则进行推理,并将其推出的新事实更新至综合数据库,然后转(2);如果知识集为空,则进入步骤(6)。

(6)询问用户是否可提供新的事实,如果有,则将其添加至综合数据库,转至(3);否则表示问题求解失败,退出。

2. 正向推理控制策略的特点

正向推理控制策略的优点是用户可以主动地提供问题的相关信息(新事实),并且及时给出反应,正向推理简单,易实现。不足之处在于求解过程中会执行许多与问题无关的操作,有一定的盲目性,效率较低,在推理过程中可能推出许多与问题无关的子目标。

正向推理需要确定的问题是:

(1)确定匹配(知识与已知事实)的方法。

(2)按什么策略搜索知识库。

(3)冲突消解策略的选择。

3.5.2 反向推理

反向推理又称目标驱动推理,其推理方式和正向推理正好相反,它是由结论出发,为验证该结论的正确性去知识库中找证据。其基本推理过程是从目标的事实出发,使用一组知识证明事实成立,即提出一批假设(目标),然后逐一验证这些假设的正确性,如图 3-6 所示。

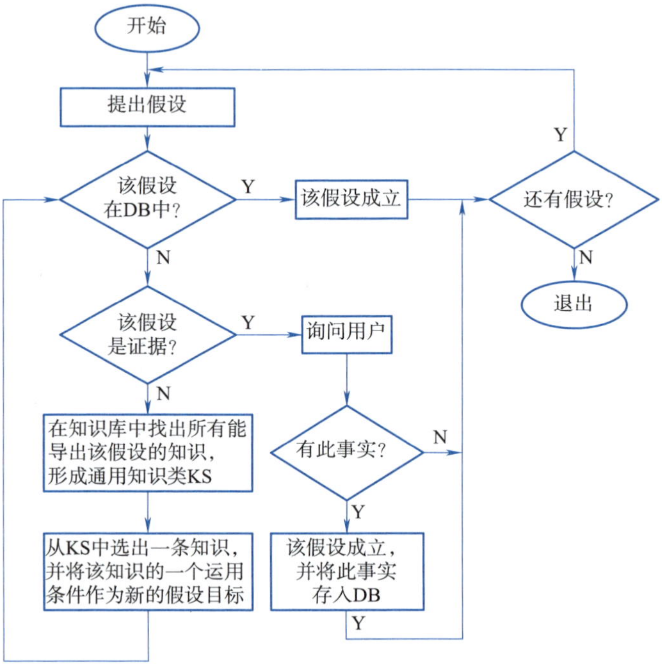

图 3-6 反向推理流程

1. 反向推理步骤

反向推理过程具体过程描述如下:

(1)给出要求验证的目标。

(2)检查该目标是否已在综合数据库中,如果在,则成功推出,否则,转下一步。

(3)判断该目标是否是证据,即是否为由用户证实的初始事实。如果是,则询问用户,否则,转下一步。

(4)在知识库中找出所有可能导出该目标的规则,形成适用的知识集,然后转下一步。

(5)从知识集中选出一条规则,并将该知识的前件作为新的假设目标,然后转(2)。

2. 反向推理控制策略的特点

反向推理控制策略的优点是目的性强，不必寻找与假设无关的信息和知识。这种策略对推理过程提供较精确的解释，告诉用户要达到目标所使用的规则（知识）。另外，此控制策略在解空间较小的问题求解环境下尤为合适，它利于向用户提供求解过程，不必使用与目标无关的知识，同时它还有利于向用户提供解释。缺点是初始目标的选择有盲目性，不能通过用户提供的有用信息来操作，用户要求快速输入相应的问题领域，如果不符合实际，则要多次提出假设，影响系统效率。与正向推理相比，反向推理的目的性很强，通常用于验证某一特定知识是否成立。

3.5.3 混合推理

混合推理是正向推理和反向推理的结合。

（1）先正向后逆向：先进行正向推理，帮助选择某个目标，即从已知事实演绎出部分结果，然后再用逆向推理证实该目标或提高其信度，先正向后反向推理过程如图 3-7 所示。

（2）先反向后正向：先假设一个目标进行反向推理，然后再利用反向推理中得到的信息进行正向推理，以推出更多的结论。先反向后正向推理过程如图 3-8 所示。

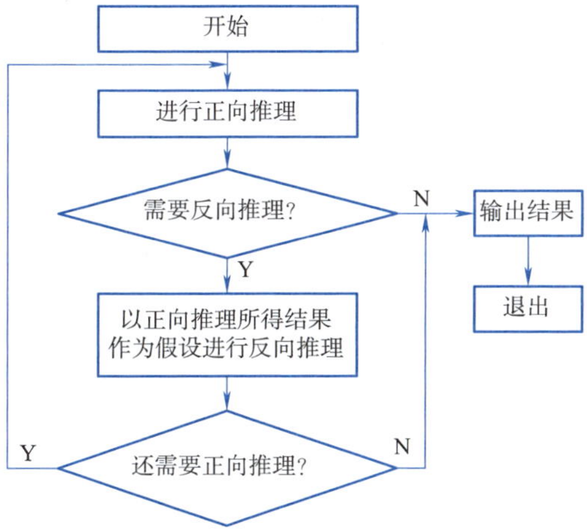

图 3-7 先正向后反向推理过程

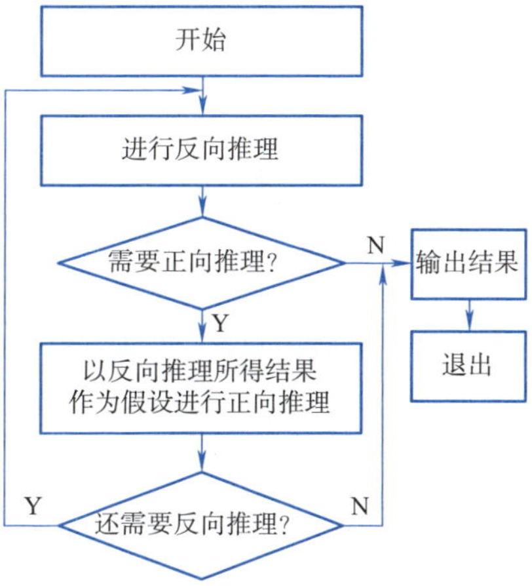

图 3-8 先反向后正向推理

3.5.4 冲突消解策略

在推理过程中，系统需要不断地用当前已知的事实与知识库中的知识进行匹配，可能发生下述三种情况：

（1）已知事实能够与知识库中的一个知识匹配成功。

（2）已知事实不能与知识库中的任何知识匹配成功。

（3）已知事实能够与知识库中的多个知识匹配成功。

已知事实能够与知识库中的知识匹配成功的含义是：对于正向推理，产生式规则的前件与已知事实匹配成功；对于反向推理，产生式规则的后件与假设结论匹配成功。

在第（1）种情况中，因为匹配成功的知识只有一个，所以可以直接将其应用于当前的推理。

在第（2）种情况中，因为找不到可与当前已知事实匹配成功的知识，使得推理无法继续进行。

这可能是知识库中缺少必要的知识，或者因为求解问题超出了系统功能范围，需要根据实际情况做出响应处理。

第(3)种情况与第2种情况相反，不仅有知识匹配成功，而且是有多个知识匹配成功，这将发生冲突，需要根据一定的策略解决冲突，以便从中挑出一个知识选做当前推理，将这一解决冲突的过程称为冲突消解，解决冲突时所使用的方法称为冲突消解策略。

下面以正向推理为例，说明冲突消解策略。对于正向推理，将决定选择用哪一个已知事实来激活哪一条产生式规则，使其用于当前的推理，产生的后件指出结论或执行相应的操作；对于反向推理它将决定哪一个假设与哪一个产生式的后件进行匹配，从而推出相应的前件作为新的假设。

目前消解策略的主流策略是对知识进行排序，常用方法如下：

(1)根据针对性选择排序。根据针对性选择排序是指优先选择针对性强的产生式规则。例如，如果 r_2 比 r_1 有更大的针对性，即 r_1 比 r_2 的通用性更大。因此，应优先选择 r_2，丢掉 r_1。

(2)根据已知事实的现实性排序。在产生式系统的推理过程中，每用一条产生式规则就可得到一个或多个结论或者执行一个或多个操作，数据库就将增加新的事实。另外，在推理时，还会向用户询问有关信息，可使数据库的内容变化。将数据库中后生成的事实称为新事实，即后生成的事实比先生成的事实的现实性强。如果应用一条规则后生成了多个结论，则既可以认为这些结论具有相同的现实性，可按照排在前面(或后面)的结论有较大的现实性来考虑。

(3)根据匹配度排序。在不确定性推理中，需要计算已知事实与知识的匹配度，当其匹配度达到某个预先规定的值时，就认为他们是可匹配的。如果多条产生式规则都匹配成功，则优先选用匹配度较大的产生式规则。

(4)根据条件个数排序。如果多条产生式规则生成的结论相同，则优先应用条件少的产生式规则，因为条件少的产生式规则匹配时花费的时间少。

在具体应用中可以对上述几种策略进行组合。应尽量减少冲突的发生，使推理快速和高效。在其他推理中的冲突消解问题，可以采用与正向推理相类似的方法来解决。

小　　结

在前章介绍的知识与知识表示的基础之上，本章介绍基于知识的计算机推理及推理方法的内容。主要包括逻辑推理、非单调推理，尤其对谓词逻辑推理、不确定推理、贝叶斯推理、信度推理和模糊推理的过程和方法结合举例进行了介绍。最后对推理策略和推理冲突消解策略进行了分析与总结。通过本章内容的学习，读者可以掌握机器推理的基本应用方法，为构建专家系统等智能系统建立基础。

第4章 搜索策略

搜索(search)是AI的核心技术之一,是机器推理不可分割的一部分,它直接关系到智能系统的性能和运行效率。搜索技术与AI的关系非常密切。在现代,AI已经成为搜索技术的核心组成部分,它使得搜索更加智能、精准和个性化。以下是AI在搜索技术中的几个关键应用方面:

(1)内容理解:AI技术能够理解网页及文档内容,分析文本的含义、语境和结构。通过自然语言处理,AI可以理解查询语句的含义,从而更准确地匹配相关内容。

(2)语音搜索:语音识别技术是AI的一个分支,它使得用户可以通过语音输入进行搜索,提高了搜索的便捷性和交互性。

(3)个性化搜索结果:AI可以分析用户的历史搜索行为、偏好和兴趣,提供个性化的搜索结果。这种个性化搜索服务大大提升了用户体验。

(4)实时更新:AI系统可以实时分析最新的信息,快速索引新内容,确保用户能够获取最新的信息。

(5)图像搜索:AI中的图像识别技术允许用户通过上传图片或描述图片内容来进行搜索,拓宽了搜索的维度和准确性。

(6)推荐系统:基于用户的搜索历史和互动数据,AI可以构建推荐系统,为用户推荐相关的网页、商品或服务。

(7)垃圾信息过滤:AI能够识别和过滤掉垃圾邮件、虚假信息等不良内容,保证搜索结果的质量。

(8)机器学习优化:搜索引擎使用机器学习算法来不断优化搜索算法,提高搜索质量和效率。

(9)多语言支持:AI技术使得搜索引擎能够支持多种语言,并且能够理解不同语言之间的相互翻译和含义。

在不断发展的AI技术的推动下,未来的搜索技术将变得更加智能和高效,能够更好地理解用户需求,提供更加精准的服务。

本章知识导图

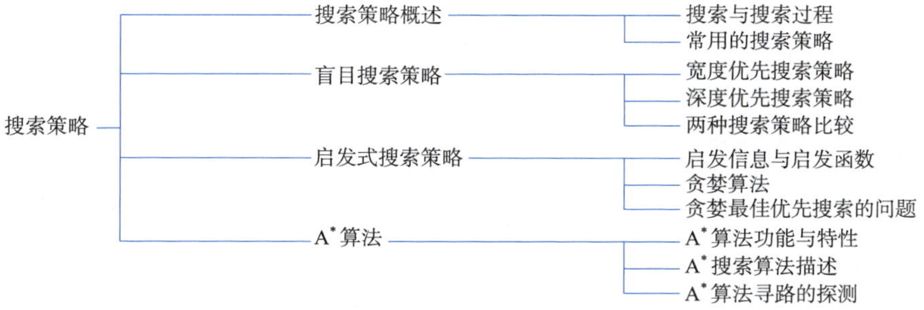

4.1 搜索策略概述

搜索就是回答,问题求解过程实际上是一个搜索过程,但在搜索过程中,搜索策略的选择异常重要。搜索策略不仅反映了状态空间或问题空间扩展的方法,也决定了状态或问题的访问顺序。

4.1.1 搜索与搜索过程

许多问题的解决都需要使用搜索技术来完成,搜索技术是通过执行行动序列达到目标,也就是说,搜索是由初始状态到达目标状态的求解过程,搜索是在庞大状态空间中找到目标。对一个确定的问题来说,与求解有关的状态空间只是整个状态空间的一部分。只要能生成并存储这部分状态空间,即可求得问题的解。

1. 搜索过程

搜索过程是首先将问题的初始状态(初始节点)作为当前状态,选择适用的算符对其进行操作,生成一组子状态(又称为后继状态、后继节点、子节点),然后检查目标状态是否在一组子状态中。如果目标状态在其中出现,则搜索成功,找到了问题的解;如果不在其中出现,则按某种搜索策略从已生成的状态中再选一个状态作为新的当前状态。重复上述过程,直到目标状态出现或者不再有可供操作的状态及算符时为止。

图搜索技术是 AI 中的核心技术之一,并且在其他场合也有着非常广泛的应用。这里的图称为状态图,指由节点和有向(带权)边所做成的网络。按照搜索的方式不同,图搜索一般分为树式搜索和线式搜索。两者最大的区别就在于搜索过程中所记录的轨迹不同,顾名思义,树式搜索记录的是一棵搜索树,而线式搜索记录的是一条折线。树式搜索存储的是一棵不断成长的搜索树,而线式搜索存储的则是一条不断伸长的折线,如果能找到目标节点,它本身就是搜索的路径。而树式搜索需要通过目标节点进行回溯,直至初始节点,从而找到路径。可以看出,如果把状态看作一个点、行为就是一条边。从而根据输入问题就能建立出一张对应的图,所以求解问题的过程就是图的搜索过程。

树式搜索和线式搜索之间的区别并不基于问题图是树型图还是普通图这一事实,区别在于用于搜索图的遍历模式是线式还是树式。

1)线式搜索

线式搜索也称为线性搜索,是最基本的搜索算法之一。它的工作原理很简单:从数据结构的一端开始,按照元素的顺序逐个检查每个元素,直到找到所需的元素或者遍历完整个数据结构。线式搜索适用于各种数据结构,如数组和链表。下面分别以数组和链表为例,说明线式搜索的过程。

(1)数组中的线式搜索。

假设有一个整数数组 arr 和一个要搜索的目标值 target,线式搜索的过程如下:

①设置一个索引变量 i,初始值为 0。

②循环遍历数组 arr,直到索引 i 超过了数组的长度。

③在每次循环中,比较当前元素 arr[i]和目标值 target。

- 如果 arr[i]等于 target,则搜索成功,返回索引 i。
- 如果 arr[i]小于 target,则将索引 i 增加 1,继续搜索较大的元素。
- 如果 arr[i]大于 target,则将索引 i 增加 1,继续搜索较小的元素。

④如果循环结束后还没有找到目标值,则搜索失败,返回一个指示未找到的值,如 -1。

(2)链表中的线式搜索。

假设有一个单链表 linkedList 和一个要搜索的目标值 target,线式搜索的过程如下:

①设置一个指针变量 current,初始指向链表的头节点。

②循环遍历链表 linkedList,直到指针 current 为 null。

③在每次循环中,比较当前节点的值和目标值 target。

- 如果当前节点的值等于 target,则搜索成功,返回当前节点的引用。
- 否则,将指针 current 移动到下一个节点,继续搜索。

④如果循环结束后还没有找到目标值,则搜索失败,返回 null。

线式搜索的时间复杂度为 $O(n)$,其中 n 是数据结构的长度或元素的数量。在最坏的情况下,可能需要检查所有的元素才能找到目标值或确定其不存在。尽管线式搜索不是最高效的搜索算法,但在数据量不大或者数据结构简单时,它是一种简单且易于实现的搜索方法。

2)树式搜索

树式搜索是一种在树形数据结构中搜索特定节点或节点集合的算法。树是由节点组成的层次结构,每个节点可能包含零个或多个子节点。在树式搜索中,通常从根节点开始,根据一定的搜索策略遍历树的分支,以达到某个目标节点。

树式搜索的基本形式包括:

(1)深度优先搜索(DFS):深度优先搜索沿着树的深度遍历树的分支。它从一个节点开始,递归地访问该节点的所有未访问的子节点。如果所有子节点都被访问过,搜索将回溯到发现节点的那条边的起始节点,然后继续这一过程,直到找到所需的节点或所有的节点都被访问过。

(2)广度优先搜索(BFS):广度优先搜索首先访问树根节点,然后访问根节点的所有未被访问的邻接节点。这一过程继续,直到找到所需的节点或所有的节点都被访问过。与深度优先搜索不同,广度优先搜索是逐层遍历树的分支。

(3)树式搜索的应用场景包括:

①游戏 AI:在棋类游戏、战略游戏、角色扮演游戏和实时战略游戏中,树式搜索用于评估不同的决策选项和行为策略。

②路径查找:在地图编辑器或游戏中,树式搜索用于查找两点之间的最短路径。

③决策树:在机器学习中,树式搜索用于构建决策树,以对数据进行分类或回归。

树式搜索是一种在树形数据结构中搜索特定节点或节点集合的算法,具有广泛的应用场景和多种变体。

2. 搜索问题形式化

搜索问题是指在一个给定的搜索空间中寻找满足特定条件目标的过程。为了使搜索问题形式化,需要定义下述几个关键组成部分:

(1)搜索空间:搜索空间是由所有可能的状态或节点组成的集合。在树搜索中,这些状态对应于树中的节点。

(2)状态空间:状态空间是搜索空间中的一个子集,它包含了所有可能的状态。在树搜索中,状态空间就是树本身。

(3)初始状态:初始状态是搜索空间中的一个起始点,它是搜索的起点。

(4)目标状态:目标状态是搜索空间中我们希望找到的状态,它是搜索的目标。

(5)状态转移:状态转移是指从一个状态到另一个状态的规则或函数。在树搜索中,状态转移对应于从父节点到子节点的转换。

(6)评价函数:评价函数用于评估一个状态的优劣。在搜索中,评价函数通常用于估计从当前状态到目标状态的距离或成本。

(7)搜索算法:搜索算法是用于在搜索空间中寻找目标状态的算法。它定义了如何从一个状态转移到另一个状态,以及如何评估不同的状态。

将搜索问题形式化意味着将上述组成部分明确地定义和描述,以便可以应用搜索算法来找到目标状态。例如,在形式化一个棋类游戏的搜索问题时,我们需要定义:

- 搜索空间:所有可能的棋盘配置。
- 状态空间:所有合法的棋盘配置。
- 初始状态:开始时的棋盘配置。
- 目标状态:某个特定的棋盘配置,例如获胜或失败的情况。
- 状态转移:根据棋盘规则移动棋子的规则。
- 评价函数:评估棋盘配置的函数,例如计算双方的棋子数量差。
- 搜索算法:选择最佳移动的算法,例如 Minimax 或 Alpha-Beta 剪枝。

通过形式化搜索问题,可以更清晰地理解问题的结构和特点,从而设计和实现有效的搜索算法。

3. 搜索策略基础

搜索策略是在搜索过程中确定下一个要访问的状态的原则或方法。它决定了搜索的效率和成功找到目标状态的可能性。

搜索策略需考虑的下述行动序列:

(1)STATE:对应状态空间中的状态;

(2)PARENT:搜索树中产生该节点的节点;

(3)ACTION:父节点生成该节点时所采取的行动;

(4)PATH-COST:路径代价。

以下是一些基本的搜索策略:

(1)盲目搜索:盲目搜索不使用任何关于目标状态的信息,而是按照某种固定的顺序(如广度优先搜索中的队列顺序,或深度优先搜索中的递归顺序)访问状态。这种策略不考虑状态之间的相似性或接近程度。

(2)启发式搜索:启发式搜索使用一个启发式函数来估计每个状态到目标状态的距离或成本。启发式函数通常基于某些易于计算的特征,如曼哈顿距离、最小剩余步数等。这种策略优先访问估计成本较低的状态,从而提高了搜索的效率。

(3)双向搜索:双向搜索同时从初始状态和目标状态开始搜索,直到两边相遇。这种策略可以利用两边搜索的信息来引导搜索,从而提高找到解的速度。

(4)迭代加深搜索:迭代加深搜索是一种深度优先搜索的变体,它逐渐增加搜索的深度限制,直到找到目标状态或确定目标状态不存在。这种策略可以确保找到最深层的目标状态,同时避免在浅层状态下进行不必要的搜索。

(5)剪枝:剪枝是一种在搜索过程中排除那些不可能包含目标状态的分支的技术。剪枝可以基于某些条件,如某些状态已经被确定为不可达,或者某些状态与目标状态的差异太大。常见的剪枝技术包括 α-β 剪枝、启发式剪枝等。

(6)增量式搜索:增量式搜索是一种逐步构建解的过程,它从初始状态开始,逐步添加或修改状态,直到达到目标状态。这种策略通常用于求解组合问题,如拼图、电路设计等。

(7)知识引导搜索:知识引导搜索利用领域知识来指导搜索,例如,使用专家系统或领域特定的规则来选择下一个状态。这种策略可以提高搜索的效率和成功率。

搜索策略的选择取决于问题的特点和需求。在实际应用中,通常需要根据问题的具体情况来设计和调整搜索策略,以达到最佳的搜索效果。

4. 性能

衡量与判断一个搜索策略的优劣,主要从以下四个方面对其进行判断:

(1)完备性:是否保证找到解。

(2)最优性:找到的解是否最优。

(3)时间复杂度:找到解所需时间复杂度。

(4)空间复杂度:找到解所需空间复杂度。

4.1.2　常用的搜索策略

AI 中的搜索策略分为无信息搜索策略和有信息搜索策略。无信息搜索策略不知道接下来要搜索的节点,哪一个是更加接近目标的搜索策略,因此也常称为盲目搜索。而有信息搜索策略则是使用了启发信息来确定哪一个状态更加接近目标状态,并优先对该状态进行搜索。因此与无信息搜索策略相比,有信息搜索策略可以更加高效地解决搜索问题。

1. 无信息搜索策略

无信息搜索又称为盲目搜索,其含义是除了问题定义中提供的状态之外没有任何关于状态的附加信息的搜索。可以做的事情只是生成后继状态。常用的无信息搜索策略有宽度优先搜索、深度优先搜索、双向搜索等。

2. 有信息搜索策略

有信息搜索策略的核心是使用一个评估函数来估计每个节点的希望值。每次搜索时优先扩展最有希望的未扩展节点。贪婪最佳优先搜索算法和 A * 搜索算法都使用了有信息搜索策略。有信息搜索策略中的信息不是由问题本身的描述计算得到的信息,而是与实际路程相关的有用的信息。

4.2　盲目搜索策略

盲目搜索又称无信息搜索策略,在搜索过程中,只按预先规定的搜索控制策略进行搜索,而没有任何中间信息来改变这些控制策略。从老鼠探索迷宫的行为可以看出,它使用了深度优先搜索,这是一种简单而暴力的穷举搜索,几乎没有任何神秘性可言,找到一条路就一直走下去,直到撞墙为止,然后回溯,继续探索。这种搜索策略是盲目搜索策略的表示。

盲目搜索就是常说的蛮力法,又称为非启发式搜索,之所以被称为盲目,是因为这种搜索策略只是按照预定的策略搜索解空间的所有状态,而不会考虑问题本身的特性。

通常在找不到解决问题的规律时使用盲目搜索,很多问题都没有明显的规律可循,很多时候不得不使用蛮力法。由于思路简单,盲目搜索策略也常被使用,对于一些比较简单的问题,盲目搜索确实能发挥奇效。

4.2.1　宽度优先搜索策略

宽度优先搜索策略(breadth-first search,BFS)的搜索过程是首先扩展根节点,然后扩展根节点的所有后继,接着再扩展它们的后继,从而一层一层地对节点进行扩展。宽度优先搜索策略是一个简单的搜索策略,在搜索过程中对所有状态进行遍历,因此它是完备的搜索。假设搜索树每个节点有 b 个后继,深度为 d,则时间复杂度和空间复杂度均为 $O(b^d)$。最后考虑最优性,因为总会在最浅那一层找到目标状态,因此当且仅当每一步的代价都一致的时候,宽度优先搜索策略可以得到最优解。

宽度优先搜索算法以其宽度作为转移的参考依据,将本层的所有节点全部访问,然后再进入下一层。

按照宽度优先搜索的顺序将节点装入先进先出的队列,在访问到一个节点时,可扫描一遍所有它能到达的节点,并将这些能够到达的全部节点加入队列的尾部。完毕以后,再从队列中取出一个节点,并继续扫描这个节点,直到队列变成空的为止。其算法流程如图 4-1 所示。

宽度优先搜索策略流程如下:

(1)清空队列。

(2)为队列增加起点所在节点。

(3)在队列首部取出一个节点。

(4)扫描这个节点所能到达的节点,并将它们放在队列尾部(任意顺序)。

(5)结束本节点的动作,并准备再次拿取队列首部节点,直到队列为空。

利用宽度优先搜索的算法都利用了被访问到的节点的深度,这个深度是相对于初始节点的最短距离。在队列记录节点的同时来记录当前节点的深度。每次放入队列的新元素的深度就是当前节点的深度加 1。

每次扫描节点过程中,如果扫描到了终点,就可以直接结束程序,并表示可达。如果队列为空以后还没能接触到终点,那就是不可达。

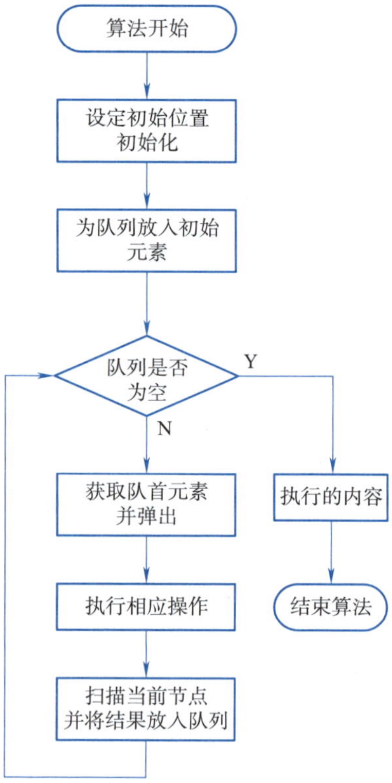

图 4-1　宽度优先搜索策略流程

例 4-1　宽度优先搜索。

如图 4-2 所示,根节点为①,搜索下一层节点②、③、④,然后再搜索下一层节点⑤、⑥、⑦、⑧,最后搜索最后一层节点⑨,即①→[②、③、④]→[⑤、⑥、⑦、⑧]→⑨。

又例如,如图 4-3 所示,基于宽度优先搜索策略的遍历结果为:

$$V_1 \to [V_2、V_3] \to [V_4、V_5、V_6、V_7] \to V_8$$

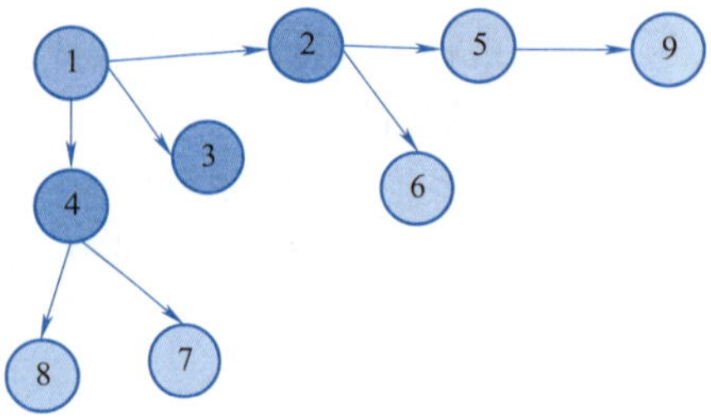

图 4-2　宽度优先搜索策略

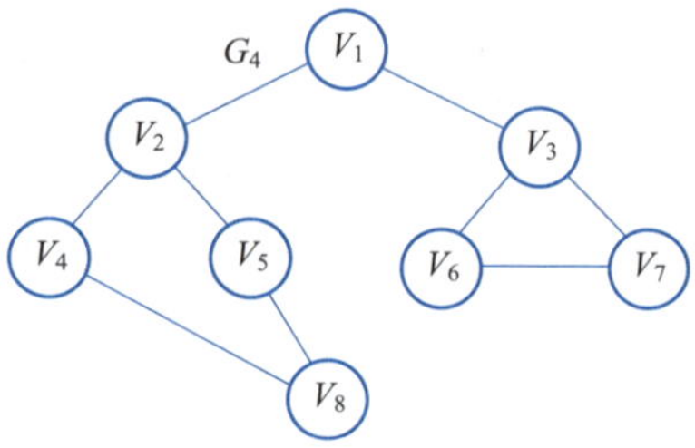

图 4-3　含有 8 个节点的图

BFS 类似于树的层次遍历，所以需要队列来存储顶点；因为要判断某顶点是否被访问过，所以需要一个数组来记录，若访问过则为 true，没访问过则为 false。

4.2.2　深度优先搜索策略

深度优先搜索策略（depth first search，DFS）扩展根节点的一个后继，然后扩展这个后继的一个后继，直到到达搜索树的最深层。由于最深层的节点没有后继，于是 DFS 回溯到上一层，扩展另外一个未被扩展的节点。在有限状态空间中，DFS 是完备的，因为它可以将所有空间遍历一遍；而在无限状态空间中，DFS 则有可能会进入深度无限的分支，因此是不完备的。DFS 的空间复杂度仅为 $O(H)$，H 为树的深度。因为只需要保存当前分支的状态，因此空间复杂度远远好于 BFS。然而 DFS 并不能保证找到最优解。

1. 深度优先搜索算法

深度优先搜索属于图算法的一种，其过程是对每一个可能的分支路径深入到不能再深入为止，而且每个节点只能访问一次。深度优先搜索的目的是要达到被搜索结构的叶结点，如图 4-4 所示。算法基本过程如下：

从初始状态 S 开始，利用规则生成搜索树下一层任一个节点，检查是否出现目标状态 G。

如果未出现，则以现在的状态利用规则生成下一层任意一个节点，检查是否为目标节点 G。

如果未出现，继续以上操作过程，一直进行到叶节点（即不能再生成新状态节点）。如果它仍不是目标状态 G 时，回溯到上一层结果，取另一个可能扩展搜索的分支，生成新状态节点。如果仍不是目标状态，就按照该分支一直扩展到叶节点，如果还不是目标，采用相同的回溯方法回退到上一层节点，扩展可能的分支生成新状态。如此进行下去，直到找到目标状态 G 为止。

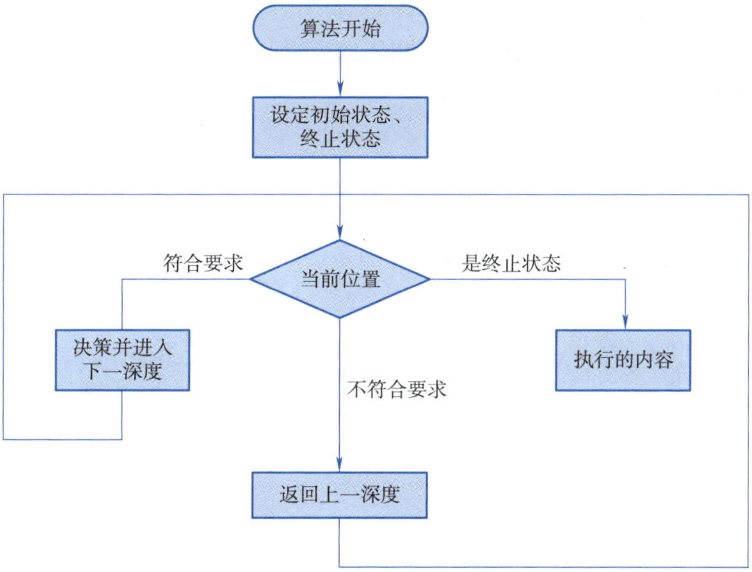

图 4-4　深度优先搜索算法

例 4-2　深度优先搜索遍历。

对图 4-3 所示的含有 8 个节点的图，应用深度优先搜索策略完成遍历。

使用 V_1 作为第一个起点，用 X 号表示深度，其过程如下：

X 深度优先搜索 V_1,V_1未被访问的邻接点为 V_2、V_3。

XX 深度优先搜索 V_2,V_2未被访问的邻接点为 V_4、V_5。

XXX 深度优先搜索 V_4,V_4未被访问的邻接点为 V_8。

XXXX 深度优先搜索 V_8,V_8没有未被访问的邻接点。

XXX 深度优先搜索 V_5,V_5没有未被访问的邻接点。

XX 深度优先搜索 V_3,V_3未被访问的邻接点为 V_6、V_7。

XXX 深度优先搜索 V_6,V_6没有未被访问的邻接点。

XXX 深度优先搜索 V_7,V_7没有未被访问的邻接点。

深度优先搜索遍历顺序 $V_1 \to V_2 \to V_4 \to V_8 \to V_5 \to V_3 \to V_6 \to V_7$。

首先访问顶点 V_1;然后依次从 V_1的未被访问的邻接点出发,对图进行深度优先遍历,直至图中和 V_1有路径相通的顶点都被访问;如果此时图中还有顶点未被访问,则从一个未被访问的顶点出发,重新进行深度优先遍历,直到图中所有顶点均被访问过为止。

例 4-3 深度优先搜索。

在搜索过程中,定义一个深度搜索的方式,以作为搜索的参考依据。在一般的 DFS 中,深度的定义为:当前搜索到的路径长度。如图 4-5 所示,①代表起点、⑨代表终点、②、④、⑤、⑧代表目前已经搜索。①→②、②→④、④→⑤、⑤→⑧、⑧→⑨代表了当前搜索到的道路,深度是 5。

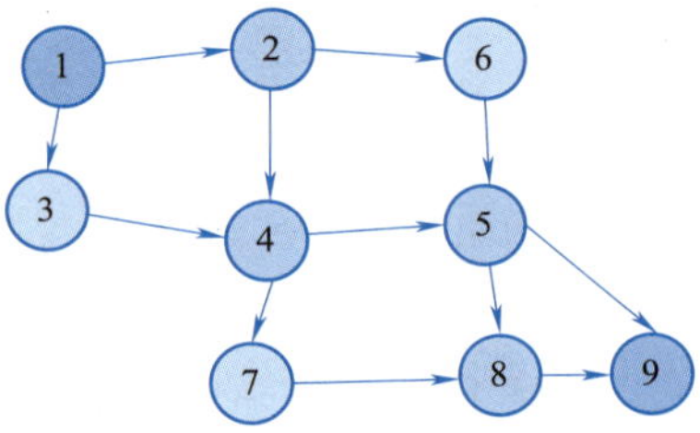

图 4-5 深度优先搜索举例

4.2.3 两种搜索策略比较

深度优先搜索和宽度优先搜索应用得最多的是对图的搜索。深度优先是沿着一条路一直走到底,然后进行回溯;宽度优先则是优先搜索所有相邻的节点,再访问所有相邻节点的邻节点。深度优先搜索的示意图如图 4-6 所示。

宽度优先搜索过程的示意图如图 4-7 所示。

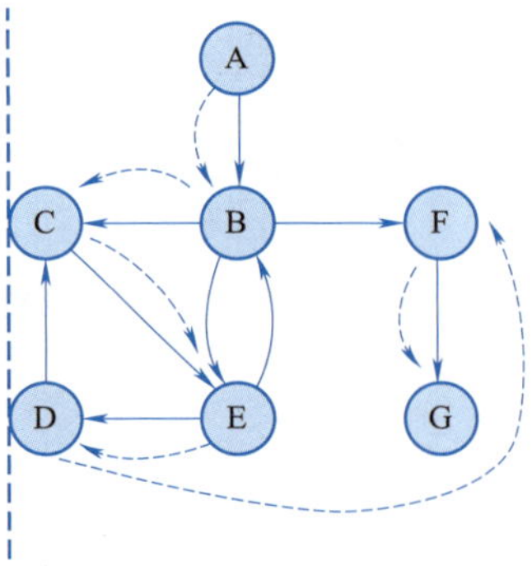

图 4-6 深度优先搜索

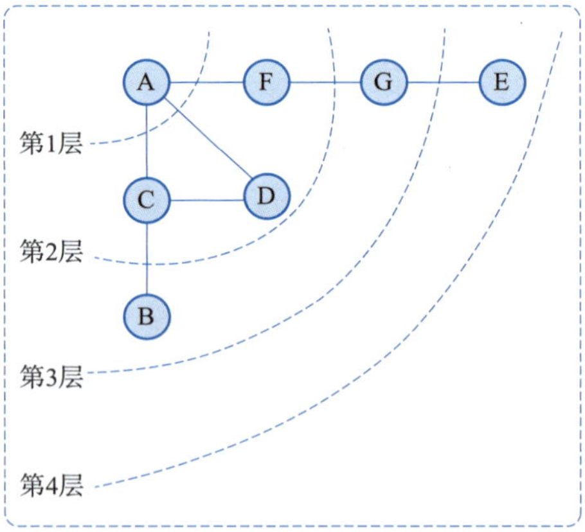

图 4-7 宽度优先搜索

深度优先搜索和宽度优先搜索都属于盲目型搜索,也就是说,不能够选择哪个节点在下一次搜索中更优而去跳转到该节点进行下一步的搜索。在最坏的情形中,需要试探完整个解集空间,显然,深度优先搜索和宽度优先搜索只能适用于问题规模不大的搜索问题中。

宽度优先搜索适用于所有情况下的搜索,但是深度优先搜索不一定能适用于所有情况下的搜索。因为由于一个有解的问题树可能含有无穷分枝,深度优先搜索如果误入无穷分枝(深度无限),则不可能找到目标节点。所以深度优先搜索策略是不完备的。在未知树深度情况下,用这种算法很保险和安全。在树体系相对小的时候,宽度优先也会更好些。但是在树深度已知的情况下,并且树体系相当庞大时,深度优先搜索比宽度优先搜索更为优秀。

4.3　启发式搜索策略

盲目型搜索采用固定搜索方式,生成的无用节点较多,搜索空间大、效率低,不适用于解决大规模的搜索问题。

启发式搜索策略是利用与问题相关的启发信息来预测目标节点的存在方向,并按该方向进行搜索,这样可缩小搜索范围,提高搜索效率。将利用问题提供的启发信息来引导搜索过程的一类搜索方法称为启发式搜索方法。人工智能中大量的问题都可以被描述为:在给定海量信息源以及一些约束条件和额外信息的情况下,找到问题所对应的答案,如图 4-8 所示。

图 4-8　启发式搜索

所求解问题的答案就在海量的信息源中,关键在于如何快速从信息源中找到对应的模式、问题与答案的对应关系。这也是搜索算法的核心,越好的算法能够越快地找到对应的模式,找到更精准的模式关系,并使其具备更强大的泛化能力。

启发式搜索与盲目型搜索最大的不同点是选择下一步节点时,可以通过一个启发函数来进行选择,选择代价最少的节点作为下一步搜索节点。当有一个以上代价最少的节点,可选距离当前搜索点最近一次展开的搜索点进行下一步搜索。经过设计的启发函数,往往可在很短的时间内就得到一个搜索问题的最优解,对于 NP 问题,通过启发函数,也可在多项式时间内得到一个较优解。

4.3.1　启发信息与启发函数

1. 启发信息

启发信息是指与具体问题的求解过程有关的,并可指导搜索过程向最有希望方向前进的控制信息。启发信息的启发能力越强,则扩展的无用节点越少,提高了搜索效果。启发信息主要包括以下三种信息:

(1)能有效地帮助确定扩展节点的信息;

(2)能有效地帮助确定哪些后继节点应被生成的信息;

(3)能确定在扩展一个节点时哪些节点应从搜索树上删除的信息。

2. 启发函数

启发函数又称估价函数,用于估计节点重要性。$f(n)$ 定义为从初始节点 S_0 出发,经过节点 n 到达目标节点 S_g 的所有路径中最小路径代价的估计值,最小路径代价是指一条从 A 到 B 的路径,经过的距离为最小。启发函数的一般形式为

$$f(n)=g(n)+h(n)$$

式中，$g(n)$是从初始节点 S_0 到节点 n 的已经获知的最小代价；启发函数的 $h(n)$ 为节点 n 到目标节点的最小代价路径的代价估计值，启发式搜索策略采用了启发函数 $h(n)$ 的搜索策略。

一个启发函数设置的好坏直接影响搜索算法的优劣。启发函数永远不唯一，最好的启发函数应与实际耗散相等。松弛操作所获得的启发函数通常都为可用。例如，从 A 到 B 实际距离是 100 km，但这 100 km 包含了道路的曲折、障碍物之类的存在，如果完全忽略道路的曲折、障碍物等因素，得到的 A 到 B 的直线距离可能就是 50 km，这 50 km 就可以用来做启发函数，也就是一个约束条件是 A 到 B 至少有 50 km，因为这已经是最宽松的条件，达到了目标松弛化。除了松弛方法之外，还有将一个目标分成多个子目标、机器学习等方法。

4.3.2 贪婪算法

贪婪算法在对问题求解时，总是做出在当前看来是最好的选择。也就是说，不从整体最优上加以考虑，所做出的仅是在某种意义上的局部最优解。虽然贪婪算法不是对所有问题都能得到整体最优解，但对范围相当广泛的许多问题能产生整体最优解的近似解或者是整体最优解。启发式搜索是一个通用的算法框架：$f(n)=g(n)+h(n)$。

当估价函数 $h(n)$ 比 $g(n)$ 大很多时，仅有 $h(n)$ 对估价起作用，将这种策略称为贪婪最佳优先搜索策略（greedy best-first search）。评价函数 $f(n)$ 等于启发函数 $h(n)$。

最佳优先搜索可被认为是广度优先搜索的贪婪形式，本质上它是一种贪婪算法。宽度有限搜索算法相当于一个先进先出的队列，深度有限搜索相当于一个后进先出的栈。最佳优先搜索算法（best-first search，BFS）是一种启发式搜索算法，基本思想是将节点按距离目标的距离进行排序，然后以这个距离为代价选择待扩展的节点，每次找到的是所有结点中最好估计值的那个结点。最佳优先搜索策略不能保证找到的路径是一条最短路径。

贪婪最佳优先搜索算法的队列是一个优先队列，例如，队列中有（5-3）、（7-9）、（3-1），其中（5-3）表示起始点到 5 号点的距离为 3。最佳优先搜索是（3-1）、（5-3）、（7-9），先得出到起始点距离最小的点。

最佳优先搜索采用一个 *open* 优先队列和一个 *closed* 队列，*open* 优先队列用来存储还没有遍历、将要遍历的节点，而 *closed* 队列用来存储已经被遍历过的节点。

（1）将根节点放入 *open* 优先队列中。

（2）从优先队列中取出优先级最高的节点 X。

（3）根据节点 X 生成子节点 Y：

①如果 X 的子节点 Y 不在 *open* 队列或者 *closed* 队列中，由估价函数计算出估价值，放入 *open* 队列中。

②如果 X 的子节点 Y 在 *open* 队列中，且估价值优于 *open* 队列中的子节点 Y，将 *open* 队列中的子节点 Y 的估价值替换成新的估价值，并按优先值顺序排序。

③如果 X 的子节点 Y 在 *closed* 队列中，且估价值优于 *closed* 队列中的子节点 Y，将 *closed* 队列中的子节点 Y 移除，并将子节点 Y 加入 *open* 优先队列。

（4）将节点 X 放入 *closed* 队列中。

（5）重复过程 2、3、4 步，直到目标节点找到，或者 *open* 为空而结束。

因为 *closed* 队列用来存储已经被遍历过的节点，将其倒序，结果为找到目标的搜索顺序。

宽度优先搜索和深度优先搜索都属于穷举类型的搜索，需要依次遍历所有的节点，当空间非常大时，这种方式的效率将非常差。而启发式的搜索是对状态空间中的每个点进行评估，然后选出最好的位置，所以提高了效率。

例 4-4　寻找最优路径问题。

如图 4-9 所示，以 T 为目标，A 为起点。

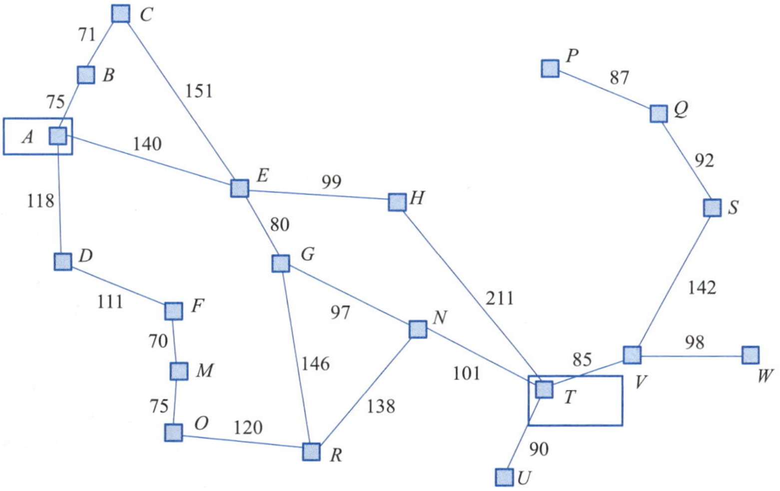

图 4-9　寻找最优路径问题

利用贪婪最佳优先搜索寻找到 A 到 T 这两个城市之间的一条最短路径。需要在搜索过程中利用所求解问题相关的辅助信息。本例中给出的启发信息为：任意一个城市与 T 之间的直线距离。辅助信息必须是所求解问题以外的信息，不能是最短路径。已知 T 与其他城市之间的直线距离见表 4-1。

表 4-1　各城市与 T 市的直线距离

城市	距离	城市	距离	城市	距离
A	366	U	77	C	380
T	0	B	374	N	100
R	160	Q	226	G	193
O	242	F	244	E	253
S	199	M	241	D	329
H	176	P	234	V	80

在启发式搜索中，需要定义如下两个函数：

（1）评价函数：评价函数 $f(n)$ 描述的是从当前节点 n 出发，根据评价函数来选择后续节点。这个评价函数就是怎么选择动作。

（2）启发函数：启发函数 $h(n)$ 描述的是从计算节点 n 到目标节点之间所形成路径的最小代价值。这里将两点之间的直线距离作为启发函数。

初始状态为 A，扩展 A 后，相邻城市为 D、E、B，距离目标城市 T 的直线距离分别为 329 km、253 km 和 374 km。依据评价函数和启发函数选择 E，再将 E 展开依次进行，相邻城市为 A、G、H、C，离目标城市 T 的直线距离分别为 366 km、193 km、176 km 和 389 km。依据评价函数和启发函数选择

H,再将 H 展开依次进行,相邻城市为 E、T,距离目标城市 T 的直线距离分别为 253 km、176 km。依据评价函数和启发函数选择 T,再将 T 展开依次进行,T 到达城市 T 的距离为 0,到达目的城市 T。

4.3.3 贪婪最佳优先搜索的问题

(1)贪婪最佳优先搜索不是最优的。

(2)启发函数代价最小化这一目标会对错误的起点比较敏感。考虑从 Q 到 H 的问题,由启发式建议须先扩展 P,就是因为其离 H 最近,导致其启发函数较小,但是这是一条死循环路径。

(3)贪婪最佳优先搜索也是不完备的。不完备是指它可能沿着一条无限的路径走下去,而不会做其他的选择尝试,因此无法找到最佳路径。

(4)在最坏的情况下,贪婪最佳优先搜索的时间复杂度和空间复杂度都是(bm),其中 b 是节点的分支因子数目,m 是搜索空间的最大深度。

贪婪最佳优先搜索则相当于一个根据与终点的距离进行排序的优先级队列,总是弹出离终点最近的节点。贪婪最佳优先搜索算法只关注当前点到目标点之间的代价,通过估价函数,将探测快速导向目标点的方向,虽然不能够保证寻找到一条最短路径的点,但是其搜索的效率较高。例如,在地图上有障碍物的情况,最佳优先搜索寻找的路径一般都不是最短路径,在寻路过程中可以配合其他的方法,对寻路进行修正。

例如,遇到障碍物时的贪婪最佳优先搜索寻路如图 4-10 所示。

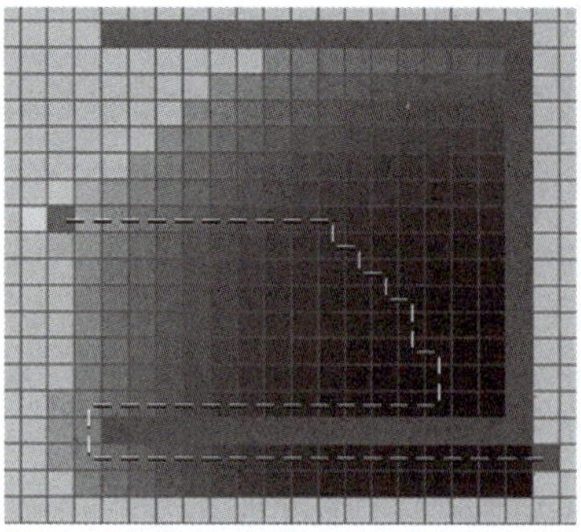

图 4-10 遇到障碍物时的贪婪最佳优先搜索寻路

4.4 A* 算法

1968 年出现的 A* 算法是将 BFS 和 Dijsktra 算法结合的算法,所不同的是,类似 BFS 的启发式方法经常给出一个近似解而不是保证最佳解。然而,A* 算法却能保证找到一条最短路径。

4.4.1 A* 算法功能与特性

1. A 算法与 A* 算法

A 算法由 $f(n)=g(n)+h(n)$ 决定,$g(n)$ 是代价函数,$h(n)$ 是预估价函数;对于 A* 算法来说,评判函数为

$$f(n)=g^*(n)+h^*(n) \tag{4-1}$$

约束条件:$g^*(n)>0$,$h^*(n)\leqslant$ 任意 $h(n)$。

以上只是定义,对于一个实例来说,$h(n)$ 只是估价函数的一个集合:

$$h(n)=\{h_1(n),h_2(n),h_3(n),\cdots\} \tag{4-2}$$

取其中任意一个 $h_i(n)$ 代入式(4-2),组成评判函数,都是 A 算法的实现。如果从集合中选择一个函数 $h^*(n)$,使得它比集合中任意函数都优秀,这样的算法称为 A* 算法。由于 A* 算法的估价函数最优,所以 A* 是最优的 A 算法。

2. A* 启发函数选择

因为 A* 搜索总是搜索 $f(n)$ 最小的点,A* 算法会结合从出发点到当前点的实际代价和当前点到目标点之间的总代价来找到最短路径。

(1)如果 $h(n)$ 经常比从 n 移动到目标的实际代价小(或者相等),则 A^* 算法保证能找到一条最短路径。$h(n)$ 越小,A^* 算法扩展的节点越多,运行就越慢。

(2)如果 $h(n)=h^*(n)$,即 $h(n)$ 等于从 n 移动到目标的代价,则 A^* 算法将仅寻找最佳路径而不扩展别的任何节点,这将运行得非常快,从而大大提高搜索效率。

(3)如果 $h(n)>h^*(n)$,即 $h(n)$ 比从 n 移动到目标的实际代价高,则 A^* 不能保证找到一条最短路径,但它运行得更快。

(4)另一种极端情况,如果 $h(n)$ 比 $g(n)$ 大很多,则只有 $h(n)$ 起作用,A^* 算法演变成 BFS 算法。

(5)如果不设置启发函数,则 A^* 就是 Dijkstra 算法,这时可以找到最短路径。

3. A^* 搜索算法的特性

(1)可采纳性:保证能找到启发函数,从不过高估计到达目标所需的代价,也就是说,$f(n)=g(n)+h(n)$ 永远不会超过经过节点 n 的实际代价。

(2)一致性(单调性):只在图搜索中使用 A^* 算法,如果对每个节点 n 和通过任一行动 a 生成的 n 的每个后继节点 n',从节点 n 到达目标的估计代价不大于从 n 到 n' 的单步代价与从 n' 到达目标的估计代价之和。

(3)最优性:如果 A^* 是可采纳的,那么树搜索的 A^* 算法是最优的。如果 $h(n)$ 是一致的,那么图搜索的 A^* 算法是最优的。

(4)松弛性:在评价函数中具有松弛信息。

A^* 算法的缺点是时间复杂度比较高,严重依赖于对状态空间的假设。而且内存保留了所有已生成的节点,使得 A^* 算法在计算中内存消耗大。

4.4.2 A^* 搜索算法描述

最基本的搜索是深度搜索和宽度搜索,深度搜索的优点是时间快,但是不一定能求出最优解;而宽度搜索可以求出最优解,但由于宽度搜索是逐层搜索,必须扩展每一个点,所以时间效率和空间效率都不高。而 A^* 算法可以解决这两个缺点:既有极大概率求出最优解,又可以减少搜索的时间。

A^* 算法是从起点开始,检查所有可能的扩展点(它的相邻点),对每个点计算 $g+h$ 得到 f,在所有可能的扩展点中,选择 f 最小的那个点进行扩展,即计算该点的所有可能扩展点的 f 值,并将这些新的扩展点添加到扩展点列表,当然,忽略已经在列表中的点及已经考察过的点。

搜索过程中设置 *open* 开启列表和 *close* 关闭列表。*open* 列表保存了所有已生成而未处理的节点,*close* 列表中记录已访问过的节点。算法中每一步是根据估价函数重排 *open* 列表。这样循环中的每一步只考虑 *open* 表中状态最好的节点。A^* 算法搜索过程描述如下:

(1)从起始点 s 开始,将 s 作为一个等待检查的方格,将其加入 *open* 列表中。

(2)寻找起点 s(为中心)周围可以达到的方格(最多 8 个),将它们放入到 *open* 列表中,并设其父方格为 s。

(3)从 *open* 列表中删除节点 s,并将 s 放入到 *close* 列表中,*close* 列表存放的是不需要检查的方格。

(4)计算每个周围方格的 f 值,$f=g+h$。

g 表示从起点 A 移动到指定方格的移动消耗,假设横向移动一个格子消耗 10,斜向移动一个格子消耗 14。

h 表示从指定方格 1 移动到目标 B 点的预计消耗,假设 h 的计算忽略障碍物,只可以纵向、横向计算。

(5)从 *open* 列表中选择 f 值最低的方格 a，将其从 *open* 开启列表删除，放入 *close* 关闭列表中。

(6)检查 a 所有邻近并且可达的方格。

①障碍物和 *close* 列表中的方格不考虑。

②如果还不在 *open* 列表中，将他们加入 *open* 列表中，并且计算这些方格的 f 值，并设置父方格为 a。

③如果某相邻的方格 c 已经在开启列表，计算新的路径从 s 到达方格 c（即经过 a 的路径），判断是否需要更新，即 g 值是否更低一点。

如果新的 g 值更低，则修改父方格为方格 a，重新计算 f 值，h 值不需要改变，因为方格到达目标点的预计消耗是固定的。

如果新的 g 值比较高，则说明新的路径消耗更高，则值不做改变（g 值不变也不更新）。

(7)继续从开启列表中找出 f 值最小的，从 *open* 列表中删除，添加到列表中，再继续找出周围可以到达的方格，如此循环。

(8)结束判断：

当 *open* 列表中出现目标方块 B 时，说明路径已经找到；

当 *open* 列表中没有了数据，则说明没有合适路径。

例 4-5 A* 算法工作过程。

虽然 A* 算法很复杂，但是通过下述工作过程描述，可更易理解。

(1)搜索区定义。假设要从 A 点移动到 B 点，但是这两点之间被障碍物隔开。如图 4-11 所示，A 与 B 的中间是障碍物。

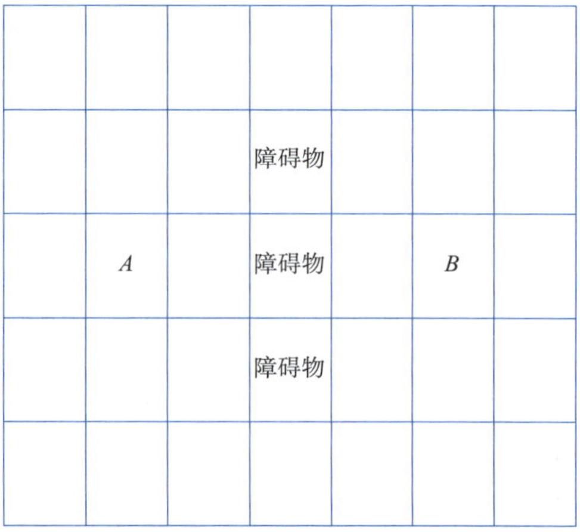

图 4-11 搜索区定义

首先将搜索的区域划分成了多个正方形的格子，将搜索区域简化为二维数组表示。数组的每一项代表一个格子，格子的状态分为可走和不可走两种状态。通过计算得出从 A 到 B 需要走过的方格序列，就找到了路径。

A* 寻路算法都是基于节点讨论，使其具有通用性。

(2)开始搜索。通过上述搜寻区域定义，可将搜寻区域转化为一组可以量化的节点，然后查找最短路径。A* 算法的处理过程是从起点开始，检查其相邻的方格，然后向四周扩展，直至找到目标为止。寻路过程如下：

①从起点 A 开始，将其加入一个由方格组成的（*open* 列表）中。刚开始时，在 *open* 列表中只有起点 A 一项，之后将逐渐加入更多的项。*open* 列表中的格子是可能沿途经过的路径，也有可能不经过，可以看出，*open* 列表是一个待检查的方格的列表。

②查看与起点 A 相邻的方格，忽略其中障碍物所占领的方格，将其中可走的或可到达的方格也加入 *open* 列表中。将起点 A 设置为这些方格的父节点或父方格，当寻找路径时，父节点指明了搜索的方向。

③设置一个（*close* 列表），将 A 从 *open* 列表中移除，加入 *close* 列表中，*close* 列表中的方格都是现在不需要再查看的方格。

如图 4-12 所示，A 方格为起点，该方格被加入 *close* 列表。与它相邻的 8 个方格需要被检测，A 是 8 个相邻的方格的父节点，也就是说，在这一步中，父节点是起点 A。

	A	

图 4-12　A 方格与其邻近的 8 个方格

下一步，需要从 *open* 列表中选一个与起点 A 相邻的方格，需要选择具有最小 f 值的那个方格，步骤如下。

（3）路径排序方法。

①f 值计算：

$$f = g + h$$

式中，g 是从起点 A 移动到指定方格的移动代价；h 是从指定的方格移动到终点 B 的估算代价，直到找到了路径才知道真正的距离，因为途中有各种各样的障碍物。

②路径产生过程：

a. g 是从起点 A 移动到指定方格的移动代价，横向和纵向的移动代价为 10，对角线的移动代价为 14。之所以使用这些数据，是因为实际的对角移动距离是$\sqrt{2}$，或者是近似的 1.414 的横向或纵向移动代价。使用 10 和 14 就是为了简单起见，这样可避免开方和小数的计算，使计算速度更快。

既然是沿着到达指定方格的路径来计算 g 值，那么计算出该方格的 g 值的方法就是找出其父节点的 g 值，然后按父亲是直线方向还是斜线方向加上 10 或 14。随着离开起点而得到更多的方格，这个方法变得更加明朗。

b. 估算 h 值的方法很多，这里使用曼哈顿距离来计算从当前方格横向或纵向移动到达目标所经过的方格数，忽略对角移动，然后把总数乘以 10。计算 h 是要忽略路径中的障碍物。这是对剩余距离的估算值，而不是实际值，因此称为试探法。

c. 将 g 和 h 相加便得到 f。第一步的结果如图 4-13 所示。每个方格都标上了 f,g,h 的值。

$h=60$ $g=14$ $f=60$	$h=50$ $g=10$ $f=60$	$h=40$ $g=14$ $f=54$	障碍物			
$h=50$ $g=10$ $f=60$	A	$h=30$ $g=10$ $F=40$	障碍物		B	
$h=60$ $g=14$ $F=74$	$H=50$ $G=10$ $F=60$	$H=40$ $G=14$ $F=54$	障碍物			

图 4-13　方格的 f,g,h 值

$g=10$ 表明水平方向从起点到邻近方格只有一个方格的距离。与起点直接相邻的上方、下方、左方的方格的 g 值都是 10，对角线的方格 g 值都是 14。

h 值可通过估算起点 A 与终点 B 方格的曼哈顿距离得到，仅做横向和纵向移动，并且忽略沿途的墙壁。使用这种方式，起点右边的方格到终点有 3 个方格的距离，因此 $h=30$。这个方格上方的方格到终点有 4 个方格的距离（只计算横向和纵向距离），因此 $h=40$。对于其他的方格，可以用同样的方法计算 h 值。每个方格的 f 值等于 g 值和 h 值之和。

（4）继续搜索。通过继续搜索，可从 *open* 列表中选择 f 值最小的（方格），然后对所选择的方格做如下操作：

①将其从 *open* 列表中取出，放到 *close* 列表中。

②检查所有与它相邻的方格，忽略其中已在 *close* 列表中或者是不可走的方格，这里不可走是指遇到障碍物。如果方格不在 *open* 列表中，则把它们加入 *open* 列表中。将已选定的方格设置为这些新加入的方格的父节点。

③如果某个相邻的方格已经在 *open* 列表中，则检查这条路径是否更优，也就是说经由当前方格（已选中的方格）到达那个方格是否具有更小的 g 值。如果没有，不做任何操作。相反，如果 g 值更小，则把那个方格的父节点设为当前方格（选中的方格），然后重新计算那个方格的 f 值和 g 值。

不断重复这个过程，直到将终点也加入 *open* 列表中，此时如图 4-14 所示。

确定实际路径很简单，从终点开始，按着箭头向父节点移动，这样就被带回了起点，这就是问题的路径。从起点 A 移动到终点 B 就是简单地从路径上的一个方格的中心移动到另一个方格的中心，直至到达目标 B。

$h=80$ $g=28$ $f=108$	$h=70$ $g=24$ $f=94$	$h=60$ $g=20$ $f=80$	$h=50$ $g=24$ $f=74$				
$h=70$ $g=24$ $f=94$	$h=60$ $g=14$ $f=60$	$h=50$ $g=10$ $f=60$	$h=40$ $g=14$ $f=54$	障碍物			
$h=60$ $g=20$ $f=80$	$h=50$ $g=10$ $f=60$	A	$h=30$ $g=10$ $f=40$	障碍物	$h=20$ $g=54$ $f=74$	B	$h=20$ $g=68$ $f=88$
$h=70$ $g=24$ $f=94$	$h=60$ $g=14$ $F=74$	$H=50$ $G=10$ $F=60$	$h=40$ $g=14$ $f=54$ ↓	障碍物	$h=54$ $g=20$ $f=74$	$h=58$ ↑ $g=10$ $f=68$	$h=60$ $g=20$ $f=88$
$h=80$ $g=28$ $f=108$	$h=70$ $g=24$ $f=94$	$h=80$ $g=20$ $f=80$	$h=50$ $g=24$ $f=74$ →	$h=40$ $g=24$ $f=74$ →	$h=30$ $g=44$ $f=74$	$h=20$ $g=54$ $f=74$	$h=30$ $g=22$ $f=102$
		$h=20$ $g=38$ $f=108$	$h=60$ $g=34$ $f=94$	$h=54$ $g=34$ $f=88$	$h=40$ $g=48$ $f=88$	$h=58$ $g=30$ $f=88$	

图 4-14 寻路结果

4.4.3 A* 算法寻路的探测

在没有障碍物时，寻路的探测过程与 BFS 相同，在有障碍物时，A* 寻路寻找的路径和 Dijkstra 算法寻路结果相同，虽然找到了最短的路径，但效率与 BFS 算法差不多。

（1）A* 算法是在每一次都选择最佳节点产生后继，并且人为规定最耗费估计始终满足 $h \leqslant h'$，h' 为实际耗费，防止搜索过程中偏离期望的最佳路径。如果偏离则搜索停止，说明问题可能无解或最小费用的估计过小。

（2）对于 A* 算法来说，评判函数仍为 $f(n)=g(n)+h(n)$，只不过增加了约束条件：

$$g(n)>0,\quad h(n)<=\forall h(n)$$

对于一个实例来说，$h(n)$ 是从集合中选择最优的函数 $h(n)$。

例如，遇到障碍物时 A* 算法的寻路如图 4-15 所示。

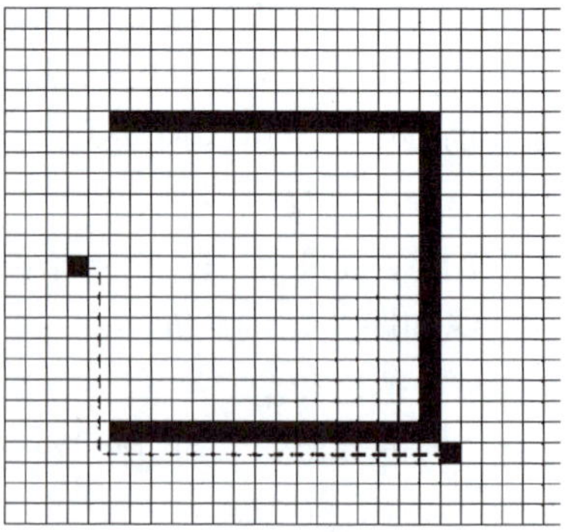

图 4-15 遇到障碍物时 A* 算法的寻路

小　　结

搜索就是回答，搜索是AI中的核心技术之一。问题求解过程实际上是一个搜索过程，但在搜索过程中，搜索策略的选择异常重要。本章主要介绍了盲目搜索策略和启发式搜索策略，启发式搜索策略又包括A算法和A^*算法，尤其对算法的功能、工作过程做了较详细的描述。通过这部分的学习，读者可为构建高效的智能系统建立搜索技术基础。

第5章 专家系统

专家系统是指能在某些特定领域内，应用大量的专家知识和推理方法求解复杂问题的一种人工智能程序系统。专家系统的研究目标是模拟人类专家的推理思维过程。通常将领域专家的知识和经验，使用知识表达方式存入计算机。系统对输入的事实依据存入的规则进行推理，做出判断和决策。从20世纪60年代开始，专家系统的应用产生了巨大的经济效益和社会效益，并成为备受重视的智能应用系统。

本章知识导图

- 专家系统
  - 专家系统的产生与发展
    - 专家系统的产生
    - 专家系统的发展
  - 专家系统的功能与特点
    - 专家系统的功能
    - 专家系统的要素与特点
    - 专家系统的类型
  - 专家系统的结构
    - 产生式系统
    - 专家系统的基本结构
  - 专家系统的构建与开发环境
    - 基于骨架系统的专家系统构建
    - 专家系统的开发环境
  - 专家系统应用案例
    - 基于规则的动物识别专家系统
    - 基于模糊规则的专家控制系统

5.1 专家系统的产生与发展

专家系统开创了人工智能从理论研究走向实际应用，从一般推理策略研究转向运用专门知识推理求解的先河。

5.1.1 专家系统的产生

20世纪60年代初，出现了运用逻辑模拟心理活动的通用问题求解程序，可以证明定理和进行逻辑推理。但是这些通用方法无法解决大型实际问题，很难将实际问题定义成适合于计算机求解的形式，并且对于解题所需的巨大的搜索空间也难以解决。1968年，著名的人工智能学者费根鲍姆教授等人在总结通用问题求解系统的成功与失败经验的基础上，结合化学领域的专门知识，研制出了世界上第一个专家系统Dendral，利用它可以推断化学分子结构。

自此，专家系统的理论和技术不断发展，其应用已渗透到多个领域，催生了大量的专家系统，其中不少在功能上已达到甚至超过同领域中人类专家的水平，并在实际应用中产生了巨大的经济效益。

专家系统的发展已经历了三代，目前正向第四代过渡和发展。

1. 第一代专家系统

第一代专家系统（Dendral、Macsyma 等专家系统）以高度专业化、求解专门问题的能力强为主要特点。但是，在体系结构的完整性、可移植性、系统的透明性和灵活性等方面存在不足，求解通用问题的能力不强。

2. 第二代专家系统

第二代专家系统（Mycin、Casnet、Prospector、Hearsay 等专家系统）属单学科专业型、应用型系统，其体系结构较完整，移植性方面也有所改善，而且在系统的人机接口、解释机制、知识获取技术、不确定推理技术、增强专家系统的知识表示和推理方法的启发性、通用性等方面都有所改进。

3. 第三代专家系统

第三代专家系统属于多学科综合型系统，采用多种人工智能语言，综合采用各种知识表示方法和多种推理机制及控制策略，并开始运用各种知识工程语言、架构系统及专家系统开发工具和环境来研制大型综合专家系统。

4. 第四代专家系统

在前三代专家系统的设计方法和实现技术的基础上，第四代专家系统已开始采用大型多专家协作系统、多种知识表示、综合知识库、自组织求解、多学科协同求解与并行推理求解机制、专家系统工具与环境、深度学习知识获取及学习机制等最新人工智能技术来设计与实现具有多知识库、多主体的第四代专家系统。

5.1.2　专家系统的发展

未来的专家系统将比目前的专家系统更为先进，功能更为强大。未来的专家系统能够经由感应器直接由外界接收资料，也可由系统外的知识库获得资料。在推理机中除推理外，还可拟定规划，仿真问题状况等。知识库所存的不只是静态的推理规则与事实，还有规划、分类、结构模式及行为模式等动态知识。专家系统设计更加人性化，实现人机交流。专家系统处理问题的能力和水平将会更高、存储的知识更多和更全面，并可为多专家系统所共享。

未来的专家系统主要具有下述特征：

（1）并行分布处理；

（2）多专家系统协同工作；

（3）高级系统设计语言和知识表示语言；

（4）具有自主学习功能；

（5）引入新的推理机制；

（6）具有纠错和自我完善能力；

（7）具有先进的智能人机接口。

5.2　专家系统的功能与特点

5.2.1　专家系统的功能

专家系统的功能如下：

（1）存储问题求解所需的知识。

（2）存储具体问题求解的初始数据和推理过程中涉及的各种信息，如中间结果、目标和假设等。

(3)根据当前输入的数据,利用已有的知识,按照一定的推理策略推理解决当前问题,并能控制和协调整个系统。

(4)能够对推理过程、结论或系统自身行为给出解释,如解题步骤、处理策略、选择处理方法的理由、系统求解某种问题的能力、系统如何组织和管理其自身知识等。这样既便于用户理解和接受,同时也便于系统的维护。

(5)提供知识获取,机器学习以及知识库的修改、扩充和完善等维护手段,进而更有效地提高系统的问题求解能力及准确性。

(6)提供一种用户接口,既便于用户使用,又便于分析和理解用户的各种要求和请求。

5.2.2 专家系统的要素与特点

专家系统的知识存储与推理机构的分离,使系统能够不断接收新的知识,从而确保系统内知识不断增长以满足实际工作的需要。专家系统强调的是知识而不是方法。这是由于很多复杂问题没有基于算法的解决方案,或者算法方案过于复杂,但是,采用专家系统就可以利用人类专家拥有的丰富知识来解决问题,基于上述考虑,专家系统也称为基于知识的系统。

1. 专家系统的基本要素

一般说来,一个专家系统应该具备以下三个基本要素:

1)知识

基于知识的系统具有求解问题所需的专门知识,主要包括应用领域的基本原理和领域专家求解问题的经验知识。

(1)应用领域的基本知识。应用领域的基本知识构成了专门知识的主体,可以精确地定义和使用,为普通技术人员所掌握。这类知识尽管是求解问题的基础,但并没有与求解的问题紧密结合,加之知识量大和推理步数少,并不能达到高效的问题求解。

(2)领域专家求解问题的经验知识。这是领域专家根据多年的工作经验,对如何使用应用领域的基本原理和知识解决问题所作的高度集中、抽象和浓缩的描述。也就是这些知识使领域专家能够高效、高质地解决困难和复杂的问题。

例如,表示状态数据和解答之间关联的启发式推理规则就是典型的经验知识,他们高度概括了遵从领域基本原理和常识的大量基础性推理操作,免除了花费大量时间去做的烦琐的运算,使问题求解过程可以大踏步地发展。然而,使用这类知识的条件比较苛刻,当条件不满足时,将导致不正确的解答甚至推理失败。基于这一点考虑,从高效地求解问题的角度,知识系统更需要经验知识。而为了保证解答的正确性,知识系统还需要基本原理和常识。

2)推理

能模拟专家的思维,具有使用专门知识的符号推理能力。这种能力取决于知识的符号表示和推理技术,在第2章中已经介绍了知识的基本表示方法,可以使用产生式、语义网、框架系统和状态空间等来表示应用领域的事物结构及事物之间的关系,使用产生式表示方法可以表示启发式关联规则,表示知识的符号结构更适于在知识库中存储和在推理机中使用。专家系统能模拟专家的思维求解,具有使用专门基于知识符号的推理能力。

3)水平

专家系统是模拟专家解决问题的程序系统,为了完成这一目标,需要人工专家系统能达到人类专家级的解题水平。

2. 专家系统的特点

专家系统是一个基于知识的系统，能够利用人类专家提供的专业知识，模拟人类专家的思维推理过程，解决对人类专家来说相对困难的问题。一般来说，一个高性能的专家系统应具备如下特点：

(1)启发性。不仅能使用逻辑知识，也能使用启发性知识，它运用规范的专门知识和直觉的评判知识进行判断、推理和联想，实现问题求解。

(2)透明性。可以使用户在对专家系统结构不了解的情况下进行交互，并了解知识的内容和推理思路，系统还能回答用户的一些有关系统自身行为的问题。

(3)有效性。专家系统的推理机能够根据已知的事实，通过运用知识库中的知识，进行推理求解。专家系统的核心是知识库和推理机。由于领域专家的知识大多是经验性知识，需要解决的问题往往也是不确定性知识，但专家系统能够根据确定性知识和不确定性知识推理，得出结论。

(4)灵活性。专家系统的知识库与推理机的关系是相互联系又相互独立的，相互联系可以实现推理机可用知识库中的知识进行推理，以实现问题的求解。相互独立可使当前知识库进行适当修改和更新时，只有推理方式没有变化，推理机部分就可不变，使系统易于扩充，具有较大灵活性。

(5)交互性。专家系统具有友好的人机界面和交互性，一方面，专家系统需要与领域专家和知识工程师进行对话，完成知识获取；另一方面，还需要不断地从用户获得所需的已知事实，并回答用户的询问。这些都是专家系统的交互性体现。

3. 专家系统与传统程序系统的区别

从上述介绍可以看出，专家系统与传统程序系统不同，归纳起来，主要区别见表 5-1。

表 5-1　专家系统与传统程序系统的区别

列　项	传统的程序系统	专 家 系 统
处理对象	数字	符号
编程思想	数据结构 + 算法	知识 + 推理
求解知识	隐含于程序中	知识存于知识库中
解释功能	不具有解释功能	具有解释功能
产生结果	正确的答案	有时产生错误答案
处理方法	算法	启发式
处理方式	批处理	交互式
系统结构	数据和控制集成	知识和控制分离
系统修改	难	易
信息类型	确定性	不确定性
处理结果	最优解	可接受解
适用范围	无限制	封闭

可以看出，专家系统是一个启发交互式的符号系统。在结构上，知识和控制分离，系统修改容易。信息类型可为不确定性信息、处理结果可以提供不确定性解。显然，专家系统与传统的程序系统功能不同，所以专家系统能够解决传统的程序系统不能解决的问题。

5.2.3　专家系统的类型

可以将专家系统基于知识表示不同和基于完成任务类型不同分类如下：

1. 基于知识表示划分

在专家系统中,常用的知识表示方法有逻辑、规则、语义网络和框架。

(1)基于逻辑的专家系统。在基于逻辑的专家系统中,知识库主要由说明事实的谓词逻辑子句构成,采用了基于逻辑的知识表示和推理的专家系统。

(2)基于规则的专家系统。在基于规则的专家系统中,知识库主要由说明事实的产生式规则构成,采用了基于规则的知识表示和推理的专家系统。

(3)基于语义网络的专家系统。采用了基于语义网络的知识表示和推理的专家系统。

(4)基于框架的专家系统。采用了基于框架的知识表示和推理的专家系统。

2. 基于任务类型划分

基于任务类型不同,可以将专家系统划分为如下 12 种类型:

(1)解释型。可用于分析符号数据,阐述这些数据的实际意义,是根据表层信息解释深层结构或内部情况的专家系统,如地质结构分析、物质化学结构分析等。

(2)预测型。根据对象过去和现在的情况来推断对象未来的演变结果,是根据现状预测未来情况的专家系统,如气象预报、人口预测、水文预报、经济形势预测等。

(3)诊断型。根据输入信息来找到对象的故障和缺陷,根据对症状的观察分析,推导出产生症状的原因以及排除故障方法的专家系统,如医疗、机械、经济等。

(4)调试型。给出确定的故障排除方案的专家系统。

(5)维修型。制定并实施纠正某类故障的规划的专家系统。

(6)规划型。根据给定目标拟定行动计划的规划型专家系统,主要用于制定行动规划,如自动程序设计、军事计划的制定等。

(7)设计型。设计型专家系统是根据给定要求形成所需方案和图样,根据给定的产品要求设计产品的专家系统,如建筑设计、机械产品设计等。

(8)监护型。监护型专家系统是完成实时监测任务,对某类行为进行监测并在必要时候进行干预的专家系统,如机场监视、森林监视等。

(9)控制型。完成实施控制任务的专家系统,广泛应用于工业设计和过程控制,为解决工业控制难题提供一种新的方法,是实现工业过程控制的重要技术。

(10)教育型。诊断型和调试型的组合,能够辅助教学的专家系统。

(11)决策型专家系统。对可行方案进行综合评判并优选的专家系统。

(12)数学专家系统。用于自动求解某些数学问题的专家系统。

5.3 专家系统的结构

5.3.1 产生式系统

专家系统是在系统的基础之上发展而来。基于规则的专家系统是使用基于产生式规则的系统。

1. 基于规则的推理

基于规则的专家系统中的知识是用事实与产生式规则来表示,并采用确定性正向推理方式获得目标结果。

例 5-1 动物识别。

对蛇、鹦鹉、蜥蜴、猫四种动物进行识别。

(1)产生式规则。

- 冷血 + 没有腿→蛇;
- 冷血 + 有腿→蜥蜴;
- 非冷血 + 有羽毛 + 会飞→鹦鹉;
- 非冷血 + 没有羽毛→猫。

(2)事实。

- 蛇冷血、没有腿;
- 蜥蜴冷血、有腿;
- 鹦鹉非冷血、有羽毛、会飞;
- 猫非冷血、没有羽毛。

(3)推理过程。

- 如果是冷血、有腿,经过 2 步正向推理,得到结果,则是蜥蜴;
- 如果是冷血、无腿,经过 2 步正向推理,得到结果,则是蛇;
- 如果是非冷血、有羽毛、会飞,经过 3 步正向推理,得到结果,则是鹦鹉;
- 如果是非冷血、没有羽毛,经过 2 步正向推理,则得到结果猫。

知识表示与推理的决策树,如图 5-1 所示。

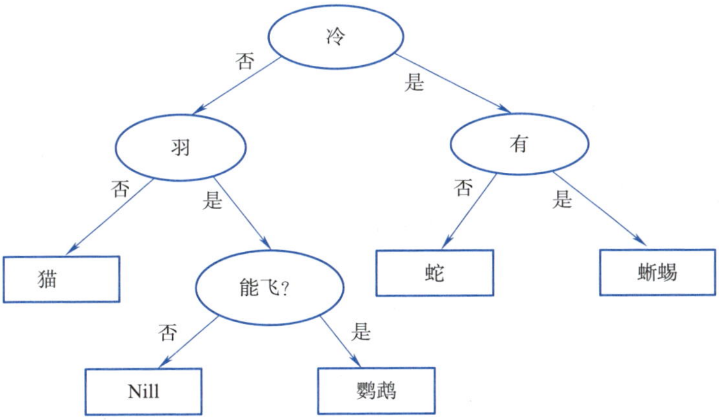

图 5-1　决策树表示与推理

2. 产生式系统的组成

产生式系统是一种问题求解系统,一个产生式系统由综合数据库、产生式规则库和控制系统三部分组成,如图 5-2 所示。

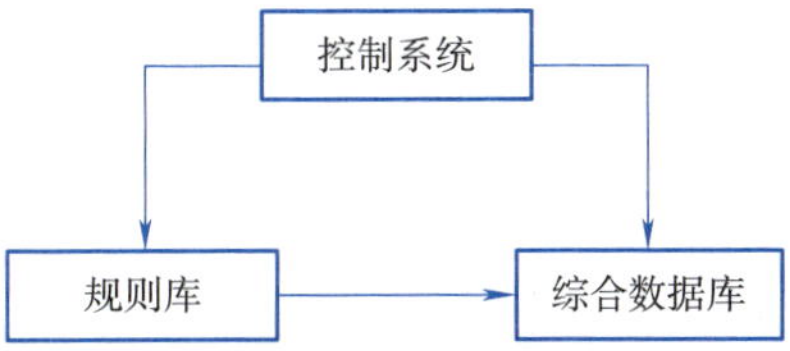

图 5-2　产生式系统

1)综合数据库

综合数据库含有与具体任务有关的信息,随着应用情况的不同,综合数据库可能像数字矩阵那样简单,也可能像检索文件结构那样复杂。

综合数据库的库结构如下:

Fact_id	*name*	*Usedby*	*Trans*	*Expect*

各字段含义：

- *Fact_id*：事实的编码。
- *name*：事实名称。
- *Usedby*：表示哪一条规则应用到该事实。
- *Trans*：事实的内容，统筹考虑，使其表示模式与推理机制相结合。
- *Expect*：表示事实是否已知。

2）产生式规则库

产生式规则库的规则可对数据库进行操作运算。每条规则由左右两部分组成，左部鉴别规则的适用性或先决条件，右部描述规则应用时所完成的动作。应用规则可改变数据库。

产生式规则库由领域规则组成，一个产生式规则库中的规则，按其逻辑关系，一般可形成一个称为推理网络的结构图。

产生式规则库的库结构如下：

Rule_id	*Premise*	*Action*	*Active*	*Used*

各字段含义：

- *Rule_id*：规则代号。
- *Premise*：规则的前件，if 的内容。
- *Action*：规则的后件，then 的内容。Action 分两类，结论型和动作型。
- *Active*：规则是否成立，成立为 1，不成立为 0.
- *Used*：规则是否被使用过。

3）控制系统

确定控制系统应该采用哪一条适用规则，而且当数据库的终止条件满足时，就停止计算。

控制系统执行机构，它是一个程序模块，负责产生式规则的前提条件测试或匹配，规则的调度与选取，规则体的解释和执行，即实施推理，并对推理进行控制，它也就是规则的解释程序。由控制策略确定应该采用哪一条适用规则，而且当数据库的终止条件满足时，就停止计算。推理机的一次推理过程如图 5-3 所示。

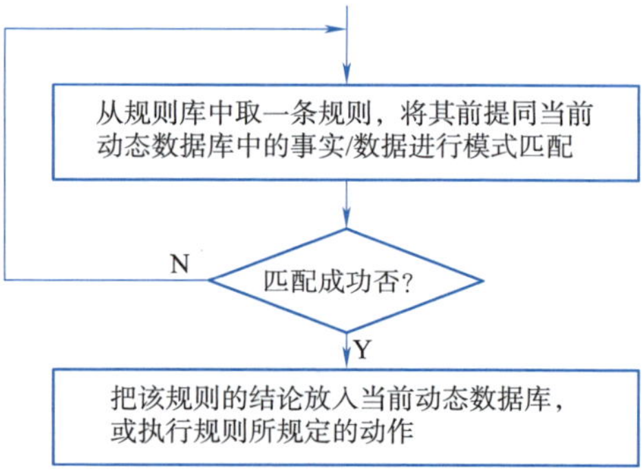

图 5-3　推理机的一次推理过程

从规则库中选择规则与数据库的已知事实进行匹配：

（1）匹配成功，此条规则将被列入被激活候选集。

（2）匹配失败，输入条件与已知条件矛盾，放弃该规则。

（3）匹配无结果，即该条规则前件的已知条件中完全与输入事实无关，将该规则列入待测试规则集，在下一轮匹配中再次使用。

当匹配成功的规则多于一条时，需要从中选出一条加以执行。如果该规则的后件不是问题的目标，将其加入数据库中。如果这些后件是一个或者多个操作时，根据一定的策略，有选择、有顺序地执行。对要执行的规则，如果该规则的后件满足问题的结束条件，则停止推理。

产生式系统的推理可采用正向推理或反向推理两种基本方式。正向推理是从初始事实数据出发，正向使用规则进行推理（即用规则前提与动态数据库中的事实匹配，或用动态数据库中的数据测试规则的前提条件，然后产生结论或执行动作），向目标方向前进；反向推理就是从目标出发，反向使用规则进行推理（即用规则结论与目标匹配，又产生新的目标，然后对新目标再作同样的处理），向初始事实或数据方向前进。

3. 产生式系统的运行过程

产生式系统的运行过程也是一个搜索的过程。产生式系统运行时，除了需要规则库以外，还需要有初始事实（或数据）和目标条件。目标条件是系统正常结束的条件，也是系统的求解目标。产生式系统启动后，推理机就开始推理，按所给的目标进行问题求解。

一个实际的产生式系统，其目标条件一般不会只经一步推理就可满足，往往需要经过多步推理才能满足或者证明问题无解。所以产生式系统的运行过程，就是推理机不断运用规则库中的规则，作用于动态数据库，进行推理并检测目标条件是否满足的过程。当推理到某一步，目标条件被满足，则推理成功，系统运行结束；或者再无规则可用，但目标条件仍未满足，则推理失败，系统运行也结束。

4. 产生式系统的特点

1）优点

（1）自然性。由于产生式系统采用了人类常用的表达因果关系的知识表示形式，既直观、自然，又便于进行推理。

（2）模块性。产生式是规则库中最基本的知识单元，形式相同，易于模块化管理。

（3）有效性。能表示确定性知识、不确定性知识、启发性知识、过程性知识等。

（4）清晰性。产生式有固定的格式，既便于规则设计，又易于对规则库中的知识进行一致性、完整性检测。

2）缺点

（1）效率不高。产生式系统求解问题的过程是一个反复进行“匹配—冲突消解—执行”的过程。由于规则库一般都比较庞大，而匹配又是一件十分费时的工作，因此，其工作效率不高。此外，在求解复杂问题时容易引起组合爆炸。

（2）不能表达具有结构性的知识。产生式系统对具有结构关系的知识无能为力，它不能将具有结构关系的事物间的区别与联系表示出来，因此，经常需要将它与其他知识表示方法（如框架表示法、语义网络表示法）相结合表示知识。

3）产生式系统的适用领域

（1）由许多相对独立的知识元组成的领域知识，彼此之间关系不密切，不存在结构关系。

（2）具有经验性及不确定性的知识，而且相关领域中对这些知识没有严格、统一的理论。

（3）领域问题的求解过程可被表示为一系列相对独立的操作，而且每个操作可被表示为一条或多条产生式规则。

（4）如果产生式规则的前提满足，则可得结论或者执行相应的动作，即后件由前件来触发。

5.3.2 专家系统的基本结构

专家系统的基本结构如图 5-4 所示，通常由人机交互界面、推理机、解释器、知识库、综合数据库和知识获取等六部分构成，其中箭头方向为信息流动的方向。各部分的基本功能说明如下：

1. 知识库

知识库呈现结构化、易操作、易利用的特点，是全面的有组织的知识集群，是针对某一（或某些）

领域问题求解的需要，采用某种（或若干）知识表示方式在计算机存储器中存储、组织、管理和使用的互相联系的知识片集合。这些知识片包括与领域相关的理论知识、事实数据，由专家经验得到的启发式知识，如某领域内有关的定义、定理和运算法则以及常识性知识等。知识库是由人工智能和数据库技术的有机结合发展的结果。

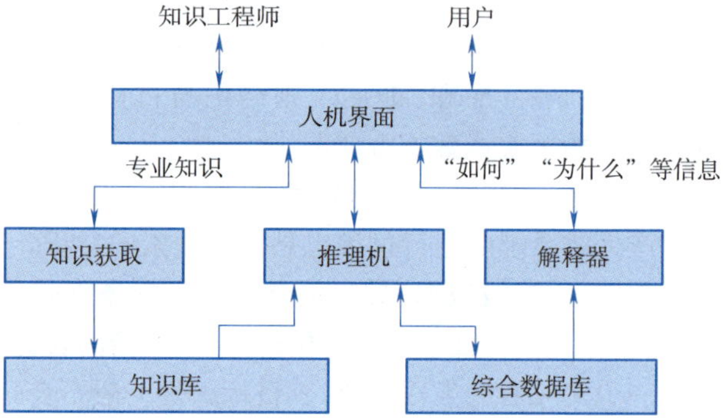

图 5-4 专家系统的基本结构

1）知识库的特点

（1）知识库中的知识根据应用领域特征、背景特征（获取知识时的背景信息）、使用特征、属性特征等构成便于应用、有结构的组织形式，构建的知识片呈现模块化的结构。

（2）知识库的知识是有层次的，最底层是事实知识，中间层是用来控制事实的知识（通常用规则、过程等表示），最高层次是策略，它以中间层知识为控制对象。策略是规则的规则，因此知识库的基本结构是层次结构，是由其知识本身的特性所确定。在知识库中，各知识片通常都存在相互依赖关系。规则是最典型、最常用的一种知识片。

（3）知识库中可有一种不只属于某一层次（或者说在任一层次都存在）的特殊形式的知识，即可信度，或称信任度、置信测度等。对某一问题，有关事实、规则和策略都可标以可信度。这样就形成了增广知识库。在数据库中不存在不确定性度量，因为在数据库的处理中一切都属于确定型。

（4）知识库中还可存在一个通常被称为典型方法库的特殊部分。如果对于某些问题的解决途径是肯定和必然的，就可以将其作为一部分相当肯定的问题解决途径直接存储在典型方法库中，这种宏观的存储将构成知识库的另一部分。在使用这部分时，机器推理将只限于选用典型方法库中的某一部分。

2）知识库系统功能

知识库系统由知识库和知识库管理系统组成。知识库系统的主要功能如下：

（1）可对信息和知识进行有序化处理。知识库系统要建立知识库，必定要对原有的信息和知识做一次大规模的收集和整理，按照一定的方法进行分类保存，并提供相应的检索手段。经过这样处理之后，大量隐含知识编码化和数字化，信息和知识便从原来的混乱状态变得有序化。这样就方便了信息和知识的检索，并为有效使用打下了坚实的基础。

（2）加快知识和信息的流动，有利于知识共享与交流。知识和信息实现了有序化，其寻找和利用的时间显著减少，也便于加快流动。

（3）有利于实现组织的协作与沟通。将知识装入知识库，有利于实现组织的协作与沟通。

（4）可以帮助企业实现对客户知识的有效管理。将客户的所有信息保存到知识库中，以方便使用人员随时利用。

3）知识表示

为了使计算机能运用专家的领域知识，必须要采用一定的方式表示知识。常用的知识表示方式有产生式规则、语义网络、框架、状态空间、逻辑模式、脚本、过程、面向对象等。基于规则的产生式系统是实现知识运用最基本的方法。一个产生式系统由综合数据库、知识库和推理机三个主要部分组成，综合数据库包含求解问题的世界范围内的事实和断言。知识库包含所有用"如果：〈前提〉，那么:〈结果〉"形式表达的知识规则。知识库是问题求解所需要的领域知识的集合,包括基本事实、规则和其他有关信息。

例 5-2　事实和产生式规则的描述。

事实:

father(Laoli,Li)

father(Li,xiaoli)

产生式规则:

grandfather(Z,X) = father(Z,Y) ∧ father(Y,X)

知识库中的知识源于领域专家,是决定专家系统能力的关键,知识库中知识的质量和数量决定了专家系统的质量水平。知识库也是专家系统的核心组成部分。一般来说,专家系统中的知识库与专家系统程序相互独立,用户可以通过改变、完善知识库中的知识内容来提高专家系统的性能。

知识库是用来存放专家知识、经验、书本知识和常识的存储器。在知识库中,知识是以一定的形式来表示的,知识库的结构形式取决于所采用的知识表示方式,如框架、规则、语义网络等知识表示方式。用产生式规则表达知识方法是专家系统中应用最普遍一种方法,它不仅可以表达事实,而且可以附上置信度因子来表示这种事实的可信程度,这就可以完成不确定推理。

对于程序语言中的 IF-THEN 条件语句,条件语句是逐条执行,条件被激活后,则立刻执行得出结论,但是,在专家系统中,例如,$P1,P2,P3\cdots\rightarrow R1,R2,R3\cdots$,如果左边的规则都成立(合取运算),才有右边的结论。

知识库是一个变动的数据库,根据下面将要提到的知识获取方法来获取新的知识后,就可以升级该数据库,从而提高该规则判断准确度。

2. 推理机

推理机包括推理方法和控制策略两部分。推理机相当于人脑的信息处理部分,接受输入数据,从规则库选取规则,然后进行推理,直到得到结论为止。

推理机与知识库的具体内容无关,即推理机和知识库分离,这是专家系统的一个重要特征。这种特征的优点是对知识库的修改无须改动推理机,但是这种纯粹的形式推理的缺点是降低了问题求解的效率。

3. 知识获取

知识获取负责建立、修改和扩充知识库。知识获取机构是在专家系统中将问题求解的各种专门知识从人类专家的头脑中或其他知识源那里转换到知识库中的一个重要机构,它可以非自动获取,也可以采用半自动知识获取或自动知识获取,如图 5-5 所示。

1)知识获取过程

知识获取策略是由知识的表示模式和知识库的存储结构所决定,知识获取过程如下:

(1)识别领域知识的基本结构和特点,进而寻找合适的知识表示方法。

(2)确定适当的知识库存储结构。

(3)抽取领域知识转化成计算机可识别的代码。

(4)调试精练知识库。

2)知识获取机构

知识获取过程实际上是将知识从人类专家的脑子中提取和总结出来,并且保证所获取的知识的

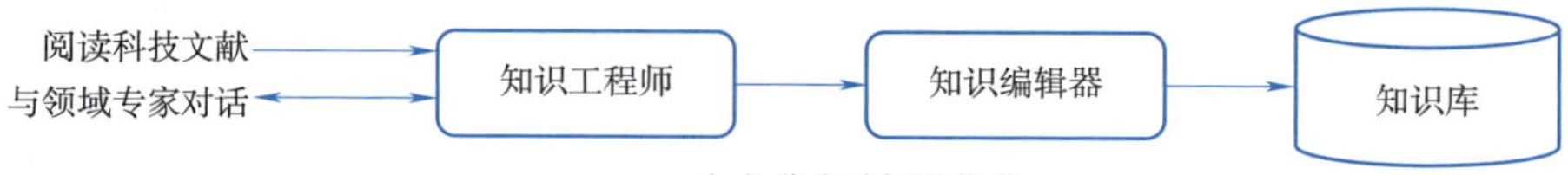

（a）非自动知识获取

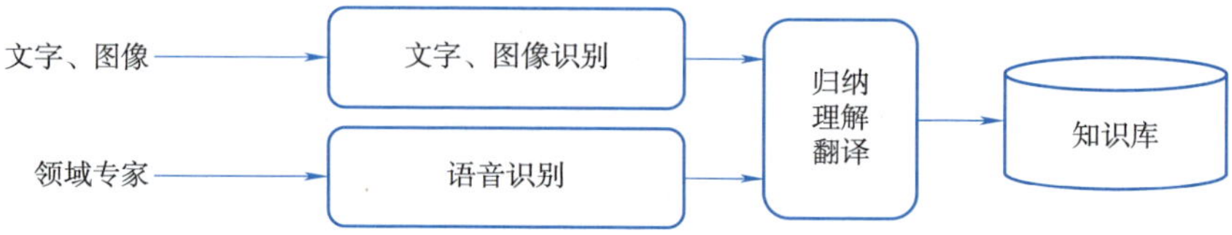

（b）自动知识获取

图 5-5 知识获取

正确性和一致性，这是专家系统开发中的关键。

构造专家系统时，要求领域专家和知识工程师密切合作，总结和提取专家领域知识，将其形式化并编码存入计算机中的知识库。但是，专业领域知识是启发式的，较难捕捉和描述，专业领域专家通常善于提供事例而不习惯提供知识，同时，建成的知识库经常会发现有错误或不完整，因此，知识获取过程还包括对知识库的修改和扩充，知识获取是专家系统开发中的瓶颈问题之一。

4. 人机界面

人机界面是专家系统与领域专家、知识工程师、一般用户进行交互的界面。通过该界面，用户输入基本信息及向系统提出相关问题。系统输出推理结果，相关的解释也是通过人机交互界面完成。

在输入与输出过程中，人机界面需要对信息进行内外表示形式的转换，在输入时，需要将领域专家、知识工程师、一般用户的输入信息转换成系统内部信息，然后分别交给相应机构处理。在输出时，将系统要输出的信息的内部表示形式转换成用户易于理解的外部表示形式输出。

5. 综合数据库

数据库是专家系统中用于存放反映系统当前状态的事实数据的场所。事实数据包括用户输入的事实、已知的事实以及推理过程中得到的中间结果等。

综合数据库通常由动态数据库和静态数据库两部分构成。静态数据库用来存放相对稳定的参数。动态数据库是运行过程中的参数。这些数据都是推理过程中必不可少的依据。动态数据库或工作存储器是反映当前问题求解状态的集合，用于存放系统运行过程中所产生的所有信息，以及所需要的原始数据，包括用户输入的信息、推理的中间结果、推理过程的记录等。综合数据库中由各种事实、命题和关系组成的状态，既是推理机选用知识的依据，也是解释机制获得推理路径的来源。

6. 解释器

解释器是人机交互的桥梁，主要功能是将用户提供的信息转化成计算机能够理解的形式，同时将计算机得出的结果转化为用户易读的方式呈现给用户。解释器可对求解过程做出说明，并回答用户的提问。两个最基本的问题是“为什么”和“如何做”。解释机制涉及程序的透明性，它能让用户理解程序正在做什么和为什么这样做，向用户提供了关于系统的一个认识窗口。在很多情况下，解释机制非常重要。为了回答为什么得到某个结论的询问，系统通常需要反向跟踪动态库中保存的推理路径，并将它翻译成用户能接受的自然语言表达格式。

透明性是对专家系统性能的衡量指标之一。透明性就是专家系统能告诉用户自己是如何得出此结论,根据是什么。解释的目的是让用户相信自己,它可以随时回答用户提出的各种问题,包括与系统推理有关的问题和与系统推理无关的系统自身的问题。它可对推理路线和提问的含义给出必要的清晰的解释,为用户了解推理过程以及维护提供方便的手段,便于使用和调试软件,并增强用户的信任感。

例 5-3　医疗专家系统。

医疗专家系统中的专家经验与医学常识存于知识库中,如图 5-6 所示。在为患者治病时,将从存于综合数据库中的患者症状及化验结果等初始证据出发,按照某种搜索策略在知识库中找到与之匹配的知识,推出某些中间结论,然后再以这些中间结论为依据,再在知识库中找到与之匹配的知识,推出进一步的中间结果,如此反复进行,直到最终推出结论,这个结论就是患者的病因和治疗方案。一般来说,专家系统是典型的基于知识的系统,专家系统 = 知识库 + 推理机。

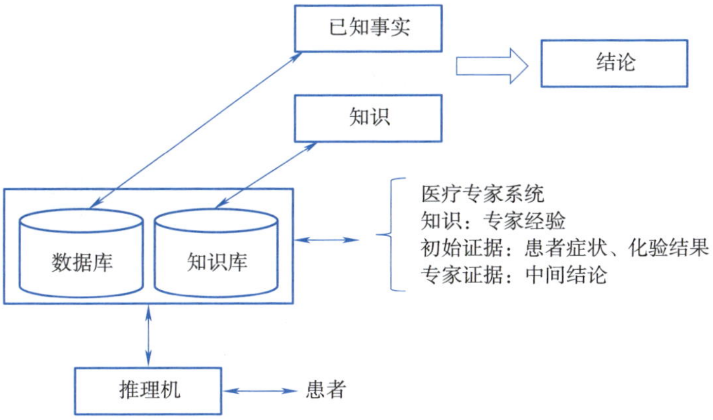

图 5-6　专家系统的工作过程

5.4　专家系统的构建与开发环境

5.4.1　基于骨架系统的专家系统构建

1. 骨架系统的概念

为了提高专家系统设计开发的效率,需要使用开发工具。专家系统的核心特点是知识库与其他部分分离,知识库与待求解问题的领域密切相关,但推理机却与具体领域独立,具有通用性。为此,可以将描述领域知识的规则从原系统中抽出,只保留与知识表示和领域无关的推理机等部分,这就获得了一个专家系统的骨架系统,它表示了原有系统的框架。

骨架系统是从原有的已成功运用的专家系统抽象而来,它去掉了原有系统中具体的领域知识,保留了原系统的体系结构和功能,并将领域的作用界面改为通用界面。

在骨架系统中,知识表示模式、推理机制都为确定。如果利用骨架系统作为开发工具,只需要将新的领域知识用骨架系统规定的模式表示,并装入知识库中。

2. EMYCIN 骨架系统

EMYCIN 骨架系统是将 MYCIN 专家系统抽出原有的医学领域知识,保留剩余的骨架而形成的系统。MYCIN 专家系统是对细菌感染性疾病进行诊断和治疗的专家系统。MYCIN 专家系统可以帮助内科医生诊断细菌感染性疾病,并给出建设性诊断结果和处方。MYCIN 专家系统是将产生式规则从通用问题求解的研究转移到专门问题的一个成功典范，在专家系统的发展中占有重要地位，许多专家系统就是基于 EMYCIN 骨架系统而构建。

1）MYCIN 专家系统的结构

MYCIN 专家系统的结构如图 5-7 所示，MYCIN 专家系统主要由咨询模块、解释模块、知识获取模块、知识库和综合数据库组成。采用了产生式规则表示知识、目标驱动的反向推理控制策略。

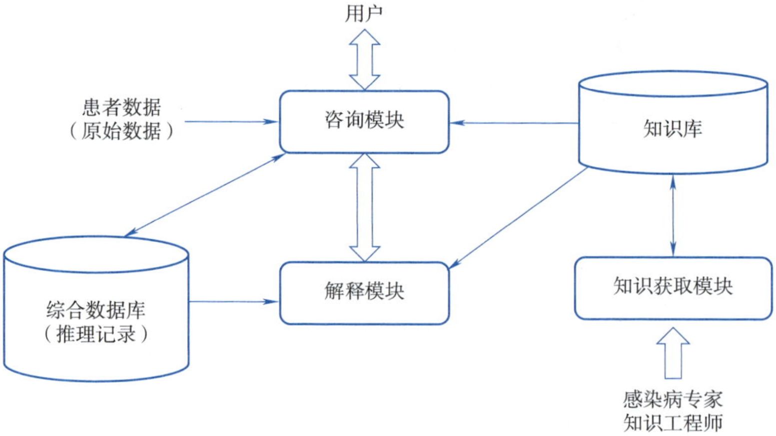

图 5-7 MYCIN 专家系统的结构

2）EMYCIN 骨架系统的功能

EMYCIN 骨架系统具有 MYCIN 专家系统的全部功能。

（1）解释程序。解释程序可以对用户解释推理功能。

（2）知识编辑程序。EMYCIN 骨架系统提供了开发知识库的环境，使得开发者可以使用接近自然语言的规则来表示知识。

（3）知识库管理与维护。EMYCIN 骨架系统提供的开发知识库的环境，可以在知识编辑及输入时进行语法、一致性、是否矛盾和包含等检查。

（4）跟踪和调试功能。EMYCIN 骨架系统提供了有价值的跟踪和调试功能，可以使得在实验过程中的状况被记录和保留。

3）EMYCIN 骨架系统的工作过程

（1）专家系统建立过程。在建立过程中，首先由知识工程师输入专家知识，由知识获取模块完成知识表示形式化，并对知识进行语法与语义检查，建立知识库。然后知识工程师调试和修改知识库。知识库建立之后，一个使用 EMYCIN 骨架系统构造的专家系统即可交付使用。

（2）咨询过程。在该过程中，咨询用户提出目标假设，推理机根据知识库中的知识进行推理，最后提出建议，做出决策，并通过解释模块向用户解释推理过程。

4）EMYCIN 骨架系统的应用

EMYCIN 骨架系统已用于医学、地质、农业等领域的诊断型专家系统的构建，例如：

（1）帮助工程师进行结构分析的专家系统。

（2）通过解释呼吸测试数据来诊断肺病。

（3）分析并确定病人血液凝固机制中有无问题。

（4）预测麦田是否将受到黑鳞翅目幼虫危害。

（5）通过解释油井钻探数据来鉴定地下岩层。

5.4.2 专家系统的开发环境

专家系统的开发环境是指开发专家系统所采用的工具集。

1. 知识工程

将软件工程的思想与方法应用于设计基于知识的系统。知识工程是社会科学与自然科学的相互交叉、科学技术与工程技术相互渗透的产物。知识工程可将人类知识用计算机表达出来并进行知识的数字化建模。

1)知识工程的概念

知识工程是运用现代科学技术手段高效率、大容量地获得知识、信息的技术。目的是最大限度地提高人的才智和创造力,提高人们掌握知识和技能,借助现代化工具和利用信息的能力,为智力开发服务。

知识工程是运用人工智能的原理和方法,对那些需要专家知识才能解决的应用难题提供求解的手段。恰当运用专家知识的获取、表达和推理过程的构成与解释,是设计基于知识的系统的重要技术问题。知识工程是以知识为基础的系统,就是通过智能软件而建立的专家系统。知识工程可以看作人工智能在知识信息处理方面的发展,研究如何由计算机表示知识,进行问题的自动求解。知识工程的研究使人工智能的研究从理论转向应用,从基于推理的模型转向基于知识的模型,包括了整个知识信息处理的研究。

知识工程是一门以知识为研究对象的学科,它将具体智能系统研究中那些共同的基本问题归纳抽取出来,作为知识工程的核心内容,使之成为指导具体研制各类智能系统的一般方法和基本工具,成为一门具有方法论意义的科学。知识工程是研究知识信息处理的学科,提供开发智能系统的技术,是人工智能、数据库技术、数理逻辑、认知科学、心理学等学科交叉发展的结果。

2)知识工程过程

知识工程过程包括以下五种活动:

(1)知识获取。知识获取包括从人类专家、书籍、文件、传感器或计算机文件获取知识,知识可以是特定领域或特定问题的解决程序,也可以是一般知识,或者是元知识解决问题的过程。

(2)知识验证。知识验证是指验证知识,例如,可以通过测试用例完成,直到其质量可以接受为止。测试用例的结果通常被专家用于验证知识的准确性。

(3)知识表示。将获得的知识组织在一起的活动称为知识表示。这个活动需要准备知识地图以及在知识库进行知识编码等。

(4)推论。推论活动包括软件的设计,使机器能够做出基于知识和细节问题的推论。然后该系统可将推论结果提供建议给非专业用户。

(5)解释和理由。解释和理由包括设计和编程的解释功能。在知识工程的过程中,知识获取是一个瓶颈,限制了专家系统和其他人工智能系统的发展。

3)知识工程学科内容

知识工程的目标是构造出高性能的基于知识的系统来解决复杂的问题,主要内容如下:

(1)基础理论。主要包括知识的分类、结构和效用,知识的表示,知识的获取,机器学习、推理,知识的使用等。

(2)实用知识型系统。主要解决在建造该系统过程中遇到的技术问题。

(3)解释与接口模型。

(4)知识工程环境。为实际知识型系统的开发提供一些良好的工具和手段。

(5)与智能计算机和自动化相关的课题。

4)知识工程构建专家系统的主要工作

(1)从领域专家那里获取系统所用的知识,完成知识获取。

(2)选择合适的知识表示形式,完成知识表示。

(3)进行专家系统的软件设计。

(4)以计算机程序设计语言实现。

2. 专家系统的开发工具集

专家系统的开发环境是指开发专家系统所采用的工具集,从专家系统开发所采用的编程语言和知识库的组织看,其开发环境可以分为以下五种形式。

1)人工智能语言编程开发环境

随着专家系统的发展,专门编写专家系统的语言开始出现,如 LISP,PROLOG 等。LISP 和 PROLOG 语言本身具有回溯递归功能,能简化程序的逻辑结构,程序运行过程中可以自动实现知识的搜索、匹配和回溯,而且知识和语言的关系比较密切。

2)可视化开发环境

随着 GUI 操作系统的出现,尤其是可视化语言的出现和数据库技术的成熟,专家系统的开发环境转向了 Python 语言等开发环境,程序各部分的链接和调试很方便,专家系统界面也很友好,非常适合于专家系统单机版的开发。

3)二次开发环境

20 世纪 80 年代初,根据专家系统知识库和推理机分离的特点,将已建成的专家系统中的知识库换装入某一领域的专业知识,构成新的专家系统。在调试过程中,只需检查知识库是否正确。在这种思想指导下,产生了建立专家系统的工具,或称专家系统开发工具、专家系统骨架技术。利用专家系统二次开发工具,某领域的专家无须懂得许多计算机专业知识,只需将本领域的知识装入知识库,经调试修改,即可得到本领域的专家系统。

4)网络开发环境

随着网络技术的出现和发展,尤其是 B/S 计算模式的应用,专家系统的开发环境集中在了服务器一端。网络开发环境为专家系统的开发提供了最大的灵活性。

5.5 专家系统应用案例

基于知识的系统技术应用广泛,先后出现了具有解释、预测、诊断、故障排除、设计、规划、监督、除错、修理、行程安排、教学、控制、分析、维护、架构设计、校准等功能的专家系统。

5.5.1 基于规则的动物识别专家系统

(1)问题描述:利用基于产生式规则的动物识别系统识别出:虎、豹、斑马、长颈鹿、鸵鸟、企鹅、海鸥等动物。以产生规则为例,建造规则库和综合数据库,并能对他们进行添加、删除和修改操作。

(2)基于规则库和综合数据库进行推理。

(3)可以使用任何语言,需要有推理结果的解释。

①先验领域知识。
如果有毛,那么是哺乳类。
如果产奶,那么是哺乳类。
如果有羽毛,那么是鸟。
如果能飞又能下蛋,那么是鸟类。
如果食肉,那么是食肉类。
如果有犬齿、又有爪、又目视前方,那么是食肉类。
如果是哺乳类、又有蹄,那么是偶蹄类。
如果是哺乳类、又反刍,那么是偶蹄类。
如果是哺乳类、又食肉、又黄褐色、又暗斑点,那么是豹。
如果是哺乳类、又食肉、又黄褐色、又黑色条纹,那么是虎。
如果有蹄、又长脖子、又长腿、又斑点,那么是长颈鹿。
如果有蹄、又黑色条纹,那么是斑马。
如果是鸟类、又长脖子、又长腿、又不能飞、又黑白色,那么是鸵鸟。
如果是鸟类、又会游泳、又不能飞、又黑白色,那么是企鹅。
如果是鸟类、又善飞,那么是海鸥。
②根据上述先验领域知识,将每一个前提条件编码,见表 5-2。

表 5-2 前提条件编码

前提条件	编 码	前提条件	编 码	前提条件	编 码
有毛	*A*	有爪	*H*	长脖子	*O*
产奶	*B*	目视前方	*I*	长腿	*P*
有羽毛	*C*	有蹄	*J*	不能飞	*Q*
能飞	*D*	反刍	*K*	会游泳	*R*
能下蛋	*E*	黄褐色	*L*	黑白色	*S*
食肉	*F*	有斑点	*M*	善飞	*T*
有犬齿	*G*	黑色条纹	*N*		

③中间结论编码见表 5-3。
④最后结论编码见表 5-4。

表 5-3 中间结论编码

中间结论	编 码
哺乳类	*V*
鸟类	*U*
食肉类	*W*
蹄类	*X*

表 5-4 最后结论编码

结 论	编 码
豹	Leopard
虎	Tiger
长颈鹿	Giraffe
斑马	Zebra
鸵鸟	Ostrich
企鹅	Penguin
海鸥	Seagull

⑤产生式规则集

获得的产生式规则集及其规则解释见表5-5。

表5-5 产生式规则集

序　号	规　则	规则解释
1	$A \to V$	有毛→哺乳类
2	$B \to V$	产奶→哺乳类
3	$C \to U$	有羽毛→鸟类
4	$D \wedge E \to U$	能飞∧能下蛋→鸟类
5	$F \to W$	食肉→食肉类
6	$G \wedge H \wedge I \to W$	有犬齿∧有爪∧目视前方→食肉类
7	$V \wedge J \to U$	哺乳类∧有蹄→偶蹄类
8	$V \wedge K \to X$	哺乳类∧反刍→偶蹄类
9	$V \wedge W \wedge L \wedge M \to$ Leopard	哺乳类∧食肉类∧黄褐色∧有斑点→豹
10	$V \wedge W \wedge L \wedge N \to$ Tiger	哺乳类∧食肉类∧黄褐色∧黑色条纹→虎
11	$X \wedge O \wedge P \wedge M \to$ Giraffe	有蹄∧长脖子∧长腿∧有斑点→长颈鹿
12	$X \wedge N \to$ Zebra	有蹄∧黑色条纹→斑马
13	$U \wedge O \wedge P \wedge Q \to$ Ostrich	鸟类∧长脖子∧长腿∧不能飞→鸵鸟
14	$U \wedge R \wedge S \wedge Q \to$ Penguin	鸟类∧会游泳∧黑白色∧不能飞→企鹅
15	$U \wedge T \to$ Seagull	鸟类∧善飞→海鸥

从表5-5可以看出：

序号5、6的产生式规则推出的结果为食肉类。

序号10的产生式规则推出的结果为虎。

序号14的产生式规则推出的结果为企鹅。

在基于规则的专家系统中，按照表5-5所提供的产生式规则进行推理，就可以识别出虎、豹、斑马、长颈鹿、鸵鸟、企鹅、海鸥等七种动物。不难看出，如果利用基于产生式规则推理的专家系统的骨架构建专家系统，仅改变规则编码内容，即可构建出所需的专家系统。

5.5.2 基于模糊规则的专家控制系统

1. 专家控制系统的基本结构

将专家系统技术引入控制领域，首先必须将控制系统看作一个基于知识的系统，而作为系统核心部件的控制器则要体现知识推理的机制和结构。虽然因应用场合和控制要求的不同，专家控制系统的结构可能不一样，但是几乎所有的专家控制系统都包含知识库、推理机、控制规则集和控制算法等。图5-8所示为专家控制系统。

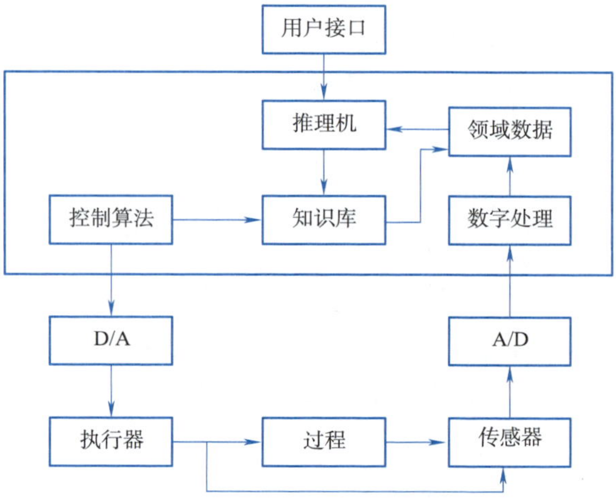

图5-8 专家控制系统的基本结构

与专家系统相似,整个控制问题领域的知识库和一个体现知识决策的推理机构成了专家控制系统的主体。

2. 模糊逻辑与专家控制相结合

将模糊集和模糊推理引入专家控制系统中,就产生了基于模糊规则的专家控制系统,也称模糊专家控制系统。它运用模糊逻辑和人的经验知识及求解控制问题时的启发式规则来构造控制策略。对于难以用准确的数字模型描述,也难以完全依靠确定性数据进行控制的情况,可使用模糊语言变量来表示规则,并进行模糊推理,使系统能模拟操作人员凭经验和直觉对受控过程进行的手动控制,从而实现更高的智能效果。

模糊专家控制全部或部分地采用模糊技术来进行知识获取、知识表示和运用。其核心是模糊推理机,它根据模糊知识库中的不确定性知识,按不确定性推理、策略,解决系统问题域中的问题,给出较为合理的模糊控制规则。

3. 模糊时间控制专家系统案例

利用模糊综合评价法,通过时间模糊推理,可以根据污泥和油脂多少,设定洗涤时间。

(1)利用洗衣机清洗衣服设定时间的经验:

①污泥越多、油脂越多,则洗涤时间越长。

②污泥适中,油脂适中,则洗涤时间适中。

③污泥越少,油脂越少,则洗涤时间越短。

将污泥定义 3 种程度,SD:污泥少、MD:污泥中、LD:污泥多。

将油脂也定义 3 种程度,NG:油脂少、MG:油脂中、LG:油脂多。

将洗涤时间定义 5 个级别,A:洗涤时间很短、B:洗涤时间短、C:洗涤时间中等、D:洗涤时间长、E:洗涤时间很长。

(2)根据经验写出的模糊控制规则:

①if SD ∧ NG then A。

②if SD ∧ MG then C。

③if SD ∧ LG then D。

④if MD ∧ NG then B。

⑤if MD ∧ MG then C。

⑥if MD ∧ LG then D。

⑦if LD ∧ MG then C。

⑧if LD ∧ MG then D。

⑨if LD ∧ LG then E。

(3)控制对象的论域与隶属函数:

①洗衣机的洗涤时间论域:[0,60]。

②输入被洗衣物的污泥和油脂论域:[0,100]。

(4)控制对象的隶属函数。

①污泥隶属函数

$$u_1=\begin{bmatrix} u_{SD}(x)=(50-x)/50 \\ u_{MD}(x)=\begin{cases} x/50 \\ (100-x)/50 \end{cases} \\ u_{LD}(x)=(x-50)/50 \end{bmatrix} \quad \begin{matrix} 0\leqslant x\leqslant 50 \\ 0\leqslant x\leqslant 50 \\ 50<x\leqslant 100 \\ 50<x\leqslant 100 \end{matrix}$$

式中，x 表示污泥和油脂论域变量；$u_{SD}(x)$ 表示“污泥少”的隶属函数；$u_{MD}(x)$ 表示“污泥中”的隶属函数；$u_{LD}(x)$ 表示“污泥多”的隶属函数。

②油脂隶属函数

$$u_2=\begin{bmatrix} u_{NG}(x)=(50-x)/50 \\ u_{MG}(x)=\begin{cases} x/50 \\ (100-x)/50 \end{cases} \\ u_{LG}(x)=(x-50)/50 \end{bmatrix} \quad \begin{matrix} 0\leqslant x\leqslant 50 \\ 0\leqslant x\leqslant 50 \\ 50<x\leqslant 100 \\ 50<x\leqslant 100 \end{matrix}$$

式中，$U_{NG}(x)$表示“油脂少”的隶属函数；$U_{MG}(x)$表示“油脂中”的隶属函数；$U_{LG}(x)$表示“油脂多”的隶属函数。

③洗涤时间隶属函数

$$u_{洗涤时间}=\begin{cases} u_{VS}(z)=\dfrac{10-z}{10} & 0\leqslant z\leqslant 10 \\ u_S(z)=\begin{cases} \dfrac{z}{10} & 0\leqslant z\leqslant 10 \\ \dfrac{25-z}{15} & 10<z\leqslant 25 \end{cases} \\ u_M(z)=\begin{cases} \dfrac{z-10}{15} & 10<z\leqslant 25 \\ \dfrac{40-z}{15} & 25<z\leqslant 40 \end{cases} \\ u_L(z)=\begin{cases} \dfrac{z-25}{15} & 25<z\leqslant 40 \\ \dfrac{60-z}{20} & 40<z\leqslant 60 \end{cases} \\ u_{VL}(z)=\dfrac{z-40}{20} & 40<z\leqslant 60 \end{cases}$$

式中，z 表示洗衣机的洗涤时间论域变量；$u_{VS}(z)$表示“洗涤时间很短”的隶属函数；$u_S(z)$表示“洗涤时间短”的隶属函数；$u_M(z)$表示“洗涤时间中等”的隶属函数；$u_L(z)$表示“洗涤时间长”的隶属函数；$u_{VL}(z)$表示“洗涤时间很长”的隶属函数。

(5)规则表

根据上述经验写出的九条模糊控制规则，得出了污泥度和油脂度与洗涤设定时间的规则，见表 5-6。

表 5-6　设定时间的规则

污泥度\油脂度	NG	MG	LG
SD	A	C	D
MD	B	C	D
LD	C	D	E

(6)将设计出的九条模糊控制规则装入专家控制系统的知识库中即可。

小　结

专家系统是以知识为基础、以机器推理为核心技术的智能程序系统，是一种新型的程序系统。本章主要介绍了专家系统的产生与发展、专家系统的功能与特点、专家系统的结构、专家系统的构建、专家系统构建环境与工具，最后，通过两个基于知识的系统示意性简单案例说明了专家系统的构造与应用的基本方法。

第6章 智能体

本章知识导图

- 智能体
  - 分布式人工智能概述
    - 分布式人工智能的特点
    - 分布式人工智能的分类
    - 智能体的定义、特性与结构
  - 智能体工作过程与分类
    - 智能体基本工作过程
    - 智能体的分类
    - 智能体的环境
  - 多智能体
    - 多智能体系统的定义与特点
    - 多智能体系统的分类
    - 多智能体的通信方式
    - 多智能体的协作与协调
  - 移动智能体
    - 移动智能体的特点
    - 移动智能体的主要技术
    - 移动智能体的计算模式与应用

6.1 分布式人工智能概述

分布式人工智能出现于20世纪70年代。分布式人工智能是人工智能的高级能力，主要建立在感知能力和规划能力这两项基本能力之上，经历了从分布式问题求解到多智能体系统的发展过程。

6.1.1 分布式人工智能系统的特点

随着神经网络的突破，人工智能得到了巨大的发展，尤其在图像、分析、推荐等领域。

在人工智能快速发展的同时，计算规模不断扩大，专家系统过于单一，神经网络模型的灵活性、应用的复杂性等问题也在不断升级。在这样的环境下，分布式人工智能的发展提上日程。

分布式人工智能是人工智能与分布式计算相结合的研究领域，适应建立大型复杂智能以及计算机支持协同工作的需要，可用于解决多任务求解、明确目标问题。分布式人工智能系统具有下述主要特点：

（1）分布性。整个系统的信息，包括数据、知识和控制等，无论在逻辑上或者物理上都是分布的，不存在全局控制和全局数据存储。系统中各路径和节点能够并行地求解问题，从而提高了子系统的求解效率。

（2）连接性。在问题求解过程中，各个子系统和求解机构通过计算机网络相互连接，降低了求解问题的通信代价和求解代价。

(3)协作性。通过各子系统协调工作,可以求解单个机构难以解决或者无法解决的困难问题。例如,多领域专家系统可以协作求解单领域或者单个专家系统无法解决的问题,提高求解能力,进而扩大应用领域。

(4)开放性。通过网络互连和系统的分布,便于扩充系统规模,使系统具有比单个系统大得多的开放性和灵活性。

(5)容错性。系统具有较多的冗余处理节点、通信路径和知识,能够使系统在出现故障时,仅降低响应速度或求解精度,就可以保持系统正常工作,提高工作可靠性。

(6)独立性。系统求解任务归约为几个相对独立的子任务,从而降低了各个处理节点和子系统问题求解的复杂性,也降低了软件设计开发的复杂性。

6.1.2 分布式人工智能的分类

分布式人工智能主要有分布式问题求解(distributed problem solving,DPS)和多智能体系统(multi-agent system,MAS)两种类型。DPS是指在多个合作的和共享知识的模块、节点或子系统之间划分任务、求解问题。智能体就是具有智能的实体,MAS是指在一群自主的智能体之间进行智能行为的协调。DPS和MAS的共同点是研究如何对资源、知识、控制等进行划分。两者的不同点是,DPS需要有全局的问题、概念模型和成功标准;而MAS则包含多个局部的问题、概念模型和成功标准。DPS用于建立大粒度的协作群体,通过各群体的协作实现问题求解,并采用自顶向下的设计方法。

1. 分布式问题求解系统

DPS的目标是建立一个由多个子系统构成的协作系统,各子系统之间协同工作来完成对特定问题的求解。在DPS系统中,采用了还原论的理念。将待解决的问题分解为一些子任务,并为每个子任务设计一个问题求解的任务执行子系统。通过交互作用策略,将系统设计集成为一个统一的整体,并采用自顶向下的设计方法,保证问题处理系统能够满足顶部给定的要求。

2. 多智能体系统

一个机器人、一只机器猫、一个智能飞行器等都是一个智能体。多智能体系统就是一个由多个智能体组成松散耦合、协作共事的系统。

多智能体采用自底向上的设计方法,首先定义各自分散自主的智能体,然后完成实际任务的求解问题,各个智能体之间的关系并不一定是协作的,也可能是竞争甚至是对抗的关系。可以看出,虽然DPS和MAS是从两个不同方向完成分布式人工智能系统的构建。但是,当满足"智能体友好、目标共同、集中设计"三个条件时,MAS系统就可以转换成为DPS系统。

这种转换扩展了多智能体的应用领域。正是由于多智能体具有更大的灵活性,更能体现人类智能,更适应开放的和动态的世界环境,因而受到高度重视。

6.1.3 智能体的定义、特性与结构

1. 智能体的定义

智能体(直译为代理,又称agent)起源于分布式人工智能,是人工智能领域中一个重要的概念。智能体是能模拟人类的行为和关系,具有一定智能并能够自主运行和提供相应服务的软件或者硬件实体。它具备自主性、适应性、互动性和学习能力,能够感知环境、做出决策并执行行动,以实现特定目标。以下是几种常见定义:

(1)麻省理工学院Peter M. Asaro的定义:智能体是一类旨在执行特定任务的计算机系统,能够灵活地感知环境,并在此基础上选择最优的行动方案。这强调了智能体的自主性和适应力。

(2)斯坦福大学 John McCarthy 的定义:智能体是一种能与环境进行信息交互的系统,能根据对环境的感知做出反应和调整。这着重于智能体的主动知觉行为。

(3)通用定义:智能体是一种能够感知周围环境、学习并适应环境变化,并据此执行任务的系统。它可以包括软件程序、机器人或其他自动化设备。

2. 智能体的特性

智能体能够逐渐顺应新的问题的求解规则;适合在线与实时;能够从行为、错误与成功方面进行自我分析;通过与环境交互进行学习与改善;迅速从大量的数据中学习;具有基于内存的样本存储和检索能力;具有表示短期和长期记忆、遗忘等的参数。

从上述内容可以归纳出智能体基本特性如下:

(1)自治性。智能体能根据外界环境的变化,自动地对自己的行为和状态进行调整,而不是仅被动地接受外界的刺激,具有自我管理和自我调节的能力。

(2)反应性。能够感知环境,并通过行为改变环境,具有针对外界的刺激做出自反应的能力。

(3)主动性。对于外界环境的改变,智能体具有主动采取活动的能力。

(4)社会性。智能体具有与其他智能体或人进行合作的能力,不同的智能体可根据各自的意图与其他智能体进行交互,以达到解决问题的目的。交互需要信息交流,信息交流的方式是相互通信。

3. 智能体的结构

一个智能体程序实现一个智能体函数,它将感受器的输入作为当前的感知,然后返回一个动作给执行器。智能体函数是一个抽象的概念,它可以包含各种决策制定的原则,如单个选项的效用计算、贯穿逻辑规则的推论、模糊逻辑、查找表等都属于智能体函数。

智能体由智能体程序和平台组成,智能体程序包括智能体函数;平台包括计算装置、传感器和执行器。智能体通常表现为包含许多子智能体的分层结构,这些子智能体处理和执行较低级功能,两者共同构建一个完整的系统,通过行为和反应完成任务。

智能体内部状态的表现方式:

(1)原子方式。每个状态是黑盒子,没有内部结构。如寻找驾驶路径问题,只关心驾驶路径,不关心位置的内部结构,则每个位置都是用原子表示。

(2)因子方式。每个状态由一组固定的属性和值组成。如国家地图,可以用几种不同的颜色将各省份或州市区别开来。

(3)结构方式。结构方式是总体中的分体结合构成总体的方式,每个状态包含对象,每个对象具有属性和与其他对象的关系。

4. 理性智能体

感性是人凭借感官接受表象、获得感性知识的认识能力。而理性与感性相对,指处理问题按照事物发展的规律和自然进化原则来考虑问题,处理事情不冲动,不凭感觉做事情。理性是基于现有的理论,通过合理的逻辑推导得到确定的结果。

有限理性原理是寻找满意解的理论依据,说明人类决策不可能简单地归结为某种目标函数优化的完美数学形式的原理,这是由人类目标的模糊性,其知识和信息的不完备性,其推理判断能力的局限性等所致。

理性智能体是按照某种理性(如符合逻辑或利益最大化)进行感知、判断和行为选择的智能体。理性智能体是指具有最佳结果,或存在不确定性时的最佳预期结果。它具有感受器,能感知外部环境,并通过执行器作用于外部环境,还可以通过学习或应用知识来实现目标。智能体的合理性是通过其性能指标、其拥有的先验知识、可以感知的环境及其可以执行的操作来行动。也就是说,对于任意感知序列，都能根据自己已有的先验知识去选择执行期望性能最大化的行动。

在任何指定的时刻，理性智能体的判断依赖于以下四个特性：

(1) P（性能，performance），定义成功标准的性能度量。

(2) E（环境，environment），智能体对环境的先验知识。

(3) A（执行器，actuator），智能体的执行器可以完成的行动。

(4) S（传感器，sensor），智能体的传感器截至此时的感知序列。

PEAS 是智能体四个特性的英文缩写。

例 6-1　自动驾驶智能体。

自动驾驶智能体的 PEAS 特征如下：

(1) P：是否安全？时间多少？驾驶是否违规？乘客是否舒适？

(2) E：道路状况、其他车辆、行人、道路信号灯。

(3) A：方向盘、加速器、制动、信号指示灯、扬声器。

(4) S：照相机、声呐、GPS、引擎传感器、键盘、速度计、里程表。

5. 全知智能体

一个全知智能体能够准确预知它的行动产生的实际结果，并且为此做出相应的动作，但全知智能体在现实中不可能存在。理性是使期望的性能最大化，而完美是使实际的性能最大化。对智能体而言，理性并不要求全知，也不可能全知。理性的选择只依赖于到当时为止的感知序列。理性智能体的特点是通过信息收集，观察，使得期望性能最大化。通过自主学习，从所感知的信息中尽可能多地学习，以弥补不完整的或者不正确的先验知识。

6.2　智能体工作过程与分类

6.2.1　智能体基本工作过程

智能体的基本工作过程如图 6-1 所示，虚线所包围的是一个智能体，其基本工作过程如下：

智能体可以通过传感器感知其环境并通过执行器在此环境中做出行动。例如人智能体：传感器是眼睛、耳朵以及其他器官，执行器是手、腿、声道等。又例如机器人智能体：传感器是摄像头、红外线，执行器是各种马达。机器人用传感器感受智能体在任何时候感知到的输入信息。而感受序列是智能体感知到的所有内容的完整序列。总的来说，智能体行动的依据是感知到的完整的感知序列。智能体的行为是通过智能体函数描述，而智能体函数将感知序列映射到行动上。可以将任何一个智能体函数描述成一个表，其中一列表示智能体的感知序列，另一列表示相应的行动。如果不定义边界，这张表可以无限大，这是由于智能体感知的东西可以很多。如果智能体对感知序列的行动是随机性的，那么还需要对每个感知序列实验多次，来查看每一种行动的概率。

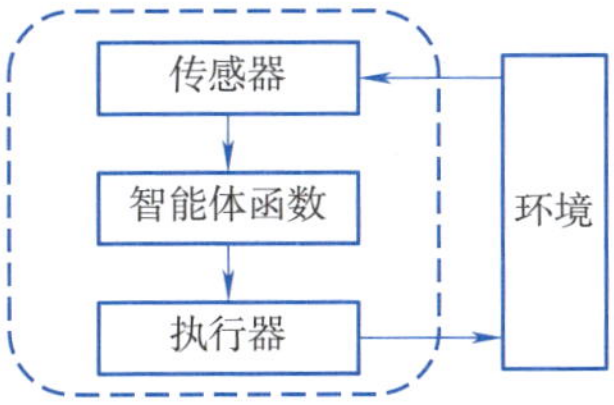

图 6-1　智能体的基本工作过程

智能体函数可用程序实现。理性智能体是行动正确的智能体，可以用智能体的行为产生的后果来衡量是否正确。当智能体进入环境后，根据接收到的感知序列，做出一系列行动，这些行动将使环境的状态发生变化。如果变化是环境所需要的，则表示智能体的行动正确。环境状态不是智能体状态，需要根据环境来建立执行标准，而不是根据智能体应该如何行动来建立执行标准。

例 6-2 吸尘器智能体工作过程。

环境为 A 和 B 两个房间，房间内可能有灰尘。吸尘器智能体可以感知自己的位置，即可以判断自己在哪个房间；还可以感知两个房间是否有灰尘。吸尘器智能体可以执行的行动有：左移、右移、吸尘、什么也不做。

吸尘器智能体的功能是从映射表中，将感知序列对应的行动通过执行器执行。映射表功能见表 6-1：

表 6-1 吸尘器映射表功能

输 入	输 出
[A,清洁]	右移
[A,不清洁]	吸尘
[B,清洁]	左移
[B,不清洁]	吸尘

吸尘器智能体条件-作用规则如下：

(1) 如果 A 房间清洁，则右移到 B 房间；

(2) 如果 A 房间不清洁，则吸尘；

(3) 如果 B 房间清洁，则左移到 A 房间；

(4) 如果 B 房间不清洁，则吸尘。

6.2.2 智能体的分类

1. 反应式智能体

反应式智能体是指能够简单地对外部刺激产生反应且没有任何内部状态的智能体。每个智能体可以根据程序提出的请求做出回应，其结构为图 6-2 虚线内的部分。在图中的智能体条件-作用规则将感知和动作连接，并将这种连接称为条件-作用规则。在图中，除了环境部分，其余都属于反应式智能体的内容。反应式智能体基于当前状态去选择将执行的行动，并忽略历史的感知序列。反应式智能体结构简单，在实际应用中，仅能在环境完全可观察时正常工作，也就是说智能体的行动仅依赖于当前对环境的感知序列。

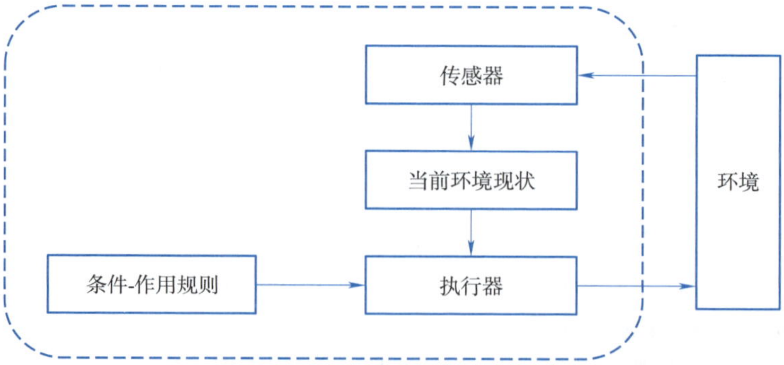

图 6-2 反应式智能体

反应式智能体结构的特点是智能体中包含了感知内外部状态变化的感知器、一组对相关事件作出反应的过程和一个依据感知器激活某执行过程的控制系统，智能体的活动是由于受到内外部某种刺激而发生的。

2. 基于模型的反应式智能体

处理部分可观测环境的最有效途径是让智能体跟踪记录现在看不到的那部分环境。即智能体应该根据历史感知维持内部状态，从而可以反映出当前状态看不到的信息。例如，对于制动问题，内部状态记录无须太大扩展，只需要记录视频的前一帧画面，这样智能体就可以检测出车辆边缘的两盏红灯是否同时点亮或关闭。而对于其他驾驶任务，例如车辆变道，由于无法同时看到其他全部车辆，这就需要智能体跟踪记录其他车辆的位置。环境的模型是基于环境独立于智能体变化，但智能体的行动却会影响环境。基于模型的反应式智能体结构如图 6-3 所示。

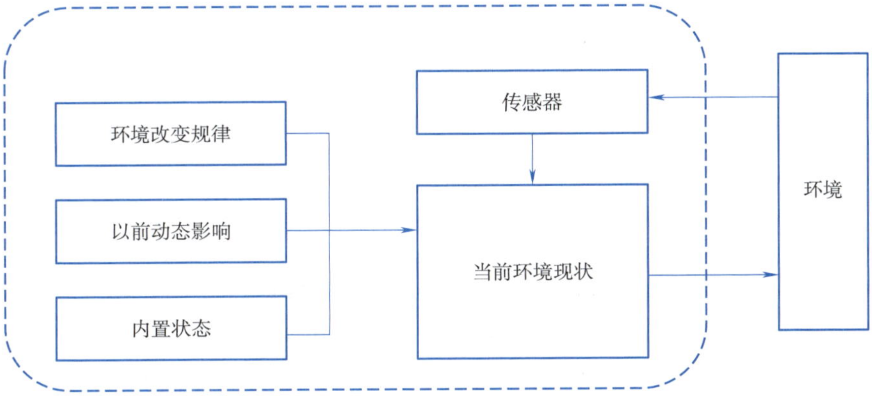

图 6-3　基于模型的反应式智能体

3. 认知式智能体

认知式智能体能够针对意图和信念进行推理，建立行为计划，并执行这些计划。认知式智能体是一个具有显示符号模型的基于知识的系统。其环境模型虽然预先已知，但对动态环境存在一定的局限性，不适用未知环境。由于缺乏必要的知识资源，在认知式智能体执行时需要向模型提供有关环境的新信息，但是实际却往往难以实现。

该体系结构的特点是智能体中包含了显式表示的环境符号模型，智能体的决策是通过基于模板匹配和符号操作的逻辑推理而做出。如同通过深思熟虑后做出决定一样，因此被称为认知式的体系结构，是经典的基于知识的系统，可以按照这种体系结构构造智能体的雏形。

如图 6-4 所示，认知式智能体接收的外部环境信息，根据内部状态进行信息融合，以修改当前状态的描述。然后在知识库的支持下制定规划，再在目标指引下形成动作序列，对环境产生影响。图中除了环境部分，其余都为认知式智能体的内容。

4. 跟踪式智能体

反应式智能体是在现有感知的基础之上做出的决策。随时更新内部状态信息将两种知识写入智能体的程序，即外部环境独立地发展智能体的信息，以及智能体自身作用来影响环境的信息。一个具有内部状态的反应式智能体的结构如图 6-5 所示。在这个图中，说明了现有感知信息如何与原有的内部状态相结合，以产生现有状态的更新描述。与解释状态的现有知识的新感知一样，也采用了有关外部世界如何跟踪其未知部分的信息，还必须知道智能体对外部世界状态有哪些作用。具有内部状态的反应式智能体通过找到一个条件与现有环境匹配的规则进行工作，然后执行与规则相关的作用，这种智能体称为跟踪式智能体。

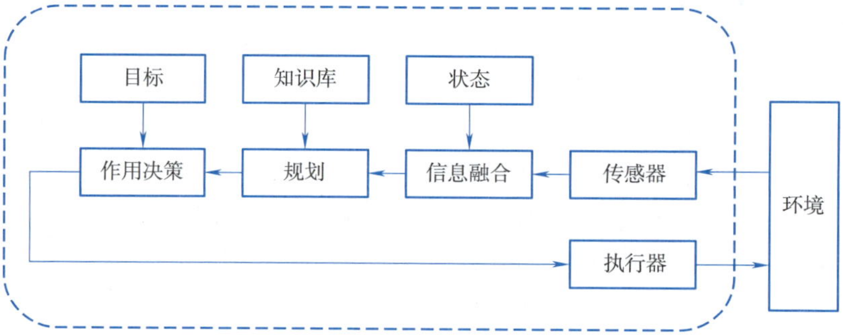

图 6-4 认知式智能体

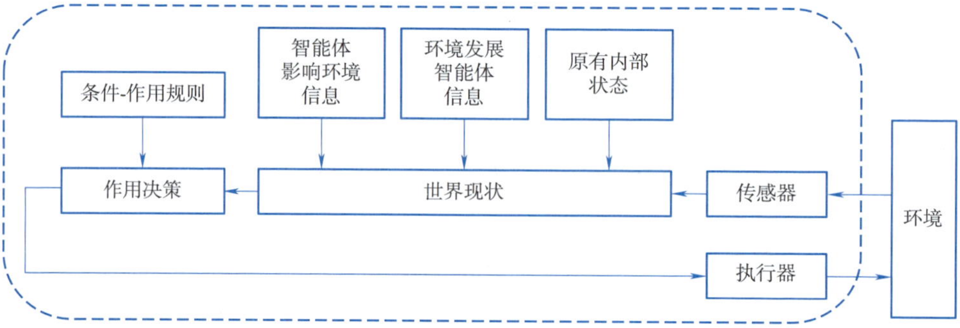

图 6-5 跟踪式智能体

5. 基于目标的智能体

智能体决策仅了解现有状态往往还不够,智能体还需要某种描述环境情况的目标信息。智能体程序能够与可能的作用结果信息结合起来,以便选择达到目标的行为。这类智能体的决策基本上与前面所述的条件-作用规则不同。反应式智能体中有的信息没有明确使用,而设计者已预先计算好各种正确作用。对于反应式智能体还必须重写大量的条件-作用规则。基于目标的智能体在实现目标方面更灵活,只要指定新的目标,就能够产生新的作用。基于目标的智能体结构如图 6-6 所示。

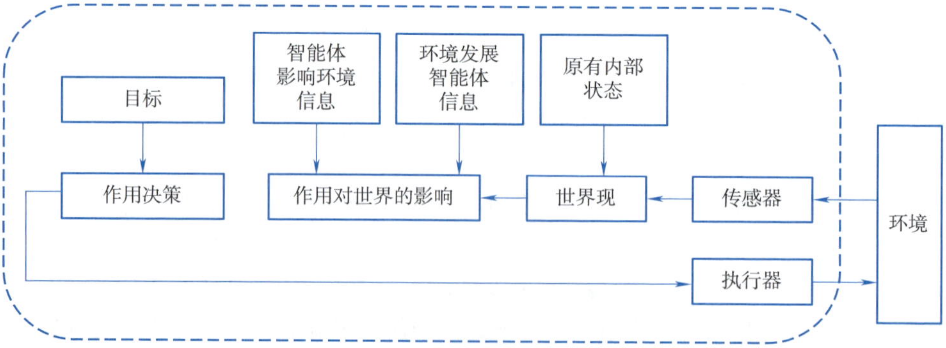

图 6-6 基于目标的智能体结构

6. 基于效果的智能体

仅有目标往往还不能够产生高质量的作用。因此,如果一个状态取决于另一个状态,则对智能体有更好的效果。效果是一种将状态映射到实数的函数,该函数描述了相关的满意程度。一个完整规范的效果函数允许对两类问题作出理性的决策。一类问题是当智能体只有一些目标可以实现时，效果函数指定合适的交替。另一类问题是当智能体存在多个瞄准目标时，效果函数提供了一种根据目标重要性估计成功可能性的方法。因此，一个具有显示效果函数的智能体能够做出理性的决策。但是，必须比较不同作用获得的效果。一个完整的基于效果的智能体结果如图 6-7 所示。

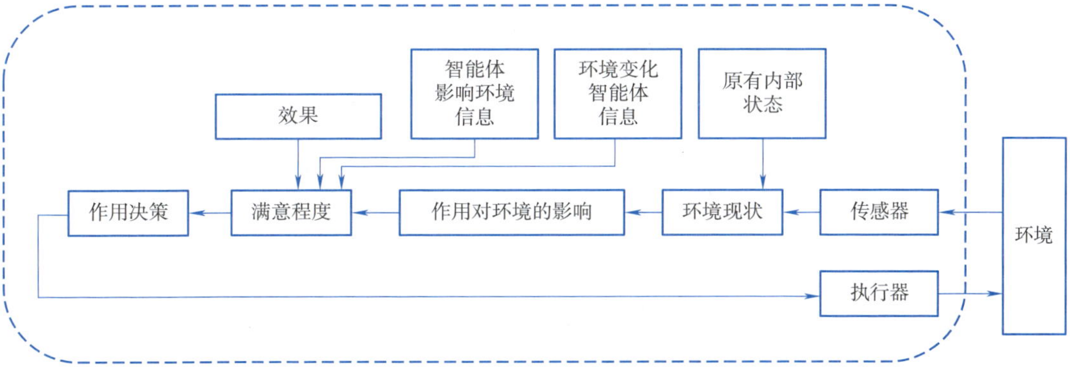

图 6-7 基于效果的智能体结构

7. 自学习的智能体

自学习的智能体允许智能体最初在未知的环境中运行，并且与其最初的知识相比，从而逐渐提高性能。利用评论者对智能体如何动作的反馈，决定应该如何修改性能要素以便未来做得更好。

自学习智能体如图 6-8 所示，主要包括如下四个组件：

(1)评判组件。评价智能体做得如何。

(2)学习组件。负责改进与提高。学习组件利用来自评判组件的反馈去确定应该如何修改性能组件以便将来做得更好。

(3)问题产生器。负责可以得到新的和有信息的经验的行动提议。

(4)性能组件。负责选择外部行动。性能组件分布于整个智能体，它接收感知信息并决策。

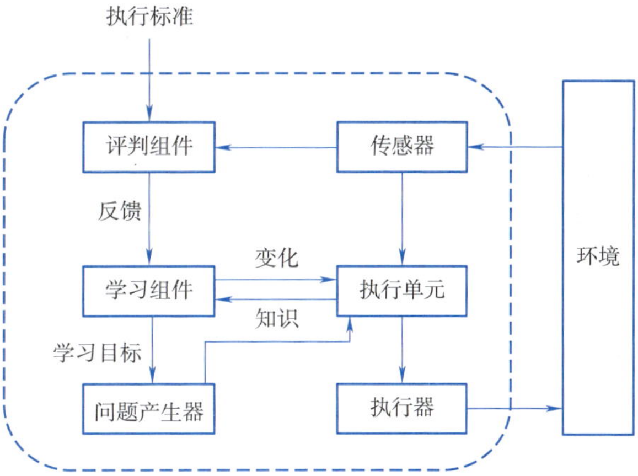

图 6-8 自学习的智能体

8. 复合式智能体

复合式智能体是指在一个智能体内组合多种相互独立和并行执行的智能形态，其结构包括感知器、反射、建模、规划、通信、决策生成和执行器等模块，如图 6-9 所示。智能体通过感知模块反映现实世界，并对环境信息做出一个抽象，再送到不同的处理模块，做出决定，并将动作命令送到行动模块，产生相应的动作。

6.2.3 智能体的环境

如果需要设计一个理性智能体，就必须明确将要使用的任务环境。智能体任务环境的主要性质如下。

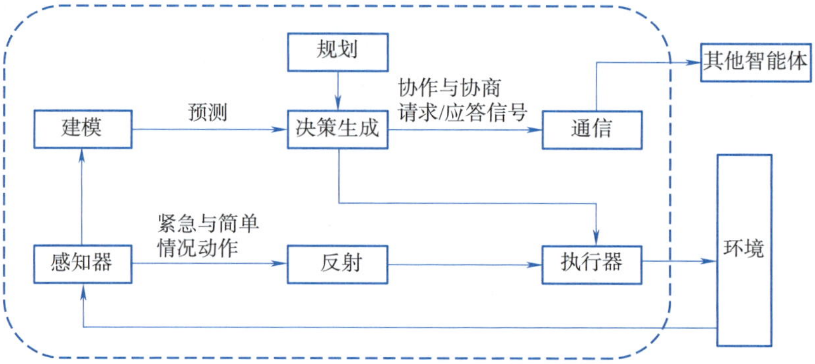

图 6-9 集合式智能体结构

1. 完全可观察的与部分可观察的任务环境

(1)如果智能体的传感器在每个时间节点上都能获取环境的完整状态,这个任务环境就是完全可观察的;否则这个任务环境是部分可观察的。

(2)如果智能体根本没有传感器,环境则是无法观察的。

例如,国际象棋是一个完全可观察的环境,而扑克则不是。

2. 单智能体与多智能体

单智能体是指在环境中只有一个智能体在运作。多智能体是指在环境中有多个智能体在运作。多智能体的任务环境对智能体的性能度量影响如下:

(1)竞争性的多智能体环境。智能体 B 想要最大化自己的性能度量,就需要最小化智能体 A 的性能度量,充满了竞争性。

(2)合作性的多智能体环境。智能体 B 想要最大化自己的性能度量,就需要最大化智能体 A 的性能度量。

(3)部分合作和部分竞争的多智能体环境。上述两种情况都会发生。

3. 确定的与随机的环境

如果环境的下一个状态完全取决于当前状态和智能体执行的动作,则该环境是确定的;否则是随机的。

环境不确定是指环境不是完全可观察的或不确定的,行动后果可能有多种,但与概率无关。环境随机是指后果是不确定的并且可以用概率来量化。

4. 片段式与延续式

片段式是指当前决策不会影响到未来的决策。延续式是指当前决策会影响到所有未来的决策。

5. 静态与动态

如果在智能体进行思考或者计算时环境变化,则该环境是动态的,否则是静态的。如果环境本身不随时间变化而变化,但智能体的性能评价随时间变化,则环境是半动态的。

6. 离散型和连续型

区别在于环境的状态、时间处理的方式、感知和智能体的动作。

7. 已知和未知

在一个已知的环境下,所有动作的结果是给定的;否则为未知。

在非个人交换形式中,人们面临的是一个复杂的、不确定的世界,而且交易越多,不确定性就越大,信息也就越不完全。人对环境的计算能力和认识能力有限,人不可能无所不知。此外,在很大程度上，由于受到情境的影响，人们使用第一信号系统进行加工，理性在这里没有发挥作用。有限理性原理是多智能体系统形成的重要的理论基础。一个大的结构将许多个体组织起来，可以弥补个体工作能力的有限；每个个体负责一项专门的任务可以弥补个体学习新任务的有限能力；机构之间有组织的信息流动可以弥补个体知识的有限；精确的社会机构和明确的个体任务可以弥补个体处理信息和应用信息的能力的有限。

6.3　多智能体

多智能体系统是指由多个智能体组成的集合，这些智能体成员之间相互协调，相互服务，共同完成一个复杂的任务。多智能体系统是分布式人工智能研究的一个重要分支，如果模拟人是单智能体的目标，那么模拟人类社会则是多智能体系统的最终目标。虽然，智能体具有自主性、交互性、反应性、主动性、学习性和移动性等智能特性，但单个的智能体对问题的解决能力有限，很难完成动态分布、网络和异构情况下的大型、复杂问题。智能体的研究最终要融入多智能体系统，这就导致了多智能体系统的出现。

在同一个多智能体系统中，各智能体可以异构，因此多智能体技术对于复杂系统具有强大的表达力，它为各种实际系统提供了一种统一的模型，从而为各种实际系统的应用提供了一种统一的框架，其应用领域广阔。

多智能体涉及智能体的知识、目标、技能、规划以及如何使智能体协调行动解决问题等。其主要应用领域包括智能机器人，交通控制，柔性制造，协调专家系统，分布式预测、监控、决策及诊断，分布式计算，产品设计，商业管理，网络化的办公自动化，网络化计算机辅助教学及医疗及控制等。

6.3.1　多智能体的定义与特点

智能体指具有自治性、社会性、反应性和预动性的基本特性的实体。可以看作相应的软件程序或者一个实体（如人、车辆、机器人等），它嵌入到环境中，通过传感器感知环境，通过效应器自治地作用于环境并满足设计要求。

1. 多智能体定义

多智能体系统由多个自主或半自主的智能体组成，每个智能体或者履行自己的职责，或者与其他智能体通信获取信息互相协作完成整个问题的求解。每一体具有有限信息资源和问题求解能力，缺乏实现协作的全局观点，系统不存在全局控制，知识与数据都是分散的，计算是异步执行地进行。

（1）多智能体系统是由一系列相互作用的智能体构成，内部的各个智能体之间通过相互通信、合作、竞争等方式，完成单个智能体不能完成的大量而又复杂的工作。

（2）多智能体系统是指由多个自主个体组成的群体系统，其目标是通过个体间的相互信息通信和交互作用，在全局层面呈现出某种有序的运动。

（3）多智能体系统是指大量分布配置的自治或半自治的子系统（智能体）通过网络互连所构成的复杂的大规模系统。

（4）多智能体是指多个智能体及其相应的组织规则和信息交互协议构成的，能够完成特定任务的一类复杂系统。

2. 多智能体的特点

多智能体系统的目标是让若干个具备简单智能的便于管理控制的系统能通过相互协作实现复杂智能，使得在降低系统建模复杂性的同时，提高系统的鲁棒性、可靠性、灵活性。

多智能体系统的主要特点如下：

(1)自主性。在多智能体系统中，每个智能体都能管理自身的行为，并做到自主地合作或者竞争。

(2)容错性。智能体可以共同形成合作的系统用以完成独立或者共同的目标，如果某几个智能体出现了故障，其他智能体将自主地适应新的环境并继续工作，不会使整个系统陷入故障状态。

(3)灵活性和可扩展性。多智能体系统本身采用分布式设计，智能体具有高内聚、低耦合的特性，使得系统表现出极强的可扩展性。

(4)协作能力。多智能体系统是分布式系统，智能体之间可以通过合适的策略相互协作完成全局目标。

①社会性：智能体处于由多个智能体构成的社会环境中，通过某种智能体语言与其他智能体实施灵活多样的交互和通信，实现与其他智能体的合作、协同、协商、竞争等。

②自制性：在多智能体系统中一个智能体发出请求后，其他智能体只有同时具备提供此服务的能力与兴趣时才能接受动作委托，即一个智能体不能强制另一个智能体提供某种服务。这一特点最适用于学习者特征的获取。

③协作性：在多智能体系统中，具有不同目标的各个智能体必须相互协作、协同、协商对未完成问题的求解。

6.3.2 多智能体系统的分类

多智能体系统是由分布在网络上的多个问题求解智能体松散耦合而成的大型复杂系统，用于解决单一智能体所不能处理的复杂问题。

1. 基于智能体自主性的分类

(1)由控制智能体和被控智能体构成的系统。智能体之间存在控制关系，每个智能体或对其他智能体具有控制作用，或受控于其他智能体。在这类系统中，被控智能体的行为受到约束，自主程度较低。

(2)自主智能体构成的系统。智能体自主地决策、产生计划、采取行动。智能体之间具有松散的联系。智能体通过与外界的交互，了解外部世界的变化，并从经验中学习增强其求解问题的能力以及与相识者建立良好的协作关系。在这类系统中，自主智能体之间的协作关系是互利互惠的关系，当目标发生冲突时，通过协商来解决。

(3)灵活智能体构成的系统。智能体进行决策时，某些问题在一定程度上需要受控于其他智能体，大部分情况下要求智能体完全自主地工作。在这类系统中，智能体之间通常是松散耦合，具有一定的组织结构，通过承诺和组织约束相互联系。

2. 基于动态适应方法的分类

(1)系统拓扑结构不变。智能体数目、智能体之间的关系等都不变化，智能体内部结构固定、基本功能不变，智能体通过自重组来适应环境，例如修改调整自己的知识结构、目标、选择等。

(2)系统拓扑结构改变。智能体数目不变、每个智能体的微结构稳定，可以修改智能体间的关系和组织形式。可增减智能体数目，可以动态创建和动态删除智能体。

3. 基于系统功能结构的分类

(1)同构型系统，每个智能体功能结构相同的系统。

(2)异构型系统，智能体的结构、功能、目标都可以不同，由通信协议保证智能体间协调与合作的实现。

4. 基于智能体知识存储的分类

(1)反应式多智能体系统。

(2)黑板模式的多智能体系统。

(3)分布存储的多智能体系统。

5. 基于控制结构的分类

(1)集中控制。由一个中心智能体负责整个系统的控制、协调工作。

(2)层次控制。每个智能体控制其下层智能体的行为,同时又受控于其上层其他智能体。

(3)网络控制:由信息传递构成的控制结构,且该控制结构是可以动态改变的,可以实现灵活控制。

6.3.3 多智能体的通信方式

利用多智能体进行分布式处理需要考虑系统中各个智能体之间的通信与协作。通信是协作的基础,通信方式主要有黑板系统、消息/对话、邮箱通信三种方式。

1. 黑板系统

在多智能体系统中,黑板提供公共工作区,智能体可以交换信息、数据和知识。首先一个智能体在黑板上写入信息项,这些信息项可以为系统中的其他智能体使用,智能体可以在任何时候访问黑板,检测有无新信息的到来。应说明的是,它并不需要阅读所有的信息,可以采用过滤器抽取当前工作所需信息。智能体必须在访问授权中心站点登录。在黑板系统中,智能体之间并不直接通信,每个智能体独立地通过黑板完成他们答应的求解子问题。

黑板可用于任务共享和结果共享的系统中,也适用基于事件的问题求解策略。如果系统中的智能体很多,那么黑板中的数据呈指数增加。与此类似,各个智能体在访问黑板时需要从大量信息中搜索所需要的信息。出于优化的考虑,在黑板上为各个智能体提供了不同的区域。

例6-3 空中交通管制多智能体系统。

空中交通管制多智能体系统是一个管理空中飞行器的系统,在该系统中每个空中飞行器都是一个智能体,它们根据飞行规则,按照一定航路飞行,它们之间可以通过黑板系统进行通信,该系统可以保证空中交通安全、畅通,组成了一个多智能体系统。

2. 消息/对话

消息通信是实现灵活复杂的协调策略的基础。使用规定的协议,智能体彼此交换的信息可以用来建立通信和协作机制。自由消息内容格式提供非常灵活的通信能力,不受简单命令和响应结构的限制。消息/对话方式智能体系统如图 6-10 所示。

图 6-10　消息/对话方式的智能体通信系统

在消息/对话方式通信中,发送者智能体 A 将特定消息传送到接收者智能体 B,与黑板系统不同的是,两个智能体之间的消息直接交换。发送者智能体和接收者智能体按一定协议规范通信流程,规范收发地址、消息格式等。规范化通信所常用的标准通信语言为 ACL 等。在执行过程中无缓冲,如果无发送,就不能读取消息。广播是一种特例,通过广播将消息发给每一个智能体,或者一个组(组播)。

例6-4 电子商务多智能体系统。

在互联网上的电子商务活动是由多个智能体组成,主要包括供应智能体、销售智能体、支付智能体、管理智能体、客户智能体和物流智能体等。他们之间通过协商一致的交易标准,使用消息/对话通信方式进行协作,共同完成网络上的商务活动,组成一个电子商务多智能体系统。

3. 邮箱通信

在邮箱通信方式中,参与通信的智能体都有自己的邮箱,并且他们之间需要建立起邮件通道。这些邮件通道可以使多个智能体之间的消息传输共享。一个智能体向另一个智能体发送消息时,可将消息打包成邮件,并通过邮件通道发送到目标方智能体的邮箱中。目标方智能体可以定期或不定期地访问它的邮箱,如果邮箱中存有邮件,就将其取出后处理。由于邮件通道是非独占的,多个智能体可以共享利用,因此,相对消息/对话方式,邮箱通信的保密性较差。邮箱通信通常采用异步方式,由于邮件所经过的通道及所需的时间不确定,该通信方式的实时性较差。

6.3.4 多智能体的协作与协调

多智能体的协作与协调是其两大特征,其中协作是正向特征,而协调是反向特征。

1. 多智能体协作

在多智能体中,通过多智能体间的协作形成整体行为性能,增强智能体解决问题的能力。通过增强灵活性和机动性,可以提高解决问题的效率。在多智能体协作中,单个智能体必须遵守多智能体形成的系统中的公共规则。既各自独立、又相互依存的关系是协作成功的基础。

2. 多智能体协调

在多智能体中,协作起到正向与增强作用,但同时也带来反向与负面作用,这就需要协调来解决。协调是解决多智能体系统中所出现的反向与负面作用的手段。例如,在网络中的多智能体系统内的各智能体间的资源使用出现冲突时需要进行协调,否则就会产生死锁,进而导致整个系统崩溃。又例如,各智能体的共享数据区域不合理的操作使用出现冲突时需要协调,否则将产生数据故障,而且无法恢复。

多智能体的协调控制的基本问题是一致性控制问题。一致性是指随着时间变化,一个多智能体系统中所有智能体的状态趋于一致。一致协议是智能体之间相互作用的规则,它描述了智能体与它相邻的智能体的信息交换过程。多智能体系统达到一致性是实现协调控制的首要条件。一致性是指多智能体系统中的个体在局部协作和相互通信下,调节和更新自己的行为,最终使得每个智能体都能达到相同的状态,也就是说,一致性描述了每个智能体和与其相邻的智能体的信息交换过程。希望通过设计控制输入使得所有智能体的状态 $x_i(t)$ 收敛到同一个值 $\bar{x}$,也就是

$$\lim_{t\to\infty} x_i(t)=\bar{x},\ \forall i$$

并且要求设计的控制输入只用到相对于邻居的相对状态信息,而不能用绝对信息或者非邻居的信息。自然界中有很多这样的例子,例如,某一只天鹅在飞行时只知道它隔壁的那只天鹅相对于自己的位置和飞行方向,不知道其他天鹅的位置信息,整个天鹅队伍依然能排成整齐的"一"字或者"人"字飞行。

例6-5 网络订票多智能体系统。

网络订票多智能体系统是建立在互联网上的一个分布式系统,它由旅客智能体、订票智能体、支付智能体、取票智能体等多个智能体组成。这些智能体按照规定方式与流程操作,并使用消息/对话方式通信,从而完成订票任务。

6.4　移动智能体

随着互联网应用的逐步深入，特别是信息搜索、分布式计算以及电子商务的蓬勃发展，人们越来越希望在整个互联网范围内获得最佳的服务，渴望将整个网络虚拟成为一个整体，使软件智能体能够在整个网络中自由移动，自主完成某些功能，所以移动智能体应运而生。

6.4.1　移动智能体的特点

移动智能体是一种特殊的智能体，除了具有智能体的基本属性以外，还可以从一台机器通过网络移动到另外一台机器运行，并根据需要生成子智能体，子智能体具有同父智能体相同的性质，移动智能体的主要特点如下所述。

1. 移动性能

移动智能体可以在异构网络和分布式计算机环境中自主、自动地迁移，携带信息或寻找适当的信息资源，进行就地的信息处理，代理用户完成信息传递、网页查询、数据和知识发现、信息变换等多种任务。

2. 异构和异步性能

移动智能体可以支持异构计算机软件、硬件环境，能进行异步通信和计算。

3. 降低网络通信费用

传送大量的原始信息不但费时还容易阻塞网络，如果将智能体移动到信息存储的地方，进行局部搜索和选择后，将选中的信息通过网络传送给用户，将显著减少远程计算机网络的连接费用。

4. 分布和并行性

移动智能体提供了一个独特的分布计算体系结构，为完成某项任务，用户可以创建多个智能体，将它们同时在相同或不同的节点上运行，可将单一节点的负荷分散到网络的多个节点上，具有处理大规模、复杂问题的能力。

5. 智能化路由

移动智能体能够根据目标、网络通信能力和服务器负载等因素，动态地规划下一步操作。智能化路由能很好地优化网络和计算资源，实现负载均衡，提高问题的求解速度，避免对资源的盲目访问。

6.4.2　移动智能体主要技术

1. 实现智能体的自主移动

移动性是移动智能体技术的主要特征之一，其涉及粒度大小、移动方式、容错处理和表达方式等多个问题。由于移动机制是移动智能体技术中最常用的基本机制，因此，在设计中必须充分考虑用户使用的方便性以及复用性。

2. 克服异构的计算环境

由于移动智能体是将互联网作为计算平台，它经常在不同的计算环境中运行，从而首先需要解决跨平台技术问题。

3. 保证移动智能体的安全性

为了保证移动智能体的安全性，需要解决移动智能体自身的安全保护、移动智能体之间通信的安全保护和站点的安全保护等问题。

4. 提供有效的协同机制

移动智能体主要通过协同机制进行合作，共同完成某一较大任务。协同机制所涉及的主要问题包括功能互通、相互通信和协作联盟等，这给移动智能体之间的相互通信带来了困难。

5. 提供灵活方便的移动智能体环境

为用户提供一种方便的移动智能体编程语言以及相应的开发环境是移动智能体系统应用中需要解决的问题。

6.4.3 移动智能体的分布式计算模式

移动智能体是一个能在异构网络中自主地从一台主机迁移到另一台主机，并可与其他智能体或资源交互的程序。移动智能体不同于远程执行，移动智能体能够不断地从一个网络位置移动到另一个网络位置，能够根据选择进行移动。移动智能体带有状态，所以可根据应用的需要在任意时刻移动，可移动到需要去的任何地方。移动智能体也不同于 Applet，Applet 只能从服务器向客户单方向移动，而移动智能体可以在客户和服务器之间双向移动。

移动智能体通过服务请求可动态地移到服务器端执行，从而避免了大量数据在网络传送，降低了系统对网络带宽的依赖。移动智能体不需要统一的调度，由用户创建的智能体可以异步地在不同结点上运行，待任务完成后再将结果传送给用户。为了完成某项任务，用户可以创建多个智能体，同时在一个或若干个节点上运行，形成并行求解的能力。此外它还具有自治性和智能路由等特性。

移动智能体模式的关键特性就是移动智能体不锁定在一台主机上，而是在整个网络内可共享，凸显了分布式计算的特点。移动智能体的分布式计算模式特点如下：

(1)降低网络负载。基于移动智能体的分布式计算的特点是将计算移往数据，而并非将数据移往计算，减少了网上原始数据的流动，提高了处理效率。

(2)克服网络延迟的隐患。可以由中央处理器将移动智能体派遣到系统局部，直接执行控制器的指令，从而消除网络延迟带来的隐患。

(3)包装不同协议。移动智能体可以移动到远程主机上，然后通过专用协议建立私有数据交换通道。

(4)异步和主动执行功能。可以将任务嵌入移动智能体之中，而后者可以被派遣到网络上，移动智能体便可以独立创建它的进程，异步、自主地完成所肩负的任务。

(5)动态适应环境。移动智能体具有感知运行环境和对其变化做出自主反应的能力。多个智能体可以拥有在网络上各主机之间合理分布的能力，以维持解决某一特定问题的最优配置。

(6)自然异构性。移动智能体独立于特定的主机和传输层协议，而仅依赖于它的执行环境，屏蔽了各平台的差异，因而为无缝的系统集成提供了极为有利的条件。

(7)容错性。移动智能体具有对不利的情况和事件动态做出反应的能力，在一台主机被关闭以前，可以给正在运行的移动智能体发出警告信息，使它们可在很短的时间内移动到网络其他主机上，且继续运行。

移动智能体所具有的优越性使其在电子商务、分布式信息检索、信息发布、并行处理、电信网络业务等方面的应用潜力巨大。

小　结

分布式人工智能主要包括DPS和多智能体两种类型。DPS研究如何在多个合作的和共享知识的模块、节点或子系统之间划分任务,并求解问题。多智能体则研究如何在一群自主的智能体之间进行智能行为的协调。本章主要介绍了智能体的定义与特征、智能体环境、多智能体和移动智能体等。通过学习,读者可以对分布式人工智能及应用,尤其是智能体技术有基本的了解,为后续群智能技术、智能机器人技术的学习与应用打下了基础。

第7章 机器学习

机器学习产生于20世纪50年代，是人工智能的一个重要分支。机器学习涉及概率论、统计学、逼近论、凸分析、算法复杂度等多门学科及领域。机器学习方法已在数据挖掘、计算机视觉、自然语言处理、生物特征识别、搜索引擎、医学诊断、语音和手写识别、战略游戏和智能机器人等领域成功应用。

本章知识导图

7.1 机器学习概述

机器学习技术发展迅速，尤其是深度学习的出现与成功应用，进一步促进了机器学习更广泛的应用。

7.1.1 机器学习基础

1. 机器学习的概念

学习是人类所具有的一种重要智能行为，人工智能学者西蒙认为：机器学习就是系统在不断重复的工作中对本身能力的增强或者改进，使得系统在下一次执行同样任务或类似任务时，做得更好、效率更高。

机器学习是使用机器来模拟人类学习活动的一门学科。更为严格地说，机器学习是一门研究机器获取新知识和新技能，并识别现有知识的学科。归纳、演绎和类比是逻辑推理的三大基本手段，演绎推理是从一般性的前提出发，通过推导来演绎出具体陈述或个别结论的过程。归纳推理是从对个别事物的认识上升到对事物的一般规律性的认识。这是从个别事物得出一般性结论的推理过程。类比推理是启发人们进行创新思维的重要形式，类比推理根据两个或两类事物在某些属性上有相同或相似之处，而且已知其中一个事物具有某种属性，由此推知另一个事物也可能具有这种属性的推理。机器学习的基础是归纳逻辑，就是从已知案例数据中归纳出未知的规律，然后再进行预测。

对于简单的问题，通过机器学习的方式，可以让机器来做一些单调的工作，例如，让机器掌握识别手写数字的技能之后，即可分拣信件；让机器掌握识别并理解地址信息之后，即可分拣快递，等等。对于较复杂的问题，例如，根据用户信息为不同的用户推荐不同的广告，由于不同的用户具有不同的喜好，并且用户的喜好可能还会发生变化，所以从这些海量的用户中判断每一个用户的喜好是个很困难的问题，而且从海量的数据中人为总结规律也有很大的局限性，但使用机器学习的方式，在互联网环境下，就可以使得这类问题变得简单易行。

2. 机器学习系统的基本结构

机器学习系统由环境、学习环节、知识库和执行环节四部分组成，如图 7-1 所示。

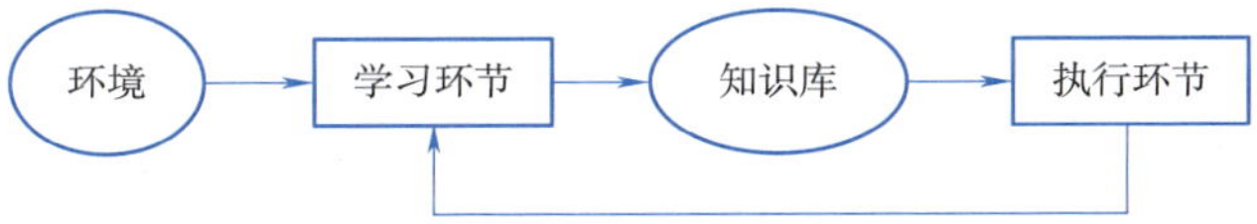

图 7-1 机器学习系统

在机器学习系统中，环境为学习环节提供信息，学习环节利用这些信息修改知识库，以增进系统执行环节完成任务的效能，执行环节根据知识库完成任务，同时将获得的信息反馈给学习环节。

1）环境

任何一个学习系统不能在全然没有任何知识的情况下凭空获取知识，环境为学习环节提供信息。影响机器学习系统设计的最重要的因素是环境向系统提供的信息。

2）学习环节

学习环节接收环境提供的信息，并能够理解环境的输入信息，将其分析比较，做出假设，检验并修改这些假设。更确切地说，学习环节可对现有知识进行扩展和改进。如果环境信息的质量比较高，则学习环节比较容易处理。如果环境向学习系统提供的是杂乱无章的信息，则学习环节需要在获得足够数据之后，删除不必要的细节等预处理，再获取知识，形成指导动作的规则，放入知识库。

3）知识库

知识库是学习系统存储知识的集合，是影响学习系统设计的重要因素。知识表示有多种形式，例如一阶逻辑语句、产生式规则、语义网络和框架等。在选择知识表示方式时需要考虑以下四个方面：

（1）知识表达能力强。

（2）易于推理。

（3）易于修改。

（4）易于扩展。

4）执行环节

执行环节是整个学习系统的核心，执行部分的动作就是学习环节力求改进的动作。因为学习环节获得的信息往往不完全，所以学习环节所进行的推理也不完全可靠，总结出来的规则不能保证完全正确。这就需要通过执行环节加以检验，能使系统的效能提高的规则应予保留，不正确的规则应予修改或从知识库中删除。

3. 机器学习的基本要素

模型、策略和算法是机器学习的三个基本要素。

1）模型

机器学习的目的是构造模型，模型可以是确定的模型，也可以是随机的模型。监督学习的任务是学习一个模型，使模型能够对任意给定的输入，得到其相应的合理输出。模型是输入空间到输出空间的映射的集合，将这个集合称为假设空间。也可以将学习过程看作一个在所有假设组成的空间中进行搜索的过程，搜索目标是找到与训练集匹配的假设，即能够对训练集中的判断进行正确的假设。当假设表示确定，则假设空间及其规模大小就可确定。

2）策略

这里的策略是指构造模型的策略，要使用一个正态分布描述一组数据，就需要去构造正态分布，实际上就是预测这个分布的参数。并且，需要使用标准来证明一个模型比另一个模型好。不同的策略有不同的模型比较标准和模型选择标准，最终已确定的模型与策略有关。

3）算法

算法是指模型的实现方法。有了数据和策略，然后构造模型。如果有了模型的基本形式，就是一个优化模型参数的问题。面对复杂的数学优化问题，通常难以通过小的存储代价、更快的运算速度、更有效的参数来优化结果。

4. 相似性的度量

机器学习中需要相似性的度量，相似性的度量可以通过样本距离计算来实现。例如，计算不同样本之间的相似性，采用的方法就是计算样本间的距离。相似度越大，则其距离就越小。目前已提出多种距离计算方法，不同的距离计算方法适用于解决不同的问题。下面介绍几种常用的距离计算方法。

1）欧氏距离

欧氏距离是最易于理解与常用的一种距离计算方法，源自欧氏空间中两点间的距离计算，用 L2 表示。

（1）二维平面上两点 $a(x_1,y_1)$ 与 $b(x_2,y_2)$ 间的欧氏距离：

$$d_{12}=\sqrt{(x_1-x_2)^2+(y_1-y_2)^2}$$

（2）三维空间两点 $a(x_1,y_1,z_1)$ 与 $b(x_2,y_2,z_2)$ 间的欧氏距离：

$$d_{12}=\sqrt{(x_1-x_2)^2+(y_1-y_2)^2+(z_1-z_2)^2}$$

（3）两个 n 维向量 $\boldsymbol{a}(x_{11},x_{12},\cdots,x_{1n})$ 与 $\boldsymbol{b}(x_{21},x_{22},\cdots,x_{2n})$ 间的欧氏距离：

$$d_{12}=\sqrt{\sum_{k=1}^{n}(x_{1k}-x_{2k})^2}$$

也可以表示成向量运算的形式：

$$\boldsymbol{d}_{12}=\sqrt{(\boldsymbol{a}-\boldsymbol{b})(\boldsymbol{a}-\boldsymbol{b})^{\mathrm{T}}}$$

2）曼哈顿距离

曼哈顿距离又称为城市街区距离，用 L_1 表示。在曼哈顿市要从一个十字路口开车到另外一个十字路口，驾驶距离不是两点间的直线距离，而实际驾驶距离就是曼哈顿距离，这也是曼哈顿距离名称的来源。a 和 b 两点的曼哈顿距离如图 7-2 所示。

曼哈顿距离是两点在南北方向上的距离加上在东西方向上的距离，即 $d(i,j)=|x_i-x_j|+|y_i-y_j|$。

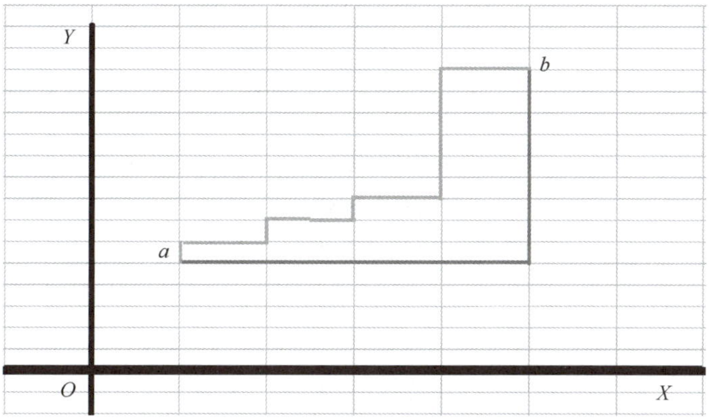

图7-2　a 和 b 两点的曼哈顿距离

对于一个具有正南正北、正东正西方向规则布局的城市街道，从一点到达另一点的距离正是在南北方向上旅行的距离加上在东西方向上旅行的距离之和。在早期的计算机图形学中，屏幕是由整数的像素构成，点的坐标也是整数，如果直接使用浮点计算 a 和 b 两点的欧氏距离，则运算速度慢，而且有误差；如果使用曼哈顿距离，则只需加减法计算，这就大大提高了运算速度，而且不管累计运算多少次，都不会有误差。

（1）二维平面两点 $a(x_1,y_1)$ 与 $b(x_2,y_2)$ 间的曼哈顿距离：

$$d_{12}=|x_1-x_2|+|y_1-y_2|$$

（2）两个 n 维向量 $a(x_{11},x_{12},\cdots,x_{1n})$ 与 $b(x_{21},x_{22},\cdots,x_{2n})$ 间的曼哈顿距离：

$$d_{12}=\sum_{k=1}^{n}|x_{1k}-x_{2k}|$$

（3）数学性质：

①非负性：$d(i,j)\geqslant 0$ 距离是一个非负的数值；

②同一性：$d(i,i)=0$ 对象到自身的距离为0；

③对称性：$d(i,j)=d(j,i)$ 距离是一个对称函数；

④三角不等式：$d(i,j)\leqslant d(i,k)+d(k,j)$ 从 i 到 j 的直接距离不大于途经的任何 k 的距离的和。

3）夹角余弦

机器学习中使用夹角余弦概念来衡量样本向量之间的差异。

（1）两向量的夹角余弦计算。在二维空间中向量 $a(x_1,y_1)$ 与向量 $b(x_2,y_2)$ 的夹角余弦计算公式：

$$\cos\theta=\frac{x_1x_2+y_1y_2}{\sqrt{x_1^2+y_1^2}\sqrt{x_2^2+y_2^2}}$$

（2）两个 n 维样本点的夹角余弦计算。两个 n 维样本点 $a(x_{11},x_{12},\cdots,x_{1n})$ 和 $b(x_{21},x_{22},\cdots,x_{2n})$ 的夹角余弦计算公式：

类似地，对于两个 n 维样本点 $a(x_{11},x_{12},\cdots,x_{1n})$ 和 $b(x_{21},x_{22},\cdots,x_{2n})$，可以使用类似于夹角余弦的概念来衡量它们间的相似程度。

$$\cos\theta=\frac{a\cdot b}{|a||b|}$$

即：

$$\cos\theta = \frac{\sum_{k=1}^{n} x_{1k}x_{2k}}{\sqrt{\sum_{k=1}^{n} x_{1k}^2}\sqrt{\sum_{k=1}^{n} x_{2k}^2}}$$

夹角余弦取值范围为[-1,1]。夹角余弦值越大,夹角越小,表示两个向量越相似;夹角余弦值越小,表示两向量的夹角越大,表示两个向量越不相似。当两个向量的方向重合时夹角余弦值取最大值1,当两个向量的方向完全相反时夹角余弦取最小值-1。

4)汉明距离

汉明距离是指对于两个等长字符串 s_1 与 s_2,将其中一个变为另外一个所需要作的最小替换次数。例如,字符串"1111"与"1001"之间的汉明距离为2。

5)杰卡德距离

两个集合 A 和 B 的交集元素在 A,B 的并集中所占的比例,称为两个集合的杰卡德(Jaccard)相似系数,用符号 $J(A,B)$ 表示为:

$$J(A,B) = |A \wedge B| / |A \vee B|$$

杰卡德相似系数是衡量两个集合的相似度的一种指标,其值越大,则两个集合的相似度越大。也就是说,Jaccard系数只关心个体间共同具有的特征是否一致这个问题。例如:

如果比较 X 与 Y 的Jaccard相似系数,只比较 x_n 和 y_n 中相同的个数,公式如下:

如集合 $X=\{1,2,3,4\}$, $Y=\{3,4,5,6\}$;

那么它们的 $J(X,Y)=2/6=1/3$;

与杰卡德相似系数相反的概念是杰卡德距离,杰卡德距离越大,则杰卡德相似系数越小,A 和 B 两个集合的杰卡德距离 $J_\delta(A,B)$ 为:

$$J_\delta(A,B) = 1 - J(A,B) = (|A \wedge B| - |A \vee B|) / |A \vee B|$$

如果 $J(A,B)=2/6=1/3$,则 $J_\delta(A,B)=1-1/3=2/3$。

杰卡德距离用两个集合中不同元素占所有元素的比例来衡量两个集合的区分度。其值越大,则两个集合的相似度越小。

6)相关系数

相关系数是用以反映变量之间相关关系密切程度的统计指标。相关系数是按积差方法计算,同样以两变量与各自平均值的离差为基础,通过两个离差相乘来反映两变量之间相关程度;着重研究线性的单相关系数。

依据相关现象之间的不同特征,其统计指标的名称有所不同。如将反映两变量间线性相关关系的统计指标称为相关系数(相关系数的平方称为判定系数);将反映两变量间曲线相关关系的统计指标称为非线性相关系数、非线性判定系数;将反映多元线性相关关系的统计指标称为复相关系数、复判定系数等。

两个变量的相关系数定义如下:

$$\mathrm{Cov}(x,y) = \frac{\sum_{i=1}^{n}(x_i - \bar{x})(y_i - \bar{y})}{n}$$

相关系数是衡量随机变量 X 与 Y 相关程度的一种方法,相关系数的取值范围是[-1,1]。相关系数的绝对值越大,则表明 X 与 Y 相关度越高。当 X 与 Y 线性相关时,相关系数取值为1(正线性相关)或-1(负线性相关)。

在概率论中，两个随机变量 X 与 Y 之间的相互关系有下列三种情况：

(1)正相关。如果 X 越大，则 Y 也越大，如果 X 越小，则 Y 也越小，即相关系数 $\mathrm{Cov}(X,Y)>0$ 时，表明 X 与 Y 正相关，将这种情况称为正相关。

(2)负相关。如果 X 越大，则 Y 反而越小，如果 X 越小，则 Y 反而越大，即相关系数 $\mathrm{Cov}(X,Y)<0$ 时，表明 X 与 Y 负相关；将这种情况称为负相关。

(3)不相关。如果不是 X 越大，Y 也越大，也不是 X 越大，Y 反而越小，当 $\mathrm{Cov}(X,Y)=0$ 时，表明 X 与 Y 不相关，将这种情况称为不相关。

7)编辑距离

编辑距离主要用来计算两个字符串的相似度，其定义如下：

设有字符串 A 和 B，其中 B 为模式串，现给定以下操作：从字符串中删除一个字符；从字符串中插入一个字符；从字符串中替换一个字符。通过以上三种操作，将字符串 A 编辑为模式串 B 所需的最小操作数称为 A 和 B 的编辑距离，记为 $\mathrm{ED}(A,B)$。例如，将“*abc*”转化为“*acb*”，通过两次替换操作(即修改)将 *abc* 转化为了 *acb*(使用删除再增加操作也可以)，所以其编辑距离为2。

文本相似度计算的常用的距离计算应用场景如下：

(1)欧氏距离、曼哈顿距离用于估算不同样本之间的相似性。

(2)夹角余弦用来衡量样本向量之间的差异。

(3)汉明距离计算两个等长字符串的相似度。

(4)相关系数是衡量随机变量 X 与 Y 相关程度的计算方法。

(5)杰卡德距离用来衡量两个集合 A 和 B 的相似度。

(6)编辑距离用来计算两个字符串的相似度。

5. 误差计算

在机器学习及应用中，尤其是深度学习及应用中，经常使用样本方差、标准差、极差和协方差等误差来描述数据处理前后的特征。

1)样本方差

样本方差是样本相对于均值的偏差平方和的平均，n 个测量值 $x_1,x_2,x_3,\cdots,x_n$ 的样本方差 s^2 的计算公式为

$$s^2=\frac{1}{n-1}\sum_{i=1}^{n}(x_i-\bar{x})^2$$

其中 $\bar{x}$ 是样本均值。

例如，$n=5$ 时，样本观测值为3、4、4、5、4，则样本均值(数学期望值)为：

$$\bar{x}=(3+4+4+5+4)/5=4$$

样本方差为：

$$s^2=(((3-4)^2+(4-4)^2+(4-4)^2+(5-4)^2+(4-4)^2)/(5-1)=0.5$$

样本方差是描述一组数据变异程度或分散程度大小的指标。实际上，样本方差可以理解成是对所给总体方差的一个无偏估计。

2)标准差

由于方差是数据的平方，与检测值本身相差太大，难以直观地衡量，所以常用方差开根号换算回来，这就是标准差。

3)变异系数

变异系数(coefficient of variance，CV)又称标准差系数，是标准差与平均值的比值。标准差是绝

对指标，其值大小不仅取决于样本数据的分散程度，还取决于样本数据平均水平的高低。当进行两个或多个数据变异程度的比较时，如果单位和平均值相同，可以直接利用标准差来比较；如果单位或平均值不同，则比较其变异程度就不能采用标准差。变异系数可以消除单位和平均值不同对两个或多个数据变异程度比较的影响。

变异系数的计算公式为：

$$\mathrm{CV} = (100s/\bar{x})\%$$

4）极差

极差是指一组观测值内最大值与最小值之差，又称范围误差或全距，以 R 表示。它标志着值变动的最大范围，极差是测定标志变动的最简单的指标，计算公式为

$$全距 = 最大标志值 - 最小标志值$$

即

$$R = x_{\max} - x_{\min}$$

式中，$x_{\max}$ 为最大值，$x_{\min}$ 为最小值。

极差是用来描述数据分散性的指标。数据越分散，则其极差越大。但由于极差取决于两个极值，容易受到异常值的影响，所以在实际中应用较少。极差没有充分利用数据的信息，但计算简单，仅适用样本容量较小（$n<10$）的情况。

例如，12、12、13、14、16、21，这组数的极差就是：

$$R = 21 - 12 = 9$$

极差越大，表示观测值分得越开，最大数和最小数之间的差就越大；该数越小，数字就越紧密。

5）协方差

在概率论和统计学中，协方差用于衡量两个变量的总体误差。协方差可表示两个变量变化是同方向还是反方向以及变化程度。而方差是协方差的一种特殊情况，当两个变量相同，则协方差就是方差；当两个变量是同向变化，协方差为正值；当两个变量是反向变化，其协方差为负值；当两个变量无关，其协方差为0。协方差的数值越大，两个变量同向程度也就越大。可以看出，协方差代表了两个变量之间是否同时偏离均值、偏离的方向是相同还是相反。

如果有 X、Y 两个变量，每个时刻的 X 值与其均值 μ_x 之差乘以 Y 值与其均值 μ_y 之差得到一个乘积，再对每时刻的乘积求和后，计算均值，即为协方差

$$\mathrm{Cov}(X,Y) = E((X-\mu_x)(Y-\mu_y))$$

公式可简单解释为：如果有 X，Y 两个变量，每个时刻的 X 值与其均值之差乘以 Y 值与其均值之差得到一个乘积，再对每时刻的乘积求和并求出均值（数学期望）。

$$\mathrm{Cov}(X,Y) = E((X-E(X)(Y-E(Y))$$

$$\mathrm{Cov}(X,Y) = E(XY) - E(X)E(Y)$$

$E(X)$ 为随机变量 X 的数学期望，同理，$E(XY)$ 是 XY 的数学期望。

例7-1 协方差计算。

x_i 为 1.1，1.9，3；y_i 为 5.0，10.4，14.6，则

$$E(X) = (1.1 + 1.9 + 3)/3 = 2$$

$$E(Y) = (5.0 + 10.4 + 14.6)/3 = 10$$

$$E(XY) = (1.1 \times 5.0 + 1.9 \times 10.4 + 3 \times 14.6)/3 = 23.02$$

$$\mathrm{Cov}(X,Y) = E(XY) - E(X)E(Y) = 23.02 - 2 \times 10 = 3.02$$

6. 泛化能力

泛化能力是指学习后得到的模型对未知数据的准确预测能力。为了检测模型的泛化能力，测试

集的数据不能出现在训练集中，如果一个通过记忆训练数据来学习预测的模型，能够通过训练集准确预测响应变量的值，但是在处理新数据时，由于没有归纳能力将可能预测失败，输出的仅是简单的记忆结果。通常将经过训练的模型对新样本数据做出正确预测的能力称为泛化能力。

1）过拟合与欠拟合

在机器学习过程中，为了找到泛化能力最强的模型，需要考虑过拟合、拟合与欠拟合三个参数。对于监督学习模型，如果特征集合过小，则使得模型过于简单；如果特征集合过大，则使得模型过于复杂。

（1）欠拟合：特征集合过小的情况，称为欠拟合，模型没有很好地捕捉到数据特征，不能够很好地拟合数据，或者是模型过于简单无法拟合或区分样本。

（2）好的拟合：指这个曲线能很好地描述某些样本，并且泛化能力强。

（3）过拟合：特征集过大，模型把数据学习得太彻底，以至于把噪声数据的特征也学习到了，这样就会导致在后期测试的时候不能够很好地识别数据，即不能正确地分类，模型泛化能力太差。

从学习系统的学习能力来看，过拟合模型学习能力过于强大，而欠拟合模型学习能力低。

在回归问题中，三种拟合结果如图 7-3 所示。

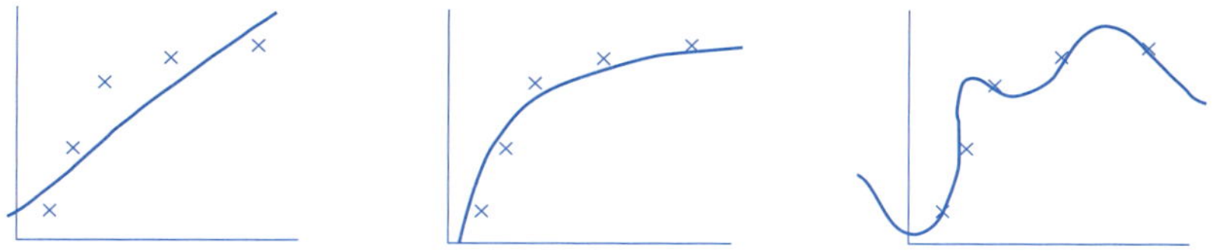

（a）欠拟合　（b）好的拟合　（c）过拟合

图 7-3　回归问题的三种拟合结果

在分类问题中，欠拟合、好的拟合和过拟合三种拟合结果如图 7-4 所示。

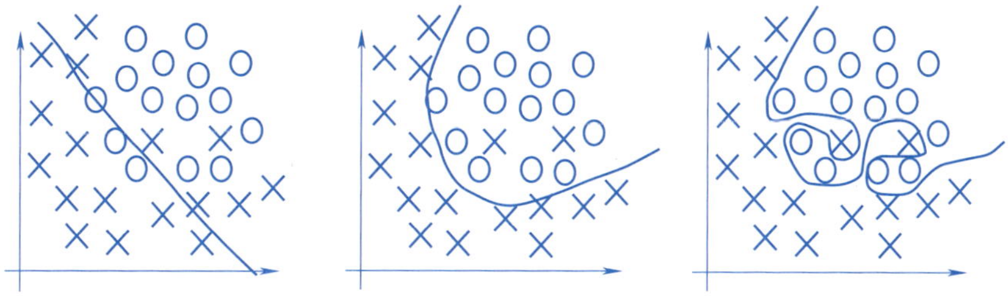

（a）欠拟合　（b）好的拟合　（c）过拟合

图 7-4　分类问题的三种拟合结果

2）防止过拟合的方法

（1）正则化方法：正则化方法包括 L0 正则、L1 正则和 L2 正则，而正则一般是在目标函数之后加上定义的范数，在机器学习中一般使用 L2 正则。

（2）数据增强：导致过拟合的一个原因是用于训练的数据量太小，也就是说，训练数据占总数据的比例过小，此时可以增大数据的训练量。

（3）重新清洗数据：过拟合的另一个原因有可能是脏数据，这就需要重新清洗数据。

（4）提前终止法：对模型进行训练的过程是对模型的参数进行学习更新的过程，这个参数学习的过程往往会用到一些迭代方法，如梯度下降学习算法。提前终止法便是使用一种迭代次数截断的方法来防止过拟合的发生，即在模型对训练数据集迭代收敛之前停止迭代来防止过拟合。

(5)丢弃法：在神经网络训练中经常使用。丢弃法(dropout)是在训练的时候让神经网中神经元以一定的概率不工作。如图7-5所示，黑色神经元不工作。左侧为全连接网络，右侧的网络以0.5的概率丢弃神经元。

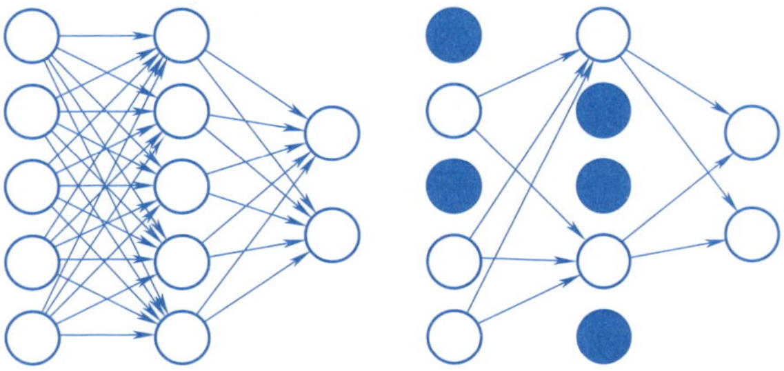

图7-5 丢弃法

3)超参数和验证集

在机器学习过程中，为了找到泛化能力最强的模型，需要确定两方面的参数，即假设函数参数和超参数，函数参数也就是通常所说的 w 和 b，这类参数可以通过各种最优化算法自动求得，例如后面将介绍的逻辑回归学习算法。

(1)超参数。超参数又称模型参数，大多数机器学习算法都有超参数，这些参数用来控制算法的行为。超参数的值通常不是通过学习算法本身学习而得，一般在模型训练之前通过手工设定，当然也可以采用算法进行自动寻优。例如多项式模型的阶就是超参数：

①当阶为1时的多项式模型为

$$y = wx + b$$

②当阶为2时的多项式模型为

$$y = w_1x + w_2x^2 + b$$

选定了超参数(多项式模型的阶)后，再使用学习算法求得模型的参数 w 和 b。

(2)验证集。使用训练集来训练模型，使用测试集来评估模型超参数选择的优劣，但是当通过测试集选择了最优的超参数，就无法再使用测试集来评估模型的泛化能力，因此，可以从数据集中再划分出一部分数据子集用于选择超参数，通常将这部分数据子集称为验证集。

①训练集：用于训练模型，找出最佳的 w 和 b。

②测试集：仅用于对训练好的最优函数进行性能测试评估。

③验证集：用以确定模型超参数，选出最优模型。

训练集、测试集和验证集的大小都没有要求，按实际观测值的规模来定。一般将50%以上的数据作为训练集，25%的数据作为测试集，剩下的作为验证集。训练集、测试集和验证集不可互相取代，尤其是不能混淆，验证集和测试集的主要区别见表7-1。

表7-1 验证集与测试集比较

区　别	验　证　集	测　试　集
作用	确定模型的超参数	仅用于对训练好的最优函数进行性能评估
是否用于训练	否(在选出最优模型后，需要将验证集也放入训练集一起训练最优函数)	否
使用次数	多次使用，每次更新超参数后都要用验证集对模型性能进行验证	仅在最后使用

对最终学习得到的模型进行性能评估的数据称为测试集，必须保证测试集完全独立，直到模型调整和参数训练全部完成前应该将测试集进行封存，不可以任何形式使用测试集中的数据。

7.1.2 机器学习方式

机器学习方式是指在进行学习活动时所表现出的行为方式,机器学习方式主要有下述五种。

1. 监督式学习方式

监督式学习方式又称有导师指导的学习方式,在监督式学习中,输入数据称为训练数据,每组训练数据有一个明确的标识或结果,即带有标签的数据。在建立预测模型时,将预测期望结果与训练数据的实际输出结果进行比较,根据比较结果的误差来不断地调整模型参数,直到模型的预测结果达到一个预期的准确率为止。

监督学习是通过一个输入而产生的实际输出数据与一个带标签的数据进行比较来学习。构成监督学习的经验数据集合称为训练集。评估程序效果的数据集合称为测试集。

监督学习主要完成选择一个适合目标任务的数学模型,将一部分已知的问题和答案(训练集)由机器学习、机器总结出了规律之后,即构造出了新的模型,将新的问题输入已训练好了的模型,则可获得结果。监督学习的具体过程如下:

(1)确定模型的一组超参数。

(2)用训练集训练该模型,找到使损失函数最小的最优模型。

(3)在验证集上对最优模型的性能进行测量。

(4)重复(1)、(2)、(3)步,直到搜索完指定的超参数组合。

(5)选择在验证集上误差最小的模型,并合并训练集和验证集作为整体训练模型,进而找到最优函数模型。

(6)在测试集上对最优模型的泛化能力进行检测。

由于同一模型在不同训练集上获得的模型往往不同,为了保证选出的模型最优,而不是刚好符合当前数据划分的一个特例,经常采用交叉验证法。其基本过程是:将训练集划分为 K 份,每次采用其中 $K/2$ 份作为训练集,另外 1/4 份作为测试集,另外 1/4 份作为验证集,验证集上误差的平均作为该模型的误差。当 $k=4$ 时,训练集为 2 份,测试集为 1 份,验证集为 1 份。交叉验证的好处就是从有限的数据中尽可能挖掘多的信息,从各种角度去学习现有的有限的数据,避免出现局部的极值。在这个过程中无论是训练样本还是测试样本都得到了尽可能多的学习。交叉验证法的缺点就是,当数据集比较大时,训练模型的开销较大。

偏差描述的是度量学习算法的期望预测与真实结果的偏离程度,偏差越大,越偏离真实数据,如图 7-6 所示。方差描述的是预测值的变化范围,离散程度也就是离其期望值的距离。方差度量了同样大小的训练集的变动所导致的学习性能的变化,即刻画了数据扰动造成的影响。方差越大,数据的分布越分散。

在监督学习中,需要考虑学习效果评估。模型的偏差和方差是两种基本的预测误差。高方差的模型是过度拟合了训练集数据,而高偏差的模型是欠拟合了训练集数据。

例如,高偏差、低方差的模型就是期望预测与真实结果较接近,而且都集中在一个位置。而高偏差、高方差的模型就是偏离程度大,而且低偏差、高方差的模型就是偏离程度小,但很分散。最后就是低偏差、低误差的模型偏离程度小,但较集中,如图 7-6 所示。

学习 n 次,如果偏差小,同时方差又小,就相当于几乎每次都集中靶心。这样的结果最好。如果偏差大,即使方差再小,那么结果也还是离靶心有一段距离。反之,如果偏差小,但是方差很大,那么结果将散布在靶心四周。如果偏差大的话,那就是连基本都错了。但是认为减小偏差比减小方差更重要的想法是错误的,因为通常只有一组数据,而不是 n 组,模型是依据已有的那组数据得出来的。

因此,偏差和方差同样重要。

在理想情况下,模型具有低偏差和低方差,但是二者具有背反特征,即要降低一个指标时,另一个指标就会增加。因此,需要找到一个折中的方案,即找到总误差最小的地方,称为偏差方差均衡,如图 7-7 所示。

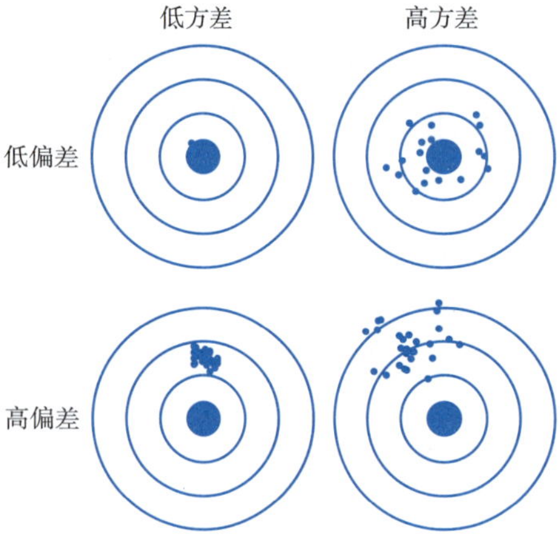

图 7-6　效果评估

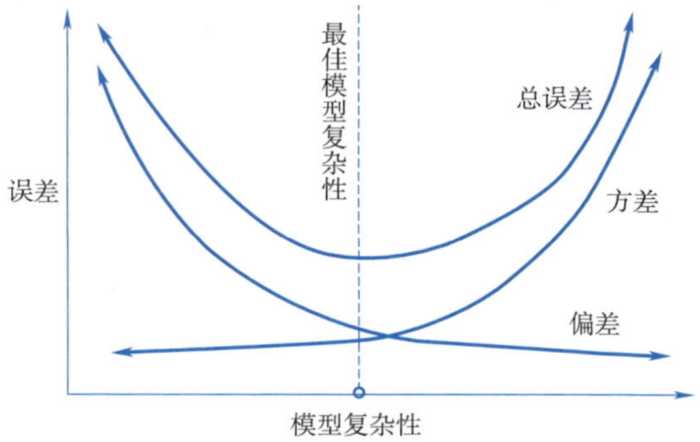

图 7-7　偏差方差均衡

确定模型偏差大还是方差大的方法是:

(1)高偏差:训练集误差大,验证集误差和训练集误差差不多。

(2)高方差:训练集误差小,验证集误差非常大。

解决高偏差或高方差问题的方法:对于高偏差问题可使用更复杂的模型,加入更多的特征;对于高方差问题可获取更多的数据,减少特征,正则化。

2. 无监督式学习方式

1)无监督式学习概念

现实生活中常常因为缺乏足够的先验知识,难以人工标注类别,或者因进行人工类别标注的成本太高,自然地希望计算机自动完成这些工作,或至少提供一些帮助。这种根据类别未知(没有被打上标签)的训练样本解决模式识别中的各种问题称为无监督式学习。

2)无监督式学习分类

无监督式学习的方法分为下述两大类:

(1)基于概率密度函数估计的直接方法,设法找到各类别在特征空间的分布参数,再进行分类。

(2)基于样本间相似性度量的聚类方法,其原理是设法定出不同类别的核心或初始内核,然后依据样本与核心之间的相似性度量将样本聚集成不同的类别。

利用聚类结果,可以提取数据集中的隐藏信息,对未来数据进行分类和预测。应用于数据挖掘、模式识别、图像处理等。

3)监督学习和非监督学习的比较

(1)监督学习方法必须要有训练集与测试样本。在训练集中找规律,而对测试样本使用这种规律。而无监督学习没有训练集,只有一组数据,在该组数据集内寻找规律。

(2)监督学习的方法通过识别给被识别数据加上了标签。因此训练样本集必须是由带标签的样本组成。而无监督学习方法只有要分析的数据集的本身,预先没有什么标签。如果数据集呈现某种聚集性,则可按自然的聚集性分类。

4）应用场景

简单的方法就是从定义入手，如有训练样本，则考虑采用监督学习方法；如无训练样本，一定不能用监督学习方法。但是，现实问题中，即使没有训练样本，也能够从待分类的数据中，人工标注或自动标注一些样本，并将它们作为训练集，就可使用监督学习方法。

无监督学习适用于大型计算机集群，在社交网络的分析、天文数据分析等方面应用广泛。

3. 半监督式学习方式

在监督学习中，学习器是通过对大量带标签的训练示例数据进行学习，从而建立模型用于预测无标签的示例。在分类问题中标签就是示例的类别，而在回归问题中标签就是示例所对应的实值输出。随着数据收集和存储技术的飞速发展，收集大量未标签的示例已相当容易，而获取大量有标签的示例则相对较为困难，因为获得带标签数据需要耗费大量的人力和物力。事实上，在真实世界问题中通常存在大量的无标签示例，但有标签示例则比较少，尤其是在线应用中这一问题更为突出。

半监督学习方式有两个样本集，一个是带标签样本集 L，一个是无标签样本集 U，分别记作

$$L=\{(x_i,y_i)\},U=\{(x_i)\}，并且 L<U。$$

单独使用有标签样本，能够生成有监督分类算法。单独使用无标签样本，能够生成无监督聚类算法。两者都使用，希望在单独使用有标签样本中加入无标签样本，可以增强有监督分类的效果；在无标签样本中加入有标签样本，可增强无监督聚类的效果。一般而言，半监督学习方式侧重于在有监督的分类算法中加入无标签样本来实现半监督分类，可以增强分类效果。

半监督学习算法主要有自训练算法、生成模型、半监督支持向量机、图论方法、多视角算法等。

$d(x_1,x_2)$ 为两个样本的欧式距离，自训练的最近邻算法如下：

(1) 用 L 生成分类策略 F。

(2) 选择 $x\ =\min d(x,x_0)$，其中 $x\in U,x_0\in L$，也就是选择距离标记样本 x_0 最近的无标签样本。

(3) 用 F 给 x 定一个类别 $F(x)$。

(4) 把 $(x,F(x))$ 加入 L 中。

(5) 重复上述步骤，直到 U 为空集。

上述算法中定义了自训练的误差最小，也就是用欧式距离来定义表现最好的无标记样本，再用 F 给一个标记，加入 L 中，并且也动态更新 F。

4. 强化学习方式

强化学习（reinforcement learning，RL）用于描述和解决智能体在与环境的交互过程中，通过学习策略以达成回报最大化或实现特定目标的问题。强化学习理论受到行为主义心理学启发，侧重在线学习并试图在探索与利用间保持平衡。强化学习在信息论、博弈论、自动控制等领域用于解释有限理性条件下的平衡态、设计推荐系统和机器人交互系统。一些复杂的强化学习算法在一定程度上具备解决复杂问题的通用智能，在围棋和电子游戏中可以达到人类水平。强化学习的常见模型是标准的马尔可夫决策过程。按给定条件，强化学习可分为基于模式的强化学习和无模式强化学习，以及主动强化学习和被动强化学习。

智能体是指那些宿主于复杂动态环境中，自主地感知环境信息，自主采取行动，并实现一系列预先设定的目标或任务的计算系统。强化学习应用场景是一个智能体如何通过学习能够选择达到其目标的最优动作。不难看出，强化学习在智能机器人、对弈等方面应用广泛。

如图 7-8 所示，智能体的目标可被定义为一个回报函数，它对智能体从不同的状态中选取不同的动作赋予一个数值，并立即支付。回报函数对智能体的每个动作给出回报值，智能体的任务是执行一系列动作，使得智能体随事件的累积所获得的回报达到最大。

(1)如果智能体的某个行为策略导致环境中的奖赏(强化信号),那么智能体以后产生这个行为策略的趋势便会加强。

(2)强化学习将学习看作试探评价过程,智能体选择一个动作作用于环境,环境接受该动作后状态发生变化,同时产生一个强化信号(奖或惩)反馈给智能体,智能体根据强化信号和环境当前状态再选择下一个动作,选择的原则是使受到正强化(奖)的概率增大。选择的动作不仅影响立即强化值,而且影响环境下一时刻的状态及最终的强化值。

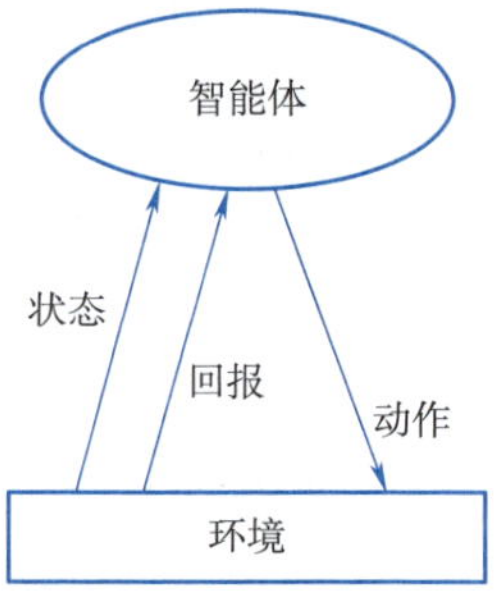

图 7-8 强化学习

(3)强化学习不同于监督学习,主要表现在教师信号上,强化学习中由环境提供的强化信号是智能体对所产生动作的好坏做一种评价,而不是告诉智能体如何去产生正确的动作。由于外部环境提供了很少的信息,智能体必须靠自身的经历进行学习。通过这种方式,智能体在行动-评价的环境中获得知识,改进行动方案以适应环境。

(4)强化学习的目标是动态地调整参数,以达到强化信号最大。在这种学习模式下,输入数据作为对模型的反馈,不像监督模型那样,输入数据仅仅是作为一个检查模型对错的方式,在强化学习下,输入数据直接反馈到模型,模型必须立刻对此做出调整。

常见的应用场景包括动态系统以及机器人控制等。常见算法包括 Q-Learning 以及时间差学习。

5. 迁移学习方式

随着越来越多的机器学习应用场景的出现,现有表现比较好的监督学习需要大量的标注数据,然而实际使用过程中不同数据集可能存在一些问题,比如数据分布差异、标注数据过期、训练数据过期,也就是好不容易标定的数据要被丢弃,有些应用中数据的分布随着时间推移会有变化。这导致标注数据变成一项枯燥无味且花费巨大的任务。如何充分利用之前标注好的数据(废物利用),同时又需保证在新的任务上的模型精度。基于这样的问题,对于迁移学习的研究开始备受重视。

迁移学习的目标是将某个领域或任务中学习到的知识或模式应用到不同但相关的领域或问题中。主要思想是从相关领域中迁移标注数据或者知识结构、完成或改进目标领域或任务的学习效果。人们在实际生活中会遇到很多迁移学习的例子,例如学会骑自行车,就比较容易学摩托车,那么机器也能够像人类一样举一反三。

7.2 决 策 树

决策树采用了一种非参数的监督学习方式,通过归纳推理、离散函数逼近来学习。学习得到的结果是一棵表示多个产生式规则决策树。

7.2.1 决策树的结构与算法要素

1. 决策树的结构

决策树是一种树结构。决策树由结点和有向边组成。结点有内部节点和叶节点两种类型。每个内部结点表示对一个属性的测试,每个分枝代表一个测试输出,而每个叶结点代表类或类分布。树的最顶层结点是根结点。在分类时,从根节点开始,对实例的某一个特征进行测试。根据测试结果将实例分配到其子结点,此时每一个子结点对应着该特征的一个取值。如此递归向下移动,直至达到叶结点,最后将实例分配到叶结点的类中。

一棵决策树是 if-then 的规则集，由决策树的根结点到叶结点的每一条路径构建一条规则集。路径上的内部结点的特征对应规则的条件，而叶结点对应分类的结论。

2. 决策树算法要素

决策树算法主要应用于分类和回归问题。决策树模型利用 if-then 规则集，将特征空间划分成有限个不相交的子区域，对于落在相同子区域的样本，决策树模型给出相同的预测值。这些不相交的子区域和树结构的叶节点一一对应。

例 7-2 假设空间。

if-then 规则集如下：

if 年收入 > 10 万元 then 可以贷款

if 有房产 then 可以贷款 else 不可以贷款

对应的决策树与假设空间如图 7-9 所示。

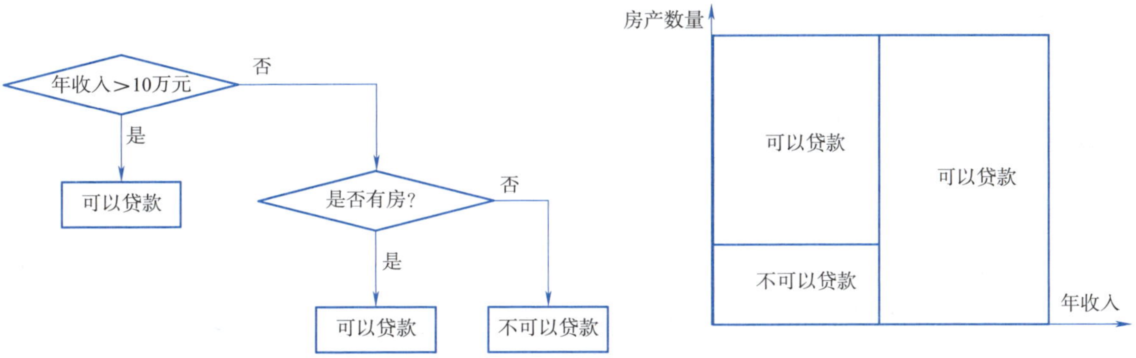

（a）if-then决策规则的层次结构　　（b）特征空间的不相交子区域划分

图 7-9 假设空间

1）假设空间

假设空间是对模型形式的先验假设，最终获得的模型必定符合先验假设。决策树模型的关键是将特征空间划分成不相交的子区域，落在相同子区域的样本具有相同的预测值。特征属性的所有可能取值组合成的假设集合就是假设空间。

一棵完备结构的决策树，需要明确如下两个问题：

（1）如何划分子区域；

（2）子区域的预测值取值。

2）目标函数

目标函数是评价模型优劣的标准，决定了从假设空间中模型的选择特点。

3）优化算法

优化算法是指通过某种方式调整模型结构或模型超参数取值，使得模型的目标函数取值不断降低的算法，优化算法决定了使用什么样的步骤在假设空间中寻找合适的模型。决策树优化算法包括树的生成策略和树的剪枝策略。树的生成策略一般采用贪婪的方式不断选择特征来对特征空间进行切分。树的剪枝策略一般分为预剪枝和后剪枝两种策略。一般来说后剪枝策略生成的决策树效果较好，但计算量也更大。

决策树是从数据集中生成分类器的一种有效的方法，这种方法是从一组无次序、无规则的事例中推理出以决策树表示形式的分类规则。决策树的形成过程就是学习过程，采用了自顶向下的递归方式。在决策树的内部结点进行属性值的比较并根据不同的属性值判断从该结点向下的分枝，在决策树的叶结点得到结论。所以从决策树的根到叶结点的一条路径就对应一条合取规则，整棵决策树就对应一组析取规则。

7.2.2 决策树学习算法

一棵决策树的生成过程就是决策树的学习过程，主要包括特征选择、决策树生成和剪枝三个部分。

决策树算法主要有 ID3、C4.5 和 CART 三种算法，其中：

(1) ID3 算法使用的是信息熵增益。

(2) C4.5 算法使用的是信息熵增益率。

(3) CART 算法使用的是基尼系数。

1. 决策树生成基本算法

决策树生成的 ID3 算法如下：

输入：学习样本以离散值属性表示；attribute_list 表示候选属性的集合。

输出：由给定的学习数据产生一棵决策树。

①创建结点 N;

②IF 所有样本都在同一个类 C，THEN

③返回 N 作为叶结点，以类 C 标记；

④IF attribute_list 为空 THEN

⑤返回 N 作为叶结点，标记为 samples 中最普通的类； //多数表决

⑥选择 attribute_list 中具有最高信息增益的属性 test_attribute；

⑦标记结点 N 为 test_attribute；

⑧FOR each test_attribute 中的已知值 a_i //划分 samples

⑨由结点 N 长出一个条件为 test_attribute = a_i 的分枝；

⑩设 S_i 是 samples 中 test_attribute = a_i 的样本的集合； //一个划分

⑪IF S_i 为空 THEN

⑫加上一个树叶，标记为 samples 中最普通的类；

⑬ELSE 加上一个由 Generate_decision_tree(S_i, attribute_list-test_attribute) 返回的结点。

说明如下几点：

(1) 以代表学习样本的单个结点开始构建树（步骤①）。如果样本都在同一个类，则该结点为树叶，并用该类标记（步骤②和③），否则，算法使用称为信息增益的基于熵的度量为启发信息，选择能够最好地将样本分类的属性，（步骤⑥）。该属性成为该结点的测试或判定属性（步骤⑦）。在这类算法中，所有的属性都是分类的，即取离散值的。连续值的属性必须离散化。

(2) 测试属性的每个已知的值，创建一个分枝，并据此划分样本（步骤④～⑧）。

(3) 算法使用同样的过程，递归地形成每个划分上的样本决策树。一旦一个属性出现在一个结点上，就不必考虑该结点的任何后代（步骤⑬）。

(4) 递归划分步骤，当下列条件之一成立时停止：

给定结点的所有样本属于同一类（步骤②和③）。没有剩余属性可以用来进一步划分样本（步骤④）。在此情况下，采用多数表决（步骤⑤）。这涉及将给定的结点转换成树叶，并用样本中的多数所在的类别标记它。换一种方式，可以存放结点样本的类分布。

(5)分枝 test_attribute = a_i没有样本(步骤⑪)。在这种情况下,以样本中的多数类创建一个树叶(步骤⑫)。

2. 选择测试属性

构造决策树的关键在于如何选择测试属性或属性。对于同样一组数据集,可以有很多决策树能符合这组数据集。一般具有较大概率的情况下,树越小,则树的预测能力越强。要构造尽可能小的决策树,关键在于选择恰当的测试属性。由于构造最小的树是 NP 问题,因此只能采取用启发式策略来挑选测试属性。属性选择依赖对规则子集的不纯度度量方法,不纯度度量方法包括信息增益、信息增益比、证据权重、最小描述长度、正交法、相关度等。不同的度量方法有不同的效果,特别是对于多值属性,度量方法对于结果的影响很大。

在树的每个节点上使用信息增益度量来选择测试属性,并将这种度量称为属性选择度量。在属性选择度量中,选择具有最高信息增益的属性作为当前节点的测试属性。被选中的属性不但使得对结果的划分中的样本所需的信息量最小,而且反映了划分的最小随机性。这种信息论方法可以使得对一个对象分类所需的期望测试数目达到最小,并确保找到一棵简单树。

例 7-3　选择测试属性。

贷款申请的样本数据见表 7-2。

表 7-2　样本数据

ID	A_1	A_2	A_3	A_4	A_5
1	S	N	N	C	N
2	S	N	N	B	N
3	S	Y	N	B	Y
4	S	Y	Y	C	Y
5	S	N	N	C	N
6	M	N	N	C	N
7	M	N	N	B	N
8	M	Y	Y	B	Y
9	M	N	Y	A	Y
10	M	N	Y	A	Y
11	L	N	Y	A	Y
12	L	N	Y	B	Y
13	L	Y	N	B	Y
14	L	Y	N	A	Y
15	L	N	N	C	N

利用表 7-2 的样本数据构建决策树,构建的决策树用于对未来某个客户提出申请贷款时,根据一个人的属性数据决定是否给这个人贷款。分别使用 A_1、A_2、A_3、A_4表示年龄、工作、房子、信贷情况四个测试属性,贷款属性是决策属性 A_5。

年龄(属性 A_1)共有三个类别:青年 S、中年 M 和老年 L。年龄是青年 S 的数据共有 5 个,所以年龄是青年 S 的数据在训练数据集出现的概率是 1/3。同理,年龄是中年 M 和老年的数据 L 在训练数据集出现的概率也都是 1/3。现在只看年龄是青年 S 的数据的最终得到贷款的概率为 2/5,因为在五个数据中，只有两个数据显示拿到了最终的贷款，同理，年龄是中年 M 和老年 L 的数据最终得到贷款的概率分别为 3/5 和 4/5。

工作属性(A_2)有两个取值：Y(有)、N(无)；房子属性(A_3)有两个取值：Y(有)、N(无)；信贷属性(A_4)有三个取值：A(非常好)、B(好)和 C(一般)；贷款属性(A_5)有两个取值：Y(是)、N(否)。

构建一个决策树模型，首先选择分类能力大的属性，使用表 7-2，通过计算信息增益后就可以完成这一选择。在计算信息增益之前，需要计算一个经验熵。经验熵是考虑该随机变量的所有可能取值，即所有可能发生事件所带来的信息量的期望。

经验熵(香农熵)计算公式：

$$H(D) = -\sum_{k=1}^{K}\frac{|c_k|}{|D|}\log_2\frac{|C_k|}{|D|}$$

$H(D)$为数据集 D 的经验熵，最终分类结果只有两类，即 A_5 中的放贷 Y 和不放贷 N。根据表中的数据统计可知，在 15 个数据中，9 个数据的结果为放贷 Y，6 个数据的结果为不放贷 N。数据集 D 的经验熵 $H(D)$ 为

$$H(D) = -\frac{9}{15}\log_2\frac{9}{15} - \frac{6}{15}\log_2\frac{6}{15} = 0.971$$

条件熵定义如下

$$H(D|A) = \sum_{i=1}^{n}\frac{|D_i|}{|D|}H(D_i) = -\sum_{i=1}^{n}\frac{|D_i|}{|D|}\sum_{k=1}^{K}\frac{|D_{ik}|}{|D_i|}\log_2\frac{|D_{ik}|}{|D_i|}$$

特征 A_i 对训练数据集 D 的信息增益 $\text{Gain}(D,A_i)$，定义为集合 D 的经验熵 $\text{H}(D)$ 与特征 A_i 给定的条件下 D 的经验熵与条件熵 $H(D|A_i)$ 之差：

$$\text{Gain}(D,A_i) = H(D) - H(D|A_i)$$

计算年龄的信息增益过程如下：

$$\begin{aligned}\text{Gain}(D,A_1) &= H(D) - \left(\frac{5}{15}H(D_1) + \frac{5}{15}H(D_2) + \frac{5}{15}H(D_3)\right)\\ &= 0.97 - \left(\frac{5}{15}\left(-\frac{2}{5}\log_2\frac{2}{5} - \frac{3}{5}\log_2\frac{3}{5}\right) + \frac{5}{15}\left(-\frac{3}{5}\log_2\frac{3}{5} - \frac{2}{5}\log_2\frac{2}{5}\right)\right.\\ &\quad \left. + \frac{5}{15}\left(-\frac{4}{5}\log_2\frac{4}{5} - \frac{1}{5}\log_2\frac{1}{5}\right)\right) = 0.97 - 0.89 = 0.08\end{aligned}$$

按同样方法，可以计算出 $\text{Gain}(D,A_2)$、$\text{Gain}(D,A_3)$ 和 $\text{Gain}(D,A_4)$，最后得：

$$\text{Gain}(D,A_1) = 0.08$$
$$\text{Gain}(D,A_2) = 0.32$$
$$\text{Gain}(D,A_3) = 0.42$$
$$\text{Gain}(D,A_4) = 0.36$$

可以看出，A_1、A_2、A_3、A_4 四个测试属性中，因为 A_3 特征的增益最高，所以 A_3 是最优先选择的特征。

例 7-4 决策树生成。

数据集有 4 个属性，前 3 个为条件属性，最后一个是决策属性，见表 7-3。

性别属性 A_1：用 1 表示男性；用 0 表示女性。

学生属性 A_2：用 1 表示是学生；用 0 表示不是学生。

专业属性 A_3：表示所学专业，用 1 表示非计算机专业；用 0 表示计算机专业。

决策属性 A_4：用 1 表示有笔记本计算机，用 0 表示没有笔记本计算机。

表 7-3　样本数据集

ID	A_1	A_2	A_3	A_4
1	1	1	0	1
2	0	0	0	1
3	1	1	0	1
4	1	1	0	1
5	1	0	0	0
6	1	0	1	0

(1)根节点及分支形成。

笔记本计算机属性是需要分类的属性，它有 2 个不同值 1 和 0，其中 0 有 2 个样本、1 有 4 个样本，为了计算每个属性的信息增益，首先计算出笔记本计算机样本所需的期望信息，即经验熵：

$$H(D) = -4/6 \times \log_2(4/6) - 2/6 \times \log_2(2/6) = 0.918$$

根据 $g(D,A_1) = H(D) - H(D|A_1)$ 计算信息增益：

$$\text{Gain}(A_1) = 0.109$$

$$\text{Gain}(A_2) = 0.459$$

$$\text{Gain}(A_3) = 0.316$$

由于学生属性 A_2 在所有属性中具有最高的信息增益，所以它被选为第一个测试属性，并以此创建一个节点，用学生标记，并对每个属性值引出一个分支，数据集被划分为两个子集，学生节点及其分支如图 7-10 所示。

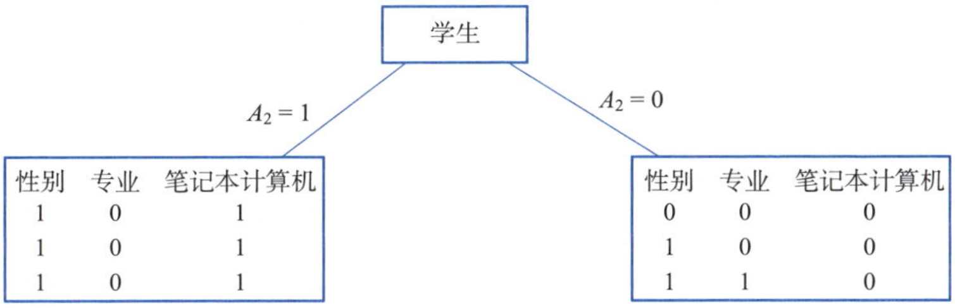

图 7-10　学生节点及其分支

根据学生的取值，数据集被分成两个子集，需要进一步进行决策树子树生成，

(2)左子树生成。

对于学生 =1 的所有元组，其类别标记为 1。所以根据决策树生成算法的步骤②和步骤③，得到了一个叶子节点，类别标记为有笔记本计算机。

(3)右子树生成。

对于学生 =0 的右子树中的所有元组，计算其他两个属性的信息增益：

$$\text{Gain}(A_1) = 0.918$$

$$\text{Gain}(A_3) = 0.318$$

因此，对于第 1 次划分后的右子树 T_2，选取最大熵的性别属性 A_1 来扩展。依此类推，可以通过计算信息增益和选取最大的信息增益属性来扩展树，最后得到图 7-11 所示的决策树。

3. 决策树修剪算法

现实世界的数据一般不可能完美，数据不完整、含有噪声和重复等。基本的决策树构造算法没有考虑噪声,因此生成的决策树完全与学习例子拟合。在有噪声情况下,完全拟合将导致过分拟合,即对学习数据的完全拟合,反而使对现实数据的分类预测性能下降。剪枝是一种克服噪声的基本技术,同时它也能使树得到简化而变得更容易理解。有两种基本的剪枝策略:

(1)预先剪枝:在生成树的同时决定是继续对不纯的学习子集进行划分还是停机。

(2)后剪枝:是一种"拟合—化简"的两阶段方法。首先生成与学习数据完全拟合的一棵决策树,然后从树的叶子开始剪枝,逐步向根的方向剪。剪枝时要用到一个测试数据集合,如果存在某个叶子剪去后能使得在测试集上的准确度或其他测度不降低(不变得更坏),则剪去该叶子;否则停机。

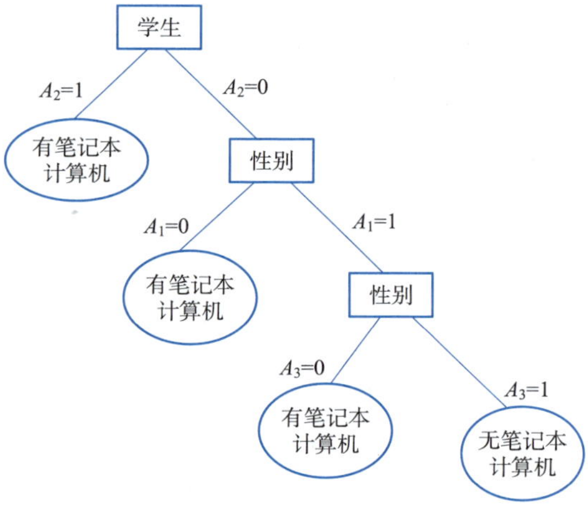

图 7-11 生成的决策树

在理论上,后剪枝优于预先剪枝,但计算复杂度大。

剪枝过程中一般要涉及一些统计参数或阈值,如停机阈值。值得注意的是,剪枝并不是对所有的数据集都好,就像最小树并不是最好(具有最大的预测率)的树一样。当数据稀疏时,要防止过分剪枝带来的副作用。从某种意义上讲,剪枝也是一种偏向,对有些数据效果好,而对其他数据则效果差。

4. 决策树的特点

(1)优点:速度快,计算量相对较小,比较容易转化成规则;便于理解,可以很清晰地显示出哪些属性比较重要。

(2)缺点:缺乏伸缩性,由于进行深度优先搜索,所以非常消耗内存,难以处理大数据集;连续型字段难以处理;当类别太多时,错误可能会增加得比较快。

7.3 集成学习

Bagging 算法又称引导聚集算法,最初由 Leo Breiman 于 1996 年提出,是机器学习领域的一种集成学习算法。其原理是通过组合多个训练集的分类结果来提升分类效果。在提高其准确率、稳定性的同时,还可通过降低结果的方差,避免过拟合的发生。

7.3.1 集成学习策略与特点

1. 集成学习策略

在有监督学习算法中,其目标是训练出一个稳定的且在各个方面表现都较好的模型,但实际情况是,有时只能得到在某些方面表现得比较好的弱监督模型。集成学习可以组合多个弱监督模型以期获得一个更好更全面的强监督模型,集成学习潜在的思想是即便某一个弱分类器得到了错误的预测,其他的弱分类器也可以将错误纠正回来。

集成方法可将几种机器学习技术组合成一个预测模型的元算法,以达到减小方差、偏差或改进预测的效果。集成学习在各个规模的数据集上都有很好的策略。

(1)数据集大:划分成多个小数据集,学习将多个模型进行组合。

（2）数据集小：利用有放回的抽样方法进行抽样，得到多个数据集，分别训练多个模型再进行组合。

2. 集成学习的特点

（1）将多个分类方法聚集在一起，以提高分类的准确率。这些算法可以是不同的算法，也可以是相同的算法。

（2）集成学习法由训练数据构建一组基分类器，然后通过对每个基分类器的预测投票来进行分类。

（3）严格地说，集成学习并不算是一种分类器，而是一种分类器结合的方法。

（4）通常一个集成分类器的分类性能好于单个分类器。

（5）如果把单个分类器比作一个决策者的话，集成学习的方法就相当于多个决策者共同进行一项决策。

集成学习的关键问题是训练基分类器和基分类器融合后的准确决策问题。

7.3.2　Bagging 算法

1. Bagging 学习框架

集成学习是一种技术框架，它本身不是一个单独的机器学习算法，而是通过构建并结合多个学习器来完成学习任务，也就是说，集成学习框架是先产生一组个体学习器（又称基学习器），再用某种策略将它们结合起来，由 m 个基学习器组成集成学习框架，如图 7-12 所示。

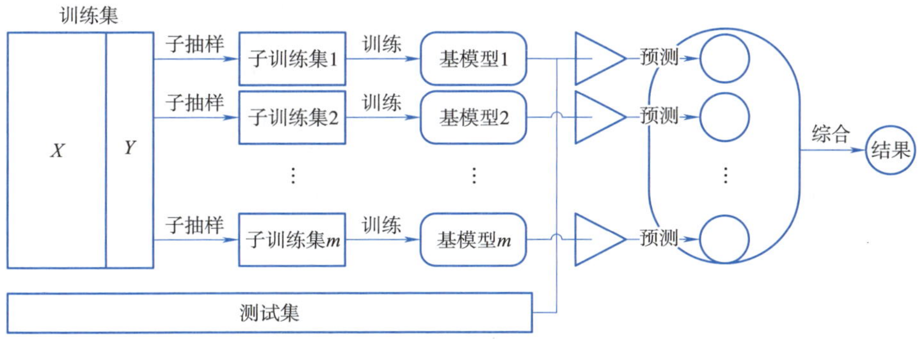

图 7-12　集成学习框架

集成学习主要解决两个问题，第一个问题是得到若干个基学习器；第二个问题是选择一种结合策略，将这些基学习器集合成一个强学习器。如果目标是分类，集成学习可将若干弱分类器组合之后产生一个强分类器。弱分类器是指那些分类准确率只稍好于随机预测的分类器。例如一个分类器的分类准确率在 60%～80%，比随机预测略好，但准确率却不太高，所以将其称为弱分类器；反之，如果分类精度在 90% 以上，则称为强分类器。弱分类器仅提供了一个训练方向，接下来就是要根据弱分类器在哪个特征上面的误差最大，然后在这个方向上面增强训练权值，最后再将弱分类器组合起来。可以看出，弱训练只是要提供一个好的训练方向，而强训练才是获得最终模型的关键，强分类器的设计在于如何组合。集成学习算法的特点要求各个弱学习器之间关系独立，这样可以并行拟合。

Bagging 算法可与分类、回归算法结合，在提高其准确率、稳定性的同时，通过降低结果的方差，可以避免过拟合的发生。

2. 有放回的随机采样

1）操作过程

训练模型之前，必然会有一个巨大的数据集，但如果数据量太过巨大，计算会非常缓慢，因此可以对原始数据集进行有放回抽样。有放回的抽样每次只能抽取一个样本，如果总共需要 N 个样本，就需要抽取 N 次。每次抽取一个样本的过程是独立的，这一次被抽到的样本会被放回数据集中，下一次还可能被抽到，因此抽出的数据集中，可能有一些重复的数据。

例如，有放回的随机采样：

原数据集：{‘a’，‘b’，‘c’，‘d’}

随机采样集 1：{‘c’，‘d’，‘c’，‘a’}

随机采样集 2：{‘d’，‘d’，‘a’，‘b’}

…………

随机采样集 T：{‘d’，‘c’，‘a’，‘b’}

随机采集 T 个随机采样集，每个随机采样集 4 个样本，原数据集有 4 个样本，即{‘a’，‘b’，‘c’，‘d’}。

以下给出更形象说明有放回的随机采样过程，随机采集 3 个随机采样集，每个随机采样集包含 5 个样本，原数据集有 5 个样本，即①、③、⑤、⑨、⑩。

①③	①③	①③	⑤⑩	①③	⑨⑨
⑤⑨	③⑨	⑤⑨	⑤③	⑤⑨	⑤⑤
⑩	⑩	⑩	⑨	⑩	③
样本	有放回采样	样本	有放回采样	样本	有放回采样
$N=5$	$N=5$	$N=5$	$N=5$	$N=5$	$N=5$

在 Bagging 集成算法中，有放回抽样方式是可以防止过拟合，并使单一弱分类器变得更轻量的必要操作。

2）有放回随机采样数据的使用

可采样出 T 个含 m 个训练样本的采样集，然后基于每个采样集训练出一个基学习器，再将这些基学习器进行结合。

取样本数 m 都相等的 T 个数据子集 $D_1, D_2, \cdots, D_t$ 作为训练集，使用 1 个训练子集训练一个分类器，最后可得到 T 个基分类器。将测试数据输入这几个分类器，得到 T 个分类输出，并将这 T 个输出中占比最多的作为预测结果。

Bagging 算法采用了多次采样，使得每个样本被选中的概率相同，因此噪声数据的影响下降。

3. Bagging 算法流程

Bagging 算法流程如下：

输入：样本集 $D_i=\{(x_1,y_1),(x_2,y_2),\cdots,(x_m,y_m)\}$、弱分类器算法和弱分类器数 T。

输出：最终的强分类器输出 $f(x)$。

（1）对于 $t=1,2,\cdots,T$：

①对训练集 D_i进行第 t 次随机采样，每次又放回随机采样 m 样本，进而得到包含 m 个样本的采样集 D_t。

②用采样集 D_t训练第 t 个基分类器 C_t。

（2）如果是分类算法预测，则 T 个弱分类器投出最多票数的类别或者类别之一为最终类别，如图 7-13 所示。

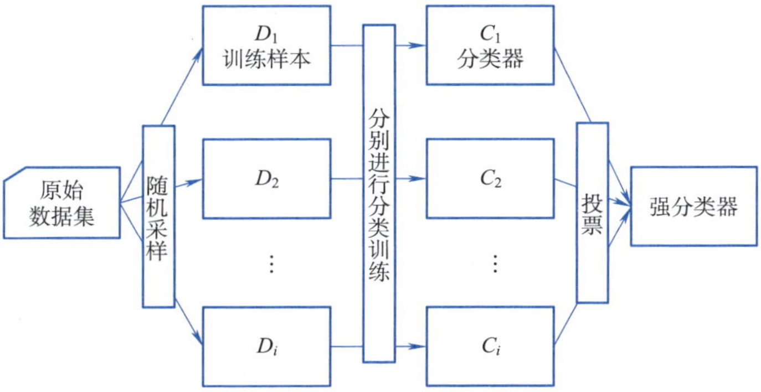

图 7-13　Bagging 算法的基本过程

例 7-5　Bagging 算法流程。

x 表示一维属性，y 表示类标号（1 或 -1）。

已知：一维属性 x 对应唯一正确的 y 类别（1 或 -1）。测试条件：当 $x \leqslant k$ 时 y 的值，当 $x > k$ 时 y 的值，为最佳分裂点。

属性为 x 对应的唯一正确的 y 类别如下：

最佳分裂点 $k=0.3$，如果 $x \leqslant k$，$y=1$，否则 $y=-1$，准确率 $=70\%$。

x	0.1	0.2	0.3	0.4	0.5	0.6	0.7	0.8	0.9	1
y	1	1	1	-1	-1	-1	-1	-1	1	1

利用 Bagging 算法，每轮抽样后，都生成一个基分类器，进行五轮随机抽样后结果如下：

第 1 轮：$k=0.7$，如果 $x \leqslant k$，$y=-1$，否则 $y=1$，准确率 $=70\%$

y	-1	-1	-1	-1	-1	-1	-1	-1	1	1

第 2 轮：$k=0.6$，如果 $x \leqslant k$，$y=-1$，否则 $y=1$，准确率 $=60\%$

y	-1	-1	-1	-1	-1	-1	1	1	1	1

第 3 轮：$k=0.3$，如果 $x \leqslant k$，$y=1$，否则 $y=-1$，准确率 $=80\%$

y	1	1	1	-1	-1	-1	-1	-1	-1	-1

第 4 轮：$k=1$，如果 $x \leqslant k$，$y=1$，否则 $y=-1$，准确率 $=50\%$

y	1	1	1	1	1	1	1	1	1	1

第 5 轮：$k=0.4$，如果 $x \leqslant k$，$y=1$，否则 $y=-1$，准确率 $=70\%$

y	1	1	1	1	-1	-1	-1	-1	-1	-1

每一轮后，都生成一个基分类器，五轮过后，生成五个基分类器，其准确度分别为 70%、60%、80%、50% 和 70%，再将五个基分类器结合构成强分类器，见表 7-4。

表 7-4 基分类器结合成强分类器

轮	k	0.1	0.2	0.3	0.4	0.5	0.6	0.7	0.8	0.9	1
1	0.7	-1	-1	-1	-1	-1	-1	-1	1	1	1
2	0.6	-1	-1	-1	-1	-1	-1	1	1	1	1
3	0.3	1	1	1	-1	-1	-1	-1	-1	-1	-1
4	1	1	1	1	1	1	1	1	1	1	1
5	0.4	1	1	1	1	-1	-1	-1	-1	-1	-1
和	_	1	1	1	-1	-3	-3	-1	1	1	1
符号	_	1	1	1	-1	-1	-1	-1	1	1	1
实际类	_	1	1	1	-1	-1	-1	-1	-1	1	1

从表 7-4 中可以看出，将五个分类准确度不高的基分类器通过投票选择一个准确度达到 90% 的强分类器。模型预测值的期望与真实值之间的偏差反映的是模型的拟合能力，方差反映的是训练集的变化所导致的学习性能的变化，即刻画了数据扰动所造成的影响，模型过拟合时将出现较大的方差。而 Bagging 算法是对多个基学习器求平均计算，可以减少模型的方差，从而提高模型稳定性。

4. Bagging 算法的特点

(1)通过降低弱分类器的方差，可以改善泛化误差。

(2)其性能依赖于弱分类器的稳定性。如果弱分类器不稳定，Bagging 算法有助于降低训练数据的随机波动导致的误差。

(3)由于每个样本选中的概率相同，因此 Bagging 算法并不侧重于训练数据集中的任何特定实例。

(4)算法适合对偏差低、方差高的模型进行融合。

(5)由于 Bagging 算法每次都进行随机采样来训练模型，因此模型泛化能力很强。

7.4 *k*-近邻分类

7.4.1 *k*-近邻分类算法

k-近邻分类算法是一种经典的学习算法。k-近邻分类算法存在一个样本数据集合，也称为训练样本集，并且样本集中每个数据都具有标签，也就是每一个样本都有一个标签与之对应。输入没带标签的新数据之后，将新数据的每个特征与样本集中数据对应的特征进行比较，然后提取样本集中特征最相似数据(最近邻)的分类标签，只选择样本数据集中前 k 个最相似的数据，最后选择 k 个最相似数据中出现次数最多的类别作为新数据的类别。上述内容举例说明如图 7-14 所示。

1. *k*-近邻

在图 7-17 中，有两类不同的样本数据，分别用正方形和三角形表示，而图正中间的那个圆所标示的数据是待分类的数据，需要根据 k 近邻的方法对圆进行分类，即确定其类别。

如果 $k=3$，圆点的最邻近的 3 个形状是 2 个三角形和 1 个正方形，基于少数从属于多数统计，可以判定这个待分类圆属于三角形一类。如果 $k=5$，圆的最邻近的 5 个形状是 2 个三角形和 3 个正方形，基于少数从属于多数统计，判定这个待分类圆属于正方形一类。不难看出，找到离它最近的 k 个实例是 k 近邻分类算法的核心。

2. k 值选取

从上面分析中可以看出，选取 $k=1$ 和 $k=5$ 得出了不同的结果，如果选取较小的 k 值，那么整体模型变得复杂，容易发生过拟合。导致在训练集上准确率非常高，而在测试集上准确率低。如果选取较大的 k 值，就相当于用较大邻域中的训练数据进行预测，这时与输入实例较远的(不相似)训练实例也会对预测起作用，导致预测发生错误。如果 $k=N$(N 为训练样本的个数)，那么无论输入实例是什么，都将简单地预测它属于在训练实例中最多的类。这种简单的做法，相当于没有训练模型，直接使用训练数据统计了各个数据的类别，相当于寻找最大值而已，因此，k 值的选择十分重要。

如图 7-15 所示，圆形是 9 个，长方形是 8 个，如果 $k=N=17$，其结论是五边形属于圆形类，显然错误。模型过于简单，完全忽略训练数据实例中的大量有用信息，这样选择不可取。k 值既不能过大，也不能过小，在这个例子中，k 值的选择，在圆边界之间这个范围是最好的。

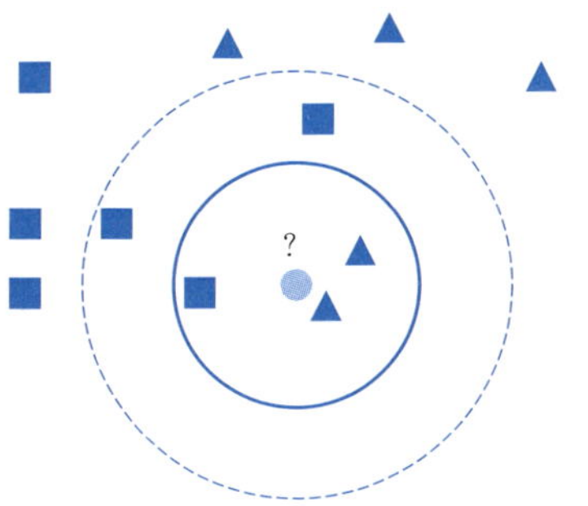

图 7-14　k-近邻的分类方法

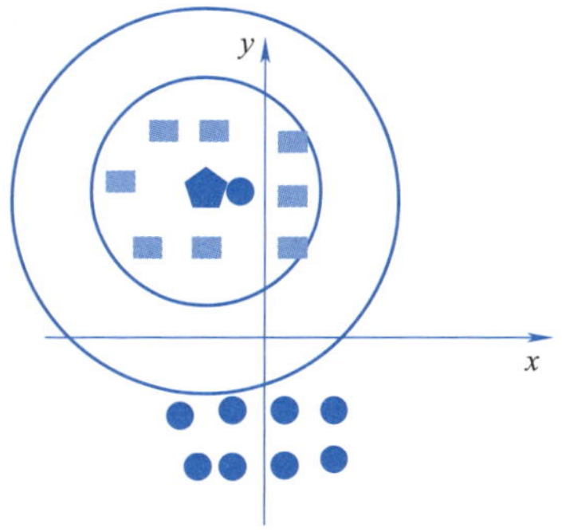

图 7-15　k 值选取

通常采取交叉验证法来选取最优的 k 值，k 值可以首先取一个较小值，然后采用交叉验证法来选取最优的 k 值，也就是通过调整超参数来得到一个较好的结果。

3. k-最邻近度量

样本间距离的计算方法：既然要找到待分类样本在当前样本数据集中与自己距离最近的 k 个邻居，必然就要确定样本间的距离计算方法。样本间距离的计算方法的构建与样本的向量表示方法有关，当建立样本的向量表示方法时，必须考虑其是否便于样本间距离的计算。因此，样本的向量表示与样本间距离的计算方法两者相辅相成。常用的距离计算方法包括欧氏距离、余弦距离、汉明距离、曼哈顿距离等。在 k-近邻分类算法中一般采用的是欧氏距离或曼哈顿距离。

$$L(x_i,x_j) = \left(\sum_{i=1}^{m} |x_i^{(l)} - x_j^{(l)}|^p\right)^{\frac{1}{p}}$$

当 $p=2$ 时，这个距离就为欧式距离，当 $p=1$ 时，为曼哈顿距离。在实际应用中，根据数据特性和分析的需要的不同，选择不同的距离来度量。

数据集：即必须存在一个样本数据集，也称作训练集，样本数据集中每个样本是有标签的，即我们知道样本数据集中每一个样本的分类。当获取到一个没有标签的待分类样本时，将待分类样本与样本数据集中的每一个样本进行比较，找到与当前样本最为相近的 k 个样本，并获取这 k 个样本的标签，最后，选择这 k 个样本标签中出现次数最多的分类，作为待分类样本的分类。因此，k-近邻算法可行的基础是，存在数据集，并且是有标签数据集。

4. k-最邻近分类算法描述

输入：训练数据、最近邻数目 k、待分类的元组 t。

输出:输出类别 c

```
N = { }
FOR each d ∈ T DO BEGIN
    IF |N|≤k THEN
        N =N ∪ {d}
    ELSE
        IF ∃u ∈N such that sim(t,u) < sim(t,d) THEN
            BEGIN
            N =N - {u};
            N =N ∪ {d};
        END
END
```

应用 k-近邻分类算法的工作过程:

收集数据→预处理数据→分析数据→训练算法→测试算法→使用算法。

7.4.2 k-近邻分类算法的优缺点

1)优点

(1)简单,易于理解,易于实现,无须参数估计,无须训练。

(2)对异常值不敏感,因此个别噪音数据对结果的影响不是很大。

(3)适合对稀有事件进行分类。

(4)适合于多分类问题,KNN 要比 SVM 表现好。

2)缺点

(1)对测试样本分类时的计算量大,内存开销大,因为对每一个待分类的文本都要计算它到全体已知样本的距离,才能求得它的 K 个最近邻点。目前常用的解决方法是事先对已知样本点进行剪辑,事先去除对分类作用不大的样本。

(2)可解释性差,无法说明哪个变量更重要,无法给出决策树那样的规则。

(3)K 值的选择:当样本不平衡时,如一个类的样本容量很大,而其他类样本容量很小时,有可能导致当输入一个新样本时,该样本的 K 个邻居中大容量类的样本占多数。该算法只计算最近的邻居样本,某一类的样本数量很大,那么或者这类样本并不接近目标样本,或者这类样本很靠近目标样本。为了使数量并不能影响运行结果,可以采用权值的方法(和该样本距离小的邻居权值大)来改进。

7.5 聚　　类

聚类就是按照某个特定标准,例如距离准则,将一个数据集分割成不同的类或簇,使得同一个簇内的数据对象的相似性尽可能地大,不同类对象之间的相似度尽可能地小。也就是说,不在同一个簇中的数据对象的差异性也尽可能地大,聚类后同一类的数据尽可能聚集到一起,不同数据尽量分离。

聚类采用无监督学习方式,在聚类中没有表示数据类别的分类或者分组信息。简单地说,就是聚类是将相似的东西分到一组,聚类的时候,并不关心某一类是什么,需要实现的目标只是将相似的东西聚到一起。因此,一个聚类算法只需要知道如何计算相似度后,就可以开始设计聚类算法。聚类并不需要使用训练数据进行学习,而是使用了无监督学习方式;而分类需要从它得到的训练集中进行学习,从而具备对未知数据进行分类的能力。

7.5.1　聚类算法的类型与特点

1. 聚类算法的类型

聚类方法种类较多，主要方法如下：

1）划分法

划分聚类算法是指给定一个含有 N 个数据的数据集，分裂出 k 个分组，每一个分组就代表一个聚类，其中 $k<N$。在这里介绍的 k-means 算法就是划分法的典型代表。

2）层次法

层次法对给定的数据集进行层分解，直到某种条件满足为止。具体又可分为自底向上和自顶向下两种方案。在自底向上方案中，初始时每一个数据组成一组，在接下来的迭代中，它将那些相互邻近的组合并成一个组，直到所有的数据组成一个分组或者某个条件满足为止。

层次聚类方法可以是基于距离的或基于密度的。层次聚类方法的一些扩展也考虑了子空间聚类。层次方法的缺陷在于，一旦一个步骤（合并或分裂）完成，它就不能被撤销。利用这个严格规定，可以不用担心不同选择的组合数目，计算开销较小。已经出现了一些提高层次聚类质量的方法，例如，BIRCH 算法、CURE 算法等是层次法的典型代表。

3）密度法

基于密度的方法与是基于密度的方法，能够克服基于距离的算法只能发现类圆形的聚类的缺点。密度法的指导思想是，只要一个区域中的点的密度大过某个阈值，就将它加到与之相近的聚类中去。DBSCAN 算法和 OPTICS 算法是密度法的典型代表。

4）图论法

图论聚类方法的第一步是建立与问题相适应的图，图的节点对应于被分析数据的最小单元，图的边（或边）对应于最小单元的数据之间的相似性度量。因此，每一个最小单元数据之间都会有一个度量表达，这就确保了数据的局部特性比较易于处理。图论聚类法是以样本数据的局域连接特征作为聚类的主要信息源，因而其主要优点是易于处理局部数据的特性。

5）网格法

网格法首先将数据空间划分成有限个单元的网格结构，所有的处理都是以单个的单元为对象。这种方法的一个突出的优点就是处理速度很快，通常这与目标数据库中的个数无关，只与将数据空间分为多少个单元有关。代表算法有 STING 算法、CLIQUE 算法。

6）模型法

基于模型的方法是为每一个聚类假定一个模型，然后去寻找能够很好地满足这个模型的数据集。这样一个模型可以是数据点在空间中的密度分布函数。它的一个潜在的假定就是目标数据集是由一系列概率分布所决定。通常有两种方案：统计方案和神经网络方案。

2. 聚类算法的特点

1）可伸缩性

许多聚类算法在小数据集合上效果很好，但是，大数据集样本上进行聚类可能导致有偏的结果。

2）不同属性

许多算法用来聚类数值类型的数据。但是，应用要求聚类其他类型的数据，例如二元类型，分类/标称类型，序数型数据，或者这些数据类型的混合。

3）任意形状

许多聚类算法基于欧几里得或者曼哈顿距离度量来决定聚类，基于这样的距离度量的算法趋向于发现具有相近尺度和密度的球状簇。但是,一个簇可能是任意形状的,需要能发现任意形状簇的算法。

4)领域最小化

许多聚类算法在聚类分析中要求用户输入一定的参数,例如希望产生的簇的数目。聚类结果对于输入参数十分敏感,特别是对于包含高维对象的数据集,参数通常很难确定。这样不仅加重了用户的负担,也使得聚类的质量难以控制。

5)处理噪声

绝大多数现实中的数据库都包含了离群点、缺失或者错误的数据。一些聚类算法对于这样的数据很敏感,可能导致低质量的聚类结果。

6)记录顺序

一些聚类算法对于输入数据的顺序敏感。例如,同一个数据集合,当以不同的顺序交给同一个算法时,可能生成差别很大的聚类结果。开发对数据输入顺序不敏感的算法具有重要的意义。

7)高维度

一个数据库或者数据仓库可能包含若干维或者属性。许多聚类算法擅长处理低维的数据,仅涉及两到三维。人类的眼睛在最多三维的情况下能够很好地判断聚类的质量。在高维空间中聚类是个有挑战性的研究工作,特别是需要考虑数据分布非常稀疏,而且数据分布高度不均匀的情况。

8)基于约束

现实世界的应用可能需要在各种约束条件下进行聚类,既要找到满足特定的约束,又要保证其具有良好聚类特性的数据分组,这是一项具有挑战性的任务。

9)解释性

用户希望聚类结果是可解释的、可理解的和可用的。也就是说,聚类需要特定的语义解释和应用相联系,应用目标如何影响聚类方法的选择也是一个重要的研究课题。

7.5.2 *k*-平均聚类算法

k-平均聚类算法也称 *k*-均值聚类算法,*k*-平均聚类算法是基于距离的无监督学习方式的经典聚类算法,也就是样本没有标签,然后根据某种规则进行分割,将相同的或者相近的对象放在一起。*k*-平均聚类算法采用数据之间的距离作为相似性的评价指标,也就是说,两个数据的距离越小,其相似度就越大。该算法是将距离靠近的数据对象组成类簇作为最终目标。该算法最大的特点是简单,易理解,运算速度快,但是只能应用于连续型的数据,并且需要在聚类前手工指定要分成几类。*k*-均值聚类算法流程如图 7-16 所示。

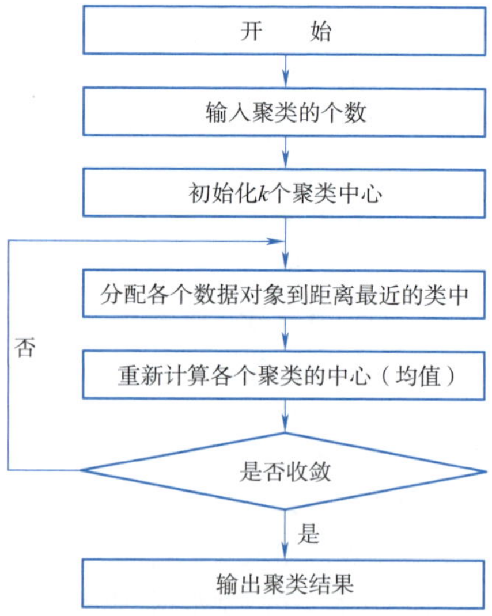

图 7-16 *k*-平均聚类算法流程

首先随机地选择 k 个对象,每个对象初始地代表了一个簇的平均值或中心。对剩余的每个对象根据其与各个簇中心的距离,分配给最近的簇,然后重新计算每个簇的平均值。这个过程不断重复,直到准则函数 E 收敛,使得生成的结果簇尽可能地紧凑和独立。准则如下:

$$E = \sum_{i=1}^{k} \sum_{x \in C_i} \left| x - \overline{x_i} \right|^2$$

式中，E 为所有数据对象的平方误差的总和；x 为空间中的点，表示给定的数据对象；$\overline{x_i}$ 是簇 C_i 的平均值。输入簇的数目 k 和包含 n 个对象的数据集，输出 k 个簇，使平方误差准则最小。

1. k-平均聚类算法描述

原始的 k-平均聚类算法首先随机选取 k 个点作为初始聚类中心，然后计算各个数据对象到各聚类中心的距离，把数据对象归到离它最近的那个聚类中心所在的类；调整后的新类计算新的聚类中心，如果相邻两次的聚类中心没有任何变化，说明数据对象调整结束，聚类准则函数 f 已经收敛。在每次迭代中都要考查每个样本的分类是否正确，若不正确，就要调整。在全部数据调整完后，再修改聚类中心，进入下一次迭代。如果在一次迭代算法中，所有的数据对象被正确分类，则不会有调整，聚类中心也不会有任何变化，这标志着 f 已经收敛，算法结束。其实这跟普通的前馈神经网络使用逆向传播算法训练模型的原理类似，分析误差，修改模型直至达到要求的误差范围。k-平均聚类算法形式描述如下。

(1) assign initial value for means; /* 任意选择 k 个对象作为初始的簇中心 */

(2) REPEAT

(3) FOR $j=1$ to n DO assign each x_j to the cluster which has the closest mean;
/* 根据簇中对象的平均值，将每个对象赋给最类似的簇 */

(4) FOR $i=1$ to k DO $\overline{x_i} = |C_i| \sum_{x \in C_i} x$;
/ * 更新簇的平均值，即计算每个对象簇中对象的平均值 */

(5) Computing $E = \sum_{i=1}^{k} \sum_{x \in C_i} |x - \overline{x_i}|^2$　　/* 计算准则函数 E */

(6) UNTIL E　　/* E 不再明显地发生变化为止 */

例 7-6　k-平均聚类算法的数据聚类过程。

根据坐标 (x,y)，应用 k-平均聚类算法，对数据点 $P_1 \sim P_6$ 进行聚类。$P_1 \sim P_6$ 点的坐标值如下：

	x	y
P_1	0	0
P_2	1	2
P_3	3	1
P_4	8	8
P_5	9	10
P_6	10	7

(1) 选取初值 $k=2$，也就是 P_1 和 P_2 两点。

(2) 计算距离结果如下：

	P_1	P_2
P_3	3.162 28	2.236 07
P_4	11.312 7	9.219 54
P_5	13.453 6	11.313 7
P_6	12.206 6	10.295 6

所有点距离 P_2 更近一些，于是重新分组。

A: P_1

B: P_2、P_3、P_4、P_5、P_6

在 B 组中找新的质心 P_7，A 组不用改变。

$P_7((1+3+8+9+10)/5,(2+1+8+10+7)/5)=(6.2,5.6)$

重新计算距离：

	P_1	P_7
P_2	3.24	6.32
P_3	3.16	6.60
P_4	11.3	3
P_5	13.5	5.22
P_6	12.2	4.05

根据距离重新分组：

A：P_1、P_2、P_3

B：P_4、P_5、P_6

重新计算质心 P_8、P_9

$P8(1.33,1)$，$P9(9,8.33)$

重新计算距离：

	P_8	P_9
P_1	1.4	12
P_2	0.6	10
P_3	1.4	9.5
P_4	47	1.1
P_5	70	1.7
P_6	56	1.7

根据距离重新分组：

A：P_1、P_2、P_3

B：P_4、P_5、P_6

聚类结果不再变化，结束。

7.6 马尔可夫模型

在19世纪，为了简化随机过程求解问题，马尔可夫提出了马尔可夫模型(Markov models, MM)。对于一个随机系统，由一个状态转至另一个状态的转换过程中，存在着转移概率，并且转移概率可依据其紧接的前一种状态推算出来，但与该系统的原始状态和此次转移前的过程无关。

7.6.1 马尔可夫过程

马尔可夫过程是一类随机过程，该过程特性如下：在已知目前状态（现在）的条件下，它未来的演变不依赖于它以往的演变。在现实世界中，有很多过程都是马尔可夫过程，如液体中微粒所做的布朗运动、感染传染病的人数等。

1. 马尔可夫假设

将每个状态的转移只依赖之前的 n 个状态，这个过程称为 n 阶的模型，其中 n 是影响转移状态的数目。最简单的马尔可夫过程是，每一个状态的转移只依赖于其之前的那一个状态。通常将模型的每个状态都只依赖于之前的状态的假设称为马尔可夫假设，应用这个假设可以简化这类问题，但也可能导致很多重要的信息丢失。马尔可夫假设中各个状态 S_t 的概率分布，只与它的前一个状态 S_{t-1} 有关：

$$P(S_t | S_1, S_2, S_3, \cdots, S_{t-1}) = P(S_t | S_{t-1})$$

应说明的是，马尔可夫假设未必适合所有的应用场景，但是至少可对以前很多不能解决的问题提供了一种近似的解决方法。

2. 马尔可夫链

将时间和状态都是离散的马尔可夫过程称为马尔可夫链，记为：$X_n = X(n), n = 0, 1, 2\cdots$，马尔可夫链是随机变量 $X_1, X_2, X_3\cdots$ 的一个数列。一个马尔可夫链，如果从 u 时刻处于状态 i，转移到 $t+u$ 时刻处于状态 j 的转移概率与转移的起始时间 u 无关，则称为齐次马尔可夫链。

马尔可夫链主要涉及下述几个关键概念：

(1) 状态空间。马尔可夫链是随机变量 $X_1, X_2, X_3\cdots X_n$ 所组成的一个数列，每一个变量 X_i 都有几种不同的可能取值，将所有可能取值的集合称为状态空间，而 X_n 的值则是指在时间 n 的状态。

(2) 转移概率。马尔可夫链可以用条件概率模型来描述，将在前一时刻的某取值下，当前时刻取值的条件概率称为转移概率。

$$P_{st} = P(x_i = t | x_{i-1} = s)$$

上面是一个条件概率，表示在前一个状态为 s 的条件下，当前状态为 t 的概率。

(3) 转移概率矩阵。转移概率矩阵通常表示为一个 $n \times n$ 的矩阵 $\boldsymbol{P}$，其中 n 是系统可能处于的不同状态的个数。矩阵中的元素 p_{ij} 表示系统从状态 i 转移到状态 j 的概率，即：

$$\boldsymbol{P} = \begin{pmatrix} p_{11} & p_{12} & \cdots & p_{1n} \\ p_{21} & p_{22} & \cdots & p_{2n} \\ \vdots & \vdots & & \vdots \\ p_{n1} & p_{n2} & \cdots & p_{nn} \end{pmatrix}$$

其中，每一行的元素之和必须等于 1，因为从任何一个状态出发，转移到所有可能状态的总概率必须为 1。即对于所有的 i 有：

$$\sum_{j=1}^{n} p_{i,} = 1$$

3. 马尔可夫模型的应用

马尔可夫模型是一种统计模型，广泛应用在自然语言处理等应用领域。尤其是在语音识别中的成功应用，使它成为一种通用的统计工具。到目前为止，一直被认为是实现快速精确的语音识别系统的最成功的方法之一。

例 7-7　基于马尔可夫模型的天气预报。

如果第 1 天是雨天，第 2 天还是雨天的概率是 0.8，是晴天的概率是 0.2；如果第 1 天是晴天，第 2 天还是晴天的概率是 0.6，是雨天的概率是 0.4。

提问：如果第 1 天下雨了，第 2 天仍然是雨天的概率是多少？第 10 天是晴天的概率是多少？经过很长一段时间后雨天、晴天的概率分别是多少？

首先构建转移概率矩阵，由于这里每一天的状态就是晴天或者是下雨两种情况，如下所示：

	雨天	晴天
雨天	0.8	0.4
晴天	0.2	0.6

每列和为 1，分别对雨天、晴天，这样构建出来的 2×2 转移概率矩阵如下：

$$\boldsymbol{A} = \begin{pmatrix} 0.8 & 0.4 \\ 0.2 & 0.6 \end{pmatrix}$$

如果 1、0 分别对应雨天和晴天，假设初始状态第 1 天是雨天，记为

$$p_0 = \begin{pmatrix} 1 \\ 0 \end{pmatrix}$$

初始条件：第 1 天是雨天，第 2 天仍然是雨天（记为 p_1）的概率为：

$$p_1 = \boldsymbol{A} \times p_0$$

得到 $p_1 = (0.8, 0.2)$，正好满足条件的概率为 0.8。

计算第 10 天（记为 p_9）是晴天的概率：

$$p_9 = \boldsymbol{A} \times p_8 = \cdots = \boldsymbol{A}^9 \times p$$

得到第 10 天为雨天概率为 0.666 8，为晴天的概率为 0.333 2。

下面计算经过很长一段时间后雨天、晴天的概率，显然就是下面的递推公式了：

$$p_n = \boldsymbol{A}^n \times p_0$$

显然，当 n 趋于无穷，即很长一段时间以后，$p_n = (0.67, 0.33)$，即雨天概率为 0.67，晴天概率为 0.33。可以看出：初始状态如果是 $p_0 = (0,1)$，最后结果仍然是 $p_n = (0.67, 0.33)$。上述计算表明马尔可夫过程与初始状态无关，但与转移概率矩阵有关。

7.6.2 隐马尔可夫模型

隐马尔可夫模型（hidden Markov model，HMM）属于生成式统计模型，广泛用于序列标注问题。

1. 概念

隐马尔可夫模型是马尔可夫链的一种，其状态不能直接观察到，仅可通过观测向量序列而观察到，每个观测向量都是通过某些概率密度分布来表现为各种状态，每一个观测向量是由一个具有相应概率密度分布的状态序列产生。

相对于马尔可夫模型，隐马尔可夫模型不知道模型经过的状态序列，只知道状态的概率函数，即观察到的事件是状态的随机函数，因此，该模型是一个双重的随机过程。不仅模型的隐状态之间转换过程是随机的、不可观察的，而且隐状态转换到可见状态，转换也是随机的。隐马尔可夫模型可用五个元素来描述，包括两个状态集合和三个概率矩阵。隐马尔可夫模型如图 7-17 所示。

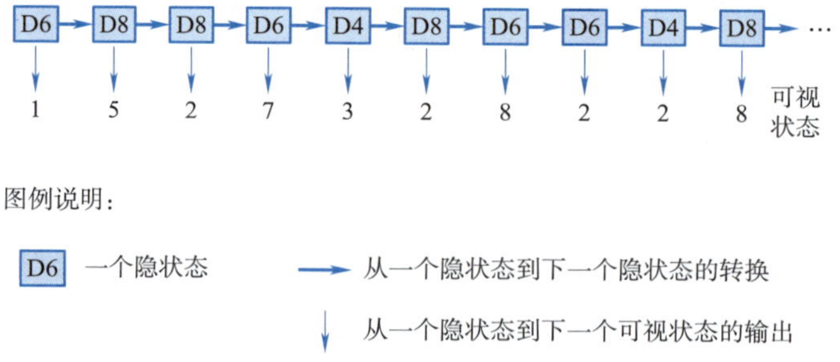

图 7-17 隐马尔可夫模型示意图

（1）隐状态。隐状态之间满足马尔可夫性质，是马尔可夫模型中实际所隐含的状态。只是这些状态无法通过直接观测而得到。

(2)可视状态。可视状态与模型中的隐状态相关联,可视状态可以直接观测而得到,例如 O_1、O_2、O_3 等可为可视状态,应说明的是,可视状态的数目不一定要和隐状态的数目一致。

(3)初始状态概率矩阵 $\boldsymbol{\Pi}$。初始状态概率矩阵 $\boldsymbol{\Pi}$ 表示隐状态在初始时刻 $t=1$ 的概率矩阵,例如 $t=1$ 时,$(S_1)=P_1, P(S_2)=P_2, P(S_3)=P_3$,则初始状态概率矩阵 $\boldsymbol{\Pi}=(P_1 \quad P_2 \quad P_3)$。

(4)隐状态转移概率矩阵 $\boldsymbol{A}$。隐状态转移概率矩阵 $\boldsymbol{A}$ 描述了 HMM 模型中各个隐状态之间的转移概率。

$$\boldsymbol{A}_{ij}=P(S_j \mid S_i), 1 \leqslant i,j \leqslant N,$$

表示在 t 时刻、状态为 S_i 的条件下,在 $t+1$ 时刻状态是 S_j 的概率。

(5)可视状态转移概率矩阵 $\boldsymbol{B}$。可视状态转移概率矩阵 $\boldsymbol{B}$ 描述了隐状态到可视状态转移概率,N 代表隐状态数目,M 代表可视状态数目,则 $\boldsymbol{B}_{ij}=P(O_i \mid S_j), 1 \leqslant i \leqslant M, 1 \leqslant j \leqslant N$ 表示在 t 时刻、隐状态是 S_j,可视状态为 O_i 的概率。其中,隐状态转移概率矩阵 $\boldsymbol{A}$、可视状态转移概率矩阵 $\boldsymbol{B}$ 和初始状态概率矩阵 $\boldsymbol{\Pi}$ 可以组成完整的 HMM 模型 $\boldsymbol{\lambda}=(\boldsymbol{\Pi},\boldsymbol{A},\boldsymbol{B})$,也就是说,可以用 $\boldsymbol{\lambda}=(\boldsymbol{\Pi},\boldsymbol{A},\boldsymbol{B})$ 来表示一个隐马尔可夫模型。

2. HMM 模型的两个重要的假设

齐次马尔可夫假设和观测独立性假设是 HMM 模型的两个重要的假设。

1)齐次马尔可夫假设

齐次马尔可夫假设是指隐马尔可夫链在任一时刻的隐状态只与上一时刻的隐状态有关,与其他时刻的隐状态、观测状态无关。设 S_t 为 t 时刻的隐状态,S_{t-1} 为上一时刻的隐状态;O_t 为 t 时刻的观测状态,齐次马尔可夫假设公式描述为:

$$P(S_t \mid S_1, S_2, \cdots, S_t; O_1, O_2, \cdots, O_T)=P(S_t \mid S_{t-1})$$

2)观测独立性假设

观测独立性假设是指任一时刻的观测概率只与当前时刻的隐状态有关。公式描述为

$$P(O_t \mid S_1, S_2, \cdots, S_T; O_1, O_2, \cdots, O_{t-1}, O_{t+1}, \cdots, O_T)=P(O_t \mid S_t)$$

3. HMM 的基本问题

HMM 的基本问题分为计算、解码和学习三个问题,前两个问题属于推理,第三个属于学习,推理和学习都是概率图模型的基本问题。

1)概率计算问题

给定一个 HMM 模型的 λ 和一个观测序列 O,计算产生观测序列 O 的概率,计算如下:

$$\begin{aligned} P(O \mid \lambda) &= \sum P(O,S \mid \lambda) \\ &= \sum P(O \mid S,\lambda)P(S \mid \lambda) \\ &= \sum \Pi_{S_1} B_{S_1}(O_1) A_{S_1S_2} B_{S_2}(O_2) \cdots A_{S_{T-1}S_T} B_{S_T}(O_T) \end{aligned}$$

2)解码问题

解码问题也是预测问题,给定一个 HMM 模型的 λ 和一个观测序列 O,计算最有可能的隐状态序列 S,有下述两种方法:

(1)近似算法。在每个时刻 t 都选择当前时刻下概率最大的状态,进而组成状态序列,但并不能保证这个状态序列整体上是概率最大,且这种方法不能保证两个相邻时刻的状态间存在转移概率,也就是说,这种方法所得到的状态序列可能根本就不是合法序列。

(2)维特比算法。维特比算法(Viterbi algorithm)是一种动态规划方法。多级决策过程的最优策略有如下性质:不论初始状态和初始决策如何,其余的决策对于初始决策所形成的状态来说,必定

也是一个最优策略。

维特比算法求解最优序列过程如下：从起始时刻 $t=1$ 开始，递推地找出在时刻 t 的状态为 S_i 的各个可能的状态序列中的最大概率，一直求解到时刻 $t=T$ 的状态为 S_i 的最大概率，并得到时刻 T 的状态 S_j；然后向前回溯求得其他时刻的状态。

3）学习问题

学习是指根据一个可以观察到的状态序列集产生一个隐马尔可夫模型。隐马尔可夫模型参数 $\boldsymbol{\lambda}=(\boldsymbol{A},\boldsymbol{B},\boldsymbol{\Pi})$ 未知，为了获得观测序列，通常使用 Baum-Welch 算法（约等于 EM 算法）调整这些参数以使观测序列 $O=O_1O_2O_3\cdots O_t$ 的概率尽可能大。如果有标注数据，对应的状态序列为已知，此时，给定一个观测序列 O 和对应的状态序列 S，模型参数可以使用极大似然估计，这是监督学习方式。

EM 算法是一种迭代优化策略，由于它的计算方法中每一次迭代都分两步，其中一个为期望步（E 步），另一个为极大步（M 步），所以算法被称为 EM 算法（expectation maximization algorithm）。

HMM 模型需要根据观测序列直接训练模型。状态序列 S 作为隐变量的情况下，可以用 EM 算法来训练 HMM。基本思路是：

首先将模型参数随机初始化为 $\lambda(0)=(\Pi(0),A(0),B(0))$，需要满足各自的限制条件，就是三个求和式，然后在模型 λ_0 下得到该模型下的隐变量的期望值，将上面有监督学习的全部频数都替换为期望频数。将用于 HMM 训练的 EM 算法称为 Baum-Welch 算法，可以完成模型参数的更新。

例 7-8 语音识别。

应用隐马尔可夫模型可以解决复杂的语音识别问题。自然语言处理问题可等同于通信系统中的解码问题。例如，根据接收到的信息，去猜测发话人要表达的意思。这其实就是根据接收到的信号去分析、理解、还原发送端传送过来的信息。图 7-18 所示为一个典型的通信系统，其中 $S_1,S_2,S_3,\cdots$ 表示信息源发出的信号。$O_1,O_2,O_3,\cdots$ 是接受器接收到的信号。通信中的解码就是根据接收到的信号 $O_1,O_2,O_3,\cdots$ 还原出发送的信号 $S_1,S_2,S_3,\cdots$。

图 7-18 典型的通信系统

语音识别就是根据声学信号来推测说话者的意思，如果接收端是一台计算机，那么计算机要做的就是语音的自动识别。同样，如果要根据接收到的英语信息，推测说话者的汉语意思，就是机器翻译；如果要根据带有拼写错误的语句推测说话者想表达的正确意思，那就是自动纠错。

$P(O_1,O_2,O_3,\cdots|S_1,S_2,S_3,\cdots)$ 根据应用的不同而有不同的名称，在语音识别中它被称为声学模型、在机器翻译中是翻译模型、而在拼写校正中是纠错模型。解码问题是指给定观测序列 $O=O_1O_2O_3\cdots O_t$ 和模型参数 $\boldsymbol{\lambda}=(\boldsymbol{A},\boldsymbol{B},\boldsymbol{\Pi})$，寻找某种意义上最优的隐状态序列。在这类问题中，感兴趣的是马尔可夫模型中隐含状态，这些状态不能直接观测但却更具有价值，通常利用维特比算法来寻找。维特比算法是多步骤、每步多选择模型的最优选择问题，其在每一步的所有选择都保存了前续所有步骤到当前步骤当前选择的最小总代价（或者最大价值）以及当前代价的情况下前继步骤的选择。依次计算完所有步骤后，通过回溯的方法找到最优选择路径。符合这个模型的都可以用维特比算法解决。语音识别问题就是将一段语音信号转换为文字序列的过程。在个问题中，隐性状态就是：语音信号对应的文字序列，而显性的状态就是语音信号，如图 7-19 所示。

语音识别的 HMM 模型学习步骤如下：

（1）统计文字的发音概率，建立隐性表现概率矩阵 $\boldsymbol{B}$。

（2）统计字词之间的转换概率，这一步并不需要考虑到语音，可以直接统计字词之间的转移概率。

语音模型的估计是计算和比较得出最有可能出现的文字序列。

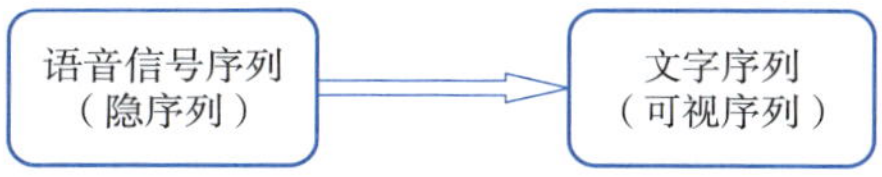

图 7-19 语音识别

7.7 朴素贝叶斯分类

朴素贝叶斯（Naive Bayes）分类器是一种简单、功能强大的分类器，在本质上，是一种线性分类器。朴素贝叶斯分类器是建立在属性变量相互独立的基础上，通过特征的线性组合来做出分类决定的分类器。其朴素的含义是假设所有的变量相互独立，各特征之间相互独立，各特征属性条件独立。但是在现实环境中，这种假设基本上是不成立的，即使假设不成立，但在小规模样本的情况下，这种假设应用效果也很好。朴素贝叶斯分类器是一种应用贝叶斯定理的分类器，是以后验概率作为判定准则的分类器。在某些领域，朴素贝叶斯分类方法的性能与神经网络分类器、决策树处于同一水平。

7.7.1 贝叶斯定理

1. 贝叶斯定理的内容

先验概率是指根据以往经验和分析得到的概率，先验概率作为因果问题中的原因出现的概率。利用过去历史数据计算得到的先验概率，先验概率与后验概率有不可分割的联系，先验概率是计算后验概率的基础。

贝叶斯定理给出了计算 $P(H|X)$ 的简单而有效的方法：

$$P(H|X)=\frac{P(X|H)P(H)}{P(X)}$$

$P(H)$ 是先验概率，或称 H 的先验概率。$P(X|H)$ 代表假设 H 成立的情况下，观察到 X 的概率。$P(H|X)$ 是后验概率，或称条件 X 下 H 的后验概率。例如，假定数据样本域由水果组成，用它们的颜色和形状来描述。假定 X 表示红色和圆的，H 表示假定 X 是苹果，则 $P(H|X)$ 的含义是：当看到 X 是红色并是圆的时，$P(X|H)$ 是对 X 是苹果的确信程度。

在直观上，$P(H|X)$ 随着 $P(H)$ 和 $P(X|H)$ 的增长而增长，同时 $P(H|X)$ 随着 $P(X)$ 的增加而减小。在理论上，与其他所有分类算法相比，贝叶斯分类具有最小的出错率。然而，实践中并非如此。这是由于对其应用的假设（如类条件独立假设）的不准确性，以及缺乏可用的概率数据造成的。

（1）联合概率：设 H，X 是两个随机事件，H 和 X 同时发生的概率称为联合概率，记为 $P(HX)$。

（2）条件概率：在 X 事件发生的条件下，H 事件发生的概率称为条件概率，记为 $P(H|X)$。

（3）乘法定理：$P(H|X) = \mathrm{P}(HX)/P(X)$。

2. 朴素贝叶斯分类原理

朴素贝叶斯分类是一种简单的分类算法，其基本思想是：对于给出的待分类项，求解在此项出现的条件下各个类别出现的概率，最大概率的类别即为此待分类项属于的那个类别。

朴素贝叶斯分类的定义：

（1）设 $X=\{x_1,x_2,\cdots,x_m\}$ 为一个 m 维属性的数据对象，而每个 x_i 为 X 的一个特征属性。Y 含有 n 个类别，$Y=\{y_1,y_2,\cdots,y_n\}$。

(2)给定某待分类对象 X,预测 X 的类别,计算 $P(y_1|X)P(y_2|X),\cdots,P(y_n|X)$。

(3)如果 $P(y_k|X)=\max\{P(y_1|X),P(y_2|X),\cdots,P(y_n|X)\}$,则 y_k 为 X 所属类别,$X\in y_k$。

关于第(3)步中的各个条件概率有关计算如下:

①找到一个已知分类的待分类项集合,将这个集合称为训练样本集。

②统计得到在各类别下各个特征属性的条件概率估计。即

$P(x_1|y_1),P(x_2|y_1),\cdots,P(x_m|y_1);P(x_1|y_2),P(x_2|y_2),\cdots,P(x_m|y_2);\cdots;P(x_1|y_n),P(x_2|y_n),\cdots,P(x_m|y_n)$

③如果各个特征属性的条件独立,则根据贝叶斯定理可得:

$$P(y_k|X)=P(X|y_k)P(y_k)/P(X)$$

因为分母 $P(X)$ 对于 $P(y_k|X)$ 都相等。因此为了得到 $P(y_k|X)$ 最大值,只需计算 $P(X|y_k)P(y_k)$ 的最大值。如果类别的先验概率未知,即 $P(y_k)$ 未知,则通常假定这些类别是等概率的,即 $P(y_1)=P(y_2)=\cdots=P(y_K)$。

④如果各特征属性之间相互独立,$P(X|y_k)P(y_k)$ 计算如下:

$$P(X|y_k)P(y_k)=P(y_k)\prod P(x_j|y_k)$$

7.7.2 朴素贝叶斯分类流程

整个朴素贝叶斯分类分为三个阶段,如图 7-20 所示。

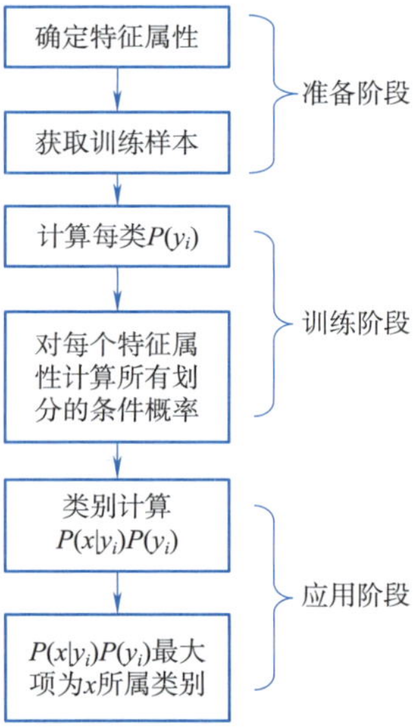

图 7-20 朴素贝叶斯分类流程

1. 准备阶段

准备阶段的任务是为朴素贝叶斯分类所做的必要准备,主要工作是根据具体情况确定特征属性,并对每个特征属性进行适当划分,然后由人工对一部分待分类项进行分类,形成训练样本集合。这一阶段的输入是所有待分类数据,输出是特征属性和训练样本,这是整个朴素贝叶斯分类中唯一需要人工完成的阶段,其质量对整个过程将有重要影响,分类器的质量很大程度上由特征属性、特征属性划分及训练样本质量决定。

2. 训练阶段

训练阶段的任务就是生成分类器,主要工作是计算每个类别在训练样本中出现的频率及每个特征属性划分对每个类别的条件概率估计,并将结果进行记录。其输入是特征属性和训练样本,输出是分类器。这一阶段根据前面介绍的公式,由程序计算完成。

3. 应用阶段

这个阶段的任务是使用分类器对待分类项进行分类,其输入是分类器和待分类项,输出是待分类项与类别的映射关系。这一阶段也由程序完成。

例 7-9 朴素贝叶斯分类。

见表 7-5 所示训练集,训练实例总计 14 个。每个训练实例有 4 个属性,分别为年龄、收入、学生、信用。类别 2 个,会买计算机(用 1 代表)和不会买计算机(用 0 代表)。待分类训练实例结构:年龄、收入、学生、信用、会买计算机吗,分别使用 x_1、x_2、x_3、x_4、y_k 表示。

x_1 取值分别为 x_{11}='S',x_{12}='M',x_{13}='L';

x_2取值分别为 x_{21} ='S',x_{22} ='M',x_{23} ='H';

x_3取值分别为 x_{31} ='Y',x_{32} ='N';

x_4取值分别为 x_{41} ='M',x_{42} ='H';

y_k类别属性为:$y_k=0$,没买计算机;$y_k=1$,已买计算机。

表 7-5　训练集

序　号	x_1	x_2	x_3	x_4	y_k
1	S	H	N	M	0
2	S	H	N	H	0
3	M	H	N	M	1
4	L	M	N	M	1
5	L	M	Y	H	0
6	S	L	N	H	0
7	M	L	Y	H	1
8	S	M	N	M	1
9	S	L	Y	M	1
10	L	M	Y	M	1
11	M	M	Y	H	1
12	M	H	N	H	1
13	M	H	Y	M	1
14	L	M	N	H	0

利用 $P(y_i|X)=P(X|y_i)P(y_i)/P(X)$概率公式获得问题的解。

(1)计算 $P(y_i)$。

$$P(y_k=0)=5/14=0.357$$
$$P(y_k=1)=9/14=0.643$$

(2)计算 $P(X|y_k=0)$。

X=(年龄<30,收入中等,是学生,信用一般),即 $X=(x_1='S',x_2='M',x_3='Y',x_4='M')$

$$P(X|C_i)=P(X_0|C_i)\ P(X_1|C_i)\ P(X_2|C_i)\ P(X_3|C_i)$$
$$P(x_1='S'|\ y_k=0)=3/5=0.600$$
$$P(x_2='M'|y_k=0)=2/5=0.400$$
$$P(x_3='Y'|y_k=0)=1/5=0.200$$
$$P(x_4='M'|y_k=0)=2/5=0.400$$
$$P(X|y_k=0)=0.6\times0.4\times0.2\times0.4=0.019$$
$$P(X|y_k=0)P(y_k=0)\ =\ P(X|y_k=0)\ P(y_k=0)=0.019\times0.357=0.007$$

(3)计算 $P(X|y_k=1)$。

X=(年龄<30,收入中等,是学生,信用一般),即 $X=(x_1='S',x_2='M',x_3='Y',x_4='M')$

$$P(X|y_k=1)=P(x_0|y_k=1)P(x_1|y_k=1)P(x_2|y_k=1)P(x_3|y_k=1)$$
$$P(x_1='S'|y_k=1)=2/9=0.222$$

$$P(x_2='M'|y_k=1)=4/9=0.444$$
$$P(x_3='Y'|y_k=1)=6/9=0.667$$
$$P(x_4='M'|y_k=1)=6/9=0.667$$
$$P(X|y_k=1)=0.222\times0.444\times0.667\times0.667=0.044$$
$$P(X|y_k=0)P(y_k=1)=P(X|y_k=1)P(y_k=1)=0.044\times0.643=0.028$$

(4)计算 $P(y_k=0|X)$ 和 $P(y_k=1/X)$。

由(2)和(3)可知:

$$P(X|y_k=0)P(y_k=0)=P(X|y_k=0)\quad P(y_k=0)=0.019\times0.357=0.007$$
$$P(X|y_k=1)P(y_k=1)=P(X|y_k=1)\quad P(y_k=1)=0.044\times0.643=0.028$$

则

$$P(y_k=0|X)=P(y_k=0|X)=P(X|y_k=0)\quad P(y_k=0)/P(X)=0.007/P(X)$$
$$P(y_k=1|X)=P(y_k=1|X)=P(X|y_k=1)\quad P(y_k=1)/P(X)=0.028/P(X)$$

由于 $P(y_k=1|X)>P(y_k=0|X)$,所以对于样本 X,朴素贝叶斯分类预测为会买电脑。

小　　结

机器学习是人工智能重要的研究领域,多年来,众多学者的努力研究推动了机器学习技术的发展,现已出现了大量行之有效的算法。本章简单介绍了机器学习的基本内容、基本概念和部分的学习算法,主要包括决策树、集成学习、k-近邻分类算法、k-平均聚类算法、马尔可夫模型和朴素贝叶斯分类算法,通过这部分内容的学习,可为进一步学习和运用机器学习、深度学习建立基础。

第 8 章 深度学习

深度学习是一个复杂的机器学习算法，深度学习在搜索技术、数据挖掘、机器学习、机器翻译、自然语言处理、多媒体学习、推荐和个性化技术等相关领域都取得了很多成果。尤其在语音和图像识别方面取得的成果远远超过先前相关技术。

本章知识导图

- 深度学习
  - 神经网络模型基础
    - 定义与特性
    - 学习与适应
    - 感知机
    - BP学习算法
    - 前馈神经网络的复杂性
  - 深度学习的概念与特点
    - 深度学习的概念
    - 深度学习的方式
    - 深度学习模型的特点
  - 卷积神经网络
    - 卷积神经网络的产生与特点
    - 卷积神经网络的结构
    - 卷积神经网络的训练
    - 卷积神经网络的权值更新
  - 循环神经网络
    - 循环神经网络的结构
    - 随时间反向传播学习算法
    - 循环神经网络的扩展
    - 循环神经网络的应用
  - 生成式对抗网络
    - 生成式对抗网络的结构
    - 网络的训练与损失函数
  - 自编码器
    - 自编码器工作原理
    - 常用的自编码器
    - 深度自编码器应用

深度学习使机器模仿视听和思考等人类的活动，解决了很多复杂的模式识别难题，已成为人工智能的主流技术。机器学习是人工智能的分支，而深度学习是机器学习的一个子集，人工智能、机器学习和深度学习的包含关系如图 8-1 所示。

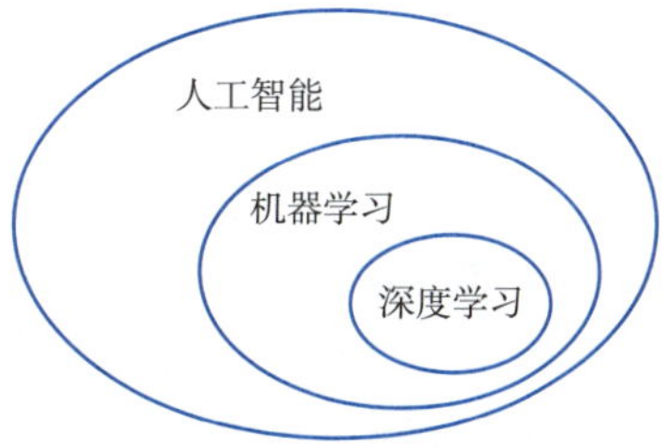

图 8-1 人工智能、机器学习和深度学习的关系

理论上深度学习属于机器学习的一部分，但是机器学习和深度学习的主要区别如下：

- 数据依赖：深度学习必需有大数据量，当数据量较小时，深度学习不合适；

● 硬件依赖：为保证算力，深度学习非常依赖于高端硬件设施，通常都要求有 GPU 环境参与运算；

● 特征工程：大多数机器学习算法的性能依赖于所提取的特征的准确度。深度学习尝试从数据中直接获取高级的特征，这是深度学习与传统机器学习算法的主要的不同。

● 解决方案：机器学习类似于分治法，而深度学习则是一步到位、提供端到端的实时解决方案，虽然其模型训练的时长通常高于机器学习。

2006 年，杰弗里·辛顿以及他的学生鲁斯兰·萨拉赫丁诺夫正式提出了深度学习的概念。2012 年，在著名的 ImageNet 图像识别大赛中，杰弗里·辛顿领导的小组采用深度学习模型 AlexNet 一举夺冠。在 ImageNet 评测中成功地把错误率从 26% 降低到了 15%。2016 年，基于深度学习开发的 AlphaGo 以 4:1 的比分战胜了国际顶尖围棋高手，后来 AlphaGo 又接连和众多世界级围棋高手过招，均取得了完胜。这也证明了在围棋界，基于深度学习技术的机器人已经超越了人类。2017 年 Sebnet 神经网图像分类能力超过了人类识别能力。深度学习的发展历程如图 8-2 所示。

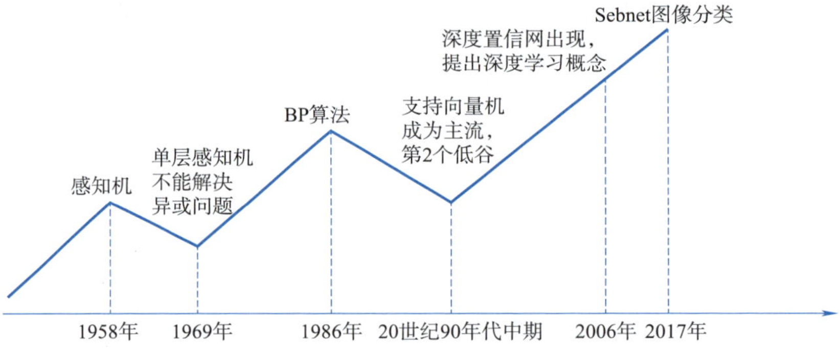

图 8-2 深度学习的发展

8.1 神经网络模型基础

神经网络模型属于连接主义学派，是一种基于生理学的智能仿生模型，是模拟人脑的神经系统对复杂信息处理机制的一种数学模型，是一个由大量简单元件相互连接而成的复杂网络，能够进行复杂的逻辑操作和非线性关系实现。具有自组织、自适应和自学习能力，以及具有非线性、非局域性、非定常性和非凸性等特点。

8.1.1 定义与特性

神经网络模型主要包括数学模型与认知模型。数学模型是对神经系统生理特征的数学抽象的描述；而认知模型是根据神经系统信息处理过程而建立的，利用它可以模拟感知、思维、问题求解等过程。

人脑信息处理的特点是：大规模神经元并行处理、强大容错能力和自适应能力。人脑是最复杂、最完美、最有效的信息处理系统。

1. 神经元模型

神经元模型是组成神经网络模型的细胞，神经元模型如图 8-3 所示。

神经元输出 $\boldsymbol{o}$ 为

$$\boldsymbol{o} = f(\boldsymbol{w}^{\mathrm{T}}\boldsymbol{x}) = f\left(\sum_{i=1}^{n} w_i x_i\right)$$

其中，$\boldsymbol{w}$ 是权向量，定义为

$$\boldsymbol{w}=(w_1\ w_2\cdots\ w_n)^{\mathrm{T}}$$

$\boldsymbol{x}$ 为输入向量，定义为：

$$\boldsymbol{x}=(x_1\ x_2\cdots\ x_n)^{\mathrm{T}}$$

$\boldsymbol{w}$ 和 $\boldsymbol{x}$ 都定义为列向量。函数 $f(\boldsymbol{w}^{\mathrm{T}}\boldsymbol{x})$ 常称为激活（或作用）函数，其定义域为神经元模型的净入值，常用 net 表示。变量 net 定义为权和输入向量的标量积（点积），又称状态。

$$\mathrm{net}=\boldsymbol{w}^{\mathrm{T}}\boldsymbol{x}$$

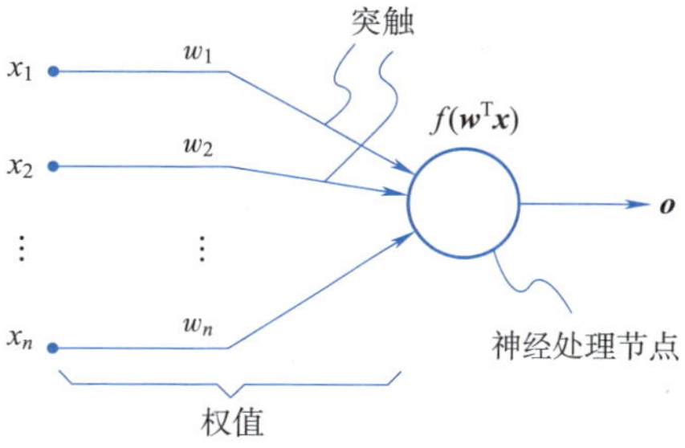

图 8-3　神经元模型

net 是生物神经元潜力的模拟。其中 $x_1,x_2,\cdots,x_{n-1}$ 为实际的输入变量；而 $x_n=-1$ 且 $w_n=T$，T 为阈值，由于阈值对某些模型起了重要作用，因此有时需要明显地将 T 作为一个独立的神经元参数。神经元输出 $\boldsymbol{o}$ 为

$$\boldsymbol{o}=f(\boldsymbol{w}^{\mathrm{T}}\boldsymbol{x})=f(\sum_{i=1}^{n-1}w_ix_i-T)$$

f 为非线性作用函数，其形式是多样的，典型的有阶跃函数、阈值函数和 S（Sigmoid）形函数。其输入与输出的非线性关系如图 8-4 所示。

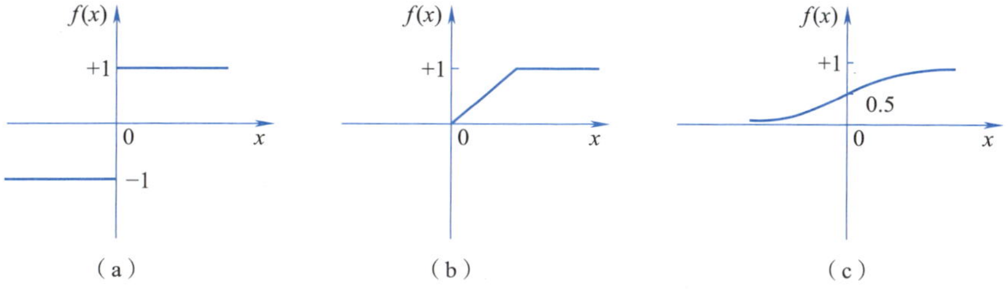

图 8-4　非线性作用函数

图 8-4（a）所示为阶跃函数，图 8-4（b）所示为阈值函数，图 8-3（c）所示为 S 形函数。有时也采用双曲函数或其他函数。通常将阶跃函数和阈值函数等称为硬限函数，S 形函数称为软限函数。

2. 神经网络模型定义

关于神经网络模型，基于不同角度与背景提出了多种定义，常用下述两种典型的定义。

神经网络模型是完成认知任务的算法，在数学上可定义为具有下述性质的有向图：

（1）节点状态变量 net_i 与节点 i 有关；

（2）权值 w_{ij} 与两节点 i 和 j 之间的连接有关；

（3）阈值 θ_i 与节点 i 有关；

（4）节点 i 的输出 $o_i=f_i(o_j,w_{ij},\theta_i,(j\neq i))$ 取决于连接到节点 i 的那些节点输出 o_i，w_{ij} 以及作用函数 f_i。

由著名的神经网络学者 T. Khonen 教授提出的神经网络模型的定义是由简单单元组成的广泛并行互连的网络，能够模拟生物神经系统的真实世界物体所作出的交互反应。

3. 神经网络模型的属性

为了使神经网络模型能够模拟大脑的部分智能，神经网络模型的基本属性归纳如下：

（1）非线性。非线性关系是自然界中各种规律的普遍特征，大脑的智能就是一种非线性现象。神经网络模型是用构造性方法提出的脑功能模型，它具有非线性属性。

（2）非局域性。非局域性是自然界中事物间普遍联系的一种表现，一个系统的许多整体行为不

仅仅取决于系统单元的个性，而且还由单元之间的相互连接、相互作用所决定。大脑的智能是大脑的整体行为，决定于由神经细胞组成的整个神经网络，这就是大脑的非局域性含义。在神经网络模型中，不使用传统计算机中的局域性记忆方式，而是以单元之间的大量连接模拟大脑的非局域性。这些连接称为权，由于它是可塑的，进而使神经网络模型具有学习功能。

(3)非定常性。自然界万物处于永恒的运动与变化之中，大脑的思维也在不断演化。为了使神经网络模型具有智能，能够学习、能够发现规律、能够发明创造，就不能处于定常状态，这就必须使神经网络模型在某种程度上是一个能模拟思维运动的动力学系统。由于神经网络模型具有自适应、自组织和自学习能力，因此神经网络模型不但可以处理各种变化的信息，而且神经网络模型本身也在不断地演化。迭代是描述神经网络模型演化的基本方法。

(4)非凸性。一个动力学系统的演化方向，在一定条件下将取决于某个特定的状态函数。例如能量函数就是一种状态函数。函数的极值对应于系统的较稳定状态。非凸性是指这种函数具有多极值性，表明系统可以有多个较稳定的平衡态。这就导致了系统演化的多样性和复杂性。

神经网络模型的学习过程就是改变其内部的连接权值的过程。可以定义某种评估函数来描述学习效果。但评估函数是多极值性的，这就导致了神经网络模型演化的非凸性。

上述关于神经网络模型的典型定义与其基本特性，只是局限于当前背景下的认识结果。人类对大脑的结构与思维等问题了解仍很肤浅，神经网络模型的发展仍处于相当初级阶段，许多技术上的难点有待克服与突破，并需在基本原理方面进行更深刻、更广阔的探索。

4. 神经网络模型的拓扑结构

(1)层次网络模型。在这种模型中将大量神经元按层次结构分成若干层顺序连接，在输入层加上输入(刺激)信息，通过中间各层变换，到达输出层，则完成一次信息处理。图8-5所示为层次网络模型的三种基本结合方式。

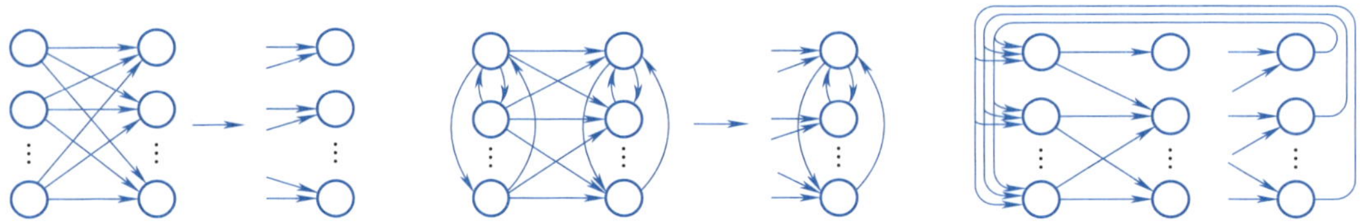

(a) (b) (c)

图8-5 层次网络模型的三种基本结合方式

(2)互连网络模型。在这种模型中任意两个神经元之间都具有相互连接的关系，参阅图8-6。网络的动作采用动态分析方法，即由某一个初始状态出发，根据网络的结构和神经元的特性进行网络的能量最小化计算逼近，最后达到稳定状态。

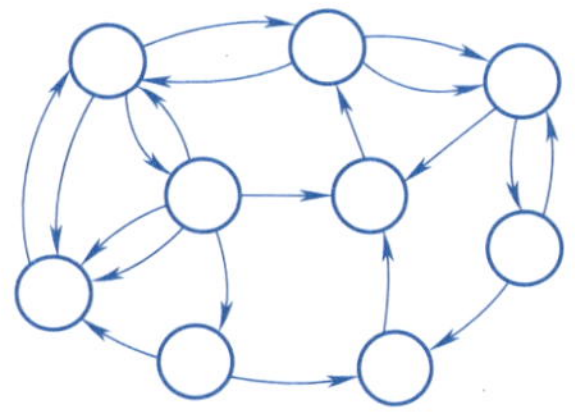

图8-6 互连网络

5. 典型模型的基本结构。

1)前馈神经网络模型

前馈神经网络模型是信息单向流动的神经网络模型，含有 m 个神经元，n 个输入端的单层，前馈神经网络模型的结构如图8-7所示。

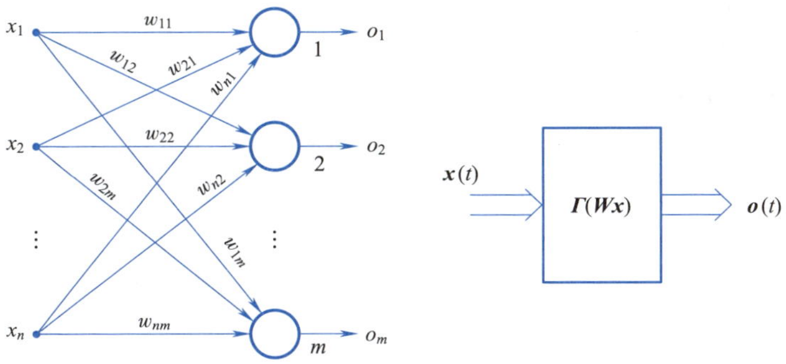

图 8-7　前馈神经网络

其输入向量为 $\boldsymbol{x}=(x_1,x_2,\cdots,x_n)^{\mathrm{T}}$,

其输出向量为 $\boldsymbol{o}=(o_1,o_2,\cdots,o_m)^{\mathrm{T}}$,

w_{ij}表示为第 j 个神经元与第 i 个输入之间的连接权。其中第 j 个神经元的净入值为

$$\mathrm{net}_j \sum_{i=1}^{n} w_{ij}x_i, \quad j=1,2,\cdots,m$$

在网络中每个神经元完成的转换是一个非常强烈的非线性映射,即

$$\boldsymbol{o}_j=f(\boldsymbol{w}_j^{\mathrm{T}}\boldsymbol{x}), \quad j=1,2,\cdots,m$$

其中权向量 $\boldsymbol{w}_j$包含与第 j 个神经元相连接的所有权值,即

$$\boldsymbol{w}_j=(w_{1j},w_{2j,}\cdots,w_{nj})^{\mathrm{T}}$$

引入非线性矩阵运算符 $\boldsymbol{\Gamma}$,则输入空间 $\boldsymbol{x}$ 到输出空间 $\boldsymbol{o}$ 的映射为

$$\boldsymbol{o}=\boldsymbol{\Gamma}(\boldsymbol{Wx})$$

其中,权矩阵为

$$\boldsymbol{W}\triangleq\begin{pmatrix} w_{11} & w_{21} & \cdots & w_{n1} \\ w_{12} & w_{22} & \cdots & w_{n2} \\ \vdots & \vdots & & \vdots \\ w_{1m} & w_{2m} & \cdots & w_{nm} \end{pmatrix}$$

$$\boldsymbol{\Gamma}(\cdot)\triangleq\begin{pmatrix} f(\cdot) & 0 & \cdots & 0 \\ 0 & f(\cdot) & \cdots & 0 \\ \vdots & \vdots & & \vdots \\ 0 & 0 & \cdots & f(\cdot) \end{pmatrix}$$

输入向量 $\boldsymbol{x}$ 和输出向量 $\boldsymbol{o}$ 又称为输入模式和输出模式。在上面所描述的映射关系是一种前馈瞬时模型,如果考虑到 $\boldsymbol{x}$ 与 $\boldsymbol{o}$ 之间的延迟,则可用包含时间 t 的形式重写上式为

$$\boldsymbol{o}(t)=\boldsymbol{\Gamma}(\boldsymbol{Wx}(t))$$

前馈神经网络的特点是无反馈,利用这种单层前馈神经网连结可以构成多层前馈神经网络。在这种多层网中,前一层的输出是下一层的输入。在 $x(t)$ 映射成 $\boldsymbol{o}(t)$ 时,虽然前馈神经网络中无反馈,但输出值要与监督的指导信息相比较,利用产生的误差信号调整网络中的权值。

2)反馈神经网络模型

将图 8-8(a)所示的前馈神经网络模型的输出与输入相连接就可以得到反馈神经网络模型。

闭合反馈环能够使得输出 $\boldsymbol{o}_j(t-\Delta)$ 对 $\boldsymbol{o}_i(t)$ 进行控制,$i=1,2,\cdots,n;j=1,2,\cdots,m$。

如果当前的输出为 $\boldsymbol{o}(t)$，控制下一时刻的输出为 $\boldsymbol{o}(t+\Delta)$，则这样的控制是有意义的。在图 8-6(a)中，用延迟单元来表示 t 和 $t+\Delta$ 之间的时间间隔。它是对基本的生物神经元的模拟。$\boldsymbol{o}(t)$ 到 $\boldsymbol{o}(t+\Delta)$ 的映射可以写成

$$\boldsymbol{o}(t+\Delta) = \boldsymbol{\Gamma}(\boldsymbol{W}\boldsymbol{o}(t))$$

图 8-8(b)是这个公式的方框图表示，输入 $\boldsymbol{x}(t)$ 仅用于初始化网络，使 $\boldsymbol{o}(0)=\boldsymbol{x}(0)$。当 $t>0$ 之后，$\boldsymbol{x}(0)$ 被取消，系统开始自动工作。

在离散时间系统中，由于时间间隔 Δ 是确定的。因此，选择自然数表示时间更为简洁而方便。对于一个离散时间人工系统，有下式关系：

$$\boldsymbol{o}^{k+1} = \boldsymbol{\Gamma}(\boldsymbol{W}\boldsymbol{o}^{k}), \quad k=1,2,\cdots$$

式中，k 为表示时间的自然数。

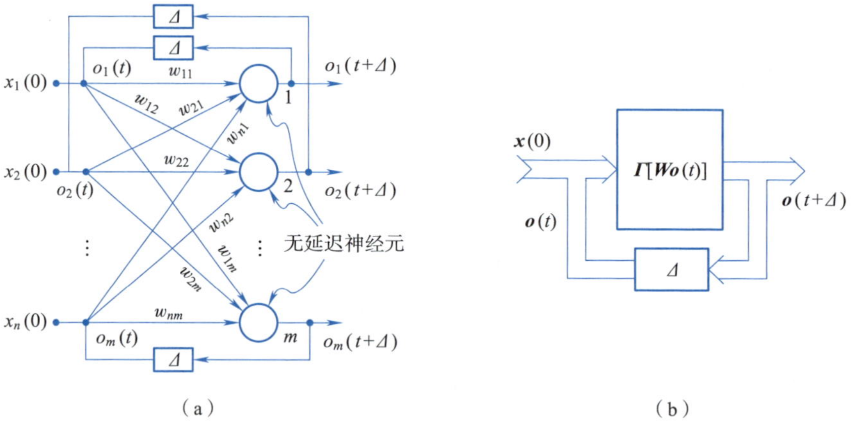

图 8-8 单层离散时间反馈网络

由于在图 8-8 中的网络是反馈的，也就是说在 $k+1$ 时刻的输出依赖于从 $k=0$ 时刻到 k 时刻的所有输出。因此，可以得到一系列迭代表达式，即

$$\boldsymbol{o}^{1} = \boldsymbol{\Gamma}(\boldsymbol{W}\boldsymbol{x}^{0})$$
$$\boldsymbol{o}^{2} = \boldsymbol{\Gamma}(\boldsymbol{w}\boldsymbol{\Gamma}(\boldsymbol{W}\boldsymbol{x}^{0}))$$
$$\cdots$$
$$\boldsymbol{o}^{k+1} = \boldsymbol{\Gamma}(\boldsymbol{w}\boldsymbol{\Gamma}(\boldsymbol{w}\boldsymbol{\Gamma}(\cdots\boldsymbol{w}\boldsymbol{\Gamma}(\boldsymbol{W}\boldsymbol{x}^{0})\cdots)))$$

显然，这类反馈神经网络可以用自动机描述。将网络稳定输出状态称为吸引子，一个吸引子可以是一个确定状态或在几个状态绕行(又称为极限环)。

8.1.2 学习与适应

人类通过学习来掌握技术与增强能力。对于心理学家来说，学习方法的研究是一个重要课题。在神经网络中，学习是一个更为直接的过程。神经网络需要从一组例子的输入输出映射中进行学习。设计一个联想器或分类器可根据学习，将输入转换为输出。

1. 函数逼近

在近似理论中，主要通过一个函数 $H(\boldsymbol{w},\boldsymbol{x})$ 来逼近另一个连续的多变量函数 $h(x)$，其中 $\boldsymbol{x}=(x_1,x_2,\cdots,x_n)^{\mathrm{T}}$ 为输入向量，$\boldsymbol{w}=(w_1,w_2,\cdots,w_m)^{\mathrm{T}}$ 为参数(权)向量。

对于神经网络模型，可以通过学习实现函数逼近。学习的任务是根据训练样本集 $\{X\}$ 找到能够

提供最佳逼近的 $\boldsymbol{w}$ 值。需要进行的重要选择是使用近似函数 $H(\boldsymbol{w},\boldsymbol{x})$，如图 8-9 所示，不能使用过任意两点的直线逼近函数。为了表示 $h(x)$ 进行函数 $H(\boldsymbol{w},\boldsymbol{x})$ 的选择问题，一旦选择了 $H(\boldsymbol{w}^*,\boldsymbol{x})$，学习算法便可以寻找最佳参数 $\boldsymbol{w}^*$。关于学习的更精确描述可以用包含 $\boldsymbol{w}$ 的下述计算式来表示：

$$\rho[H(\boldsymbol{w}^*,\boldsymbol{x}),h(\boldsymbol{x})]\leqslant\rho[H(\boldsymbol{w},\boldsymbol{x}),h(\boldsymbol{x})]$$

其中，$\rho[H(\boldsymbol{w},\boldsymbol{x}),h(\boldsymbol{x})]$ 为距离函数，它是 $H(\boldsymbol{w},\boldsymbol{x})$ 和 $h(\boldsymbol{x})$ 之间近似程度的描述和度量。前馈神经网就是通过逼近来实现输入到输出关系的映射。

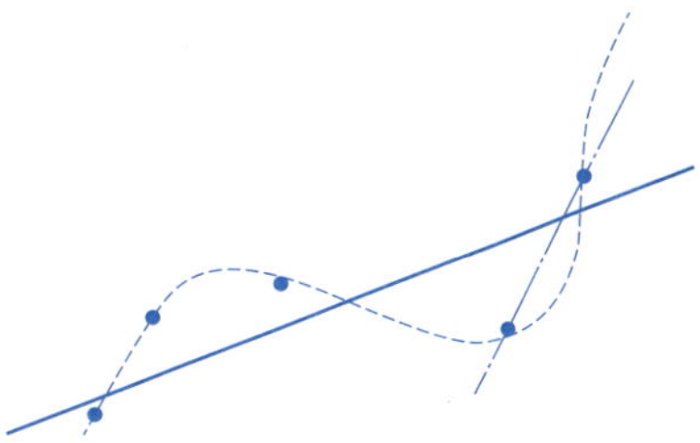

图 8-9　函数逼近

2. 有监督学习与无监督学习

在神经网络模型中使用了有监督或无监督的学习方法，但是也有一些神经网络模型不需逐渐训练，而是一次性学习，例如 Hopfield 神经网络。

当神经网络的权值仅需一次调整时，需要输入、输出训练数据全集来决定权值。网络本身产生的反馈信息并不包含在网络运行过程中，这种技术也称为译码。然而带有来自监督或者来自环境反馈的学习是神经网络更重要的学习。图 8-10 所示为神经网的有监督学习和无监督学习的示意图。

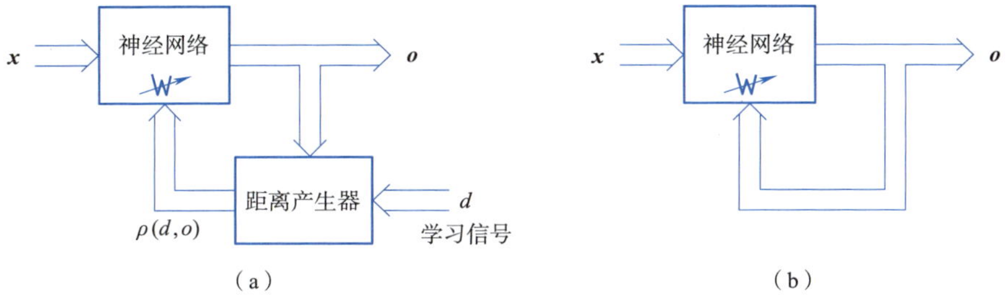

图 8-10　神经网络的学习方式

在有监督的学习方式中，当输入模式加入网络后，监督提供一个期望输出 d 给系统。将网络产生的实际输出值和期望输出 d 间的距离 $\rho[d,o]$ 作为误差，并用来调整网络参数。即使用一个奖惩方案修改网络的权矩阵。这种学习方案需要训练例子集，对神经网络的训练是有效的，大部分有监督学习算法都能将多维空间误差减至最小。

在无监督学习方式中，期望输出是未知的，因此没有直接的误差信息用来改善网络的行为。由于得不到正确输出指导信息，因此，学习必须根据对输入的应答的观察来完成。有监督学习能够容易地找到图 8-8(a)所示的各类输入模式的边界。无监督学习算法使用大量未经处理的输入数据，这些数据没有标记它们属于哪类标记。网络本身能发现任何可能存在的模式、规律性等，在发现的同时，网络进行参数的变化，这个过程称为神经网络模型的自组织。

无监督学习常用于完成聚类问题，例如，不提供任何关于分类信息的无监督指导分类，然而在一些无监督环境中的学习常常是不可能的。

3. 学习规则

一个神经元可以看作一个适应单元。连接权可以根据神经元接收的输入信号(刺激)、输出值(响应)及相对应的监督应答进行调整，图 8-9 所示为监督学习的神经元 j 权向量 $\boldsymbol{w}_j$ 的调节示意图。著名神经网络学者 Amari 教授于 1990 年提出了神经网络的通用学习规则，即：权向量 $\boldsymbol{w}_j$ 的增量 $\Delta\boldsymbol{w}_j$，与输入向量 $\boldsymbol{x}$ 和学习信号 r 的乘积成正比。学习信号通常是 $\boldsymbol{w}_j$、$\boldsymbol{x}$ 和信号 d_j 的函数。对于 8-11 所示的网络，$r=r(\boldsymbol{w}_j,\boldsymbol{x},d)$。

根据通用学习规则，在 z 时刻学习中产生的权向量的增量为：

$$\Delta \boldsymbol{w}_j(t)=cr\boldsymbol{x}(t)$$

其中，c 为正数并称之为学习常量，其值决定学习速度。下一步学习 $t+1$ 时刻权向量为

$$\boldsymbol{w}_j(t+1)=\boldsymbol{w}_j(t)+cr[\boldsymbol{w}_j(t),\boldsymbol{x}(t),d_j(t)]\boldsymbol{x}(t)$$

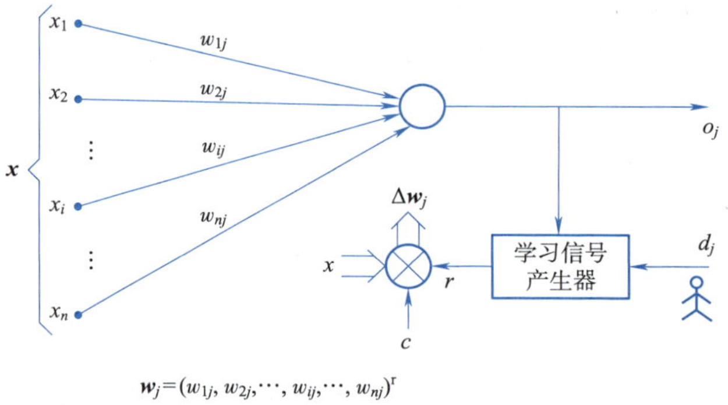

图 8-11　权值调整

如果用上角标表示离散时间学习步骤，则第 k 步可改写为

$$\boldsymbol{w}_j^{k+1}=\boldsymbol{w}_j^k+cr(\boldsymbol{w}_j^k,\boldsymbol{x}^k,d_j^k)\boldsymbol{x}^k$$

上面所讨论的是基于离散时间权调整的形式。基于连续时间的学习可表示为

$$\frac{\mathrm{d}\boldsymbol{w}_j(t)}{\mathrm{d}t}=crX(t)$$

基于离散时间权调整（学习）的基本规则。在每次学习之前，假设已对权值做了初始化。

1）Hebbian 学习规则

在 Hebbian 学习规则中学习信号与神经元的输出相等，即

$$\gamma=f(\boldsymbol{w}_j{}^{\mathrm{T}}\boldsymbol{x})$$

权向量的增量为

$$\Delta \boldsymbol{w}_j=cf(\boldsymbol{w}_j{}^{\mathrm{T}}\boldsymbol{x})\boldsymbol{x}$$

权 w_{ij} 使用下述增量修改：

$$\Delta w_{ij}=cf(\boldsymbol{w}_j{}^{\mathrm{T}}\boldsymbol{x})x_i$$

也可以写成

$$\Delta w_{ij}=co_jx_i,\quad i=1,2,\cdots,n$$

这个学习规则要求在学习前连接权初始化成很小的随机数（在 $\boldsymbol{w}_j=0$ 附近）。Hebbian 学习规则代表了一种纯前馈、无监督学习。这个规则表明：如果 o_jx_i 是正数，则使权 w_{ij} 增大；否则，权减小。

例 8-1　Hebbian 学习规则。

图 8-12 所示的网络权向量的初值为：

$$\boldsymbol{w}^1=\begin{pmatrix}1\\-1\\0\\0.5\end{pmatrix}$$

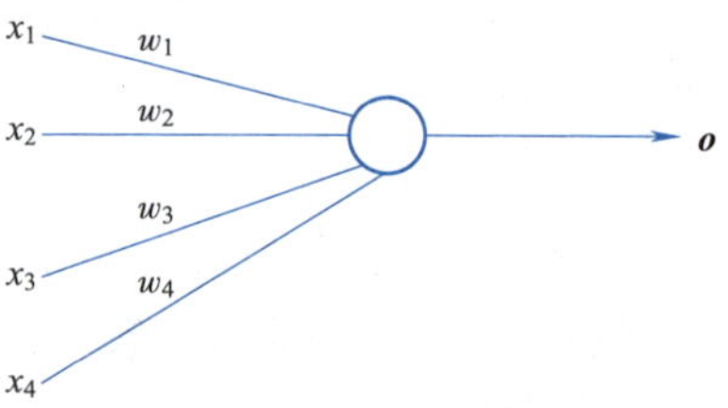

图 8-12　网络权向量的初值

需要利用下面三个向量进行训练：

$$\boldsymbol{x}_a=\begin{pmatrix}1\\-2\\1.5\\0\end{pmatrix},\quad \boldsymbol{x}_b=\begin{pmatrix}1\\-0.5\\-2\\-1.5\end{pmatrix},\quad \boldsymbol{x}_c=\begin{pmatrix}0\\1\\-1\\1.5\end{pmatrix}$$

学习常量 c 选为 1，作用函数，选为双向符号函数，即 $f\in\{-1,1\}$。

第 1 步：输入 $\boldsymbol{x}_a$，获得净入 net^1 为

$$\mathrm{net}^1=\boldsymbol{w}^{1\mathrm{T}}\boldsymbol{x}_a=[1,-1,0,0.5]\begin{pmatrix}1\\-2\\1.5\\0\end{pmatrix}=3$$

$$\boldsymbol{w}^2=\boldsymbol{w}^1+\mathrm{sgn}(\mathrm{net}^1)\boldsymbol{x}_a=\boldsymbol{w}^1+\boldsymbol{x}_a=\begin{pmatrix}1\\-1\\0\\0.5\end{pmatrix}+\begin{pmatrix}1\\-2\\1.5\\0\end{pmatrix}=\begin{pmatrix}2\\-3\\1.5\\0.5\end{pmatrix}$$

第 2 步：$\boldsymbol{x}_b$ 作为输入

$$\mathrm{net}^2=\boldsymbol{w}^{2\mathrm{T}}\boldsymbol{x}_b=[2,-3,1.5,0.5]\begin{pmatrix}1\\-0.5\\-2\\-1.5\end{pmatrix}=-0.25$$

$$\boldsymbol{w}^3=\boldsymbol{w}^2+\mathrm{sgn}(\mathrm{net}^2)\boldsymbol{x}_b=\boldsymbol{w}^2-\boldsymbol{x}_b=\begin{pmatrix}1\\-2.5\\3.5\\2\end{pmatrix}$$

第 3 步：$\boldsymbol{x}_c$ 作为输入

$$\mathrm{net}^3=\boldsymbol{w}^{3\mathrm{T}}\boldsymbol{x}_c=[1,-2.5,3.5,2]\begin{pmatrix}0\\1\\-1\\1.5\end{pmatrix}=-3$$

$$\boldsymbol{w}^4=\boldsymbol{w}^3+\mathrm{sgn}(\mathrm{net}^3)\boldsymbol{x}_c=\boldsymbol{w}^3-\boldsymbol{x}_c=\begin{pmatrix}1\\-3.5\\4.5\\0.5\end{pmatrix}$$

在上述计算中，由于 $c=1$，则有 $f_c\in\{-1,1\}$。进而使输入模式加或减到权向量中。如果作用函数 f 选为 Sigmoid 形式，则可使权向量得到更细致的调节。

重新使用上述例子，作用函数 f 为

$$f=1/(1+\mathrm{e}^{-\lambda x})$$

其中 $\lambda=1$，则有

第 1 步：$f(\mathrm{net}^1)=0.905$

$$w^2 = \begin{pmatrix} 1.905 \\ -2.81 \\ 1.357 \\ 0.5 \end{pmatrix}$$

第 2 步：$f(\text{net}^2) = -0.077$

$$w^3 = \begin{pmatrix} 1.828 \\ -2.772 \\ 1.512 \\ 0.616 \end{pmatrix}$$

第 3 步：$f(\text{net}^3) = -0.932$

$$w^4 = \begin{pmatrix} 1.828 \\ -3.70 \\ 2.44 \\ -0.783 \end{pmatrix}$$

2）感知机学习规则

感知机（perceptron）学习规则的学习信号是神经元的期望输出和实际输出之间的差值，其学习信号为

$$\gamma = d_j - o_j$$

其中，$o_j = \text{sgn}(\boldsymbol{w}_j^{\mathrm{T}}\boldsymbol{x})$；$d_j$是期望输出，如图 8-13 所示。

$$\Delta \boldsymbol{w}_j = c[d_j - \text{sgn}(\boldsymbol{w}_j^{\mathrm{T}}\boldsymbol{x})]\boldsymbol{x}$$

$$\Delta \boldsymbol{w}_{ij} = c[d_j - \text{sgn}(\boldsymbol{w}_j^{\mathrm{T}}\boldsymbol{x})]x_i, \quad i = 1, 2, \cdots, n$$

$$\text{sgn}(\boldsymbol{w}_j^{\mathrm{T}}\boldsymbol{x}) \in \{-1, 1\}$$

由于学习信号是带标签的期望输出函数，所以这种学习规则是一种有监督的学习规则。

权可以初始化成任何值，这种规则仅适用于二进制神经元。

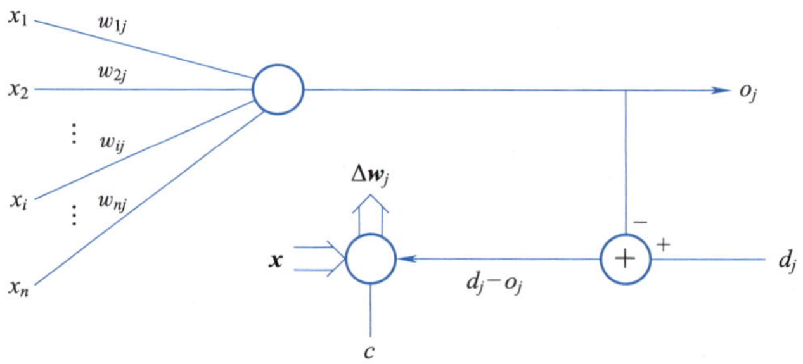

图 8-13　感知器学习规则

例 8-2　输入样本向量为

$$\boldsymbol{x}_a = \begin{pmatrix} 1 \\ -2 \\ 0 \\ -1 \end{pmatrix}, \quad \boldsymbol{x}_b = \begin{pmatrix} 0 \\ 1.5 \\ -0.5 \\ -1 \end{pmatrix}, \quad \boldsymbol{x}_c = \begin{pmatrix} -0 \\ 1 \\ 0.5 \\ -1 \end{pmatrix}$$

初始权向量为

$$w^1=\begin{pmatrix}1\\-1\\0\\0.5\end{pmatrix}$$

学习常数 $c=0.1$，则与 $\boldsymbol{x}_a,\boldsymbol{x}_b,\boldsymbol{x}_c$ 相对应的期望输出为 $d_a=-1,d_b=-1,d_c=1$。

第 1 步：输入 $\boldsymbol{x}_a,d_a$，净入值 net 为

$$\text{net}^1=\boldsymbol{w}^{1\text{T}}\boldsymbol{x}_a=(1,-1,0,0.5)\begin{pmatrix}1\\-2\\0\\-1\end{pmatrix}=2.5$$

由于 $d_a=-1\neq\text{sgn}(\text{net}^1)$，所以

$$\begin{aligned}\boldsymbol{w}^2&=\boldsymbol{w}^1+0.1\times(-1-1)\times\boldsymbol{x}_a\\&=\begin{pmatrix}1\\-1\\0\\0.5\end{pmatrix}-0.2\begin{pmatrix}1\\-2\\0\\-1\end{pmatrix}=\begin{pmatrix}0.8\\-0.6\\0\\0.7\end{pmatrix}\end{aligned}$$

第 2 步：输入 $\boldsymbol{x}_b,d_b$

$$\text{net}^2=\boldsymbol{w}^{2\text{T}}\boldsymbol{x}_b=(0,1.5,-0.5,-1)\begin{pmatrix}0.8\\-0.6\\0\\0.7\end{pmatrix}=-1.6$$

由于 $d_b=-1=\text{sgn}(-1,6)$，所以在这步不修正权值。

第 3 步：输入 $\boldsymbol{x}_c,d_c$

$$\text{net}^3=\boldsymbol{w}^{3\text{T}}\boldsymbol{x}_c=(-1,1,0.5,-1)\begin{pmatrix}0.8\\-0.6\\0\\0.7\end{pmatrix}=-2.1$$

由于 $d_c=1$，所以

$$\boldsymbol{w}^4=\boldsymbol{w}^3+0.1(1+1)\boldsymbol{x}_c$$

$$\boldsymbol{w}^4=\begin{pmatrix}0.8\\-0.6\\0\\0.7\end{pmatrix}+0.2\begin{pmatrix}-1\\1\\0.5\\-1\end{pmatrix}=\begin{pmatrix}0.6\\-0.4\\0.1\\0.5\end{pmatrix}$$

如果用同样的训练集重新对网络进行训练，则输出误差通常会比原来小。

3）Delta 学习规则

Delta 学习规则只适合于连续作用函数（Sigmoid）的情况，并用于有监督的学习方式。这个规则的学习信号称为 Delta，其定义如下：

$$r\triangleq[d_j-f(\boldsymbol{w}_j^{\text{T}}\boldsymbol{x})]f'(\boldsymbol{w}_j^{\text{T}}\boldsymbol{x})$$

其中，$f'(\boldsymbol{w}_i^{\text{T}}\boldsymbol{x})$ 是作用函数 $f(\text{net})$ 的导数。Delta 学习规则的解释如图 8-14 所示。

其误差 $\boldsymbol{E}$ 定义为

$$\boldsymbol{E} \triangleq \frac{1}{2}(d_j - o_j)^2$$

$$= \frac{1}{2}[d_j - f(\boldsymbol{w}_j^{\mathrm{T}}\boldsymbol{x})]^2$$

可以得到误差的梯度向量值，即

$$\nabla \boldsymbol{E} = -(d_j - o_j)f'(\boldsymbol{w}_j^{\mathrm{T}}\boldsymbol{x})\boldsymbol{x}$$

$$\frac{\partial \boldsymbol{E}}{\partial w_{ji}} = -(d_j - o_j)f'(\boldsymbol{w}_j^{\mathrm{T}}\boldsymbol{x})\boldsymbol{x}_i, \quad i = 1,2,\cdots,n$$

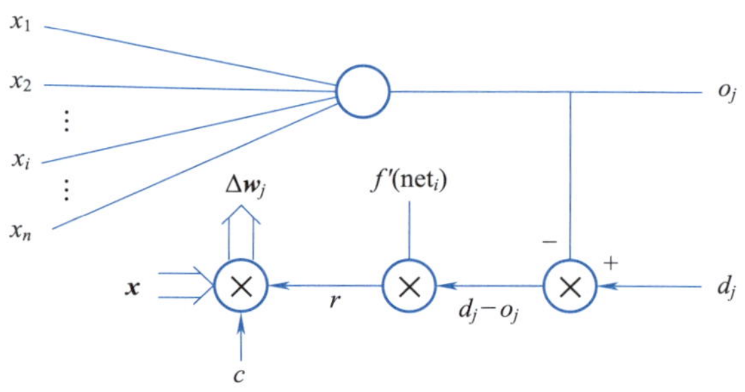

图 8-14 Delta 学习规则

为了减小误差，权向负梯度方向变化，即

$$\Delta \boldsymbol{w}_j = -c\nabla \boldsymbol{E}$$

c 为正常数。

$$\Delta \boldsymbol{w}_j = c(d_j - o_j)f'(\mathrm{net}_j)\boldsymbol{x}$$

$$\Delta w_{ji} = c(d_j - o_j)f'(\mathrm{net}_j)x_i$$

在 Delta 学习规则中，网络的初始权可为任意值。Delta 学习规则通常称为连续感知器学习规则，Delta 学习规则可被推广到多层网络。

4) Widrow-Hoff 学习规则

Widrow-Hoff 学习规则是一种有监督的学习规则，与神经元所使用的作用函数无关。其学习信号定义为

$$\gamma = d_j - \boldsymbol{w}_j^{\mathrm{T}}\boldsymbol{x}$$

权向量增量为

$$\Delta \boldsymbol{w}_j = \mathrm{c}(\mathrm{d}_j - \boldsymbol{w}_j^{\mathrm{T}}\boldsymbol{x})\boldsymbol{x}$$

$$\Delta w_{ji} = c(d_j\boldsymbol{w}_j^{\mathrm{T}}\boldsymbol{x})x_i$$

Widrow-Hoff 学习规则是 Delta 学习规则的特殊情况。如果在 Delta 学习规则中作用函数为单位函数，则 Delta 学习规则与 Widrow-Hoff 学习规则完全一致。Widrow-Hoff 学习规则也称为 LMS(Least Mean Square)学习规则，在这种规则中，权可被初始化任意值。

5) Correlation 学习规则

在 Correlation 学习规则中

$$\gamma = d_j$$

$$\Delta \boldsymbol{w}_j = cd_j\boldsymbol{x}$$

$$\Delta w_{ij} = cd_jx_i$$

这个规则说明，如果 d_j 是 x_i 的期望输出，则相应的权的增量与 d_jx_i 成正比。这个规则通常用于双向输出神经元构成的记忆网络中。也可被解释为 Hebbian 规则的特殊情况，即具有一个二进制作用函数 $o_i = d_i$。但是 Hebbian 学习规则是在无监督环境中完成的，Correlation 学习规则是有监督的学习规则，并且要求将权向量初始化为 $\boldsymbol{w} = 0$。

6) Winner-Take-All 学习规则

Winner-Take-All 学习规则是一种竞争学习规则，并且用于无监督的网络训练。在网络的输出层中有 p 个神经元，对于输入 $\boldsymbol{x}$ 第 m 个神经元有最大输出，如图 8-15 所示。这个神经元称为胜利者，作为这个获胜事件的结果。其权向量 $\boldsymbol{w}_m = (w_{1m}, w_{2m}, \cdots w_{mm})^{\mathrm{T}}$。

其增量为

$$\Delta \boldsymbol{w}_m = \alpha(\boldsymbol{x} - \boldsymbol{w}_m)$$

$$\Delta w_{im} = \alpha(x_i - w_{im}) \quad i = 1,2,\cdots,n$$

其中 $\alpha > 0$，一般随学习过程的进展而不断增加。选择胜利者的标准是：在所有参加竞赛的 p 个神经元中取最大的响应，即

$$\boldsymbol{w}_m^{\mathrm{T}}\boldsymbol{x} = \max_{i=1,2,\cdots,p}(\boldsymbol{w}_i^{\mathrm{T}}\boldsymbol{x})$$

显然，这个标准与寻找最接近输入 $\boldsymbol{x}$ 权向量是一致的。在这种规则中，除了获胜神经元连接权被调节之外，获胜神经元的相邻神经元也被补充进来调节。权通常被初始化任意值并被归一化处理。

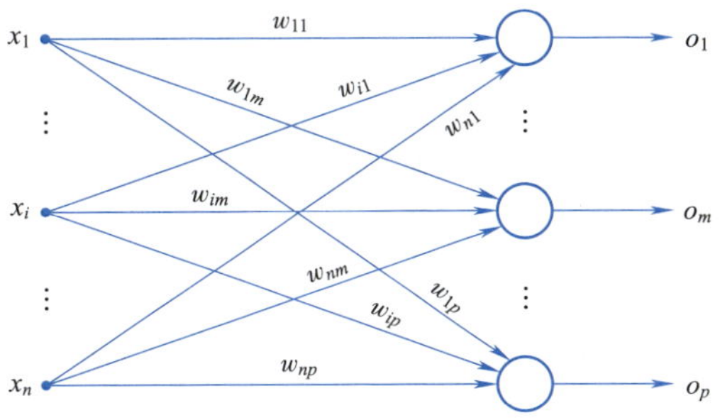

图 8-15　Winner-ake-All 学习规则

7）Outstar 学习规则

Outstar 学习规则用于实现在输出层中 p 个神经元的期望输出 D，如图 8-16 所示。这个规则能够反复学习输入输出关系的特征。Outstar 学习规则与有监督学习有关，但是它被认为允许网络抽取输入和输出信号的统计特征。其权调节为

$$\Delta \boldsymbol{w}_j = \beta(\boldsymbol{d} - \boldsymbol{w}_j)$$

$$\Delta w_{ij} = \beta(d_j - w_{ij}), \quad j = 1,2,\cdots,p; i = 1,2,\cdots,n$$

其中，$\boldsymbol{w}_j = (w_{1j}, w_{2j}, \cdots, w_{nj})^{\mathrm{T}}$，$\beta$ 为在学习中逐渐减小的正的常量。

反复学习之后，输出模式与期望输出非常相似。

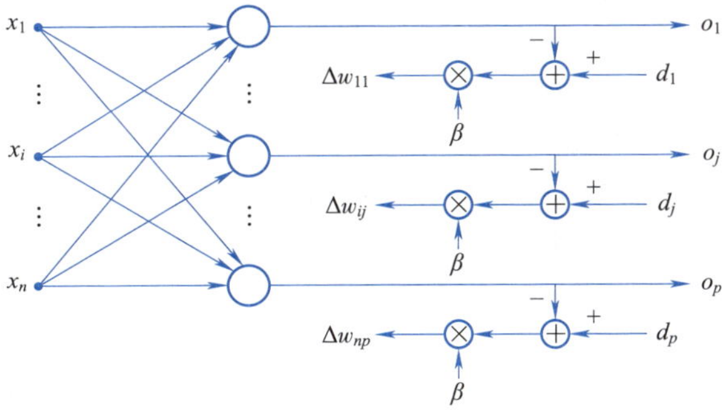

图 8-16　Outstar 学习规则

8）学习规则总结

表 8-1 给出了上述几种学习规则的比较。除了 Winner-Take-All 学习和 Outstar 学习规则之外，大多数学习规则适用单个神经元学习。在这里，仅列举了几种较常使用的学习规则，并没有包括现存的所有学习规则。

表 8-1　学习规则比较

学习规则	权调节 Δw_{ji}	初始权	学习	神经元特征
Hebbian	$co_j x_i$ $i = 1,2,\cdots,n$	0	U（无监督）	任意
感知器	$c[d_j - \mathrm{sgn}(\boldsymbol{w}_j^{\mathrm{T}}\boldsymbol{x})]x_i$ $i = 1,2,\cdots,n$	任意	S（有监督）	双态

续表

学习规则	权调节 Δw_{ji}	初始权	学习	神经元特征
Delta	$c(d_j - o_j)f'(\text{net}_j)x_i$ $i=1,2,\cdots,n$	任意	S(有监督)	连续
Widrow-Hoff	$c(d_j - \boldsymbol{w}_j^{\mathrm{T}}\boldsymbol{x})x_i$ $i=1,2,\cdots,n$	任意	S(有监督)	任意
Correlation	cd_jx_i $i=1,2,\cdots,n$	0	S(有监督)	任意
Winner-Take-All	$\Delta w_{im} = \alpha(x_i - w_{im})$ $i=1,2,\cdots,n$	随机规一化	U(无监督)	连续
Outstar	$\beta(d_j - w_{ij})$ $i=1,2,\cdots,p$	0	S(有监督)	连续

说明:c,α,β 是正的学习常数。

8.1.3 感知机

感知机是二类分类的线性分类模型,其输入为实例的特征向量,输出为实例的类别。感知机对应于输入空间中将实例划分为正负两类的分离超平面,属于判别模型。通过感知机,可以完成大部分逻辑操作,如逻辑与、或、非都能通过感知机来描述,那么,对于大部分线性可分的关系都能通过感知机来实现,感知机的数学定义为线性方程 $\boldsymbol{wx}+\boldsymbol{b}=0$,其中 $\boldsymbol{w}$、$\boldsymbol{x}$、$\boldsymbol{b}$ 均为行列向量的矩阵表示,对应于特征空间 R^n 中的一个超平面 S,其中 $\boldsymbol{w}$ 是超平面的法向量,$\boldsymbol{b}$ 是超平面的截距。

超平面将特征空间划分为两个部分。位于两部分的点(特征向量)分别被分为正、负两类。当假设训练数据集是线性可分,那么感知机学习的目的即为求得一个能够将训练集正实例点和负实例点完全正确分开的分离超平面,如图 8-17 所示。

为了找出超平面,需要确定感知机模型参数 $\boldsymbol{w}$ 和 $\boldsymbol{b}$,需要定义损失函数并将损失函数极小化。而在面对较复杂的非线性分类的问题时,例如异或问题,单一的感知机模型已无法解决。

8.1.4 BP 学习算法

多层前馈神经网络则能较好地解决这些问题。多层前馈神经网络又称为 BP(back propagation)神经网络。图 8-18 为三层前馈神经网的拓扑结构,这种神经网络模型的特点是:各层神经元间无反馈连接,各层神经元之间无任何连接,仅相邻层神经元之间有连接,仅相邻层神经元之间有连接。

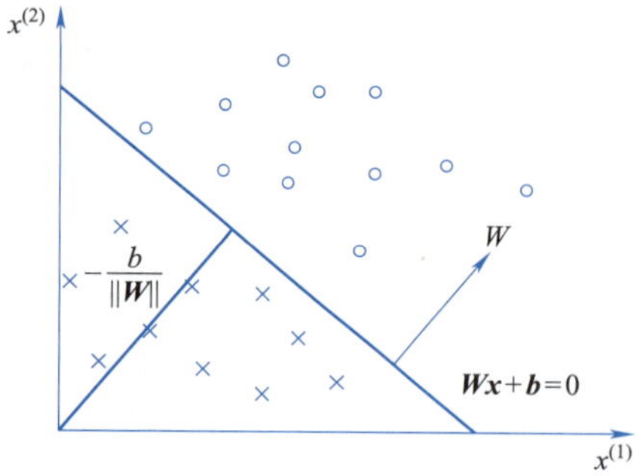

图 8-17 感知机模型

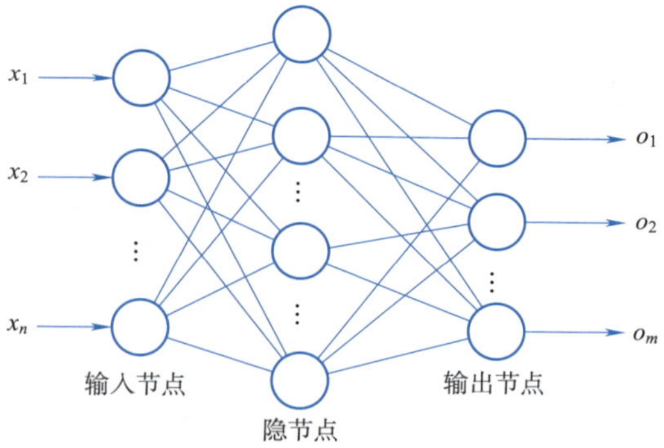

图 8-18 三层前馈神经网络的拓扑结构

对于输入信号，要先向前传播到隐节点，经过隐节点之后，再将隐节点的输出信息传播到输出节点，最后给出输出结果。节点的作用函数通常选取 Sigmoid 型函数。

前馈神经网络的输入与输出关系是一个高度非线性映射关系，如果输入节点数为 n，输出节点数为 m，则网络是从 n 维欧氏空间到 m 维欧氏空间的映射。通过调整前馈神经网络中的连接权值、网络的规模（包括 n 和 m 隐层节点数），就可以实现非线性分类等问题。

BP 学习算法是一个非常重但又经典的学习算法。利用它可以实现多层前馈神经网络的权调节。这种学习算法的提出对人工神经网络的发展起到了推动作用。

为了使讨论的问题更为简单，认为整个网络只有一个输出。任何节点 z 的输出为 q，如果有 N 个样本 (x_k, y_k)，$k=1,2,\cdots,N$，某一输入 x_k，网络的输出为 o_k，节点 i 的输出为 o_{ik}，节点 j 的输入为

$$\text{net}_{jk} = \sum_i w_{ij} o_{ik}$$

其平方型误差函数为

$$E = \frac{1}{2}\sum_{k-1}^{N}(o_k - \hat{o}_k)^2$$

其中，$\hat{o}$ 为 BP 网络的实际输出，样本 k 的误差为

$$E_k = (o_k - \hat{o}_k)^2$$

$$\text{net}_{jk} = \sum_i w_{ij} o_{ik}$$

$$\delta_{ik} = \frac{\partial E_k}{\partial \text{net}_{jk}}$$

其中

$$o_{jk} = f(\text{net}_{jk})$$

于是

$$\frac{\partial E_k}{\partial w_{ij}} = \frac{\partial E_k}{\partial \text{net}_{jk}} \frac{\partial \text{net}_{jk}}{\partial w_{kj}} = \frac{\partial E_k}{\partial \text{net}_{jk}} o_{ik} = \delta_{jk} o_{ik}$$

如果 j 为输出节点，$o_{ij} = \hat{o}_k$，则有

$$\delta_{jk} = \frac{\partial E_k}{\partial \delta_k} \frac{\partial \delta_k}{\partial \text{net}_{jk}} = -(o_k - \hat{o}_k) f'(\text{net}_{jk})$$

如果 j 不为输出节点，则有

$$\delta_{jk} = f'(\text{net}_{jk}) \sum_m \delta_{mk} \omega_{mj}$$

$$\frac{\partial E_k}{\partial w_{ij}} = \delta_{jk} o_{ik}$$

如果 BP 神经网分为 M 层，第一层为输入节点层，第 M 层为输出节点层，则 BP 学习算法描述如下：

首先，随机设置权值的初值为 w，然后重复下述过程直到收敛。

1. 对 $k=1$ 到 N

(1) 计算 O_{ik}，net_{jk} 到 $\hat{o}_k$（正向过程）；

(2) 对各层 $m=M$ 到 2 反向计算（反向过程），对同一层各节点 $\forall j \in m$，计算 δ_{jk}，其中输出节点与非输出节点用不同公式。

(3) 修正权值：

$$w_{ij} = w_{ij} + \mu \frac{\partial E}{\partial w_{ij}}, \quad \mu > 0$$

$$\frac{\partial E}{\partial w_{ij}} = \sum_{k=1}^{N} \frac{\partial E_k}{\partial w_{ij}}$$

BP 学习算法的流程图如图 8-19 所示。

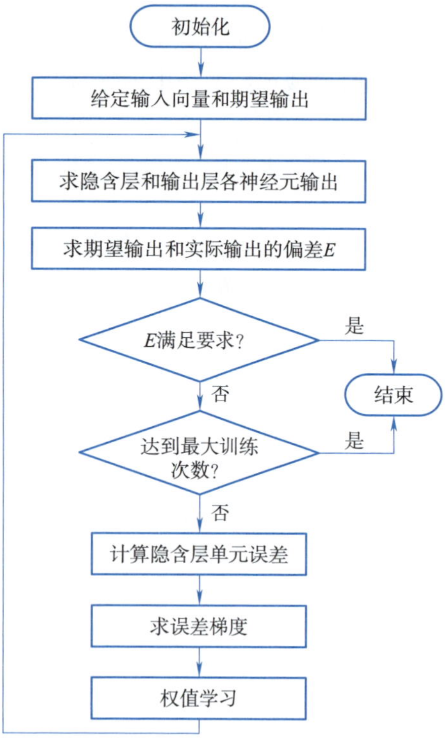

图 8-19 BP 学习算法的流程图

例 8-3 BP 学习算法。

图 8-20 所示为一个三层 BP 神经网络，输入层含有两个节点，隐含层含有一个节点，输出层含有两个节点。

误差函数

$$E = \sum_{k=1}^{N} E_k$$

其中，E_k 为第 k 个样本(X^k, O^k)的误差函数。

$$\frac{\partial E}{\partial W} = \sum_{k=1}^{N} \frac{\partial E_k}{\partial W}$$

对第 k 个样本计算 $\partial E/\partial W$，则有

$$\text{net}_k = w_1 x_1 + w_2 x_2 \qquad o_k = f(\text{net}_k)$$

$$\text{net}_{y1} = w_3 o_k \qquad \hat{o}_1 = f(\text{net}_{y1})$$

$$\text{net}_{y2} = w_4 o_k \qquad \hat{o}_2 = f(\text{net}_{y2})$$

$$E_k = \frac{1}{2}(o_1 - \hat{o}_1)^2 + \frac{1}{2}(o_2 - \hat{o}_2)^2$$

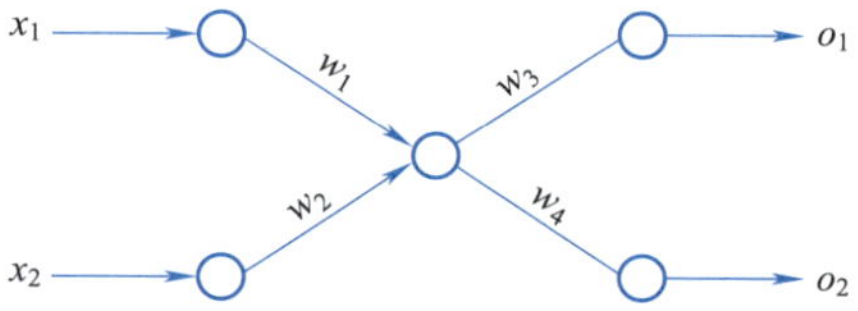

图 8-20 举例

2. 反向传播过程如下：

(1)计算 $\partial E/\partial W$

$$\frac{\partial E_k}{\partial w_1} = \frac{\partial E_1}{\partial \text{net}_k} x_1 = \delta_k x_1$$

$$\frac{\partial E_k}{\partial w_2} = \frac{\partial E_1}{\partial \text{net}_k} x_2 = \delta_k x_2$$

$$\frac{\partial E_k}{\partial w_3} = \frac{\partial E_1}{\partial \text{net}_{o1}} o_h = \delta_{o1} o_h$$

$$\frac{\partial E_k}{\partial w_4} = \frac{\partial E_1}{\partial \text{net}_{o2}} o_h = \delta_{o2} o_h$$

(2)计算传播误差

$$\delta_{o1} = -(o_1 - \hat{o}_1) f'(\text{net}_{o1})$$

$$\delta_{o2} = -(o_2 - \hat{o}_2) f'(\text{net}_{o2})$$

$$\delta_k = [\delta_{o1} w_3 + \delta_{o2} w_4] f'(\text{net}_h)$$

如果给定 w_1, w_2, w_3, w_4，就可以计算各个 $\partial E/\partial W$，再用最陡下降法修正 W：

$$W \leftarrow W - \mu \frac{\partial E}{\partial W}, \quad \mu > 0$$

也可以采用共轭梯度、投影梯度方法修正 W。

对于学习系数 η 值的选择，是一个技术问题。虽然加大 η 值可以提高学习速度，但也可能引起振荡效应。为此，可在权调节项中增加惯性项，即

$$\Delta w_{ij}(t+1)=\eta\delta_j o_i+\alpha\Delta w_{ij}(t)$$

其中，$t+1$ 表示第 $t+1$ 次迭代，α 为一比例因子。上式的第二项表示 w_{ij} 第 $t+1$ 次修正量，应该在一定程度上与第 t 次修正量近似。这种方法就像加入了变化的惯性，使变化率的惯性在某种程度上守恒。

对于初始权值的选择不应取完全相同的一组值，已经证明，如果 w_{ij} 的初始值彼此相等，它们将始终保持相等。

另一问题是系统在学习过程中，会不会停止在误差函数的最小值或某稳定点或在这些点之间振荡。如果发生上述情况，不管经历了多少次迭代，系统误差函数都将停留在某个较大值上。从图 8-21 可以看出，虽然期望得到全局最小值所对应的 $\{W\}_{\min}$，但系统也可能停留在局部最小值 $\{W\}_{\text{LOCAL}}$。

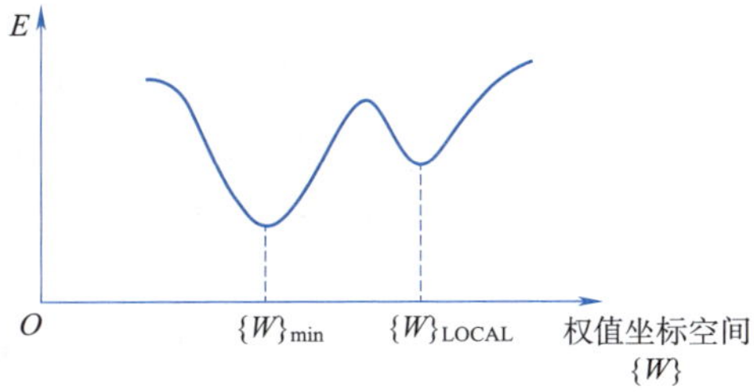

图 8-21　E 与 $\{W\}$ 关系曲线

8.1.5　前馈神经网络的复杂性

针对具体要求解的问题，需考虑前馈网的层数和每层内节点数的问题。在 1987 年 Lippman 提出：仅需含有 3 层的前馈神经网就能构成所需要的任意复杂的判别函数。

当作用函数为 $f(\,)=\text{sgn}(\,)$ 时，1，2，3 层前馈神经网的决策域见表 8-2。表中第 2 列显示出各种网络的决策域形式，第 3，4 列是异或问题和网状域问题所形成的决策域例子。第 5 列是能形成的最一般的决策域例子。

表 8-2　前馈神经网络与分类区的关系

结　构	分划区域形状	"异或" 问题	模式所在区域交错	最一般的区域
单层 	由超平面将空间分成两个空间	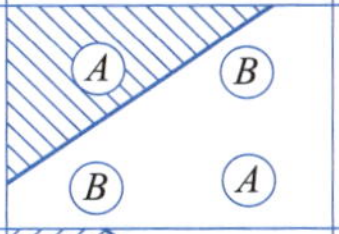	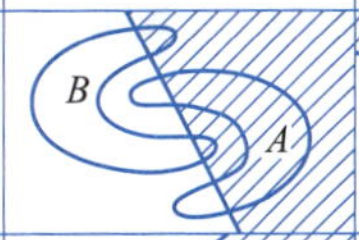	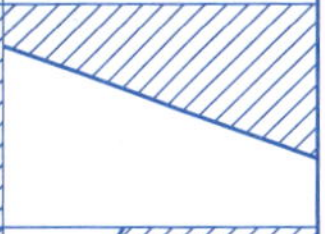
双层 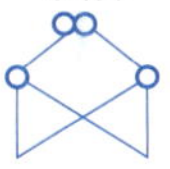	凸域	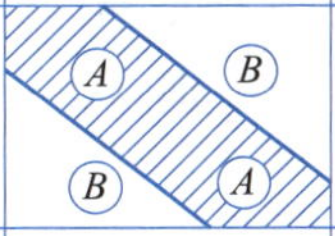	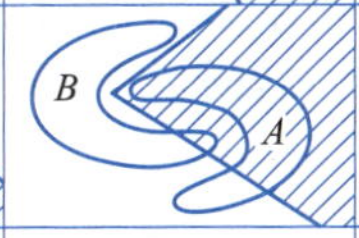	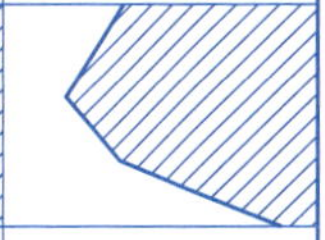
三层 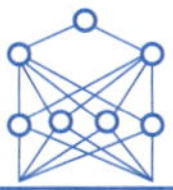	任意形状（复杂性由节点数决定）	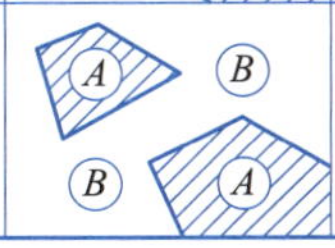	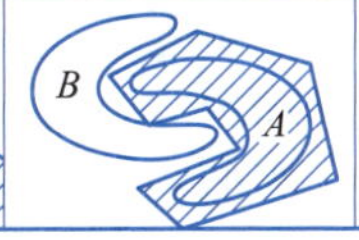	

1. 决策域

单层感知器形成一个半平面决策域，第 2 层前馈网能形成无界的由输入所张成的凸区域。例如凸多边形或无界凸区域等。此处凸区域指该区域中任意两点的连线上的一切点仍然在此区域之中。凸区域是由多层前馈网中第 1 层各个节点所形成的半平面相互重叠而成。第 1 层中每个节点就像一个单层感知器一样，当输入点落在由权和阈值形成的超平面之上时，节点输出为 1，否则为 -1。如果从第 1 层的所有 N_1 个节点到一个输出节点的权均为 1，并且这个输出节点的阈值为 $N_1-\varepsilon(0<\varepsilon<1)$，那么只有当第 1 层中各节点都输出 1 时，该输出节点才输出 1。这等效于一个"逻辑与"运

算,最后的决策域是由第一层所形成的所有半平面重叠而成。这些半平面重叠后就形成了上述的凸区域。并且此凸区域的边数不会超过第一层中的节点个数。

2. 顶点数

二层前馈网的节点个数至少能构成已给问题所需要的复杂的决策域。例如,图 8-19 中的第 2 行表明设置 2 个节点就能够解决异或问题。但对于二层前馈网络,无论设置多少节点都不可能将网状区域类分开。

一个 3 层前馈网可以形成任意复杂的决策域,可以分开网状区域类。将所希望的决策域分成若干个小的超立方体,每个超立方体在第 1 层中需 $2N$ 个节点,第 2 层中的节点取值为第 1 层节点的逻辑与运算。只有当输入落在每个超立方体时,第 2 层节点输出才为 1,并按下述方法分配决策域:第 2 层节点的输出仅与某些特定的输出节点相连接,这些输出节点对应于超立方体所在的决策域,并且在每个输出节点对其输入执行“逻辑或”运算。如果从第 2 隐层到输出层的权值为 1,输出节点的阈值为 0.5,那么将执行一个逻辑或运算。上述的构造过程可以推广到用任意形状的凸区域而不是小的超立方体。

三层前馈网可以产生任意复杂的决策域。在采用硬限作用函数 $f(\ ) = \mathrm{sgn}(\ )$ 时,如果作用函数 $f(\ )$ 为 Sigmoid 形式且包含多个输出节点时,三层前馈网的网络行为更为复杂,这是由于决策域是由光滑曲线,而非直线段所围成的连续区域所构成。

8.2 深度学习的概念与特点

深度学习可将语音识别的错误率降低 20% ~ 30%,这是语音识别长期研究取得的重大突破。在图像识别应用方面将原来的错误率降低了 9%。在 16 000 个处理器的大规模神经网络中,包含数十亿个网络节点,经过充分的训练以后,机器系统开始学会自动识别猫的图像。这是深度学习成功的典型案例之一。

8.2.1 深度学习的概念

1. 特征学习

特征是指一个事物不同于其他事物的特点,也就是某些突出性质的表现。特征是区分事物的关键,当需要对事物进行分类或者识别时,首先需要提取特征,然后再判断提取的特征,达到识别的目的。

图像由大量像素组成,像素是图像的最基本特征,特征是分有层次的,可以通过多次抽取来获得多层次的特征。深度学习需要通过多层神经网来获得更抽象的特征。任何一种方法,需要层次的特征构建,由浅入深,但每一层特征越多,给出的参考信息就越多,准确性就会得到提升。但特征多计算复杂,探索的空间大,可以用来训练的数据在每个特征上就会稀疏,会带来各种问题,并不一定特征越多越好。

深度学习需要多层来获得更抽象的特征表达。假设系统 S 有 n 层($S_1,\cdots,S_n$),I 为输入,O 为输出,可形象地表示为:

$$I \to S_1 \to S_2 \to \cdots \to S_n \to O$$

为了使输出 O 尽可能地接近输入 I,即输入 I 经过这个系统变化之后没有任何的信息损失可以通过调整系统中的参数,这样就可以得到输入 I 的一系列层次特征 $S_1,S_2,\cdots,S_n$,自动地学习特征,其中一层的输出作为其下一层的输入,以实现对输入数据的分级表达。层次越多,则深度越大,这就是深度学习的基本思想。对于深度学习来说,通过堆叠多个层的方式来实现对输入信息的分级表达。

2. 浅层学习与深度学习比较

深度学习的概念源于人工神经网络的研究。含多隐层的多层感知器就是一种深度学习结构。多隐层的人工神经网络具有优异的特征学习能力,学习得到的特征对数据有更本质的刻画,从而有利于可视化或分类。如果学习方法为浅层结构算法,其受限有限样本和计算单元,对复杂函数的表示能力有限。针对复杂分类问题,其泛化能力受到一定制约。深度学习可通过学习一种深层非线性网络结构,实现复杂函数逼近,可以用较少的参数表示复杂的函数。例如,一个复杂函数包括 sin( )、x^2、exp( )、log( )简单函数,可组合为 $\log(\exp(\sin(x^2)))$。深度学习的实质是通过构建多隐层的机器学习模型和海量的训练数据来学习更有用的特征,从而最终提升分类或预测的准确性。因此,深度模型是手段,特征学习是目的。

浅层学习与深度学习的主要区别是:

(1)深度学习强调了模型结构的深度,通常有5层或6层,甚至10层,多层结构可以用较少的参数表示复杂的函数。

(2)深度学习突出了特征学习的重要性,也就是说,通过逐层特征变换,将样本在原空间的特征表示变换到一个新的特征空间的特征,从而使分类或预测更加容易。与人工规则构造特征的方案相比,使用大数据来学习特征,更能刻画数据的内在信息。

(3)浅层学习局限于有限样本和计算单元的情况下,对复杂函数的表示能力有限,针对复杂分类问题的泛化能力受到一定的制约。

(4)深度学习可通过学习一种深层非线性网络结构,实现复杂函数逼近,并展现了从少数样本中集中学习数据集本质特征的强大能力。深度神经网络在训练上的难度,可以通过逐层初始化来有效克服。

深度学习是机器学习的一个分支,除了可以学习特征和任务之间的关联,还能自动从简单特征中提取更加复杂的特征,传统机器学习算法和深度学习算法的比较如图8-22所示。

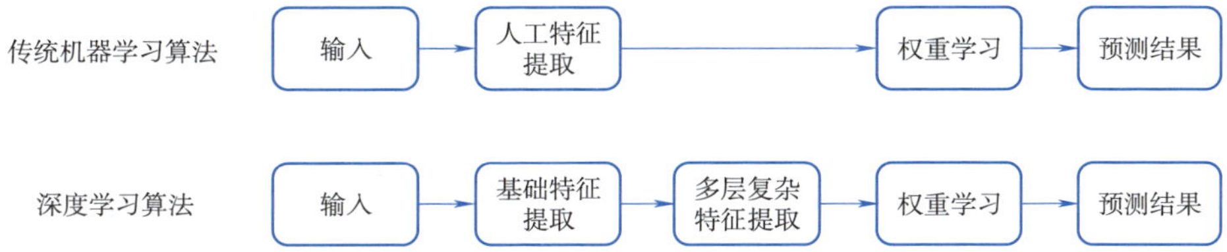

图8-22　深度学习提取复杂特征

3. 深度学习的特点

(1)学习能力强:从结果来看,深度学习的学习能力强大,能够自动提取特征。

(2)覆盖范围广,适应性好:深度学习的神经网络层数多、宽度很广,网络连接层之间的方式更复杂,理论上可以完成任意函数的映射,所以能够解决复杂的问题。

(3)数据量越大,学习效果越好:深度学习高度依赖数据,数据量越大,其表现就越好。在图像识别、人脸识别、自然语言处理等部分任务甚至已经超过了人类的表现。同时还可以通过调整参数进一步提高其性能。

(4)可移植性好:深度学习在很多框架可以使用,并且这些框架可以兼容很多平台,所以可移植性强大。

深度学习的主要缺点是计算量大、便携性差、硬件需求高和模型设计复杂。

8.2.2 深度学习的方式

基于学习方式的不同，可以将深度学习模型分为深度监督学习、深度无监督学习、深度半监督学习、深度强化学习、深度元学习和深度迁移学习。

1. 深度监督学习

深度监督学习的神经网络主要包括卷积神经网络、循环神经网络和递归神经网络等。监督学习的神经网络的应用场景是语音分析、文字分析、时间序列分析。其特点是数据之间存在前后依赖关系。

2. 深度无监督学习

深度无监督的神经网络主要包括深度生成模型、玻尔兹曼机和受限玻尔兹曼机、深度信息网络、生成式对抗网络、自编码器等。

3. 深度半监督学习

深度半监督在深度学习领域的研究面临的情境，大多是少量标签样本和大量无标签样本。其中无标签信息能提供一些关于数据分布结构的额外信息，以便更好地估计不同类别的决策边界。

4. 深度强化学习

深度强化学习是深度学习与强化学习的结合，具有感知能力和决策能力，二者的结合涵盖了算法、规则、框架，并广泛应用于机器人控制、多智能体、推荐系统、多任务迁移等领域，具有极高的理论与应用价值。

5. 深度元学习

元学习可以使神经网络学会如何学习，它封装了能充分利用先验知识的所有系统，应用传统的算法选择和机器学习的超参数优化等技术，可以快速地学习新任务。深度元学习侧重于用实现元学习的过程来确保深度神经网络的准确性。

6. 深度迁移学习

深度迁移学习可以直接提升在不同任务上的学习效果，由于深度学习直接对原始数据进行学习，所以在自动提取特征方面比非深度方法更具有优势，以及满足了实际应用中的端到端学习需求。

8.2.3 深度学习模型的特点

（1）在深度学习模型中，非线性操作的层数多。传统学习模型依靠人工经验抽取样本特征，但学习后获得的是没有层次结构的单层特征。而深度学习通过对原始信号进行逐层特征变换，将样本在原空间的特征表示变换到新的特征空间，自动地学习得到层次化的特征表示，从而更有利于分类或特征的可视化。

（2）深度学习算法打破了传统学习模型对层数的限制，可根据需要选择和设计层数。其训练方法与传统学习模型不同，简述如下：

①传统神经网络随机设定参数初始值，例如，BP 算法利用梯度下降算法训练网络，直至收敛。但是，传统浅层有效的方法对于深度结构并无太大作用，不仅随机初始化权值极易使目标函数收敛到局部极小值，而且由于层数较多，误差向前传播丢失严重，导致梯度扩散。

②深度学习过程中采用无监督逐层训练方法，在一个深度学习过程中，各层分开处理，并以贪婪方式进行训练。当前一层训练完后，新的一层将前一层的输出作为输入并编码用于训练；最后每层参数训练完后，再在整个网络中利用有监督学习进行参数微调。

(3)对于神经网络,深度指的是网络学习得到的函数中非线性运算组合水平的数量,例如,一个输入层、三个隐层和一个输出层的神经网络。因此深度网络就是深层次的神经网络。

8.3 卷积神经网络

20 世纪 60 年代,Hubel 和 Wiesel 在研究猫脑皮层中用于局部敏感和方向选择的神经元时发现其独特的网络结构,可以有效地降低反馈神经网络的复杂性,继而提出了卷积神经网络。

8.3.1 卷积神经网络的产生与特点

1. 卷积神经网络的产生

多层前馈神经网是传统神经网络的代表,在图像领域应用多层前馈神经网会引发计算量巨大等问题。图像是由多个像素点构成,每个像素点有三个通道,分别代表 RGB 颜色。如果一个图像的尺寸是(28,28,1),则代表这个图像的是一个长宽均为 28,通道为 1 的图像(通道又称宽度,此处 1 代表灰色图像)。如果使用全连接的网络结构,则网络中的神经元与相邻层上的每个神经元均有连接,表明网络有 28×28 =784 个神经元,隐层采用了 15 个神经元,那么需要的参数个数(包括 $\boldsymbol{w}$ 和 $\boldsymbol{b}$)为:784×15×10+15+10=117 625 个,这个参数过多,进行一次反向传播计算量巨大,从计算资源和调参的角度都不建议用传统的神经网络。图 8-23 所示为 8 个输入端、隐层采用了 15 个神经元、10 个输出端的三层前馈神经网。需要的参数个数(包括 W 和 b)为:8×15×10+15+10=1 225。

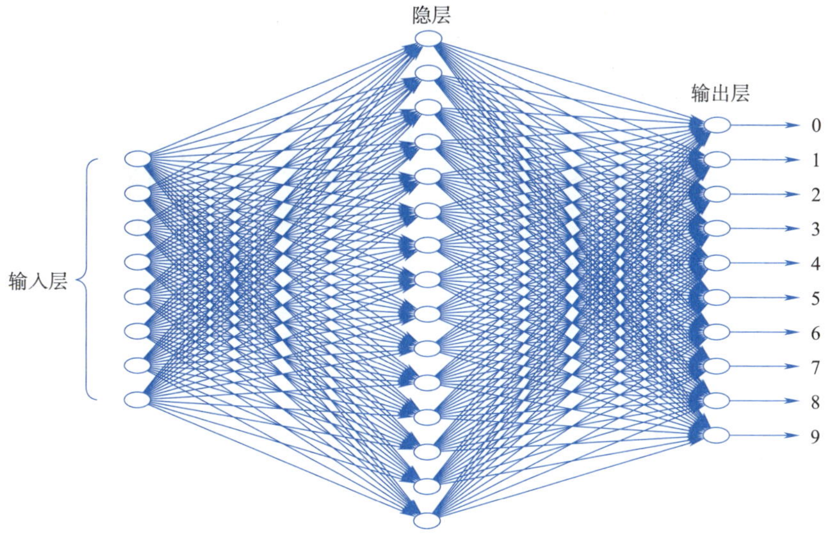

图 8-23 三层前馈神经网

2. 卷积神经网络的特点

卷积神经网络与视觉系统有相类似的模式,可在多个空间位置上共享参数。卷积神经网络可以处理大部分格状结构化数据,图像的像素是二维的格状数据,时间序列在相等时间上抽取相当于一维的格状数据。卷积神经网络的应用主要包括图像分类、检索、目标定位检测、目标分割、人脸识别、骨骼识别等,能够将大数据量的图片有效地降维成小数据量,能够保留图片的特征,类似人类的视觉原理。

在模式分类领域，由于卷积神经网避免了对图像复杂的前期预处理，可以直接输入原始图像，因而得到了更为广泛的应用，现已成功应用于语音识别和计算机视觉等领域。

1）逐层提取特征

卷积神经网络是一个多层的神经网络，每层由多个二维平面组成，而每个平面由多个独立神经元组成。

输入图像通过和三个可训练的滤波器和可加偏置进行卷积，滤波计算过程如图 8-24 所示，卷积后在 C_1层产生三个特征映射图，然后特征映射图中每组的四个像素再进行求和、加权值、加偏置，通过一个激励函数得到三个 S_2层的特征映射图。这些映射图经过滤波得到 C_3层。这个层级结构再和 S_2一样产生 S_4。最终，这些像素值连接成一个向量输入传统的全连接神经网络，得到输出。

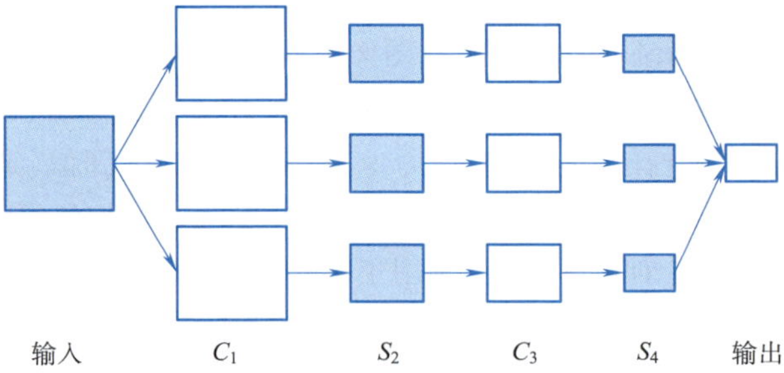

图 8-24 卷积神经网络逐层提取特征

其中 C_1、C_3层为特征提取层，每个神经元的输入与前一层的局部感受野相连，并提取该局部的特征，一旦该局部特征被提取后，它与其他特征间的位置关系也随之确定下来，其实 S_2、S_4层是特征映射层，网络的每个计算层由多个特征映射组成，每个特征映射为一个平面，平面上所有神经元的权值相等。卷积层的激励函数使用 ReLU 函数，使得特征映射具有位移不变性。

此外，由于一个映射面上的神经元共享权值，因而减少了网络自由参数的个数，降低了网络参数选择的复杂度。卷积神经网络中的每一个特征提取层都紧跟着一个用来求局部平均与二次提取的计算层，这种特有的两次特征提取结构使网络在识别时对输入样本有较高的畸变容错能力。

2）分类

由分类来完成图像识别，分类由全连接神经网完成。最后用 Softmax 函数将多分类输出以概率计算的方法实现。

8.3.2 卷积神经网络的结构

卷积神经网络的结构是由输入层、卷积层、池化层、全连接层及输出层构成。在卷积神经网络中，输入图像通过多个卷积层和池化层进行特征提取，逐步由低层特征转变为高层特征；高层特征再经过全连接层和输出层进行特征分类，产生当前输入图像的类别。因此，根据每层的功能，可将卷积神经网络划分为两个部分；一部分是由输入层、卷积层和池化层构成特征提取器，另一部分是由全连接层和输出层构成分类器，其系统结构如图 8-25 所示。

1. 输入层

在使用卷积神经网络进行图像识别时，输入为图片数据，一张宽为 w、高为 h、深度为 d 的图片，表示为 $h\times w\times d$。其中，深度为图像存储每个像素所用的位数，例如彩色图像，一个像素有 R、G、B

三个分量，其深度为 3。从数学的角度来看，$h \times w \times d$ 的图片为 d 个 $h \times w$ 的矩阵。例如，$6 \times 16 \times 3$ 的图片，其对应 3 个 6×16 的矩阵。在大部分应用中，输入图片的 h 和 w 相等。

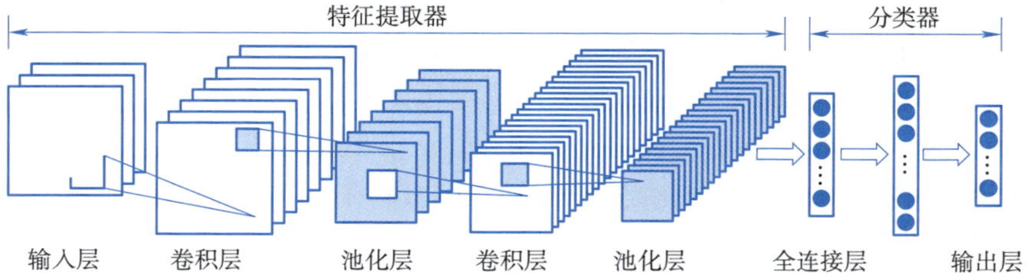

图 8-25　卷积神经网络的系统结构

数据输入层的主要工作是对原始图像数据进行预处理，主要包括下述内容：

1）去均值化

各维度都减去所对应维度的均值，使得输入数据各个维度都中心化为 0，如图 8-26 所示。进行去均值的原因是便于拟合。这是因为如果在神经网络中，特征值 x 比较大的时候，将导致 $wx+b$ 的结果也会很大，这样进行激励函数输出时，将使得对应位置数值变化量太小，进行反向传播时因为要使用梯度进行计算，所以会出现梯度消散问题，导致参数改变量很小，也就不易于拟合，效果不佳。

2）归一化

一种归一化是指值归一化，例如将最大值归一化成 1，最小值归一化成 -1；或把最大值归一化成 1，最小值归一化成 0。适用于分布在有限范围内的数据。另一种归一化是指均值方差归一化，一般是把均值归一化成 0，方差归一化成 1，使得数据的每一个维度具有零均值和单位方差，如图 8-27 所示。这种归一化是最常见的归一化方法，并被广泛地使用。适用于分布没有明显边界的情况，可减少各维度数据取值范围的差异而带来的干扰，这样便于找到最优解。

例 8-4　归一化。

有两个维度的特征 A 和 B，A 范围是 0 到 10，而 B 范围是 0 到 10 000，如果直接使用这两个特征是有问题的，好的做法就是归一化，即 A 和 B 的数据都转换为[0,1]的范围。

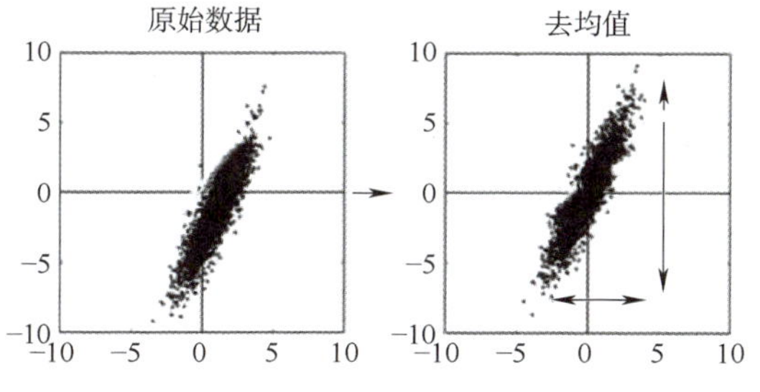

图 8-26　去均值化

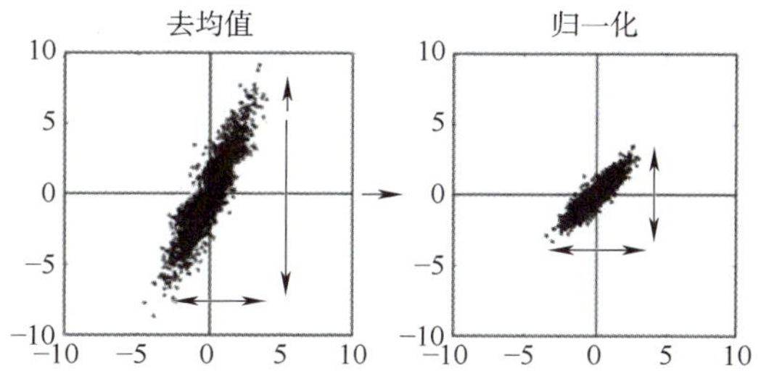

图 8-27　归一化

3）去相关

去相关后的矩阵保留了原矩阵的重要信息（特征值），而过滤了一些不相关的量。这对后续的处理（比如量化、编码）都非常有意义，它使得矩阵变“瘦”，而关键信息不变，这样一来是对原关键信息的一种增强，提高了后续的图像还原质量。去相关如图 8-28 所示。

4）白化

白化的目的是去除输入数据的冗余信息。假设训练数据是图像，由于图像中相邻像素之间具有很强的相关性,这些相关性在训练时输入是冗余的。白化的目的就是降低输入的冗余性。输入数据集经过白化处理后,新的数据满足两个性质:特征之间相关性较低;所有特征具有相同的方差。

主成分分析方法(principal component analysis,PCA)通过线性变换将原始数据变换为一组各维度线性无关的表示,可用于提取数据的主要特征分量,常用于高维数据的降维。如果 PCA 不用于降维,而是仅仅使用 PCA 求出特征向量,然后把数据映射到新的特征空间,这样的一个映射过程,其实就是满足了白化的第一个性质,除去特征之间的相关性。求出新特征空间中的新坐标之后,再对新的坐标进行方差归一化操作。PCA 白化是指对上面的 PCA 的新坐标,每一维的特征做一个标准差归一化处理,PCA 白化后的结果如图 8-29 所示。

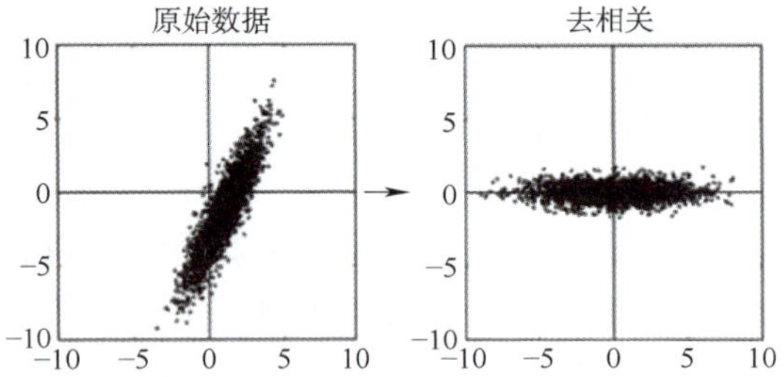

图 8-28 去相关

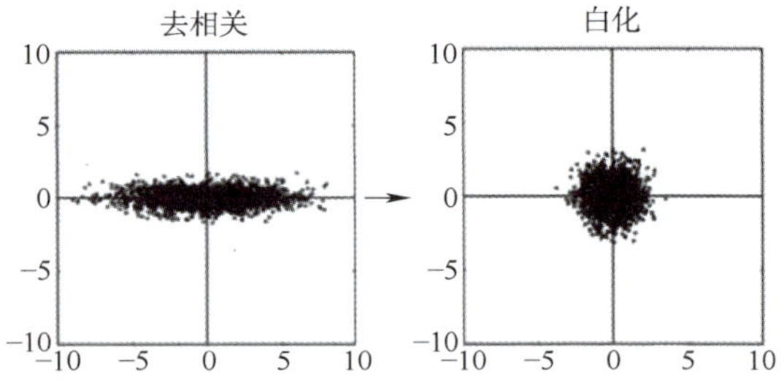

图 8-29 白化

2. 卷积层

卷积层主要功能是接受输入层的输出数据,进行卷积运算,并将经激励函数作用后的数据输出到池化层。

1)卷积运算

人的大脑识别图片的过程并不是同时识别整张图片,而是对于图片中的每一个特征先进行局部感知,然后在更高层次对局部感知进行综合操作,从而得到全局信息。卷积运算就是基于这一思想,卷积可分为一维卷积、二维卷积和三维卷积,其中二维卷积在图像处理中应用广泛。

(1)一维卷积,如图 8-30 所示。

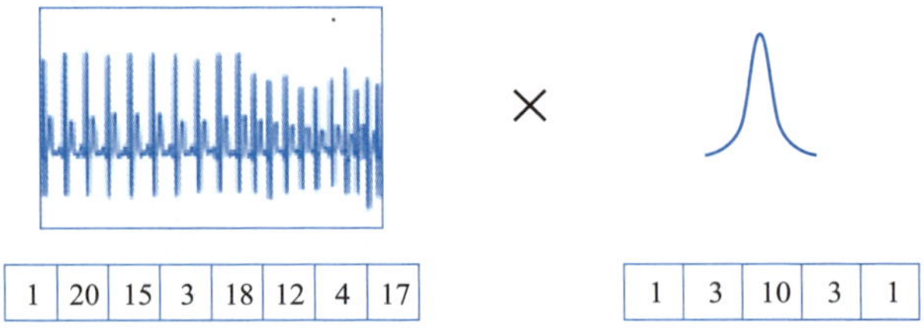

图 8-30 一维卷积

如果输入的数据维度为 8、卷积核的维度为 5,则卷积后输出的数据维度 $8-5+1=4$。如果卷积核数量仍为 1、输入数据的通道数量变为 16,即输入数据维度为 8×16。在这种情况下,卷积核的维度由 5 变为 5×16,最终输出的数据维度仍为 4。不难看出,如果卷积核数量为 n,那么输出的数据维度就变为 $4n$。

一维卷积常用于序列模型,例如自然语言处理领域。

(2)二维卷积,如图 8-31 所示。

输入的数据维度为 14×14,卷积核大小为 5×5,卷积输出的数据维度为 10×10,($14-5+1=10$)。如果将二维卷积中输入的通道的数量变为 3,即输入的数据维度变为($14\times14\times3$)。由于卷积核的通道数必须与输入数据的通道数相同，卷积核大小也变为 5×5×3。在卷积的过程中，卷积核与数据在通道方向分别卷积，之后将卷积后的数值相加，即执行 10×10 次 3 个数值相加的操作，最终输出的数据维度仍为 10×10。

以上都是在卷积核数量为 1 的情况下所进行的讨论。如果将卷积核的数量增加至 16，即 16 个大小为 10×10×3 的卷积核，最终输出的数据维度就变为 10×10×16。也可以理解为分别执行每个卷积核的卷积操作，最后将每个卷积的输出在三个维度（通道维度）上进行拼接，二维卷积常用于计算机视觉，例如图像处理领域。

（3）三维卷积，如图 8-32 所示。

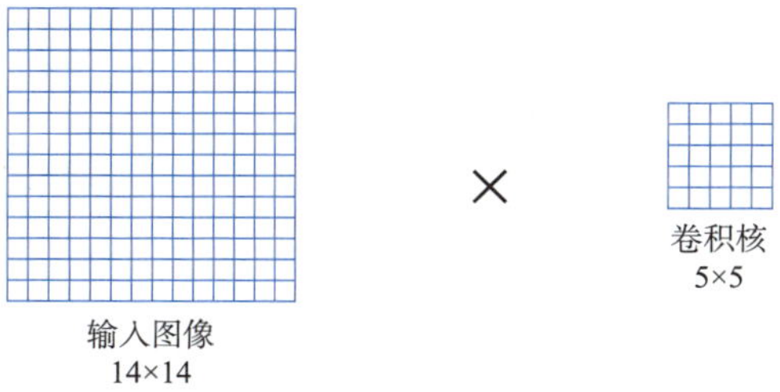

图 8-31 二维卷积

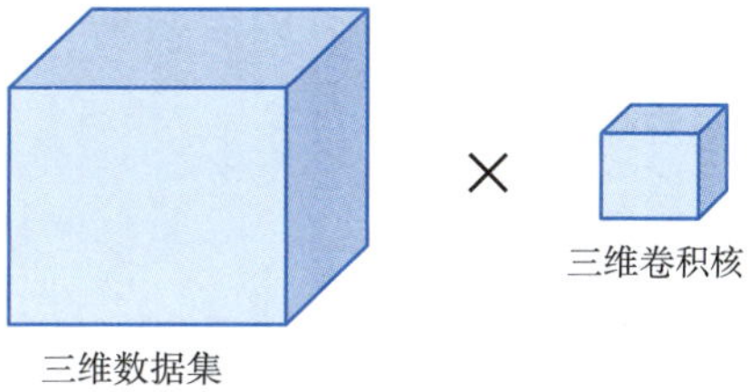

图 8-32 三维卷积

假设输入数据的大小为 $a_1 \times a_2 \times a_3$，通道数为 c，卷积核大小为 f，即卷积核维度为 $f \times f \times f \times c$（一般不写通道的维度），卷积核数量为 n。

基于上述情况，三维卷积最终的输出为 $(a_1 - f + 1) \times (a_2 - f + 1) \times (a_3 - f + 1) \times n$。

该公式对于一维卷积、二维卷积仍然有效，只需要去掉不相干的输入数据维度。

三维卷积常用于医学领域（CT 影响）、视频处理领域、动作检测及人物行为检测等领域。

2）二维卷积计算过程

在计算机视觉领域，卷积核通常为较小尺寸的矩阵，例如 3×3、5×5 等，数字图像是相对较大尺寸的二维（多维）矩阵（张量），图像卷积运算与相关运算的关系如下，其中 F 为卷积核（又称滤波器），X 为图像，O 为结果。

$$\begin{bmatrix} O_{11} & O_{12} \\ O_{21} & O_{22} \end{bmatrix} = \text{卷积}\left(\begin{bmatrix} X_{11} & X_{12} & X_{13} \\ X_{21} & X_{22} & X_{23} \\ X_{31} & X_{32} & X_{33} \end{bmatrix}, \begin{bmatrix} F_{11} & F_{12} \\ F_{21} & F_{22} \end{bmatrix} \right)$$

$$O_{11} = F_{11}X_{11} + F_{12}X_{12} + F_{21}X_{21} + F_{22}X_{22}$$
$$O_{12} = F_{11}X_{12} + F_{12}X_{13} + F_{21}X_{22} + F_{22}X_{23}$$
$$O_{21} = F_{11}X_{21} + F_{12}X_{22} + F_{21}X_{31} + F_{22}X_{32}$$
$$O_{22} = F_{11}X_{22} + F_{12}X_{23} + F_{21}X_{32} + F_{22}X_{33}$$

将卷积核在图像上滑动，对应位置相乘求和。例如，在二维图像上，使用卷积核进行卷积计算，其结果如图 8-33 所示。

当输入为多通道特征图时，出现了多通道、多卷积核的卷积运算。如图 8-34 所示，如果输入图像尺寸为 6×6，通道数为 3，卷积核有 2 个，每个尺寸为 3×3，通道数为 3（与输入图像通道数一致），在卷积运算时，输入的数据维度变为（6×6×3），仍以滑动窗口的形式，从左至右，从上至下，3 个通道的对应位置相乘求和,输出结果为2张4×4的特征图,其数据维度为4×4×2。一般地,当输入为$m\times n\times c$时,每个卷积核为$k\times k\times c$,即每个卷积核的通道数应与输入的通道数相同,这是由于多个通道需同时卷积的缘故,输出的特征图数量与卷积核数量相同。

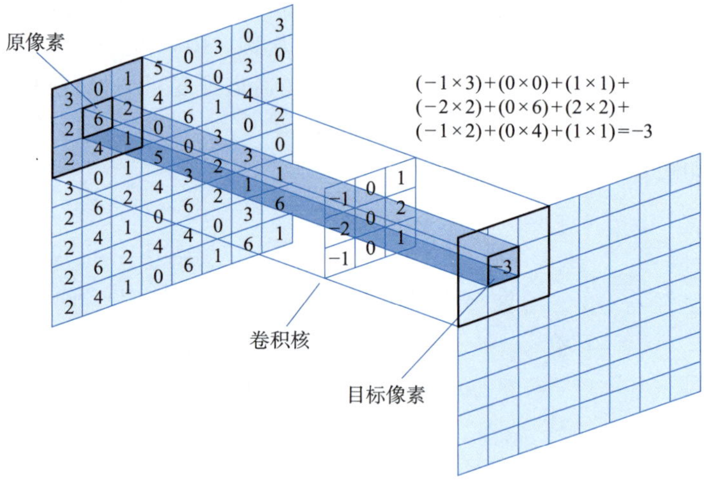

图 8-33 卷积运算举例

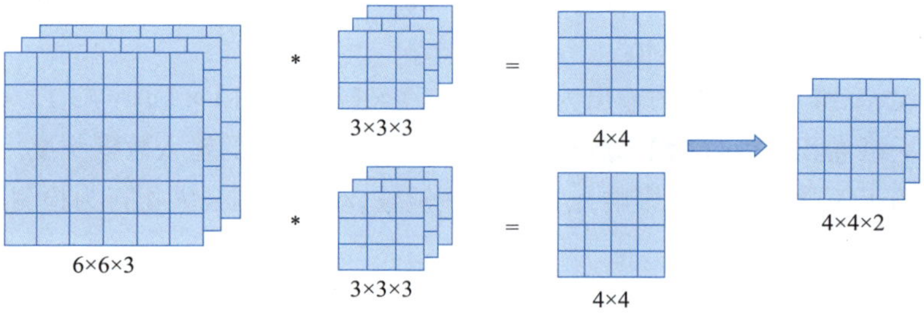

图 8-34 多通道卷积运算

3)填充

在卷积运算中,卷积核的大小通常选为奇数之积,例如3×3,5×5,其优点如下:

(1)在特征图中存在一个中心像素点,可以用于指明卷积核的位置。

(2)在没有填充的情况下,经过卷积操作后,输出的数据维度将减少。以二维卷积为例,输入大小$n\times n$,卷积核大小$f\times f$,卷积后输出的大小为$(n-f+1)$ $(n-f+1)$。

为了避免经过卷积操作,使输出的数据维度减少的情况发生,可以采取填充操作,填充的长度为p,由于在二维情况下,上下左右都添加长度为p的数据。构造新的输入大小为$(n+2p)\times(n+2p)$,卷积后的输出变为$(n+2p-f+1)\times(n+2p-f+1)$。

如果卷积操作不缩减数据的维度,那么p的大小应为$(f-1)/2$,其中f是卷积核的大小,如果卷积核的大小为奇数,将在原始数据上对称填充,否则,就会出现向上填充1个,向下填充2个,向左填充1个,向右填充2个的情况,破坏了原始数据结构。

例 8-5 有一个5×5的图片(一个格子表示一个像素),滑动窗口取2×2,步长取2,那么还剩下1个像素没有滑动到。

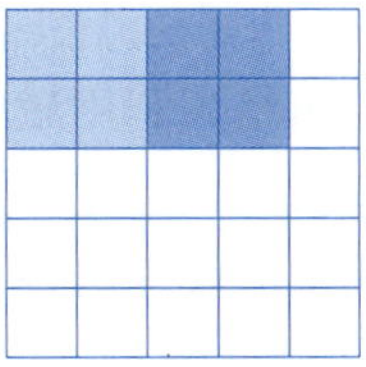

在原先的矩阵加一层填充值，使其变成 6×6 的矩阵，窗口刚好可以将所有像素遍历完。这就是填充的作用。

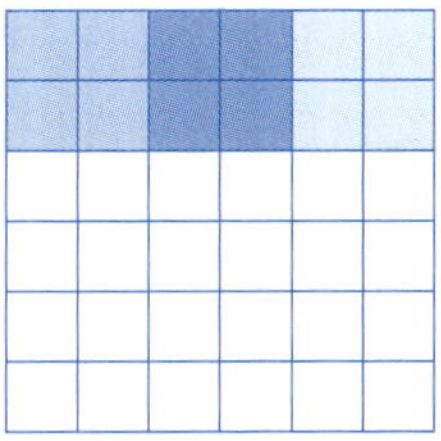

4）步长

步长是指窗口一次滑动卷积中的长度，步长大小为 s，指卷积核在输入数据上，水平/竖直方向上每次移动的步长，最终卷积输出的维度大小为

$$(n+2\times p-f\times s+1)\ (n+2\times p-f\times s+1)$$

5）通道

通道是数据的最后一个维度，在计算机视觉中，R、G、B 代表 3 个通道。例如，现在有一张图片的大小为 $6\times6\times3$，卷积核的大小 $3\times3\times nc$，这里 nc 是卷积核的通道数，该数值必须与输入的通道相同，在这里 $nc=3$。

如果有 k 个 $3\times3\times nc$ 卷积核，那么卷积后的输出维度为 $4\times4\times k$。此时 $p=0, s=1$，k 表示输出数据的通道大小。一般情况下，k 代表 k 个卷积核提取的 k 个特征图，如果 $k=128$，表示 128 个 3×3 大小的卷积核，提取了 128 个特征图，且卷积后的输出维度为 $4\times4\times128$。

在多层卷积网络中，以计算机视觉为例，通常情况下，图像的长和宽会逐渐缩小，通道数量会逐渐增加。

6）特征图

在每个卷积层中，数据都是以三维形式存在。可以将其看成许多个二维图片叠在一起，其中每一个称为一个特征图。在输入层，如果是灰度图片，那就只有一个特征图；如果是彩色图片，一般就是 3 个特征图（红绿蓝）。层与层之间可有若干个卷积核，上一层和每个特征图与每个卷积核做卷积，都将产生下一层的一个特征图。

卷积层中卷积核的个数，有多少个卷积核，经过卷积就会产生多少个特征图，随着网络的加深，特征图的长宽尺寸缩小，本卷积层的每个图提取的特征越具有代表性（精华部分），所以后一层卷积层需要增加特征图的数量，才能更充分地提取出前一层的特征，一般是成倍增加，根据实际情况具体设置。

卷积网络在学习过程中保持了图像的空间结构，也就是最后一层的激励值（特征图）总和原始图像具有空间上的对应关系，具体对应的位置以及大小，可以用感受野来度量。利用上述性质可以做如下事情：一个训练成功的 CNN 网络，其特征图的值伴随网络深度的增加，将越来越稀疏，这可以理解网络取精去燥；根据网络最后一层最强的激励值，利用感受野求出原始输入图像的区域；可以观察输入图像的那些区域激励了网络，完成物体定位。

7）激励函数

激励函数又称激活函数，对卷积层的输出结果利用激励函数再做一次非线性映射。如果不用激励函数，其实就相当于激励函数是 $f(x)=x$，这种情况下，每一层的输出都是上一层输入的线性函数。无论有多少层的神经网络，输出都是输入的线性组合，这与没有隐层的效果是一样的，这就是最原始的感知机。对卷积层常用的激励函数是 *ReLU*，*ReLU* 特点是迭代速度快，*Tanh* 函数在文本和音频处理中有比较好的效果。

激励函数在神经网络的作用是将多个线性输入转换为非线性的关系。如果不使用激励函数，神经网络的每层都只是做线性变换，多层输入叠加后也还是线性变换。因为线性模型的表达能力不够，激励函数可以引入非线性因素。

（1）ReLu 函数。

ReLu（rectified linear unit）函数被广泛应用到了卷积神经网络中，并且出现了一些变体。函数基本形式是 $f(x)=\ln(1+e^{x})$。输入输出关系如图 8-35 所示。

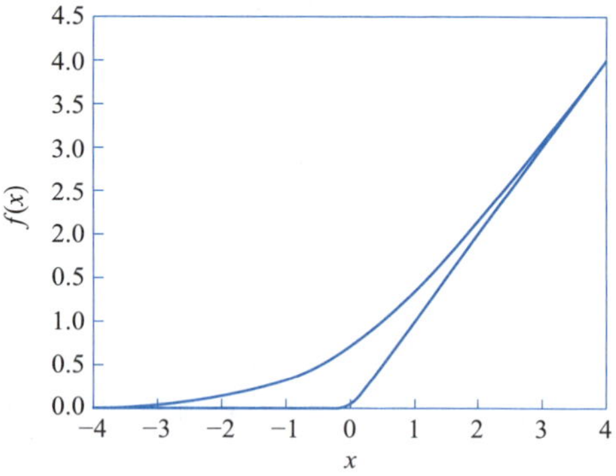

图 8-35　ReLu 函数

（2）双曲正切函数。

$\tanh(x)=\sinh(x)/\cosh(x)=(e^{x}-e^{-x})/(e^{x}+e^{-x})$

输入输出关系如图 8-36 所示。

与 Sigmoid 相比，输出的范围变成了 0 中心化[−1，1]。但梯度消失现象依然存在。所以在实际应用中，Tanh 激励函数比 Sigmoid 使用得更多。

3. 池化层

池化（pooling）也称为欠采样或下采样，主要作用是特征降维，压缩数据和参数的数量、减小过拟合，同时提高模型的容错性。主要方法有最大池化（max pooling）和平均池化（average pooling）方法。

（1）最大池化是选取最大值，定义一个空间邻域（例如 2 ×2 的窗口），并从窗口内的特征图中取出最大的元素，最大池化被证明效果更好一些，如图 8-37 所示。

（2）平均池化是选取平均值，定义一个空间邻域（例如 2 ×2 的窗口），并从窗口内的特征图中算出平均值。

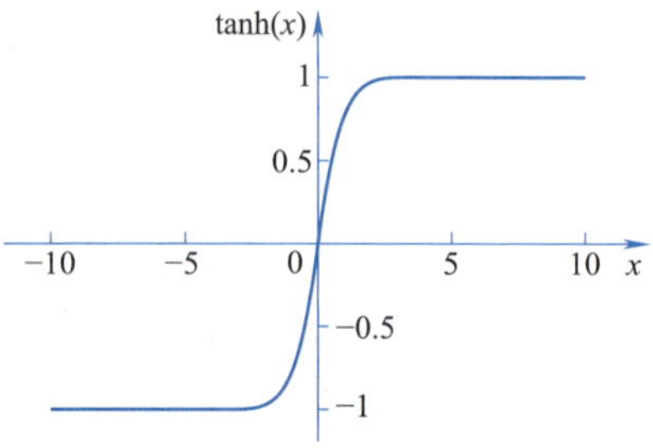

图 8-36　双曲正切函数

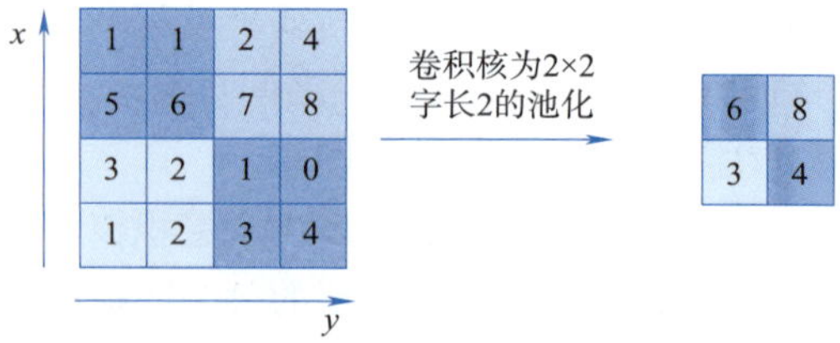

图 8-37　最大池化

池化在不同的深度上是分开执行的，当深度为 5，则池化进行 5 次，产生 5 个池化后的矩阵，池化不需要参数控制。池化操作是分别应用到各个特征图，可以从 5 个输入图中得到 5 个输出图。

通过池化层使得原本 4 ×4 的特征图压缩成了 2 ×2 特征图，从而降低了特征维度，还可使用池化层来缩减数据的大小，提高计算速度。池化操作不需要对参数进行学习，只是一种静态属性。在池化层中，数据的维度变化与卷积操作类似。池化后的通道数量与输入的通道数量相同，因为在每个通道上单独执行最大池化操作。池化层卷积核大小 $f=2$，池化步长 $s=2$，相当于对数据维度的减半操作。

在实际应用中，可重复设置多个卷积层、池化层，从输入层输出的预处理数据经过卷积层、池化层的处理，完成了特征抽取，然后输入到输出层。

3. 全连接层

特征图经过卷积层和下采样层的特征提取之后，将提取出来的特征传到全连接层中，通过全连接层，进行分类，获得分类模型，得到最后的结果。

全连接层的特点是当前层的每个神经元都与上一层的所有神经元相连。因此，全连接层的每个神经元都会接收上一层所有神经元的输出，并经过加权求和及非线性激活函数处理后输出结果。全连接层的连接方式是每个输入节点都影响每个输出节点。在卷积神经网络中，全连接层接在卷积层和池化层之后，用于整合局部特征并完成分类任务。

1）全连接层的作用

（1）特征整合：将卷积层或池化层提取的局部特征整合为全局特征，形成更高层次的特征表示。例如，在图像分类任务中，卷积层提取边缘、纹理等局部特征，而全连接层将这些特征组合成物体的整体形状或类别。

（2）非线性映射：通过引入非线性激活函数[如 ReLU()、Sigmoid()、Tanh()等]，全连接层能够学习复杂的非线性关系，增强网络的表达能力。

（3）分类或回归：在分类任务中，全连接层的输出通常经过 Softmax()函数转换为概率分布，用于多类别分类；在回归任务中，则直接输出连续值。

（4）决策制定：全连接层是网络中的分类器，负责根据学习到的特征进行最终预测或分类。

（5）灵活性和通用性：适用于多种任务，如图像、文本、语音等。

2）全连接层的数学原理

全连接层的操作可以表示为矩阵乘加上偏置项，并通过非线性激活函数进行处理。具体公式如下：

$$Y=f(\boldsymbol{W}\boldsymbol{x}+\boldsymbol{b})$$

式中　f——非线性激活函数，如 ReLU()、Sigmoid()或 Softmax()函数。

$\boldsymbol{W}$——权重矩阵，大小为 (m,n)，其中 m 是输出神经元数量，n 是输入神经元数量。

$\boldsymbol{x}$——输入特征向量，大小为 $(n,1)$。

$\boldsymbol{b}$——偏置向量，大小为 $(m,1)$。

通过这种方式，全连接层能够将输入特征映射到输出空间，同时引入非线性因素以增强网络的表达能力。

4. 输出层

1）输出层结构

经过前面若干次卷积、激励函数、池化后特征输出到输出层的全连接层。全连接层是一个分类器，可以完成图像识别。在全连接层，如果神经元数目过大、学习能力强，但有可能出现过拟合。因此，可以引入丢弃操作，随机删除神经网络中的部分神经元来解决此问题。还可以进行局部归一化、数据增强等操作来增加鲁棒性。

全连接层可以是一个简单的多分类神经网络，通过 Softmax 函数得到最终的输出。两层之间所有神经元都有权重连接，通常全连接层在卷积神经网络尾部，如图 8-38 所示。

2）Softmax 函数

Softmax 函数又称归一化指数函数，它是二分类函数 Sigmoid 在多分类上的推广，目的是将多分类的结果以概率的形式表现出来。概率有两个基本性质:预测的概率为非负数;各种预测结果概率之和等于1。

Softmax 将多分类输出转换为概率的计算的方法分为两步:

(1)计算分子:通过指数函数,将实数输出映射到零到正无穷,如图8-39所示。

(2)计算分母:将所有结果相加,计算 Softmax 值,即进行归一化。

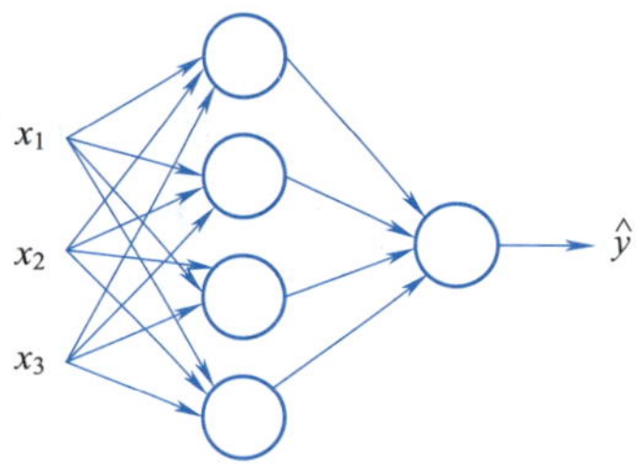

图 8-38 一个简单的全连接神经网

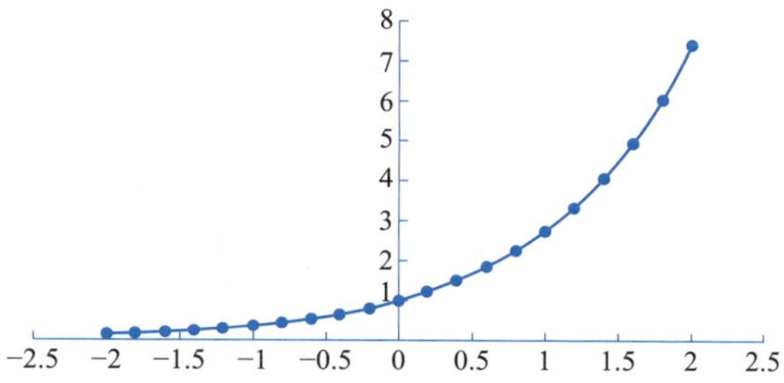

图 8-39 函数与 Softmax 函数

例 8-6 对一个三分类问题的预测结果为 −3、1.5、2.7。使用 Softmax 函数将模型结果转为概率,其步骤如下:

首先,将预测结果转化为非负数:

$$y_1 = \exp(x_1) = \exp(-3) = 0.05$$
$$y_2 = \exp(x_2) = \exp(1.5) = 4.48$$
$$y_3 = \exp(x_3) = \exp(2.7) = 14.88$$

然后,各种预测结果概率之和等于1:

$$z_1 = y_1/(y_1 + y_2 + y_3) = 0.05/(0.05 + 4.48 + 14.88) = 0.002\,6$$
$$z_2 = y_2/(y_1 + y_2 + y_3) = 4.48/(0.05 + 4.48 + 14.88) = 0.230\,8$$
$$z_3 = y_3/(y_1 + y_2 + y_3) = 14.88/(0.05 + 4.48 + 14.88) = 0.766\,6$$

3) Dropout 方法

在训练神经网络时,经常遇到过拟合的问题,过拟合具体表现在:模型在训练数据上损失函数较小,预测准确率较高;但是在测试数据上损失函数比较大,预测准确率较低。

利用丢弃(Dropout)操作可以缓解过拟合的发生,在一定程度上达到正则化的效果。例如,训练一个原始前馈神经网络。

Dropout 则是在每一批的训练当中随机减掉一些神经元,可以设定每一层将神经元去除的多少的概率,在设定之后,就可以进行训练。训练步骤如下:

(1)设定每一个神经网络层进行 Dropout 的概率。

(2)根据相应的概率拿掉一部分神经元,然后开始训练,更新没有被拿掉神经元以及权重的参数,并将其存储保留。

(3)参数全部更新之后,又重新根据相应的概率拿掉一部分神经元,然后开始训练,如果新用于训练的神经元已经在第一批中训练过,那么继续更新它的参数。而第二批被剪掉的神经元,以及第一次已经更新过参数的,保留它的权重,不做修改,直到第 n 批进行 Dropout 时没有更新过参数,将其删除。

Dropout 能够用于防止过拟合的原因是越大的神经网络就越有可能产生过拟合,因此随机删除一些神经元就可以降低神经网规模,防止其过拟合,也就是说经过拟合,结果没那么准确。

由于隐藏层的第一层和第二层神经元个数较多，容易产生过拟合，因此将其加上 Dropout，而后面神经元个数较少的地方就可不用加 Dropout。

8.3.3 卷积神经网络的训练

卷积神经网络在本质上是一种输入到输出的映射，它能够学习大量的输入与输出之间的映射关系，而不需要任何输入和输出之间精确的数学表达式，只要用已知的模式对卷积神经网络加以训练，网络就具有输入输出对之间的映射能力。卷积神经网络执行的是有导师训练，所以其样本集是由形如（输入向量，理想输出向量）的向量对构成的。所有这些向量对，都应该是来源于网络即将模拟的系统的运行结果。它们可以是从实际运行系统中采集来的。在开始训练前，所有的权都应该用一些不同的小随机数进行初始化。“小随机数”用来保证网络不会因权值过大而进入饱和状态，从而导致训练失败；“不同”用来保证网络可以正常地学习。实际上，如果用相同的数去初始化权矩阵，则网络无能力学习。

1. 卷积神经网络的训练过程

卷积神经网络的训练过程与 BP 神经网络的训练过程相类似，也分为两个阶段。第一个阶段是数据由低层次向高层次传播的阶段，即正向传播阶段。另外一个阶段是，当正向传播得出的结果与预期不相符时，将误差从高层次向低层次进行反向传播的训练阶段。训练过程如图 8-40 所示，主要包括：

（1）网络进行权值的初始化。

（2）输入数据经过卷积层、下采样层、全连接层的正向传播，最后得到输出值。

（3）计算网络的输出值与目标值的误差。

（4）当误差大于设定的期望值时，将误差回传网络中，依次求得全连接层，下采样层，卷积层的误差。各层的误差可以理解为对于网络的总误差各层应承担多少。当误差等于或小于期望值时，结束训练；否则，根据求得误差进行权值更新。然后再进入第（2）步。

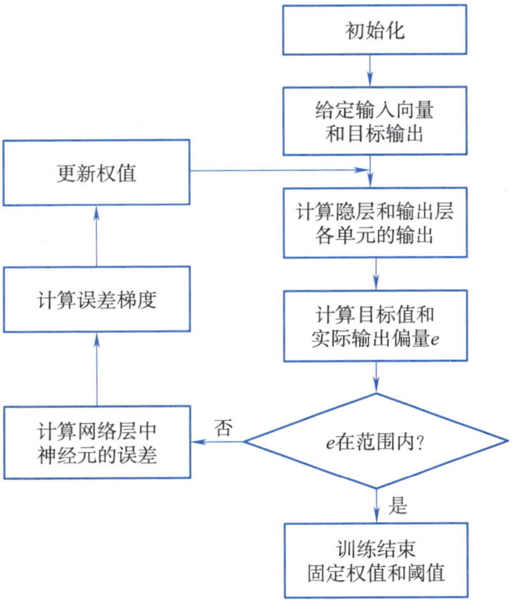

图 8-40 卷积神经网络的训练过程

在正向传播过程中，输入的图形数据经过多层卷积层的卷积和池化处理，提取特征向量，最后将特征向量传入全连接层中，得出分类识别的结果。当输出的结果与期望值相符时，训练结束，输出最终结果。

2. 卷积神经网络的正向传播过程

正向传播过程主要经过卷积层、下采样层和全连接层，各部分简述如下：

1）卷积层

卷积层的正向传播过程是通过卷积核对输入数据进行卷积操作。数据在实际网络中的计算过程如图 8-41 所示。其中一个输入为 15 个神经元的图片，卷积核为 $2\times2\times1$ 的网络，其卷积核的权值为 W_1，W_2，W_3和 W_4。卷积核采用步长为 1 的卷积方式来卷积整个输入图片，形成了局部感受野，然后与其进行卷积运算，即权值矩阵与图片的特征值进行加权和（再加上一个偏置量），然后通过激励函数作用得到输出。

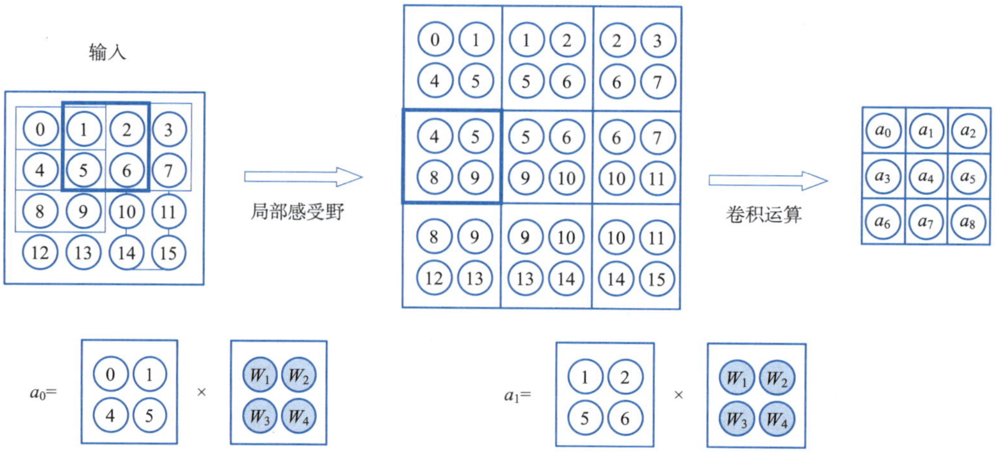

图 8-41 卷积层的正向传播过程

2）下采样层

上一层（卷积层）提取的特征作为输入传到下采样层，通过下采样层的池化操作，降低数据的维度，可以避免过拟合。最大池化方法也就是选取特征图中的最大值。均值池化则是求出特征图的平均值。随机池化方法则是先求出所有的特征值出现在该特征图中的概率，然后随机选取其中的一个概率作为该特征图的特征值。

3）全连接层

特征图经过卷积层和下采样层的特征提取之后，将提取出来的特征传到全连接层中，通过全连接层，进行分类，获得分类模型，得到最后的结果。

3. 卷积神经网络的反向传播过程

当卷积神经网络输出的结果与期望值不相符时，则进行反向传播过程。求出结果与期望值的误差，再将误差一层一层地返回，计算出每一层的误差，然后进行权值更新。该过程的主要目的是通过训练样本和期望值来调整网络权值。误差的传递过程可以这样来理解，首先，数据从输入层到输出层，其间经过了卷积层、下采样层、全连接层，而数据在各层之间传递的过程中难免会造成数据的损失，则也就导致了误差的产生。而每一层造成的误差值是不一样的，所以当求出网络的总误差之后，需要将误差传入网络中，求得各层对于总的误差应该承担多少的比重。

反向传播的训练过程的第一步为计算出网络总的误差：求出输出层 n 的输出 $a(n)$ 与目标值之间为误差。计算公式为：

$$\delta(n) = -(y - a(n))f'(z(n))$$

其中，$f'(z(n))$ 为激励函数的求导。

（1）全连接层之间的误差传递。求出网络的总差之后，进行反向传播过程，将误差传入输出层的上一层全连接层，求出在该层中，产生了多少误差。而网络的误差又是由组成该网络的神经元所造成的，所以要求出每个神经元在网络中的误差。求上一层的误差，需要找出上一层中哪些节点与该输出层连接，然后用误差乘以节点的权值，求得每个节点的误差。

（2）当前层为下采样层，求上一层的误差。在下采样层中，根据采用的池化方法，把误差传入上一层。下采样层如果采用的是最大池化的方法，则直接把误差传到上一层连接的节点中。如果采用的是均值池化的方法，误差则是均匀地分布到上一层网络中。另外在下采样层中，是不需要进行权值更新的，只需要正确地传递所有的误差到上一层。

(3)当前层为卷积层,求上一层的误差。卷积层中采用的是局部连接的方式,与全连接层的误差传递方式不同,在卷积层中,误差的传递也是依靠卷积核进行传递的。在误差传递的过程中,需要通过卷积核找到卷积层和上一层的连接节点。求卷积层上一层的误差的过程为:先对卷积层误差进行一层全零填充,然后将卷积层进行 180°旋转,再用旋转后的卷积核卷积填充过程的误差矩阵,并得到了上一层的误差。

8.3.4 卷积神经网络的权值更新

1. 卷积层的权值更新

卷积层的误差更新过程为:将误差矩阵当做卷积核,卷积输入的特征图,并得到了权值的偏差矩阵,然后与原先的卷积核的权值相加,并得到了更新后的卷积核。

2. 全连接层的权值更新过程

全连接层中的权值更新过程为:

(1)求出权值的偏导数值:学习速率乘以激励函数的倒数乘以输入值。

(2)原先的权值加上偏导值,得到新的权值矩阵。

8.4 循环神经网络

循环神经网络(recurrent neural network,RNN)适于处理序列问题,已经在自然语言处理中成功应用。其中单向的循环神经网络仅考虑从过去数据推断出现在建模,而双向循环网络可依赖未来和过去数据进行有效的建模。

8.4.1 循环神经网络的结构

前馈神经网络不适合解决序列问题。但是,循环神经网络的一个序列的当前输出与其前面的输出有关,具体的表现形式是网络对前面的信息进行记忆并应用于当前输出的计算中,隐层之间的节点之间也有连接,并且隐层的输入不仅包括输入层的输出,还包括上一时刻隐层的输出。在理论上,循环神经网络能够对任何长度的序列数据进行处理。但是在具体实现上,为了降低计算复杂性,通常仅假设当前的状态仅与前面的几个状态相关,按时间维度展开的循环神经网结构如图 8-42 所示。

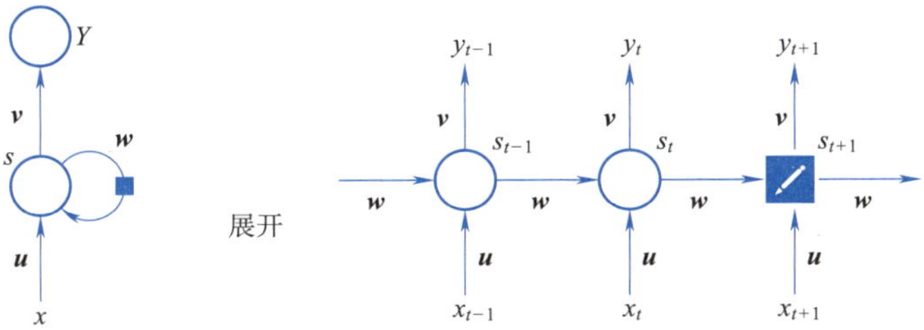

图 8-42 按时间维度展开的循环神经网络结构

循环神经网络包含输入单元,输入集为$\{x_0,x_1,\cdots,x_t,x_{t+1},\cdots\}$,输出单元的输出集为$\{y_0,y_1,\cdots,y_t,y_{t+1},\cdots\}$,隐单元的输出集为$\{s_0,s_1,\cdots,s_t,s_{t+1},\cdots\}$,其中隐单元完成了最为主要的工作。在图 8-42 中,有一条单向流动的信息流是从输入单元到达隐单元,与此同时另一条单向流动的信息流从隐单元到达输出单元。在某些情况下,循环神经网打破后者的限制,引导信息从输出单元返回隐单元,并且隐层的输入还包括上一隐层的状态,即隐层内的节点可以自连也可以互连。

s_t为隐层的第 t 步的状态，是网络的记忆单元。s_t根据当前输入层的输出与上一步隐层的状态进行计算。$s_t = f(\boldsymbol{u}x_t + \boldsymbol{w}s_{t-1})$，其中 f 是非线性的激励函数，例如 tanh 函数或 ReLU 函数。在计算 s_0时，第一个单词的隐层状态，需要用到 s_{-1}，但是其并不存在，在实现中一般置为 0 向量；y_t是第 t 步的输出。需要注意的是：可以认为隐层状态 s_t是网络的记忆单元，s_t包含了前面所有步的隐层状态。而输出层的输出 y_t只与当前步的 s_t有关，在实际中，为了降低网络的复杂度，通常 s_t只包含前面若干步而不是所有步的隐层状态。在传统神经网络中，每一个网络层的参数是不共享的。而在循环神经网中，每输入一步，每一层各自都共享参数 $\boldsymbol{u}$、$\boldsymbol{v}$、$\boldsymbol{w}$。循环神经网中的每一步都在做相同的操作，只是输入不同，因此大大地降低了网络中需要学习的参数。前馈神经网络的参数不共享，对于每个神经元的输入权有不同的值。循环神经网是进行展开，形成了多层的网络。如果这是一个多层的前馈神经网络，那么 x_t到 s_t之间的 $\boldsymbol{u}$ 矩阵与 x_{t+1}到 s_{t+1}之间的 $\boldsymbol{u}$ 矩阵是不同的，而循环神经网中的却是一样的，对于 s 与 s 层之间的 $\boldsymbol{w}$、s 层与 y 层之间的 $\boldsymbol{v}$ 也都是一样的。

这个网络在 t 时刻接收到输入 x_t之后，隐藏层的值是 s_t，输出值是 y_t。关键是，s_t的值不仅仅取决于 x_t，还取决于 s_{t-1}。可以用下面的公式来表示循环神经网络的计算方法：

$$y_t = g(\boldsymbol{v}s_t)$$

$$s_t = f(\boldsymbol{u}x_t + \boldsymbol{w}s_{t-1})$$

式中，y_t是输出层的计算公式，输出层是一个全连接层，也就是它的每个节点都和隐藏层的每个节点相连；$\boldsymbol{v}$ 是输出层的权重矩阵；g 是激励函数；s_t是隐藏层的计算公式，它是循环层；$\boldsymbol{u}$ 是输入 x 的权重矩阵；$\boldsymbol{W}$ 是上一次的值 s_{t-1}作为这一次的输入的权重矩阵，f 是激励函数。

从上面的公式可以看出，循环层和全连接层的明显区别就是循环层多了一个权重矩阵 $\boldsymbol{w}$。

如果反复将 s_t代入 y_t，可得到：

$$\begin{aligned} y_t &= g(\boldsymbol{v}s_t) = g(\boldsymbol{v}f(\boldsymbol{u} + \boldsymbol{w}s_{t-1})) \\ &= g(\boldsymbol{v}f(\boldsymbol{u}x_t + \boldsymbol{w}f(\boldsymbol{u}x_{t-1} + \boldsymbol{w}s_{t-2}))) \\ &= g(\boldsymbol{v}f(\boldsymbol{u}x_t + \boldsymbol{w}f(\boldsymbol{u}x_{t-1} + \boldsymbol{w}f(\boldsymbol{u}x_{t-2} + \boldsymbol{w}s_{t-3})))) \\ &= g(\boldsymbol{v}f(\boldsymbol{u}x_t + \boldsymbol{w}f(\boldsymbol{u}x_{t-1} + \boldsymbol{w}f(\boldsymbol{u}x_{t-2} + \boldsymbol{w}f(\boldsymbol{u}x_{t-3} + \boldsymbol{w}s_{t-4}))))) \end{aligned}$$

可以看出，循环神经网络的输出值，是受前面历次输入值 $x_t, x_{t-1}, x_{t-2}, x_{t-3}\cdots$影响，这就是为什么循环神经网络可以往前查看任意多个输入值的原因。

8.4.2 随时间反向传播学习算法

随时间反向传播（back-propagation through time，BPTT）学习算法是循环神经网络的学习算法，但其本质是 BP 算法，只不过循环神经网络处理的是时间序列数据，需要基于时间反向传播误差，所以称为随时间反向传播算法。BPTT 的中心思想和 BP 算法相同，需要沿着优化的参数的负梯度方向不断寻找更优的点直至收敛。求各个参数的梯度是 BPTT 算法的核心。

在前馈神经网的中间层称为隐藏层，而在循环神经网络中称为状态层，其中 $\boldsymbol{u}$ 代表输入到隐层的权值矩阵；$\boldsymbol{w}$ 代表返回的权值矩阵；$\boldsymbol{v}$ 代表隐层输出到输出层的权值矩阵。使用 BPTT 算法训练循环神经网络的三个权矩阵，为了便于说明，将循环神经网络描述为图 8-43 所示的计算图表示。

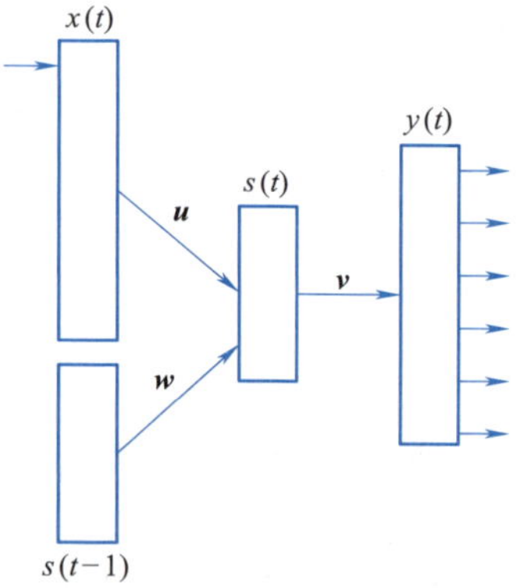

图 8-43 循环神经网络的计算图表示

其中：

$x(t)$：输入层，其下标变量为 i。

$s(t-1)$：前一个隐藏层，表示前一时刻状态，其下标变量为 h。

$s(t)$：隐藏（状态）层，表示当前时刻状态，其下标变量为 j。

$y(t)$：输出层，其下标变量为 k。

$\boldsymbol{u}$：输入层→隐藏层权值矩阵，下标变量为 i,j。

$\boldsymbol{w}$：前隐藏层→隐藏层权值矩阵，其下标变量为 h,j。

$\boldsymbol{v}$：隐藏层→输出层权值矩阵，其下标变量为 j,k。

1. 输入层→隐藏层

当前隐藏层的输出取决于激励函数 f 和输入的 $\text{net}_j(t)$，而 $\text{net}_j(t)$ 为当前输入以及前一时刻的隐藏层输出再加上偏置值之和。

$$h_j(t)=f(\text{net}_j(t))$$

$$\text{net}_j(t)=\sum_i^1 x_i(t)\boldsymbol{u}_{ji}+\sum_h^m s_h(t-1)\boldsymbol{w}_{jh}+b_j$$

2. 隐藏层→输出层

$$y_k(t)=g(\text{net}_k(t))$$

$$\text{net}_k(t)=\sum_j^m s_j(t)\boldsymbol{v}_{kj}+b_k$$

这是输出层，输出由激励函数 g 以及 $\text{net}_k(t)$ 决定，而 $\text{net}_k(t)$ 和隐藏层的多个神经元的和有关，同时加上偏置值 b_k。上式中的 f,g 均为激励函数，而 $\boldsymbol{u},\boldsymbol{v},\boldsymbol{w}$ 就是待训练的三个权值矩阵。

3. 反向传播学习算法

1）代价函数

构建代价函数 C，以采样误差平方和为代价函数，如下式：

$$C=\frac{1}{2}\sum_p^n\sum_k^0(d_{pk}-y_{pk})^2$$

式中，d 为期望值；y 为网络的输出值；下标 p 为代表的样本；下标 k 为输出下标变量，n 为样本总数。

2）反向传播的计算

$$\Delta(\boldsymbol{v})=-\eta\frac{\partial(C)}{\partial(\boldsymbol{v})}$$

$$\Delta(\boldsymbol{v})=-\eta\frac{\partial(C)}{\partial(\text{net})}\frac{\partial(\text{net})}{\partial(\boldsymbol{v})}$$

$$\delta_{pk}=-\frac{\partial(C)}{\partial(y_{pk})}\frac{\partial(y_{pk})}{\partial(\text{net}_{pk})}=(d_{pk}-y_{pk})g'(\text{net}_{pk})$$

$$\delta_{pj}=-(\sum_k^o\frac{\partial(C)}{\partial(y_{pk})}\frac{\partial(y_{pk})}{\partial(\text{net}_{pk})}\frac{\partial(\text{net}_{pk})}{\partial(s_{pj})}\frac{\partial(s_{pj})}{\partial(\text{net}_{pj})}=\sum_k^o\delta_{pk}V_{kj}f'(\text{net}_{pj})$$

权 $\boldsymbol{w}$、$\boldsymbol{v}$、$\boldsymbol{u}$ 更新计算如下：

$$\Delta\boldsymbol{v}_{kj}=\eta\sum_p^n\delta_{pk}s_{pj}$$

$$\Delta\boldsymbol{u}_{ji}=\eta\sum_p^n\delta_{pj}x_{pi}$$

以上都是针对当前时间序列，也就是段时刻，$\boldsymbol{w}$ 权值的更新就是隐层的 p 个样本对隐层的第 j 个神经元的误差乘以上一个时刻隐层的神经元的输出再乘以学习系数 η 就可完成 w 调整。

$$\Delta w_{jh} = \eta \sum_{p}^{n} \delta_{pj} s_{ph}(t-1)$$

4. BPTT 算法

BPTT 算法工作过程如图 8-44 所示。

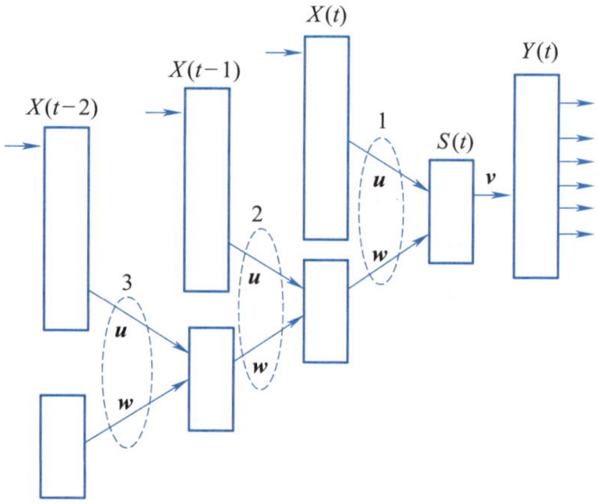

图 8-44　BPTT 算法工作过程

从中可以看出，在更新 w 时，需要上一时刻 $s(t-1)$ 的值，$s(t-1)$ 的值类似的依赖上一个 $s(t-2)$ 的值等同，这样会有很多层，为了更新这里的权值 w 和 u，而引入了 BPTT 算法。

从输出得到误差信号，反向传播先更新 v，更新完 v 后，误差继续向前传播，然后更新 $s(t)$ 的 w，u，即图 8-44 的 1 标记层，然后误差继续沿着 1 标记反向传播到 $s(t-1)$，然后更新 2 位置的 u，w。如果更新 u，v，则之前的 1 号位置的 u，w 也需改变，因为他们 1，2，3，…位置的 u，w 都是联动的，即改变他们任何一个就会改变结果，所有这里要求只要改变 2 的 u，w，那么 1，3 等都会以相同的方式进行改变，现在在 2 号位置。然后全部改变，误差继续反向传播到 3 的位置，开始改变 u，w，同时其他时序的 u，w 随着改变，然后继续往下传播，直到最后一层后，此时训练结束，权值也就固定了，这就是 BPTT 的精髓，即时间不停地往前追溯直到刚开始的那个时间为止。每追溯一层的权值都统一根据本次的追溯调节权值 u，w，直到追溯到刚开始的时间。每次训练都需要追溯到刚开始的时间，通常情况是追溯到 3～5 层就足够了，这是由于追溯时间越多说明层数越多，那么反向误差面临的梯度消失就会出现，越往后 u，w 的改变量越小，因此一般 3～5 层就够了，BPTT 的表达式如下：

$$\delta_{pj}(t-1) = \sum_{h}^{m} \delta_{ph}(t) W_{hj} f'(s_{pj}(t-1))$$

（3）使用矩阵的形式给出 BPTT 的权值调整过程误差信号：

$$e_o(t) = d(t) - y(t)$$

输出权值调整：

$$\boldsymbol{v}(t+1) = \boldsymbol{v}(t) + \eta \mathrm{s}(t) \mathrm{e}_o(t)^{\mathrm{T}}$$

误差从输出层传播到隐藏层：

$$e_h(t) = d_h(e_o(t)^{\mathrm{T}} \boldsymbol{u}, t)$$

d 表示误差信号按单元计算得到。

$$d_{hj}(x,t) = xf'(\mathrm{net}_j)$$

权值 u 的更新：

$$\boldsymbol{u}(t+1) = \boldsymbol{u}(t) + \eta x(t) e_h(t)^{\mathrm{T}}$$

权值 v 的更新；

$$\boldsymbol{v}(t+1) = \boldsymbol{v}(t) + \eta s(t-1) e_h(t)^{\mathrm{T}}$$

在随时间反向传播算法中，参数的梯度需要在一个完整的正向计算和反向计算后才能得到，并进行参数更新，因此需要保存所有时刻的中间梯度，空间复杂度较高。而实时循环学习（RTRL）算法在第 t 时刻，可以实时计算损失关于参数的梯度，不需要梯度回传，空间复杂度低。为了克服 BPTT 算法的缺点，引入了长短期记忆网络（LSTM）。

在循环神经网络训练中，随时间反向传播方式无法解决长时依赖问题，这是由于当前的输出与前面很长的一段序列有关，一般超过十步就无能为力了，因为随时间推移，反向传播方式会带来梯度消失或梯度爆炸问题。针对这些问题，提出了循环神经网络扩展和改进模型，例如双向循环神经网络和 LSTM 模型等。

5. 循环神经网络的 Dropout

通过 Dropout 操作可以让卷积神经网络增加鲁棒性，在循环神经网络中使用 Dropout 也有同样的功能。如果模型的参数太少，而训练样本又太多，训练出来的模型很容易产生过拟合的现象。Dropout 可以有效地缓解过拟合的发生，在一定程度上达到正则化的效果。Dropout 可以作为训练深度神经网络的一种方法供选择。在每个训练批次中，通过忽略一半的特征检测器（让一半的隐层节点值为 0），可以明显地减少过拟合现象。这种方式可以减少隐层结点间的相互作用，隐层节点相互作用是指某些隐层结点依赖其他隐层结点才能发挥作用。

Dropout 在正向传播的时候，让某个神经元的激励值以一定的概率 p 停止工作，这样可以使模型泛化性更强，因为它不会太依赖某些局部的特征，类似卷积神经网络只在全连接层中使用 Dropout，循环神经网络一般只在不同层循环体结构之间使用 Dropout，不在同一层循环结构之间使用，即从时刻 $t-1$ 传递到时刻 t，循环神经网络不会进行状态的 Dropout；而在同一时刻 t 中，不同层循环体之间会使用 Dropout。如图 8-45 所示，在图中实线箭头表示不使用 Ddropout，而虚线箭头表示使用 Dropout。

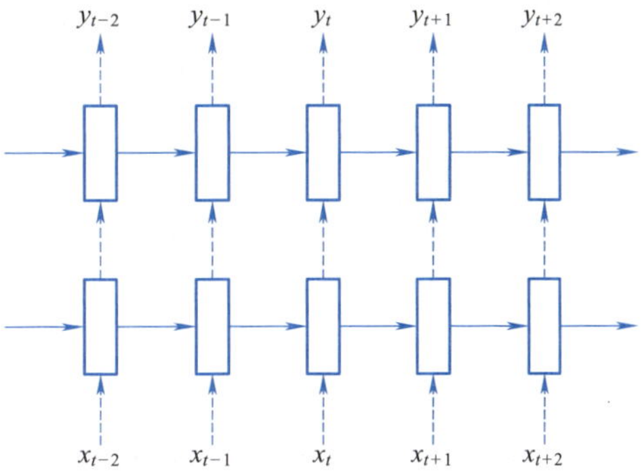

图 8-45　深层循环神经网使用 Dropout 方法

8.4.3　循环神经网络的扩展

为了克服循环神经网络的缺点，基于循环神经网络扩展了许多新的模型与算法

1. 双向循环神经网络

在某些应用场景中，当前时刻的输出不仅和过去的信息有关，还和后续时刻的信息有关。例如给定一个句子，即单词序列，每个单词的词性和上下文有关，因此可以增加一个按照时间的逆序来传递信息的网络层来增强网络的能力。这就是双向循环神经网络（bidirectional recurrent neural network，Bi-RNN），它由两层循环神经网络组成，这两层网络都输入序列 x，但是信息传递方向相反。

假设第 1 层按时间顺序传递信息，第 2 层按时间逆序传递信息，这两层在时刻 t 的隐状态分别为 $s_t^{(1)}$ 和 $s_t^{(2)}$：

$$S_t^{(1)}=f(\boldsymbol{u}^{(1)}S_{t-1}^{(1)}+\boldsymbol{w}^{(1)}x_t+b^{(1)}) \quad ①$$

$$S_t^{(2)}=f(\boldsymbol{u}^{(2)}S_{t+1}^{(2)}+\boldsymbol{w}^{(2)}x_t+b^{(2)}) \quad ②$$

$$y_t=S_t^{(1)}\oplus S_t^{(2)} \quad ③$$

式③表示将两个隐状态向量拼接起来。双向循环神经网络按时间展开如图 8-46 所示。

双向循环神经网络是当前的输出（第 t 步的输出）不仅与前面的序列有关，并且还与后面的序列有关。例如，预测一个语句中缺失的词语，就需要根据上下文来进行预测，进而补全。双向循环神经网络是由两个循环神经网络上下叠加在一起组成的。输出是由这两个循环神经网络的隐藏层的状态所决定。

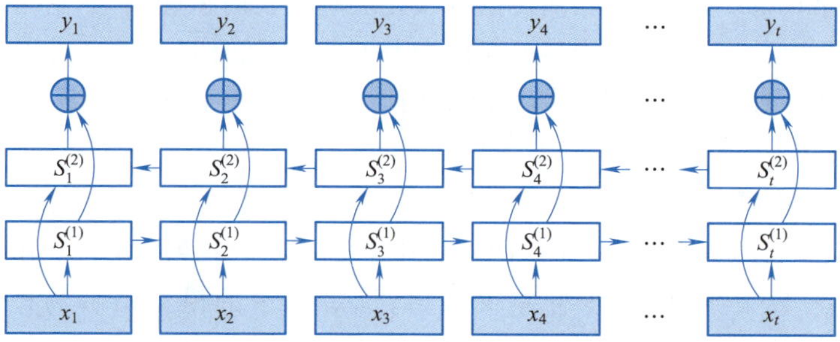

图 8-46　按时间展开的双向循环神经网络

(1)正向传播:

①沿着时刻 1 到时刻 t 正向计算一遍,得到并保存每个时刻向正隐含层的输出。

②沿着时刻 t 到时刻 1 反向计算一遍,得到并保存每个时刻向后隐含层的输出。

③正向和反向都计算完所有输入时刻后,每个时刻根据向正向后隐含层汇总计算得到最终输出。

(2)反向传播:

①计算所有时刻输出层的项。

②根据所有输出层的项,使用随时间反向传播算法更新向前层。

③根据所有输出层的项,使用随时间反向传播算法更新向后层。

2. 长短时记忆网络

当前预测位置和相关信息之间的间隔不断增大时,简单循环神经网络有可能丧失学习距离较远的信息的能力,或者在复杂语言场景中,有用信息的间隔有大有小、长短不一,循环神经网络的应用也将受到限制。针对这种情况,出现了长短时记忆网络(long short-term memory,LSTM)。LSTM 是一种特殊的循环神经网络类型,可以学习长期依赖信息。采用 LSTM 结构的循环神经网络比标准的循环神经网的语言处理能力更强。与单一循环体结构不同,LSTM 是一种拥有三个门结构的特殊网络结构。该模型通常能够更好地对长短时依赖进行表达,该模型相对于一般的循环神经网络,只是在隐层做了变化。LSTM 通过特意的设计可以避免长期依赖问题。记住长期的信息是 LSTM 的默认行为,是不需要付出很大代价就能获得的能力。因此大多数循环神经网络都可以通过 LSTM 结构实现。可用于识别文本、基因组、手写字迹、语音等序列数据的模式,或用于识别数值型时间序列数据,甚至可以将图像分解为一系列图像块,然后作为序列加以处理。

8.4.4　循环神经网络的应用

循环神经网络应用广泛,尤其在语言处理领域中应用广泛,例如词向量表达、语句合法性检查和词性标注等。

1. 语言模型与文本生成

基于 RNN 语言模型。首先将词依次输入循环神经网络中,每输入一个词,循环神经网络就输出截至目前为止的下一个最可能的词。神经网络的输入和输出都是向量,为了让语言模型能够被神经网络处理,必须将词表达为向量的形式,这样才能被神经网络处理。

2. 序列转换

循环神经网络可以完成序列到序列的转换,可以将序列从一个域转换为另一个域中的序列。

例 8-7　序列到序列的转换。

(1)机器翻译:待翻译的文本序列→翻译文本序列。

(2)语音识别:声学特征序列→识别文本序列。

(3)问答系统:问题描述单词序列→生成答案单词序列。

(4)文本摘要:文本序列→摘要序列。

3. 序列分类

序列分类是指对序列数据的分类,也就是说,循环神经网络的输入是序列,输出是类别。常用的序列分类问题有文本分类、时间序列分类、音频分类等。例如,在文本分类中,输入数据为单词序列,输出为该文本的类别。

4. 图像描述生成

循环神经网络与卷积神经网络一样,在无标图像描述自动生成中也得到了应用。将卷积神经网与循环神经网络结合进行图像描述自动生成。该组合模型能够根据图像的特征来生成描述。

8.5　生成式对抗网络

对真实世界建模需要大量的先验知识,建模的优劣决定了生成模型的性能。真实世界的数据非常复杂,仅利用简单的函数很难对一些随机数据完成准确的转换,也就是说,复杂模型的获得需要庞大的数据。针对上述问题,生成式对抗网络是一种新的网络模型。生成式对抗网络能够自动学习数据的分布规律,并创造出类似真实世界的图像和文本等。

8.5.1　生成式对抗网络的结构

生成式对抗网络(generative adversarial networks,GAN)是一种无监督学习的深度学习模型。生成式对抗网络的结构如图 8-47 所示。生成式对抗网络主要包含了生成器和判别器两个互相独立的神经网络。生成器的任务随机采样噪声 z,然后通过生成器 G 生成数据 $G(z)$。判别器 D 负责辨别数据的真伪,真实数据 x 和生成数据 $G(z)$ 作为判别器的输入,判别器输出的是这个样本为真的概率。在训练过程中,生成器努力地欺骗判别器,而判别器努力地学习如何正确区分真假样本,判断一个样本是否是真实的样本,这样两者就形成了对抗的关系,最终的目标就是生成器生成足以以假乱真的伪样本。

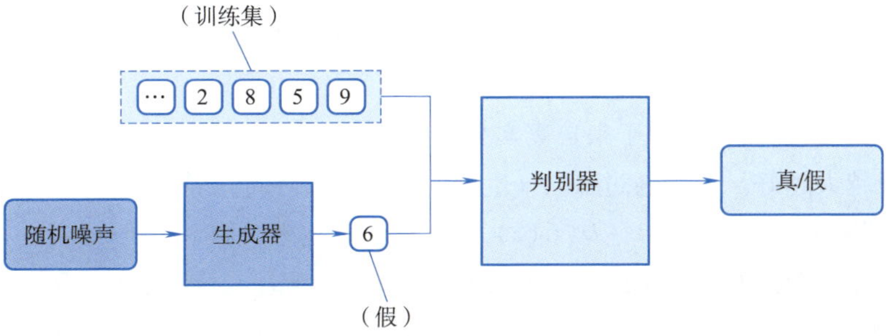

图 8-47　生成式对抗网络

生成式对抗网络的实现方法是生成器 D 与判别器 G 的博弈,在训练过程中通过相互竞争让 D 和 G 同时得到增强。由于 D 的存在,使得 G 在没有大量先验知识以及先验分布的前提下也能很好地去学习逼近真实数据，并最终使模型生成的数据达到以假乱真的效果，也就是说，D 无法区分 G 生成的样本与真实样本，从而 G 和 D 达到某种纳什均衡。

(1)定义一个生成器，输入一组随机噪声向量，最好符合常见的分布，一般的数据分布都呈现常规分布规律，例如输出为一个图片。

(2)定义一个辨别器，用它来判断图片是否为训练集中的图片，是为真，否为假。

(3)生成器和辨别器可以是卷积神经网络、循环神经网络或者全连接前馈神经网络等。

8.5.2 网络的训练与损失函数

1. 生成式对抗网络的训练

生成器和判别器相对独立，生成器和判别器交替迭代训练，两者博弈的交替迭代训练过程如下：

(1)首先，获得初始的真假数据集。给生成器一个随机的输入(初始化)，生成器输出一个假的样本集(未训练时效果非常差，也就是非常假)，同时已有真实的样本集(标签数据)，于是得到了真假数据集。

(2)有了真假数据集后，固定生成器的参数不变，对判别器进行训练。训练过程是一个有监督的二分类问题，即给定一个样本，训练判别器能判断出其是真样本还是生成器生成的假样本。

(3)完成判别器的训练后，需要提升生成器的造假能力，将生成器与前一步训练好的判别器串接，固定判别器的参数不变，对生成器进行训练。给生成器一个随机输入，损失函数可判别器的输出是否为真，根据损失函数，对生成器的参数进行更新。

(4)完成生成器的训练后，再次固定生成器的参数不变，对判别器进行训练。给生成器随机输入，得到新的假数据集(此时的假样本比第 1 步生成的假样本要真一些，因为生成器经过了一轮优化)，将最新得到的真假样本输入给判别器进行训练，从而完成对判别器的再一次优化训练。

(5)多次更新迭代后，在理想状态下，最终判别器 D 无法区分图片到底是来自真实的训练样本集合，还是来自生成器 G 生成的样本，此时辨别的概率为 0.5。

2. 生成式对抗网络的损失函数

生成式对抗网络中 G 和 D 的选择无强制限制，定义了一个噪声 $p_z(x)$ 作为先验，用于 G 在训练数据 x 上的概率分布 p_g，$G(z)$ 表示将输入的噪声 z 映射成数据。$D(x)$ 代表 x 来自真实数据分布 p_{data} 而不是 p_g 的概率。优化的目标函数定义如下 min max 的形式：

$$\min_G \max_D V(D,G) = \mathrm{E}_{x \sim p_{\text{data}}(x)}[\ln D(x)] + \mathrm{E}_{z \sim p_z(z)}[\ln(1 - D(G(z)))]$$

在参数的更新过程中，对 D 更新 k 次后对 G 更新 1 次。上式中的 min max 可理解为当更新 D 时，需要最大化上式，而当更新 G 时，需要最小化上式。

在对 D 的参数进行更新时，对于来自真实分布 p_{data} 的样本 x 而言，希望 $D(x)$ 的输出越接近于 1 越好，即 $\ln D(x)$ 越大越好。对于通过噪声 z 生成的数据 $G(z)$ 而言，希望 $D(G(z))$ 尽量接近于 0(即 D 能够区分出真假数据)，因此 $\ln(1-D(G(z)))$ 也是越大越好，所以需要 max D。在对生成模型 G 的参数进行更新时，希望 $G(z)$ 尽可能和真实数据一样，即 $p_g = p_{\text{data}}$。因此希望 $D(G(z))$ 尽量接近于 1，即 $\ln(1-D(G(z)))$ 越小越好，所以需要 min G。需要说明的是，$\ln D(x)$ 是与 $G(z)$ 无关的项，在求导时直接为 0。

在生成式对抗网络的目标函数中，$D(x)$ 表示判别器认为 x 是真实样本的概率，$1-D(G(z))$ 表示判别器认为合成样本为假的概率，取对数相加就能得到公式所示的形式。训练生成式对抗网络时判别器希望目标函数最大化，也就是使判别器判断真实样本为真，判断合成样本为假的概率最大化；与之相反，生成器希望该目标函数最小化，也就是降低判别器对数据来源判断正确的概率。

例 8-8　图 8-48 所示为目标函数的优化过程。

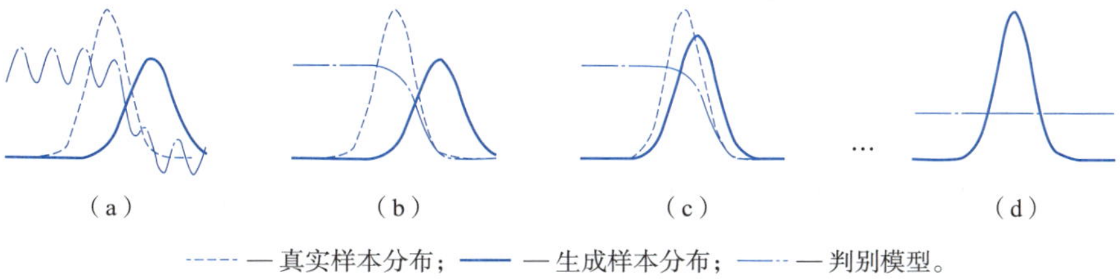

图 8-48　目标函数的优化过程

可以看出，在训练开始时，判别模型是无法很好地区分真实样本和生成样本的。接下来当固定生成模型，而优化判别模型时，优化结果如图 8-48(b)所示，可以看出，这时判别模型已经可以较好地区分生成数据和真实数据了。第三步是固定判别模型，改进生成模型，试图让判别模型无法区分生成图片与真实图片，在这个过程中，可以看出由模型生成的图片分布与真实图片分布更加接近，这样的迭代不断进行，直到最终收敛，生成分布和真实分布重合，如图 8-48(d)所示。

在实际应用中，生成式对抗网络模型凸显下述优势：

(1)数据生成的复杂度与维度线性相关，对于较大维度的样本生成，仅需增加神经网络的输出维度，不会出现传统模型那样的随指数上升、计算量增加。

(2)对数据的分布不做显性的限制，从而避免了人工设计模型分布的需要。

(3)生成式对抗网络生成的结果更为清晰。

(4)生成式对抗网络突出的生成能力应用更为广泛。

生成式对抗网络不仅可用于生成各类图像、文本、声音、音乐、结构化数据等自然语言数据，还在数据填报、图像翻译、数据合成、模仿学习等方面都取得了突破性的进展。

例 8-9　生成手写数字。

如图 8-49 所示，最初随机噪声将提供给生成器，生成器将生成一个手写数字，然后判别器将决定它接收到的输入是否是假的。在该过程开始时，由生成器生成的数字样本并不会很好，并且很容易被判别器轻易地丢弃，随着训练的继续，生成器和判别器不断优化。当判别器无法正确区分数据来源时，可以认为网络捕捉到的是真实数据样本。

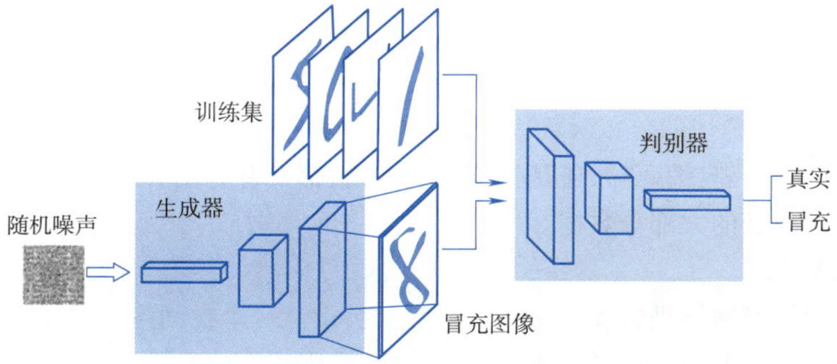

图 8-49　使用生成式对抗网络生成手写数字

8.6 自编码器

自编码器(auto-encoders,AE)是一种无监督深度学习模型,主要应用于异常监测、数据去燥、数据降维、图像修复和信息检索等。

8.6.1 自编码器工作原理

自编码器是一个试图还原其原始输入的系统,自编码器的工作原理如图 8-50 所示。

自编码器主要由编码器和解码器两部分组成:

- 编码器(Encoder):$y=f(x)$
- 解码器(Decoder):$\tilde{x}=g(y)=g(f(x))$

自编码器是对输入信号做某种变换,如果自编码器只是单纯地将输入复制到输出中,则无意义。希望通过训练自编码器将输入复制到输出中,使隐层抽取有用的属性,这是其本质。从自编码器中获得有用特征的一种方法是约束隐层维度小于输入 x 维度。在这种情况下,自编码器称为欠完备自编码器,如图 8-51 所示。通过训练不完整的表示,迫使自编码器学习训练数据中最有代表性的显著特征。如果隐层表示的维度等于或大于输入维度,则处于过完备的情况下。在这些情况下,即使自编码器可以学习将输入复制到输出,但是却没有学习有关数据分布的有用信息。在理论上,可以成功地训练任何自编码器架构,根据要分配的复杂度来选择编码器和解码器的代码位数和容量,然后建模,但是自动学习原始数据的特征表达也是神经网络和深度学习的核心目的之一。

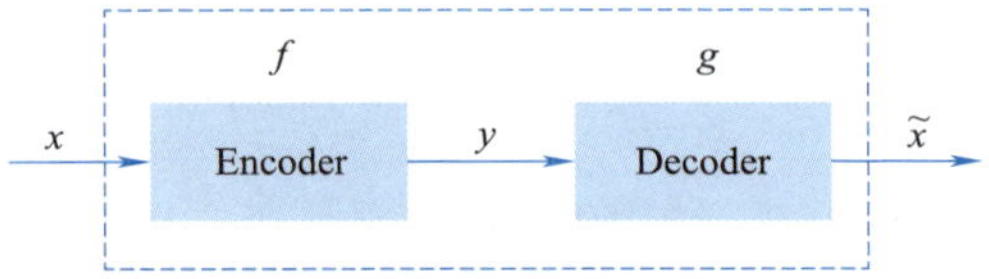

图 8-50 自编码器

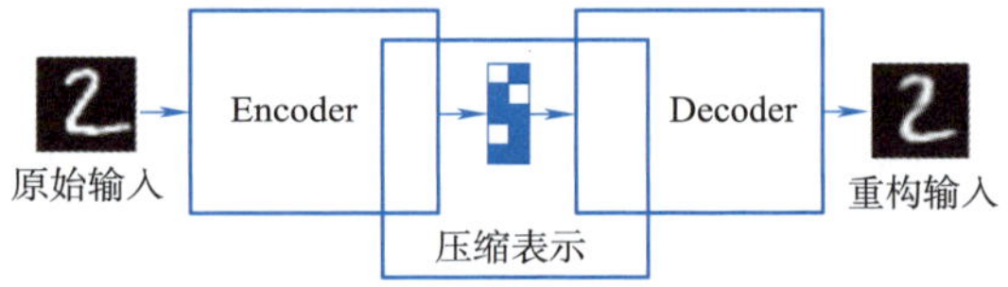

图 8-51 欠完备自编码器

1. 生成模型

生成模型是能够在给定某一些隐含参数的条件下,随机生成观测数据的模型。生成模型给观测值和标注数据系列制定一个概率分布。在贝叶斯算法中,可以直接对概率分布 $P(x,y)$ 建模,然后利用贝叶斯公式求解 $P(y|x)$。

2. 生成模型的类型

生成模型有下述两种类型:

(1)完全表示出数据确切的分布函数。

(2)没有完全表示出确切的分布函数,但是,能够生成新数据,具体的分布函数模糊。

在机器学习中,不管是自编码器,还是生成对抗网络,都没有完全表示出确切的分布函数。生成模型的核心目标是生成新的大部分数据。

3. 自编码器的结构

自编码器是利用神经网络进行表征学习,也就是说,设计一个在网络中施加瓶颈,迫使原始输入压缩知识表示的神经网络架构。如果输入特征彼此独立,则该压缩和随后的重构将是非常困难的任务。但是,如果数据中存在某种结构(输入特征之间存在相关性),则可以学习这种结构,并在强制输入通过网络的瓶颈时使用。

输入的特征 x_1、x_2、x_n之间存在某种特殊的联系，但是这些联系不需要人为进行特征提取，而是放到网络中进行学习，最终浓缩为更精炼、数量更少的特征 h_1、h_2、h_m。其中 $m<n$，这里的 x_n就是输入数据，h_m就是编码，也就是瓶颈数据。基于前馈神经网的深度自编码器一般结构如图 8-28 所示。

可以采取的未标记数据集和框架作为任务监督学习问题，负责输出新的 X(原始输入 X 的重构)。这个网络可以通过最小化重构误差(原始输入和重构之间差异的度量)训练。瓶颈是网络设计的关键属性，输入维度为 6，隐层维度为 3。如果没有信息瓶颈，网络将这些值进行传递，并且只学会记住输入值。在图 8-52 中，向量和最开始的数据输入完全一样，要能够对输入数据进行重构，不需要做任何处理，原样复制，这样的编码器没有任何意义。虽然瓶颈限制了完整网络可以传递的信息量，但却使网络学习了压缩输入。

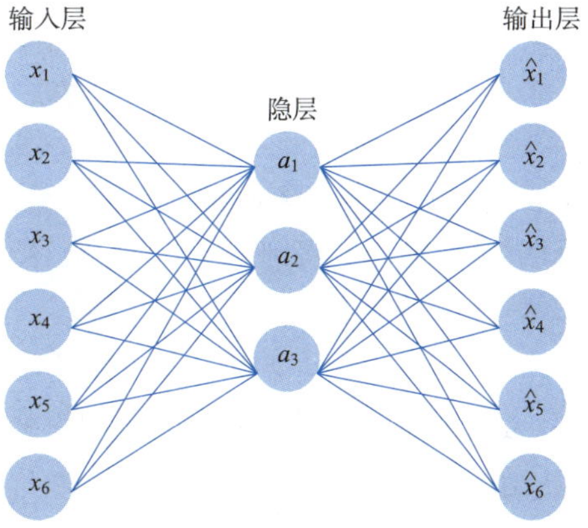

图 8-52　编码器结构

4. 自编码器的两个重要特征

(1)压缩编码的数据维度一定要比原始输入数据更少。也就是要有一定的“瓶颈限制”，如果压缩编码的数据维度更多，就达不到数据降维的目的，编码就无意义。

(2)不管是编码器还是解码器都是神经网络层，神经网络层一定要具有一定的容量，不止一个神经网络层，因为神经网络层数表明了对数据的隐含特征提取的效果。如图 8-52 所示只有一个中间的压缩编码数据层，如果在神经元节点上不使用非线性激励函数，则将得到和主成分分析(PCA)类似的降维效果。所以，需要多添加网络层，来存储输入数据之间的那些隐含关系、存储潜在特征和关联。

5. 自编码器与前馈神经网络的比较

(1)自编码器是前馈神经网络的一种，最开始主要用于数据的降维以及特征的抽取，随着技术的不断发展，现也被用于生成模型中，例如生成图片等。

(2)前馈神经网络是有监督学习，其需要大量地标注数据。自编码器是无监督学习，数据不需要标注，因此较容易收集。

(3)前馈神经网络在训练时主要关注的是输出层的数据以及错误率，而自编码器的应用更多地关注中间隐层的结果。

6. 深度自编码采用了逐层编码

多层的神经网络一起训练，由于网络的权值更新依靠误差反向传播，那么越靠近尾端，误差越起作用，可以使得靠近尾端的权值更新得比较大；越往前端，由于每一层往前以后，误差的作用就会消退一点，那么前面的网络权值更新就更小，这就是误差在反向传播的弥散作用。为了克服误差弥散这一问题，深度自编码器采用是逐层编码方法。

8.6.2　常用的自编码器

基于不同的需要，产生了多种自编码器类，主要有栈式自编码器、欠完备自编码器、稀疏自编码器和去噪自编码器等。下面仅介绍栈式自编码器、欠完备自编码器。

1. 栈式自编码器

栈式自编码器的特点如下：

(1)增加隐层可以学习更复杂的编码,每一层可以学习到不同的信息维度。

(2)如果层数太深,编码器过于强大,可以将学习输入映射为任意数,然后译码器学习其逆映射。深层神经网络的功能是能够逐层地学习原始数据的多种表达。每一层都以低一层的表达为基础,完成更抽象、更加复杂的分类的任务。

栈式自编码器又称深度自编码器,其训练过程和深度神经网络有区别。基于栈式自编码器的分类问题,栈式自编码利用无监督预训练、有监督微调进行深度网络模型训练。训练过程如下:

(1)无监督预训练。训练一个自编码器,得到特征表达,这就是将堆叠 h 再当作原始信息,训练一个新的自编码器,得到新的特征表达。当将多个自编码器堆积起来之后,构成如下结构:

$$\boldsymbol{x}\to AE_1\to h_1\to AE_2\to h_2\to\cdots\to h_{n-1}\to AE_n\to h_n$$

其中,$\boldsymbol{x}$ 表示输入向量;AE_j 表示编码器 j;h_i 为隐层 i 的输出,整个网络的训练是逐层进行。先训练网络 $n\to m\to n$,得到 $n\to m$ 的变换,然后再训练 $m\to k\to m$,得到 $m\to k$ 的变换。最终为 $n\to m\to k$ 的结果,这正是深度学习的核心技术。

(2)接分类层。如接 softmax,用于多分类任务。

(3)有监督微调。利用上面的参数作为网络的初始值,继续进行神经网络的训练。

2. 欠完备的自编码器

1)欠完备的自编码器原理

当隐层单元数大于或等于输入维度时,网络发生完全记忆的过拟合情况,为了避免这种现象,可限制隐层的维度要比输入维度小,这样可以强制自编码器捕捉训练数据中最显著的特征,通常将这种编码维度低于输入维度的自编码器称为欠完备自编码器。

欠完备自编码器的架构是限制网络隐层中的节点数量,进而限制可以通过网络传输的信息量。通过根据重构误差训练网络,模型可以学习输入数据的最重要属性,以及更好地重构原始输入。理想情况下,是学习和描述输入数据的潜在属性。

欠完备自编码器的训练目标是最小化一个损失函数,即最小化输入数据与经自编码器重构后的数据之间的误差。损失函数可以有多种,一般分为经验风险损失函数与结构风险损失函数,经验风险损失函数指预测结果与实际结果之间的差别,结构风险损失函数是在经验风险损失函数上添加一个正则项。

2)欠完备自编码器特点

(1)防止过拟合,隐层编码维数小于输入维数,可以学习数据分布中最显著的特征。

(2)如果中间隐层单元数特别少,则其表达信息有限,将导致重构过程比较困难。

3. 自编码器构建举例

例 8-10 构建多层自编码器:

$784\to 200\to k\to 200\to 784$,如图 8-53 所示。

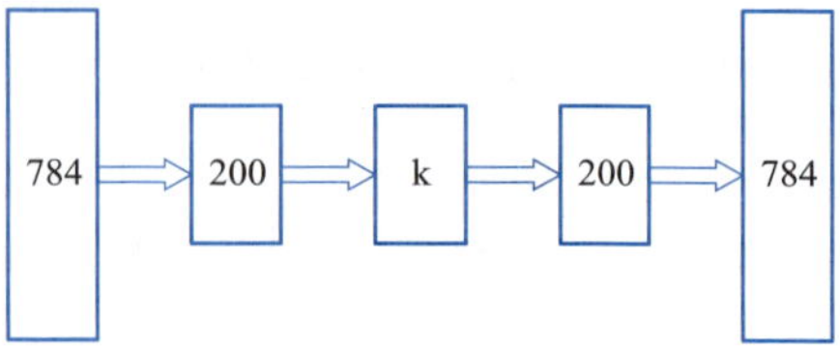

图 8-53　手写体识别深度自编码器

自编码的网络经过两层编码层,然后再经过两层译码层最终使得输出尽可能等于输入。可以将其拆分成两个部分,每一部分组成一个 3 层网络的自编码:

$784\to 200\to 784$

$200\to k\to 200$

其整体的效果是,$784\to 200\to k\to 200\to 784$

如果第二层隐含层单元为 $k=100$,那么第一个过程就是训练 $784\to 200\to 784$ 这个自编码了,在训练完以后,将 200 出来的特征值再拿来训练一个 200→100→200 的自编码层,这样两个过程合在一起就是 784→200→100→200→784。这是两层隐含层自编码,更多层的自编码无非是在后面继续训练自编码。这样做的优点是可以使得每一层网络的权值都能尽可能准确,因为只在一层进行误差反向传播是无损失的传播。

在自编码完成以后,可以用第 2 个隐层出来的 k 个特征去进行分类训练,如后接一个支撑向量机(SVM)分类器,如图 8-54 所示。

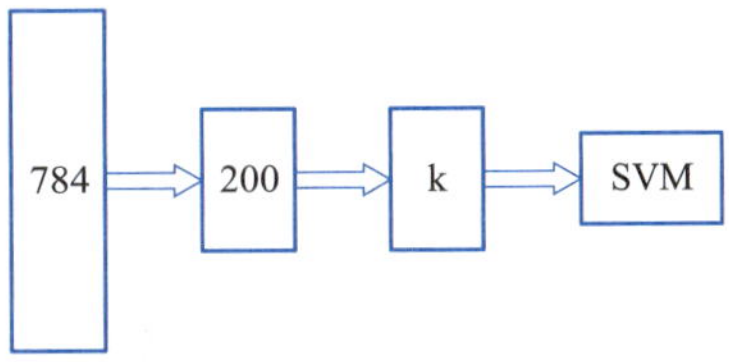

图 8-54 后接 SVM 分类器的深度自编码器

8.6.3 深度自编码器应用

自编码器主要的应用是去噪和数据降维。

1. 去噪

自编码器首先需要将数据进行压缩编码为低维向量,这个过程是有损压缩,在编码的过程中将损失一部分信息,但同时会保留数据的主要成份信息,恰好可以利用此原理将图像中的噪声过滤,只保留数据的主要信息,再借助解码过程还原图片信息。

去噪自编码器是一类接收损坏数据作为输入,并训练,预测原始未受损数据作为输出的自编码器,相当于添加了正则项。在将输入传递到网络之前添加噪声,因此如果它是图像,也就是添加了模糊,然后让网络学习如何消除增加的噪声并重建原始输入,这样重建误差就可以变小。去噪自动编码器采用卷积层,可以产生更有效的结果。

2. 数据降维

在直观上,自动编码器可以用于特征降维,类似主成分分析 PCA,但是相比 PCA 性能更强,因为其可以学习到数据之间的非线性关系。自编码器作为特征提取器,在完成训练后,去掉解码器只使用网络的编码器部分,然后编码器将原始数据转化为新的坐标系;还可以用其替换缺失值。除了进行特征降维,自动编码器学习到的新特征也可以送入有监督学习模型中,所以自动编码器可以起到特征提取器的作用。

例 8-11 对于一张清晰图片,首先通过编码器压缩这张图片,然后在需要解码时将其还原成清晰的图片。图片压缩的主要原因是:有时神经网络要接收大量输入信息,尤其输入信息是高清图片时,输入信息量可能达到上千万,神经网络直接从上千万个信息源中学习是一件困难的工作。压缩会提取出原图片中的最具代表性的信息,缩减输入信息量,再把缩减过后的信息放进神经网络学习,使得学习起来更简单轻松。所以也可以说自编码是一种非监督学习,通常只用到自编码前半部分。

首先编码器将输入数据压缩到较低维度,然后解码器尝试使用较低维度的数据重新创建原始输入,即它试图反转编码过程。原始数据和输出数据的误差称为重构误差,如图 8-55 所示。

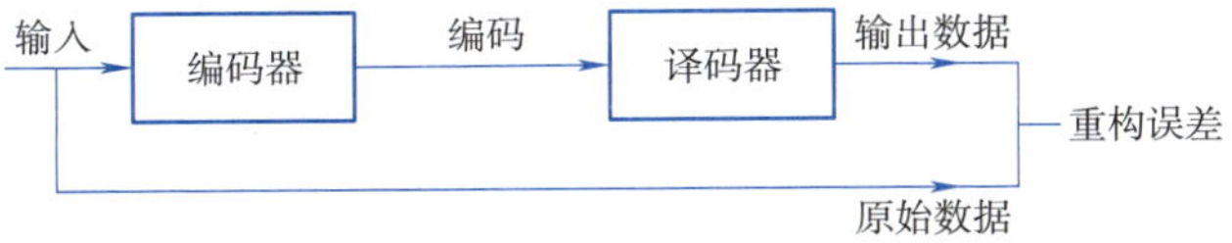

图 8-55 重构误差

通过训练网络来最小化数据集上的重构误差,网络学会利用数据中的自然结构,找到了一个有效的低维表示。编码器如同 PCA 一样,难免会迫使信息丢失,使得解码器具有不完美的信息并训练。为了整个网络以最小化重构错误,需要编码器和解码器一起工作以找到将输入数据压缩到较低维度的最有效方法。由于真实数据不是随机的，而是具有结构的，这种结构表明不需要完整输入空间的每个部分来表示数据，编码器的工作是从中映射它将完整的输入空间转化为有意义的较低维度。如果是随机选取，就很难利用新坐标系下的输入来还原原数据。

小　结

深度学习基于人脑结构，用多层互相连接的人工模拟神经元来模仿大脑的行为，处理视觉和语言等复杂问题。神经网络是深度学习的根基，利用人工神经网络可以收集信息，能对事物的外形和声音做出解释，还可以自行学习与工作。随着计算能力的提升和算法的改进，神经网络和深度学习已经成为人工智能领域最具吸引力的流派。本章主要介绍了人工神经网络基础、深度学习的方法与模型。具体包括卷积神经网络、循环神经网络、生成式对抗网络和自编码器等，并重点介绍了卷积神经网络，通过这些内容的学习，可为计算机视觉、自然语言处理与理解和智能机器人的学习与应用建立基础。

第 9 章 计算机视觉

本章知识导图

- 计算机视觉
  - 计算机视觉概述
    - 计算机视觉的内涵与外延
    - 图像类型与语义差异
  - 图像分类
    - 图像识别与分类
    - 图像分类的基本方法
    - 基于深度学习的图像分类
    - AlexNet图像分类
  - 目标检测
    - 目标检测的任务
    - R-CNN目标检测算法
    - Fast R-CNN目标检测算法
    - Faster R-CNN目标检测算法
    - 三种算法的比较
  - 目标跟踪
    - 目标跟踪概述
    - 目标跟踪方法
    - 基于CNN的目标跟踪方法
  - 语义分割
    - 语义分割的定义与术语
    - 语义分割方法

9.1 计算机视觉概述

计算机视觉(computer vision)是人工智能中的重要领域之一。计算机视觉经过 70 多年发展已成为当下一个十分活跃的研究领域。互联网上超过 70% 的数据是图像/视频,全世界的监控摄像头数目已超过人口数,每天有超过八亿小时的监控视频数据生成。为了充分应用如此巨大的数据量,需要研究和发展计算机视觉的理解与分析技术。

9.1.1 计算机视觉的内涵与外延

1. 计算机视觉的内涵

计算机视觉是指使用计算机来实现人的视觉功能,更具体的描述是:使用摄像机和计算机代替人眼对目标进行识别、跟踪和测量,并处理成为更适合人眼观察或传送给仪器检测的图像。

计算机视觉主要是对客观世界的三维场景的感知、识别和理解。这表明计算机视觉技术的目标是使计算机具有通过二维图像认知三维环境信息的能力。因此,不仅需要使机器能够感知三维环境中物体的形状、位置、姿态、运动等几何信息,而且还能对它们进行描述、存储、识别与理解。可以看出,计算机视觉与人类或动物的视觉不同,它是借助几何、物理和学习技术来构建模型,应用统计的方法来处理数据。

图像处理是计算机视觉的基础,计算机视觉的主要任务包括图像分类、目标检测、目标跟踪、图像分割、风格迁移、图像重构、图像生成、人脸识别等。

1)图像分类

图像分类是确定图像中的物体属于何种类别。在图像分类过程中,将通过给输入图像分配标签而找到目标物体位置的过程称为定位,也就是找出这个目标的位置。通常以边界框表示。图像识别是指使用算法与模型来识别图像中的对象、特征或场景。

2)目标检测

目标检测通常包含两方面的工作,首先是找到目标,然后就是识别目标,用框来标出物体的位置,并给出物体的类别。目标检测又分为单物体检测和多物体检测。也就是检测“是什么、在哪里”的问题,即定位出这个目标的位置并且知道目标物是什么。

3)目标跟踪

目标跟踪是指在特定场景跟踪某一个或多个特定关注(感兴趣)对象的过程。

4)图像分割

图像分割是检测到目标物体,然后将物体分割出来,也就是将图像细分为多个图像子区的过程。解决“每一个像素属于哪个目标物或场景”的问题,分为语义分割和实例分割。语义分割是比目标检测更进阶的任务,目标检测只需要框出每个目标的边界框,语义分割需要进一步判断图像中哪些像素属于哪个目标。实例分割、语义分割不需要区分相同类别目标的不同实例。例如,一张图像中有两只猫,语义分割会将两只猫整体的像素预测为“猫”这个类别。与此不同的是,实例分割需要区分出哪些像素属于第一只猫,哪些像素属于第二只猫,实例分割是目标检测加语义分割。

5)风格迁移

风格迁移是指将一个领域或者几张图像的风格应用到其他领域或者图像上,可以实现以风格图片的风格加内容图片的内容重新生成一张目标图片。

6)图像重构

图像重构也称为图像修复,其目的就是修复图像中缺失的地方,例如,应用图像重构技术可以修复一些旧的、有损坏的黑白照片和影片。

7)图像生成

图像生成是根据一张图像生成修改部分区域的图像或者是全新图像的任务。这个应用最近几年发展快速,主要原因也是由于对抗式网络是最近几年热门的研究方向,而图像生成就是对抗式网络的一大应用。

8)人脸识别

人脸方面的应用主要包括人脸识别、人脸检测、人脸匹配、人脸对齐等,这是计算机视觉方面最热门也是发展最成熟的应用,而且已经比较广泛地应用于安全、身份认证等,例如人脸支付、人脸解锁等。

2. 计算机视觉的外延

计算机视觉是一门综合性的交叉学科,其中包括计算机科学与技术、信号处理、物理学、应用数学和统计学,神经生理学和认知科学等。涉及生物、心理、物理、工程、数学、计算机科学等领域,与其他许多学科或研究方向之间相互渗透、相互支撑。

1)计算机视觉与人工智能

人工智能技术主要研究智能系统的设计和有关智能的计算理论与方法。人工智能可分为感知、认知和动作执行三个阶段。计算机视觉是人工智能的一个分支。

2)计算机视觉与图像处理

在图像处理中,人是最终的解释者,但在计算机视觉中,计算机是图像的解释者,计算机视觉系统必须具有图像处理的能力。图像处理算法在机器视觉系统的初期阶段起着很大的作用,它们通常被用来增强特定信息并抑制噪声。

3)计算机视觉与模式识别

模式识别是根据从图像中抽取的统计特性或结构信息,将图像分为设定的类别。图像模式的分类是计算机视觉中一个重要问题。模式识别中的许多方法可以应用于计算机视觉中。

4)计算机视觉与机器视觉

计算机视觉技术的目标是使计算机具有通过一幅或多幅图像来认知周围环境的能力,即对客观世界三维环境的感知、识别与理解。这表明计算机不仅要模拟人眼的功能,而且更重要的是使计算机完成人眼所不能胜任的工作。而机器视觉则是建立在计算机视觉理论基础之上,偏重计算机视觉技术的工程化,能够自动获取和分析特定的图像,以控制相应的行为。与计算机视觉所研究的视觉模式识别、视觉理解等内容不同,机器视觉技术重点在于感知环境中物体的形状、位置、姿态、运动等几何信息。两者基本理论框架、底层理论、算法相似,只是研究的终极目标不同。所以实际中并不加以严格划分,对于工业应用常使用机器视觉,而一般情况下则常用计算机视觉。

9.1.2　图像类型与语义差异

图像是对客观对象的一种相似性的、生动性的描述或写真,是最常用的信息载体。图像是客观对象的一种表示,它包含了被描述对象的有关信息,是人们最主要的信息源。统计结果表明,一个人获取的信息大约有 75% 来自视觉。

图像根据记录方式的不同可分为模拟图像和数字图像两大类。模拟图像可以通过某种物理量(如光、电等)的强弱变化来记录图像亮度信息,例如模拟电视图像;而数字图像则是用计算机存储的数据来记录图像上各点的亮度信息。目前大多数图像是以数字形式存储,因而图像处理很多情况下指数字图像处理。数字图像处理技术应用普遍、可靠和准确,也比模拟方法更容易实现。

1. 图像类型

计算机视觉主要是对图像和视频进行处理,在计算机中,基于颜色和灰度的多少可将图像分为二值图像、灰度图像、索引图像和真彩色 RGB 图像四种基本类型。

1)二值图像

一幅二值图像的二维矩阵仅由 0、1 两个值构成,0 代表黑色,1 代白色。由于每一像素(矩阵中每一元素)取值仅有 0、1 两种可能,所以计算机中二值图像的数据类型通常为 1 个二进制位。二值图像通常用于存储文字、线条图的扫描识别和掩膜图像。

2)灰度图像

灰度图像矩阵元素的取值范围通常为[0,255]范围,因此其数据类型一般为 8 位无符号整数,这就是人们经常提到的 256 灰度图像。0 表示纯黑色,255 表示纯白色,中间的数字从小到大表示由黑到白的过渡色。在某些软件中,灰度图像也可以用双精度数据类型表示,像素的值域为[0,1],0 代表黑色,1 代表白色,0 到 1 之间的小数表示不同的灰度等级,二值图像可以看成灰度图像的一个特例。灰度图像按行列存储。

3)索引图像

索引图像的像素用一个字节表示,它最多包含256色的色表存储并索引其所用的颜色。索引图像的数据信息包括一个数据矩阵和一个双精度色图矩阵,其数据矩阵中的值直接指定该点的在色图矩阵中颜色,色图矩阵的每一行表示一种颜色,每行有三个数据,分别表示该种颜色中红、绿、蓝的比例情况,所有元素值都在[0,1]内。占空间较少。索引图像的图像质量不高,通常用于网络上的图片传输,对图像像素、大小有严格要求的地方。

4)真彩色RGB图像

RGB图像与索引图像一样都可以用来表示彩色图像。但与索引图像不同的是,RGB图像每一个像素的颜色值(由RGB三原色表示)直接存放在图像矩阵中,由于每一像素的颜色需由R、G、B三个分量来表示,M、N分别表示图像的行列数,三个$M\times N$的二维矩阵分别表示各个像素的R、G、B三个颜色分量。RGB图像的数据类型一般为8位无符号整型数,通常用于表示和存放真彩色图像,当然也可以存放灰度图像。

RGB图像存储方式见表9-1,每列含有三个通道,通道的顺序是BGR,而不是RGB。

表9-1 RGB图像存储方式

行号	列0,B	列0,G	列0,R	列1,B	列1,G	列1,B	…	列 m,B	列 m,G	列 m,B
行0	0,0	0,0	0,0	0,1	0,1	0,1	…	0,m	0,m	0,m
行1	1,0	1,0	1,0	1,1	1,1	1,1	…	1,m	1,m	1,m
…	…,0	…,0	…,0	…,1	…,1	…,1	…	…,m	…,m	…,m
行 n	n,0	n,0	n,0	n,1	n,1	n,1	n,…	n,m	n,m	n,m

2. ImageNet数据集

ImageNet图像数据集始于2009年,ImageNet是根据WordNet层次结构组织的图像数据集。在ImageNet中,每个同义词集平均包括1 000幅图像,并且还在持续地扩展中。

目前ImageNet中共计14 197 122幅图像,分为21 841个同义词集类别,大类别包括:amphibian、animal、appliance、bird、covering、device、fabric、fish、flower、food、fruit、fungus、furniture、geological formation、invertebrate、mammal、musical instrument、plant、reptile、sport、structure、tool、tree、utensil、vegetable、vehicle、person。

3. 图像语义差异与图像变化因素

1)图像语义差异

人类看到的图像与计算机看到的图像显著不同,对于图9-1上部的左右图像,能够很容易地分辨出猫和狗,但是对于计算机所看到的则是对应于图9-1下部图像数据矩阵。语义差距是人对图像内容的感知方式与计算机能够理解图像过程的表现方式之间的差异。

人类可以轻松地从图像中识别出目标,而计算机看到的图像只是一组0到255之间的整数。语义差异不仅出现在计算机视觉领域,高级的推理只需要非常少的计算资源,而低级的对外界的感知却需要极大的计算资源。要让计算机像人一样下棋是相对容易的,但是要让计算机有如小孩般的感知和行动能力却是相当困难的。

2)图像的变化因素

对图像处理,除了考虑语义差异问题之外,还需要考虑图像或目标的变化因素。物体是在不同的视点、光照条件、遮挡和尺度等情况下出现的,计算机视觉任务的困难是拍摄视角变化、缩放变化、变形、闭合变化、光照变化、类内变化等。

图 9-1　人类认知图像的方式与计算机面对的图像矩阵

（1）视角变化：视角变化是指收集同一个物体图像，获取的角度多变。对应于物体是如何被拍照或获取的，造成得到原始还是多维度旋转的图像。

（2）缩放变化：缩放变化是指无论如何缩放，除了大小不同，它们是同一个物体。图像分类方法必须适应这种变化。

（3）变形：变形是指所有图像都包含了图像的特性，但是它们都会弹性、扭曲和动态变化。

（4）闭合变化：图像分类还应当处理闭合变化，也就是说，分类器需要能够识别出即便是在形状、大小、颜色等外观上有所变化，但本质上属于同一类别的对象。

（5）光照变化：在像素层面上，光照的影响非常大。即由于光照不同，看起来也不同。

（6）类内变化：类内变化是指一类物体的个体之间有许多不同，每个个体都有自己的外形，而图像分类算法必须能够正确识别。

9.2　图像分类

9.2.1　图像识别与分类

1. 图像分类

图像分类的核心任务是将整张图像分配到一个预定义的类别标签中，输出结果是一个或多个类别标签（单标签或多标签分类）。

2. 图像识别

图像识别通常指从图像中定位并识别特定目标，可能包含目标检测实例分割、人脸识别和场景理解等子任务。

3. 核心区别

（1）图像分类是基础任务，回答“图像属于什么类别”。

（2）图像识别是进阶任务，回答“图像中有哪些目标，它们在哪里”。

（3）实际应用中：分类是识别的子集，而识别通常需要结合分类和定位技术。

图像分类与图像识别的核心区别见表 9-2。

表 9-2　图像分类与图像识别的核心区别

维度	图像分类	图像识别
任务目标	整张图像的类别标签	定位并识别图像中的目标
输出内容	类别标签（如“猫”）	类别 ＋ 位置（如“猫：x＝100，y＝200”）
复杂度	较低（单任务）	较高（多任务，需检测/分割）
应用场景	图片分类、简单场景判断	自动驾驶、人脸解锁、工业质检

9.2.2 图像分类的基本方法

图像分类是计算机视觉的核心，图像分类是对一个输入图像，输出对该图像内容分类的描述。图像分类的传统方法是描述特征及通过特征描述来检测，但这类方法仅对于一些简单的图像分类有效。现在，转而使用机器学习的方法来处理图像分类问题。主要任务是给定一个输入图像，将其指定一个已知类别的标签。

例9-1 将一个图像分配给猫、狗、帽子和杯子(cat,dog,hat,mug)四个类别，标签的概率如图9-2所示，图像可表示成一个大的三维数字矩阵。图像分类的最终目标就是转换这个数字矩阵到一个单独的标签，例如cat。图像分类的任务是对于一个给定的图像，预测其类别标签。

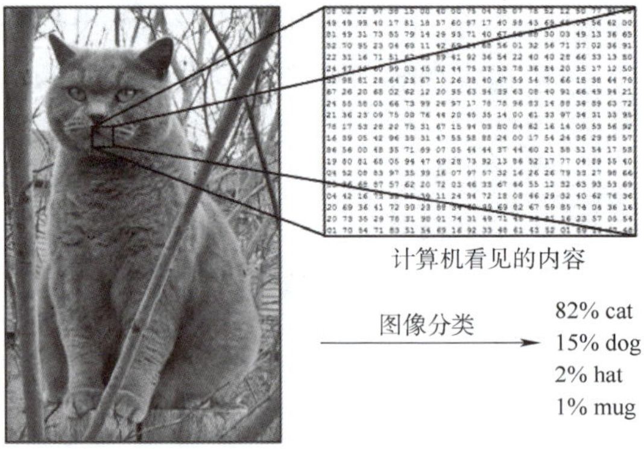

图 9-2 图像分类

对于人类而言，理解一张图像的内容很容易，识别出猫特别简单，因为之前就已经接触了大量这类图像，对其特征有深入的认识，所以人类识别这类图像是个简单的任务，但是对于计算机，从一堆数据中识别出猫是困难的事情。而且猫还有不同种类、毛色、大小和姿态。

1. 图像分类的数据驱动方法

图像分类的数据驱动方法需要为模型提供很多图像数据，通过不断学习，获得每个类的特征。第一步需要将已经做了分类标注的图像作为训练集，训练数据集如图9-3所示，共有四个类别的训练集。在实际中，可能有成千上万类别的物体，每个类别都有百万的图像。

图 9-3 训练数据集

基于数据驱动的图像分类就是输入一个元素为像素值的数组，然后给它分配一个分类标签，其图像分类流程如下：

(1)输入：输入是包含 N 个图像的集合，每个图像的标签是 K 种分类标签中的一种。这个集合称为训练集。

(2)学习：这一步的任务是使用训练集来学习每个类。一般该步骤称为训练分类器或者学习一个模型。

(3)评价：让分类器来预测它未曾见过的图像的分类标签，并以此来评价分类器的质量。将分类器预测的标签和图像真正的分类标签对比。分类器预测的分类标签和图像真正的分类标签，如果一致的情况越多，分类器就越好。

2. *k*-邻近分类器

k-邻近分类器是最基本的经典分类器，实际中也极少使用，但通过学习它，对于解决图像分类问题的方法能有个基本的认识。

k-邻近是处理图像分类问题一个较为简单的方法：首先在系统中记住所有已经标注好类别的图像（这是训练集），当遇到一个要判断的还未标注的图像（也就是测试集中的某个图像）时，就去比较这个图像与记住的图像的相似性，找到那个最相似的已经标注好的图像，用那个图像的类别作为正在分类的图像的类别，这就是邻近名称的含义。

判断图像相似有多种方法。例如，利用图像的曼哈顿距离，也可以图像的欧式距离作为图像相似性的比较对象。准确的表述为：如果图像分别为 I_1 和 I_2，$I_1{}^K$ 表示图像 I_1 在 k 位置处的像素值，则两个图像 I_1 和 I_2 的曼哈顿距离和欧式距离可以分别表示为：

$$D_1(I_1, I_2) = \sum | I_1{}^K - I_2{}^K |$$

$$D_2(I_1, I_2) = \mathrm{SQR}(\sum (I_1{}^K - I_2{}^K)^2)$$

邻近的优点是容易实现，缺点是预测/测试的过程太慢，给定一个图像时，需要逐个比较训练集中的图像，每预测一次的计算量都很大，特别是图像的尺寸较大时，仍需要较大的空间去存储训练集，准确率不高。实验发现，该方法在 CIFAR-10 数据集上只能取得 38.59% 左右的正确率。

CIFAR-10 是一个非常流行的图像分类数据集。这个数据集包含了 60 000 张 32×32 像素的小图像。每张图像都有 10 种分类标签中的一种。这 60 000 张图像被分为包含 50 000 张图像的训练集和包含 10 000 张图像的测试集。在图 9-4 中所示的是 10 个类的 10 张随机图像。

图 9-4　10 个类的 10 张随机图像

例 9-2　现有 CIFAR-10 的 50 000 张图像（每种分类 5 000 张）作为训练集，希望将余下的 10 000 作为测试集并给它们打上标签。邻近算法将测试图像和训练集中每一张图像去比较，然后将最相似的那个训练集图像的标签赋给这张测试图像。在本例中，是比较 32×32×3 的像素块。最简单的方法就是逐个像素比较，最后将差异值全部加起来。换句话说，就是将两张图像分别转化为两个向量，然后计算他们的曼哈顿距离，获得向量差异值。

9.2.3　基于深度学习的图像分类

常用的图像分类方法有 KNN、SVM、BPNN、CNN 等方法。图像分类的任务就是给定一个图像，能够正确给出该图像所属的类别。假设图像的尺寸是 32×32 像素，但计算机看到的就是一个形状为 32×32 像素的矩阵，或者称其为张量，张量是高维的矩阵。计算机的任务就是寻找一个函数关系，这个函数关系能够将这些像素的数值映射到一个可以用某个数值表示的类别。

1. 基于卷积神经网络的图像分类架构

如图 9-5 所示，在卷积神经网络的图像分类架构中，将图像送入网络，然后由网络对图像数据进行分类。

例 9-3 输入一个大小为 100×100 像素的图像，并不需要设计一个 10 000 个输入节点的输入层。利用滑动窗口技术，只需要创建一个大小为 10×10 像素的输入层，输入 10×10 个像素。然后，向右移动一个像素，再输入下一个 10×10 的像素。

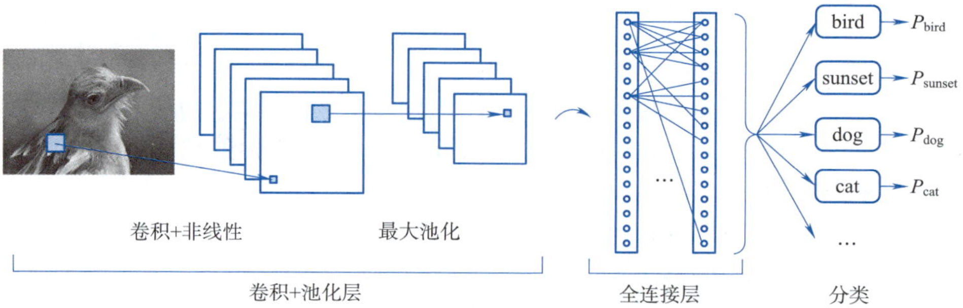

图 9-5 基于卷积神经网络的图像分类架构

将输入数据送入卷积层，每个节点只需要处理离自己最近的邻近节点，卷积层也随着扫描的深入而趋于收缩。除了卷积层之外，还有池化层。池化是过滤细节的一种方法，常用的是最大池化方法，它用大小为 2×2 的矩阵传递拥有最多特定属性的像素。左面输入的是一幅图像，全连接网络的输出是分类输出结果 P_{bird}。

增加训练数据，则能够提升算法的准确率。当训练数据有限的时候，可以通过一些变换从已有的训练数据集中生成一些新的数据，来扩大训练数据，主要有下述两种方法：

(1) 水平翻转。如图 9-6 所示，水平翻转可以获得不同的角度观测目标的训练数据。

(2) 随机裁剪。如果原始图像大小为 256×256 像素，随机裁剪出一些 224×224 像素的图像。例如 AlexNet 训练时，对左上、右上、左下、右下、中间做了 5 次裁剪，然后再翻转，得到 10 张裁剪的图片。

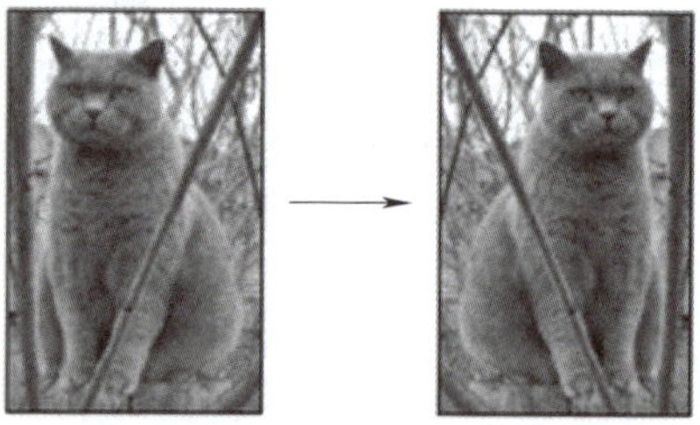

图 9-6 水平翻转

2. 图像分类过程

在深度学习中，通过计算输出值和正确值的误差，反向传播误差修改权值，直到误差达到需求为止。定位的过程也是类似的，通过卷积神经网络计算出方框的位置，计算和正确方框位置的误差，反向传播误差修改权值，使误差越来越小、输出的方框和正确方框越来越接近。

分类和定位过程如图 9-7 所示，首先输入图像，通过卷积神经网络提取特征，得出最后一层的卷积特征图后，设置两个全连接神经网，一个是完成分类任务，利用分类全连接神经网络将图像的类别标出来。另一个是完成图像定位任务，利用全连接神经网络得出最优的物体边界框(x,y,w,h)。

对于定位，也可采用下述方法：首先获取不同大小的框，并且让框出现在不同的位置，然后判定得分，根据得分的高低对结果框进行选择。

9.2.4 AlexNet 图像分类

机器处理能力的大幅提升，以及大数据和先进的算法是深度学习成功的基础。深度卷积神经网络在给定数据级上进行特定视觉识别任务的算法超过了人类视觉 5% ~10% 的准确率水平。Image Net 竞赛见证了神经网络性能的不断提升，从 2010 年接近 30% 的错误率提升到了 2017 年 2.251% 的错误率。基于深度学习的神经网络模型的图像分类出错率如图9-8所示。

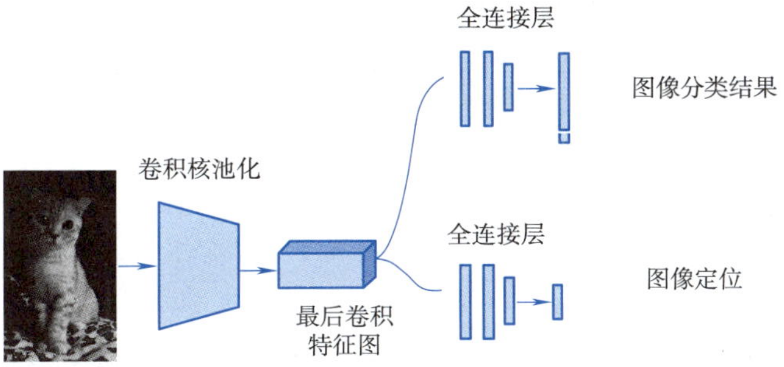

图9-7 分类和定位

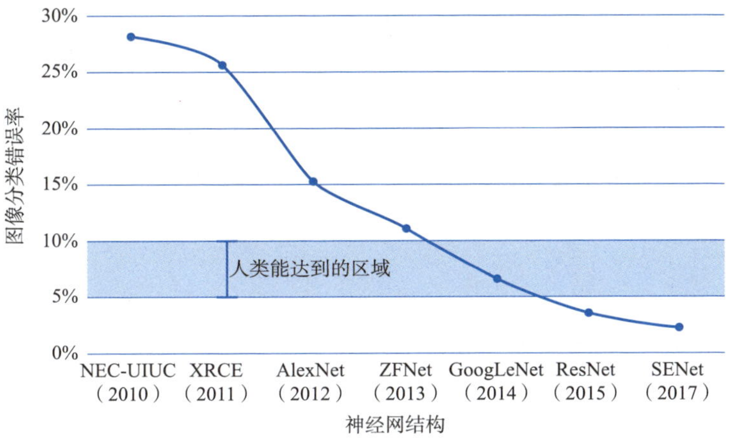

图9-8 基于深度学习的神经网络模型的图像分类错误率

第一届ImageNet竞赛的获奖者是AlexKrizhevsky(NIPS 2012),构造了一个深度卷积神经网络。该网络架构除了最大池化层之外,还包含七个隐层,前几层是卷积层,最后两层是全连接层。在每个隐层内,激励函数为线性的,要比逻辑单元的训练速度更快、性能更好。除此之外,当附近的单元有更强的活动时,使用竞争性学习来压制隐藏活动,有助于强度的变化。

在硬件方面,Alex在两个Nvidia GTX 580 GPU(速度超过1 000个快速的小内核)上实现了非常高效的卷积网络。GPU非常适合矩阵间的乘法且有非常高的内存带宽。训练速度快。随着内核功能越来越强,数据集越来越大,大型神经网络的速度要比传统的计算机视觉系统更快。在这之后,已经出现很多种使用卷积神经网络作为核心并取得优秀成果的模型,

1. AlexNet的基本技术

1)ReLU

在训练时间的梯度衰减方面,非线性饱和函数要比非线性非饱和函数慢很多。在AlexNet中用的非线性非饱和激励函数ReLU。

2)双GPU并行运行

在深度学习中,经常在ImageNet上使用Top-1和Top-5技术选择。

例9-4 当一个网络完成训练之后,可使用这个网络进行图片分类。如果需要分类的图像数目有50个类,当进行测试时输入一张图片,训练成的网络依次输出这个输入图片属于这50个类别的

概率,当所有图片测试完成后,

Top-5 正确率 =(所有测试图片中正确标签包含在前五个分类概率中的个数)/(总的测试图片数)

Top-5 错误率 =(所有测试图片中正确标签不在前五个概率中的个数)/(总的测试图片数)

同理,Top-1 错误率就是正确标记的样本数,不是最佳概率的样本数除以总的样本数。

为提高运行速度和提高网络运行规模,采用双 GPU 的设计模式,并且规定 GPU 只能在特定的层进行通信交流。其实就是每一个 GPU 负责一半的运算处理。实验数据表明,两个 GPU 方案比只用一个 GPU 的方案,在准确度上 Top-1 和 Top-5 分别提高了 1.7% 和 1.2% 。

3)重叠池化

Alex 也带重叠池化,池化单元在提取特征时,其输入将受到相邻池化单元的输入影响,也就是提取出来的结果可能是有重复的(最大池化)。而且,实验表示使用重叠池化的效果比传统的要好,在 Top-1 和 Top-5 上分别提高了 0.4% 和 0.3% ,在训练阶段具有避免过拟合的作用。

4)多类别逻辑回归

在统计学中,多类别逻辑回归是一个将逻辑回归一般化成多类别问题的分类方法。它是一个用来预测具有类别分布的因变量的不同可能结果的概率的模型。在多类别逻辑回归中,因变量是根据一系列自变量(特征、观测变量)来预测而得到。具体来说,就是通过将自变量和相应参数进行线性组合之后,使用某种概率模型来计算预测因变量中得到某个结果的概率,而自变量对应的参数是通过训练数据计算得到,有时将这些参数称为回归系数。

5)Softmax 函数

Softmax 函数可将多分类的结果以概率的形式表现出来。概率有两个基本性质是预测的概率为非负数和各种预测结果概率之和等于 1。

2. 总体结构

(1)基本结构。AlexNet 为 8 层结构,其中前 5 层为卷积层,后面 3 层为全连接层。卷积核大小数量(卷积核个数/长/宽/深度):

- conv1: 96 $11 \times 11 \times 3$
- conv2: 256 $5 \times 5 \times 48$
- conv3: 384 $3 \times 3 \times 256$
- conv4: 384 $3 \times 3 \times 192$
- conv5: 256 $3 \times 3 \times 192$

(2)ReLU、双 GP 池化层:可提高精度,应用在第一层、第二层、第五层后面。

(3)局部响应归一化层(LRN):可提高精度,应用在第一层和第二层后面。

(4)Dropout 方法应用在两个全连接层,能够减少过拟合。

9.3 目标检测

目标检测是机器视觉领域的核心问题之一。由于各类物体有不同的外观、形状、姿态,加上成像时光照、遮挡等因素的干扰,目标检测一直是机器视觉领域最具有挑战性的问题。

9.3.1 目标检测的任务

分类的任务是鉴别出被分类图像的类别和其位置定位,定位常用方式是添加目标的边界框。目标检测的任务主要解决两个问题:一个问题是识别属于某个特定类的物体是否出现在图像中,另一个问题是，如果目标在图像中，则对该目标定位。分类和目标检测的共同之处是定位，而不同的是分类是给出被分类图像的类别，鉴别被分类图像属于哪种类别，目标检测是在被检测的环境中，检出所给定类别的目标。目前几乎所有先进的目标检测算法都是基于深度学习的算法。深度学习的目标检测算法可以分为两类：一类是单阶段的目标检测算法，另一类是两阶段的目标检测算法。

单阶段的目标检测算法的特点是不用产生候选区，可以直接从图片中获得目标检测结果。只需要处理一次图像就可以同时得到目标物体的位置和类别。其优点是运行速度快，在这一点，单阶段的目标检测算法相对于两阶段的目标检测算法有明显优势。

两阶段的算法也称为基于候选区的算法，这种算法首先找到可能包含目标物体的候选区，然后再使用分类器在这些候选区内对目标物体进行分类识别。从应用角度来考虑，目标检测两阶段的算法在检测准确率和定位精度方面有优势，而单阶段的算法在运行效率方面更有优势。

目标检测的准确性和实时性是系统的重要指标。尤其是在较复杂场景中，需要对多个目标进行实时检测时，目标自动提取和识别就显得特别重要。目标检测是多物体识别，并定位多个物体。如图 9-9 所示，在汽车检测中，必须使用边框检测出给定图像中的所有车辆，并通过边框表示汽车在图像中的具体位置。也就是说，目标检测是从图像中输出单个目标的边框以及标签。

图 9-9　汽车目标的检测

9.3.2　R-CNN 目标检测算法

基于区的卷积神经网络算法（region-based CNN，R-CNN）是在卷积神经网络上使用了区推荐的策略，形成自底向上的目标定位算法。如果使用图像分类和定位图像的滑动窗口技术，则需要将卷积神经网络应用于图像中的很多不同物体上。由于卷积神经网络将图像中的每个物体识别为目标或背景，因此需要在大量的位置和规模上使用卷积神经网络，但是这需要巨大的计算量。为了解决这一问题，提出了区选择方法。这种方法是首先找到包含目标图像的候选区，然后在候选区上进行分类和定位，这样可显著地提高运行速度。

R-CNN 的方法框架如图 9-10 所示，其中左列为所用的技术，右列为目标检测的基本步骤。

1. 选择性搜索算法

区推荐就是推荐候选区，常用的方法是选择搜索和定位边框。给定一张图片，通过选择性搜索算法产生了 1 000 ~ 2 000 个候选区，其形状和大小不相同，这些候选区之间可以互相重叠、互相包含。利用图像中的纹理、边缘、颜色等信息，可以在选取较少窗口的情况下保持较高的召回率。召回率是指检索出的相关文档数与被检索的文档总数之比，是检索系统的查准率的衡量。

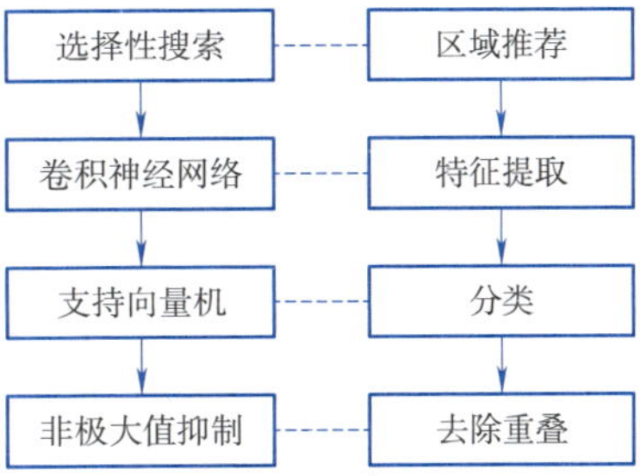

图 9-10　R-CNN 方法框架

对于目标检测，需要提供检测目标，检测结果不仅检测出物体类别信息，还要提供其定位信息。对于较多的卷积神经网络模型采用滑动窗口提供候选区，R-CNN 中采用的深层卷积神经网络，其拥有的五层卷积层将可处理巨大的局部感受野和步长，但是，使用滑动窗口对候选区进行提取，则对定位的准确性是较低的。为此，R-CNN 采用了选择性搜索算法提供区推荐。

选择性搜索算法是一种基于分层区合并的图像分割方法，平均每张图片将产生大约 2 000 个尺寸不一样的候选区，此算法的优点如下：

（1）能够适应图像中不同尺寸的物体：选择性搜索采用图像分割和层次性算法，有效地解决了图像中物体不同尺寸的问题。

（2）多元的区合并策略：单一策略无法应对多种类别的图像，选择性搜索使用颜色、纹理、大小等多种策略对分割好的区进行合并。

（3）计算速度快：与穷举搜索方法比较，基于区合并的选择性搜索算法在速度方面占有绝对的优势。

选择性搜索首先通过使用区分割算法获取原始分割区，然后通过计算区之间的相似度不断地进行区合并，最后形成候选区边框。由于区包含的信息比像素多，更能够有效地代表物体的特征，所以，越来越多的物体检测算法采用基于区的方法，选择性搜索算法便是其中之一。选择性搜索中的区合并方式采取的是层次式的合并方法，通过计算相似度将区划分算法获取的原始分割区进行层次性的合并。

选择性搜索算法具体工作过程如下：

（1）根据图像分割算法获取原始分割区集合 $R=\{r_1,r_2,\cdots,r_n\}$；

（2）初始化相似度集合 $S=\varnothing$；

（3）计算两两相邻区之间的相似度，并将其添加到相似度集合 S 中；

（4）从相似度集合 S 中取出具有最大相似度的两个区 r_i 和 r_j，将这两个区合并为 r_t，并且从集合 S 中清除掉 r_i 和 r_j 相关的数据。计算与区 r_t 相邻的其他区的相似度并将相似度添加到集合 S 中，同时更新区集合 R，使得 $R=R\cup r_t$；

（5）重复步骤（4）直到相似度集合 S 为空。

2. 候选区相似度计算

在选择性搜索中，可根据候选区之间的相似度进行合并，对相似度进行合并的计算方法如下。

1）颜色相似度

（1）RGB 颜色空间相对简单，也最为普遍，三个颜色通道分别为红色、绿色、蓝色三种基本色调，将这三个颜色融合在一起就成为一种颜色。但用 RGB 比较颜色之间的相似度时，因为往往一个通道的一点改变，将导致最后融合在一起的颜色发生巨大变化，而如果三个通道同时改变，只会使最后的明暗发生变化，色调并不会产生巨大变化。

（2）HSV 空间计算距离时，存在的问题是在接近顶点的地方，基本都接近黑色，不管 H 色调怎么改变，在底面的中心或者 S 饱和度接近 0 时，基本都接近灰色；而在饱和度 S 较大，且 V 亮度较大时，H 色调的一点改变将会让整体的颜色产生巨大变化。

（3）LAB 颜色空间是基于人眼对颜色的感知，可以表示人眼所能感受到的所有颜色。L 表示明度，A 表示红绿色差，B 表示蓝黄色差，即两个颜色之间的色差。

实验表明，使用 LAB 颜色空间计算颜色相似度的方法较为可靠有效。

2）纹理相似度

纹理特征是从图像中计算出来的一个值，对区域内部灰度级变化的特征进行量化。不是基于像素点的特征，需要在包含多个像素点的区域中进行统计计算。具有旋转不变性，且对噪声有较强的抵抗能力。当图像分辨率变化的时候，计算出来的纹理可能会有较大偏差。适用于检索具有粗细、疏密等方面较大差别的纹理图像。一般纹理特征有两种表示方法：共生矩阵和 Tamura 纹理特征。

3）大小相似度

这里的大小用区中像素点的个数来表征，大小相似度则由两区共同占有的像素量表征。使用大小相似度计算主要是为了尽量让小的区先进行合并，防止一个区不断将其余区吞并，要合并的区越小并且合并后重叠度越高，则相似度越高。

4）相似度衡量

主要是为了衡量两个区是否重叠度更高，也就是合并后的区边框越小其相似度越高。

为了得到综合的相似度计算公式，可将以上四点进行加权求和。

3. 特征提取

特征提取是利用卷积神经网对每一个候选区提取深层特征。特征提取将原始特征转换成一组有明显物理意义的特征，使得构建出的模型效果更好。在物体检测领域的实际应用中，特征数量较多，特征之间也可能存在相关性。深层特征便是从浅层特征中提取加工得来的。好的特征提取算法对于构建好的物体检测模型至关重要。特征出现在物体检测的前后多个步骤中，也就是说图像特征是多层次的，而不应仅仅使用某一层次的特征。卷积神经网络便是基于特征层次传递的模型，它的特点是特征提取逐层进行并且逐步抽象。在特征提取时首先将候选区归一化成同一尺寸，有利于特征提取。

4. 分类

支持向量机分类是线性支持向量机与卷积神经网络的结合，卷积神经网络在解决高维问题时容易陷入局部最优，而支持向量机通过使分类间隔最大化来得到最优的分类面，其算法将转化成一个凸二次规划的问题，所以能得到全局最优解，卷积神经网络和支持向量机互补，为最终效果提供了保证。

5. 去除重叠

去除重叠将非极大值抑制应用于重叠的候选区边框处理的方法，挑选出支持向量机得分较高的区边框。非极大值抑制目的是消除多余的区边框，获得最佳的物体检测位置。其具体做法是：对于相邻的候选区边框，可将边框的位置和其深度图像特征输入支持向量机进行分类，然后根据支持向量机的分类得分进行降序排列，最后，对每一种类别，从重叠比例超过设定阈值的候选区边框中选取支持向量机分类得分最高的边框当作预测边框，而其他与之重叠的边框将因为得分较低而被舍弃。该方法对 R-CNN 至关重要，因为通过选择性搜索每张图像将产生大约两千个候选区边框，在实际应用中还远超这个数值，还是会存在大量的重叠边框，通过非极大值抑制消除多余的边框，使得最终的检测结果更加简洁有效。

例 9-5　非极大值抑制。

先假设有六个矩形框，根据类别分类排序，测量概率从小到大分别属于 A、B、C、D、E、F。

（1）从最大概率矩形框 F 开始，分别判断 $A \sim E$ 与 F 的重叠度是否大于某个设定的阈值。

（2）假设 B、D 与 F 的重叠度超过阈值，就去掉 B、D；并标记第一个矩形框 F 保留。表明 B、D 与 F 的重叠度很高，就没必要保留。

（3）从剩下的矩形框 A、C、E 中，选择概率最大的 E，然后判断 E 与 A、C 的重叠度，重叠度大于一定的阈值，就扔掉；并标记 E 是保留下来的第二个矩形框。就这样一直重复，可获得所有被保留下来的矩形框。

基于候选区的卷积神经网络如图 9-11 所示。在该网络中，首先扫描图像并使用搜索算法生成候选区，之后对每个候选区运行卷积神经网，最后将每个卷积神经网的输出送入支持向量机（SVM）

分类,对候选区(可能区域)进行分类和边框窗口回归(Bounding box reg,Bbox reg)。前者是分类的输出,代表每个候选区属于每个类别的得分,后者是回归的输出(x,y,w,h),代表每个候选区边框的四个坐标。一个是Softmax的分类得分,一个是边框窗口回归。最后使用窗口得分,分别对每一类物体进行非极大值抑制,最终得到每个类别中回归修正后的得分最高的窗口。

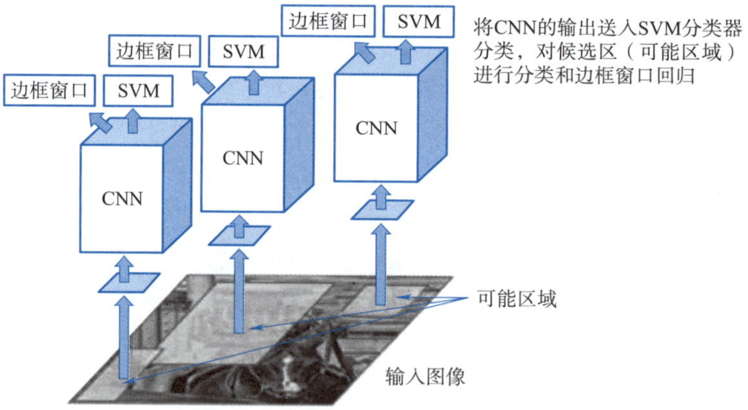

图9-11　基于区的卷积神经网络

9.3.3　Fast R-CNN目标检测算法

1. 存在问题

基于区的R-CNN卷积神经网络是将物体检测转换成图像分类问题。但是该方法存在下述问题:

(1)多步训练。R-CNN的训练先要细致调整一个预训练的网络,然后针对每个类别都需要训练一个SVM分类器,最后还要用回归器对边框进行回归,另外候选区也要单独使用选择搜索的方式获得,步骤烦琐。

(2)时间和内存消耗比较大。在训练SVM和回归的时候需要使用获得的特征作为输入,特征保存在磁盘上,再读入消耗时间比较多。

(3)测试比较慢,每张图片的每个候选区都要做卷积,重复操作太多。

2. Fast R-CNN算法

为了解决上述这些问题,提出了基于候选区的快速卷积神经网,即基于候选区Fast R-CNN算法,其Fast R-CNN网络结构如图9-12所示。

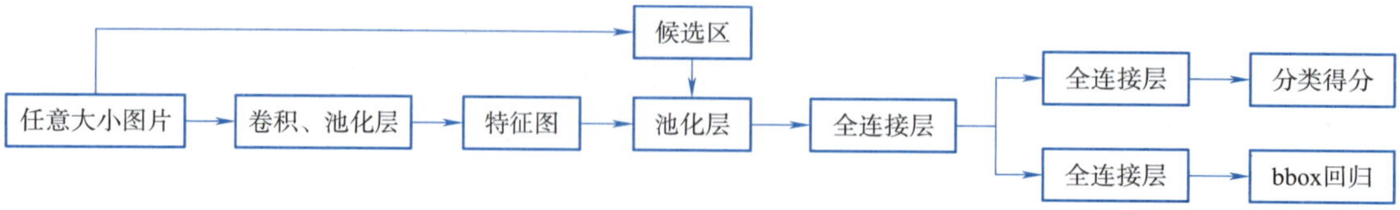

图9-12　Fast R-CNN网络结构

Fast R-CNN工作流程如下:

(1)任意大小图片输入Fast R-CNN网络,经过若干卷积层与池化层,得到特征图。

(2)在任意大小图片上采用选择搜索算法提取约$2k$个候选区。

（3）根据原图中候选区与特征图的映射关系，在特征图中找到每个候选区对应的特征框，并在池化层中将每个特征框池化到 $h \times w$ 大小。

（4）固定 $h \times w$ 大小的特征框经过全连接层得到固定大小的特征向量。

（5）第（4）步所得特征向量经由各自的全连接层，分别得到两个输出向量：一个是 softmax 的分类得分，一个是边框窗口回归。

（6）利用窗口得分分别对每一类物体进行非极大值抑制，剔除重叠候选区，最终得到每个类别中回归修正后的得分最高的窗口。

3. Fast R-CNN 主要改进

（1）整个测试过程只进行一次 CNN 特征提取操作。R-CNN 网络首先采用选择算法提取约 $2k$ 个候选区，并对所有候选区都进行了 CNN 特征提取操作，将出现重叠区多次重复提取特征，这些操作非常耗时、耗空间。事实上并不需要对每个候选区都进行 CNN 特征提取操作，只需要对原始的整张图片进行一次 CNN 特征提取操作。因为选择算法提取的候选区属于整张图片，因此对整张图片提取出特征图后，再找出相应候选区在特征图中对应的区，这样就可以避免冗余的特征提取操作，节省大量时间。

（2）将每个候选区对应的特征框池化到 $h \times w$ 的尺寸。用池化进行特征的尺寸变换，因为全连接层的输入要求尺寸大小一样，因此不能直接将候选区作为输入。可用池化进行特征的尺寸变换。

Fast R-CNN 可输入任意大小图片，并在全连接操作前加入池化层，将候选区对应特征图中的特征框池化到 $h \times w$ 的大小，以便满足后续操作对大小的要求。实现了将各个大小不一的特征框转化为大小统一的数据输入下一层。

（3）softmax 代替原来的 SVM 分类器。将递归器放进网络一起训练，每个类别对应一个递归器，同时用 softmax 代替原来的 SVM 分类器。由于 softmax 在分类过程中引入了类间竞争，分类效果更好，而且去掉了 SVM 后，所有的特征都暂存在显存中，就不需要额外的磁盘空间。

Fast R-CNN 将 R-CNN 多个步骤整合在一起，不仅提高了检测速度，也提高了检测准确率。其中，对整张图像卷积不是对每个候选区卷积，池化、分类和回归都放在网络一起训练。Fast R-CNN 快速卷积神经网如图 9-13 所示。

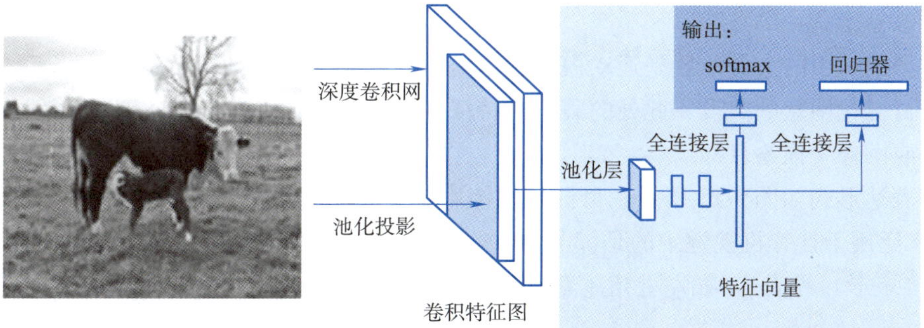

图 9-13　Fast R-CNN 卷积神经网

9.3.4　Faster R-CNN 目标检测算法

虽然 Fast R-CNN 在速度方面有提高，然而，选择搜索算法仍然需要大量的时间来生成候选区。为了提高速度，提出了基于区的快速卷积神经网(Faster R-CNN)模型，该模型使用候选区生成 RPN 网络来代替选择搜索算法，将所有内容整合在一个网络中，这样可显著地提高目标检测速度和精度。

Faster R-CNN 与 Fast R-CNN 的主要区别是，Fast R-CNN 使用选择性搜索算法来生成候选区。Faster R-CNN 在 RPN 中生成候选区，其时间成本要比选择性搜索小得多。RPN (region proposal network)对候选区框(称为锚)进行排名，并提出最有可能包含对象的框。Faster R-CNN 结构如图 9-14 所示。

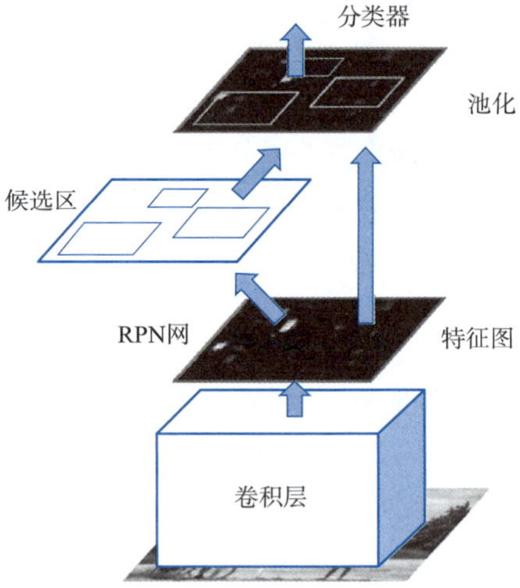

图 9-14 Faster R-CNN 结构

1. Faster R-CNN 网络工作过程

Faster R-CNN 是由 Fast R-CNN 和 RPN 组成，其工作过程如下：

(1)首先向 CNN 网络输入任意尺寸的图像。

(2)经过 CNN 网络前向传播至最后共享的卷积层，一方面得到输入 RPN 网络的特征图，另一方面继续前向传播至特有卷积层，产生更高维特征图。

(3)输入 RPN 网络的特征图经过区域候选网，得到候选区和其得分，对区得分采用非极大值抑制，并将 Top-N 得分输出到池化层。

(4)第(2)步得到的高维特征图和第(3)步输出的候选区同时输入池化层，提取对应候选区的特征。

(5)第(4)步得到的候选区特征通过全连接层后，输出该区的分类得分以及回归后的边界框。

2. 主要技术的解释

1) RPN

需要先使用一个 CNN 网络对原始图像提取特征。这个前置的 CNN 提取的特征为：高为 51，宽为 39，通道数为 256。对这个卷积特征再进行一次卷积计算，保持宽、高、通道数不变，再次得到一个特征。

2) 目标表达形式

目标在当前帧中的大概位置是运动模型中主要需要解决的问题，这个问题就是检测框生成。检测框是对于目标包围盒的假设。此处的表达与特征模型中的特征表达有所区别，其关注的主要是如何在视频帧或图像中描绘目标。

常见的表达形式如图 9-15 所示。目标可以使用矩形框(3)、骨架 (6)、或轮廓(8)等不同形式表达。其中，广泛用于计算机视觉中的是(3)中的矩形框(边框)表达。这种表达形式的优点是易生成(如最小外接矩形)、易表达(如左上角 + 右下角坐标，或中心点坐标 + 宽高)和易评估。

3) 池化层

池化层负责收集所有的基础框，并计算每一个基础框的特征图，然后送入后续网络，从 Faster R-CNN 的结构图中可以看到池化层有两个输入：原始的特征图和 RPN 网络输出的检测框。

对于传统的 CNN，当网络训练好后输入的图像尺寸必须是固定值，同时网络输出也是固定的大小。通过池化处理后，使得大小不一样的候选区输出大小都一样，实现了固定长度的输出。然后将 Top-n 个固定输出连接起来，组成特征向量。

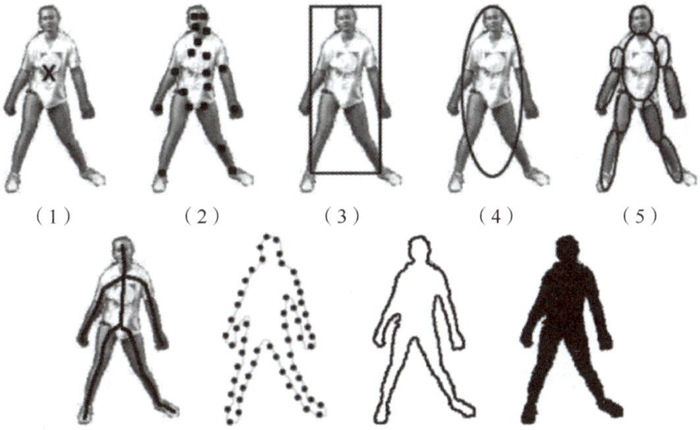
(1)　(2)　(3)　(4)　(5)
(6)　(7)　(8)　(9)

图 9-15　常用的目标表示方式

4)分类和框回归

通过池化层已经得到所有候选区组成的特征向量,然后送入全连接层和 softmax,计算每个候选框具体属于哪个类别,输出类别的得分。同时再次利用框回归获得每个候选区相对实际位置的偏移量预测值,用于对检测框进行修正,得到更精确的目标检测框。

5)训练

Faster R-CNN 使用 RPN 生成候选区后,剩下的网络结构和 Fast R-CNN 中的结构相同。在训练过程中,需要训练两个网络:一个是 RPN 网络,一个是在得到框之后使用的分类网络。通常的做法是在一个批量内,先训练 RPN 网络一次,再训练分类网络一次,交替训练,

9.3.5　三种算法的比较

1. R-CNN 算法

R-CNN 算法缺陷如下:

(1)训练分为多个阶段,步骤烦琐,需要微调网络、训练 SVM,训练边框回归器。

(2)训练耗时,占用磁盘空间大;5 000 张图像产生几百吉字节的特征文件。

(3)速度慢,使用 GPU,VGG16 模型处理一张图像需要的时间段长。

(4)测试速度慢:每个建议窗口需要整个前向 CNN 计算。

(5)SVM 和回归是事后操作,在 SVM 和回归过程中 CNN 特征没有被学习更新。

2. Fast R-CNN

与 R-CNN 相比,主要有两处不同:

(1)最后一层卷积层后加了一个池化层。

(2)损失函数使用了多任务损失函数,将检测框回归直接加入到 CNN 网络中训练。

3. Faster R-CNN

与 Fast R-CNN 相比,主要有两处不同:

(1)使用 RPN 代替原来的选择搜索方法产生候选区。

(2)产生候选区的 CNN 和目标检测的 CNN 共享。

9.4 目标跟踪

视觉目标跟踪是计算机视觉中一个重要的研究方向,有着广泛的应用,近年来利用深度学习的目标跟踪方法取得了令人满意的效果。

9.4.1 目标跟踪概述

目标跟踪是指给定一个目标的初始状态,在视频序列中为目标进行定位。由于在跟踪过程中,目标会受到遮挡、背景干扰、光照变化、低分辨率等干扰,如何在复杂环境下取得理想的跟踪效果一直是一个极具挑战性的问题。卷积神经网络以其强大的特征提取功能而被广泛应用在图像处理领域,但是卷积神经网络在目标跟踪领域的应用面临计算复杂度高、训练样本缺失、缺乏时空信息、在线学习困难等问题。

1. 视觉目标跟踪

视觉目标(单目标)跟踪任务就是在给定某视频序列初始帧的目标大小与位置的情况下,预测后续帧中该目标的大小与位置。跟踪是在一个视频的后续帧中找到在当前帧中定义的感兴趣物体的过程。需要关注跟踪的三方面问题,即"找到""感兴趣物体""后续帧"。当前帧可以是视频中的任意一帧。通常来说,跟踪是从视频的第 2 帧开始的,第 1 帧用来标记目标的初始位置。

视觉目标跟踪主要应用于一些需要目标空间位置以及外观(形状、颜色等)特性的视觉应用中。3 张图像分别是在同一个视频的第 1、20、50 帧。在第 1 帧给出一个跑步者的边框之后,后续的第 20 帧、50 帧,边框依然准确圈出了同一个跑步者目标。目标跟踪是特指单目标跟踪,当给出目标在跟踪视频第一帧中的初始状态(如位置,尺寸)之后,自动估计目标物体在后续帧中的状态。

2. 目标跟踪任务分类

目标跟踪可以分为以下几种任务:

(1)单目标跟踪:给定一个目标,追踪这个目标的位置。

(2)多目标跟踪:给定多个目标,追踪多个目标的位置。

(3)特定行人识别:利用计算机视觉技术判断图像或者视频序列中是否存在特定行人。

(4)多目标多摄像头跟踪:跟踪多个摄像头拍摄的多个人。

(5)姿态跟踪:给定被追踪人的姿态,追踪这个被追踪人的位置。

按照任务计算类型又可以分为:

(1)在线跟踪:在线跟踪需要实时处理任务,通过过去和现在帧来跟踪未来帧中物体的位置。

(2)离线跟踪:离线跟踪是离线处理任务,可以通过过去、现在和未来的帧来推断物体的位置,因此准确率比在线跟踪高。

3. 视觉目标跟踪基本流程

视觉目标(单目标)跟踪的基本任务流程如图 9-16 所示。

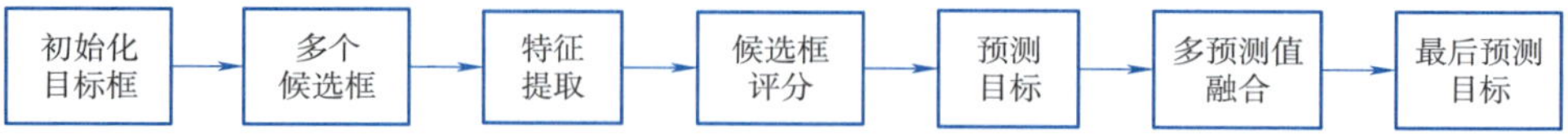

图 9-16 视觉目标跟踪基本流程

输入初始化目标框,在下一帧中产生众多候选框,提取这些候选框的特征,然后对候选框评分,最后在这些评分中找一个得分最高的候选框作为预测的目标,或者对多个预测值进行融合得到更优的预测目标。

根据如上框架,可以将目标跟踪划分为下述主要内容:

(1)运动模型。运动模型解决如何产生众多的候选样本问题。生成候选样本的速度与质量直接决定了跟踪系统的性能。常用的有两种方法:粒子滤波和滑动窗口。粒子滤波是一种序贯贝叶斯推断方法,通过递归的方式推断目标的隐含状态。而滑动窗口是一种穷举搜索方法,它列出目标附近所有可能的样本作为候选样本。

(2)特征提取。特征提取解决利用何种特征表示目标问题。鉴别性的特征表示是目标跟踪的关键之一。常用的特征被分为两种类型:手工设计的特征和深度特征。常用的手工设计的特征有灰度特征,方向梯度直方图,哈尔特征(Haar-like),尺度不变特征等。深度特征与人为设计的特征不同,它是通过大量的训练样本学习出来的特征,它比手工设计的特征更具有鉴别性。因此,利用深度特征的跟踪方法能够很轻松地获得一个不错的效果。

(3)观测模型。观测模型解决如何为众多候选样本进行评分的问题。大多数跟踪方法主要集中在这一块的设计上。根据不同的思路,观测模型可分为两类:生成式模型和判别式模型。生成式模型通常寻找与目标模板最相似的候选作为跟踪结果,这一过程是模板匹配。常用的理论方法包括子空间、稀疏表示、字典学习等。而判别式模型通过训练一个分类器去区分目标与背景,选择置信度最高的候选样本作为预测结果。判别式方法已经成为目标跟踪中的主流方法,因为有大量的机器学习方法可以利用。常用的理论方法包括逻辑回归、岭回归、支持向量机、多示例学习、相关滤波等。

(4)模型更新。模型更新解决如何更新观测模型使其适应目标的变化问题。模型更新主要是更新观测模型,以适应目标表观的变化,防止跟踪过程发生漂移。模型更新没有一个统一的标准,通常认为目标的表观连续变化,所以常常每一帧都更新一次模型。但也有人认为目标过去的表观对跟踪很重要,连续更新可能会丢失过去的表观信息,引入过多的噪音,因此利用长短期更新相结合的方式来解决这一问题。

(5)集成方法。集成方法解决如何融合多个决策获得一个更优的决策结果问题。集成方法有利于提高模型的预测精度,也常常被视为一种提高跟踪准确率的有效手段。可以把集成方法分为两类:一类是在多个预测结果中选一个最好的,另一类是利用所有的预测加权平均。

9.4.2　目标跟踪方法

目标跟踪基本任务在于给出一段视频序列,并在第一帧中标定出目标的初始状态(如位置、尺寸等),通过一系列的算法自动估计出目标在后续帧当中的状态。目前的跟踪算法可以分为生成式和判别式两种。生成式方法通过运用生成模型描述目标的表观特征,搜索候选目标来最小化重构误差,具有代表性的算法如稀疏编码、在线密度估计、主成分分析等;判别式方法通过训练器区分目标和背景,实现对目标的实时跟踪,常见的算法包括多示例学习方法、结构 svm 算法等。与生成式方法相比,判别式方法能够更加显著地区分图像中的前景和背景信息,表现出更为鲁棒的特征,因此已成为主流方法,绝大部分深度学习方法也使用了判别式框架。

1. 稀疏编码

稀疏编码是生成式跟踪方法,相关滤波是判别式方法。给定一组过完备字典,将输入信号用这组过完备字典线性表示,对线性表示的系数做一个稀疏性的约束(即使得系数向量的分量尽可能多地为0),那么这一过程就称为稀疏表示。基于稀疏表示的目标跟踪方法则将跟踪问题转化为稀疏逼近问题来求解。

2. 相关滤波

相关滤波源于信号处理领域,相关性用于表示两个信号之间的相似程度,通常用卷积表示相关操作。那么基于相关滤波的跟踪方法的基本思想就是,寻找一个滤波模板,让下一帧图像与滤波模板做卷积操作,响应最大的区域则是预测的目标。根据这一思想先后提出了大量基于相关滤波的方法。

3. 深度学习方法

因为深度特征拥有对目标强大的表示能力,深度学习在计算机视觉的其他领域,例如检测、人脸识别中已经展现出巨大的应用潜力。跟踪任务与分类任务不同,分类任务关心的是区分类间差异,忽视类内的区别。目标跟踪任务关心的则是区分特定目标与背景,抑制同类目标。两种任务有着本质的区别,因此,在分类数据集上预训练的网络并不完全适用于目标跟踪任务。基于深度学习的目标跟踪算法的思想是将目标作为前景,将其从背景中提取出来。

一种基于卷积神经网络和相关滤波器的目标跟踪方法内容如下:

对于非视频序列的第一帧,首先,基于视频序列上一帧中目标的位置和尺寸,从视频序列当前帧中提取一个感兴趣区域,并作为预训练的卷积神经网络的输入来提取深度特征,再利用位置相关滤波器对提取的深度特征进行处理,获得视频序列当前帧中目标的位置;然后,基于视频序列当前帧中目标的位置和视频序列上一帧中目标的尺寸,从视频序列当前帧中提取 i 个感兴趣区域,并从提取的 i 个感兴趣区域中提取手工特征,再利用尺寸相关滤波器,对提取的手工特征进行处理,得到视频序列当前帧中目标的尺寸。

可以看出,将深度特征与手工特征进行有效结合,能显著提高跟踪算法的整体性能。

9.4.3 基于 CNN 的目标跟踪方法

卷积神经网络(CNN)是常用的模型。因为图像跟踪过程的本质是语义的跟踪,所有深度学习用于图像跟踪利用了其深层特征中的语义信息。全卷积可视跟踪(visual tracking with fully convolutional networks,FCNT)方法是基于卷积神经网络完成目标跟踪的典型算法。

1. FCNT 的主要特点

(1)FCNT 利用全卷积网络使得算法能够处理不同尺寸的输入图像,并且不需要固定大小的输入限制。

(2)FCNT 结合了不同层的卷积特征,包括高层语义特征和低层细节特征。高层特征有助于识别目标类别,而低层特征有助于精确定位目标。

(3)算法中的一个特征选择机制可以自动选择对目标跟踪最有用的特征图,忽略不相关的信息,从而提高跟踪的准确性和鲁棒性。

(4)FCNT 基于 VGG-19 模型,利用其预训练的卷积层来提取特征。VGG-19 是一个在 ImageNet 数据集上预训练的深度卷积神经网络,能够提供强大的特征表示。

(5)FCNT 通过稀疏化处理,只关注那些对目标跟踪重要的特征图,减少计算量的同时,提高了特征的判别力。

(6)FCNT 能够在线更新目标模型,以适应目标外观的变化,这对于处理视频中的光照变化、姿态变化等非常有效。

(7)FCNT 通过稀疏化处理和特征选择机制,实现了相对高效的计算。

(8)由于融合了多尺度特征,并具有在线更新能力,FCNT 在应对遮挡、尺度变化和光照变化等挑战时表现出较好的鲁棒性。

通过上述可以看出，FCNT 是一个在目标跟踪领域具有创新性和实用性的算法，它的多尺度特征融合和特征选择机制使其在多种复杂场景下都能保持良好的跟踪性能。

2. FCNT 模型结构

FCNT 模型结构如图 9-17 所示。

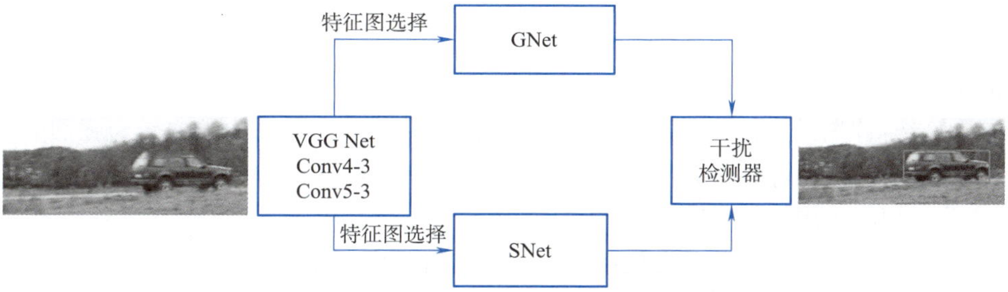

图 9-17 FCNT 模型结构

（1）对于 Conv4-3 和 Con5-3 采用 VGG 网络的结构，选出与当前跟踪目标最相关的特征图通道，Con5-3 结构由 5 层卷积层、3 层全连接层、softmax 输出层构成，层与层之间使用最大池化分开，所有隐层的激活单元都采用 ReLU 函数。

（2）为了避免过拟合，对筛选出的 Conv5-3 和 Conv4-3 特征分别构建捕捉类别信息 GNet 和 SNet。

（3）在第一帧中使用给出的边框生成热度图回归训练 SNet 和 GNet。

（4）对于每一帧，其预测结果为中心裁剪区，将其分别输入 GNet 和 SNet 中，得到两个预测的热图，并根据是否有干扰来决定使用哪个热图。

由于特征图本身是有内在结构的，有很多特征图对目标的表达并没有起到作用，因此设计了一种方法来自动选择高维或者低维 CNN 上的特征图，同时忽略其余特征图和噪声。

3. 具体步骤

简单说明 FCNT 的实现流程如下：

（1）根据给定的目标，对 VGG 进行特征图选择，其目的是选出最相关的特征图。

（2）根据 Conv5-3 的筛选，建立广义的通用网络 GNet，用于捕捉目标的类别信息。

（3）根据 Conv4-3 的筛选，建立具有针对性的特定网络 SNet，用于将目标从背景中区分出来。

（4）利用第一帧图像来初始化 GNet 和 SNet，并进行热力图回归，但要注意两个网络采用不更新的方法。

（5）对于新一帧图像，在上一帧目标的位置搜寻池化，获取之后送入全卷积网络，全卷积网络将卷积层最后的全连接层换成卷积层。

（6）GNet 和 SNet 各自产生一个前景热力图，然后通过最后的干扰检测器选择策略决定使用哪个热力图来确定下一帧的目标位置。

4. 特征图选择

在 FCNT 方法中，特征图的选择是一个重要的步骤，它影响着模型对输入图像的特征提取能力和最终的识别效果。

1）特征图选择的指导原则

特征图选择的指导原则如下：

（1）层次性：特征图应该从不同的网络层次中选择，以捕捉不同尺度和抽象程度的特征。通常，较低层的特征图捕捉细节信息，而较高层的特征图捕捉更抽象的语义信息。

(2)信息量：选择的特征图应包含足够的信息量，以便 Transformer 结构能够学习到丰富的上下文关系。

(3)可解释性：尽可能选择那些可以直观解释的特征图，这有助于理解模型的工作原理，也便于调试和优化。

2)特征图选择的步骤

特征图选择的五个基本步骤如下：

(1)初步筛选：首先，可以通过观察不同层的特征图响应，初步筛选出响应较为强烈的层。

(2)特征维度：考虑到计算复杂度和模型效率，需要平衡特征图的尺寸和维度。太高的维度会导致计算量增加，太低的维度可能丢失信息。

(3)注意力机制：可以利用注意力机制来评估不同特征图的重要性。通过计算每个特征图对模型输出的贡献，选择那些贡献大的特征图。

(4)交叉验证：使用交叉验证的方法来测试不同特征图组合的性能，选择在验证集上表现最好的特征图组合。

(5)实验调整：根据实验结果，可能需要迭代调整所选特征图的层次和数量，以达到最佳性能。

在实施 FCNT 方法时，特征图的选择需要根据具体的应用场景和任务需求进行细致的实验和优化。在目标检测任务中，可能会选择网络的中间层特征图，因为它们能够较好地平衡细节和语义信息。对于语义分割任务，通常需要结合高层和低层特征，高层特征用于分割的粗略定位，低层特征用于精细边缘的描绘。使用特征金字塔网络结构可以帮助模型在不同尺度上提取特征。通过引入多尺度特征融合（如通过上采样、下采样和特征拼接）来增强模型对不同尺度目标的识别能力。

5. 目标定位

FCNT 的定位过程分为下述两步：

(1)默认使用 GNet。先将 GNet 输出的热力图作为目标候选。这是因为 GNet 使用的是顶层特征，能够更好地处理形变、旋转和遮挡等目标跟踪中的常见问题，例如，顶层特征对画面中同样类别的个体都有反应，这就使得即使目标发生变化，但顶层较为丰富的语义表达依旧能将它判断出来（可能认为是同一类的）。

(2)判断是否使用 SNet。如果画面中出现同类物体时，GNet 不能很好地处理，还需要计算有没有出现目标漂移的情况。其方法是计算在目标候选区外出现相似目标的概率 P，定义一个阈值，如果 P 大于阈值时则认为出现了同类目标，这时可利用 SNet 来定位目标的最终位置，其结果更加准确。

9.5 语义分割

计算机视觉的核心是分割过程，它将整个图像按像素分组，然后可以对其进行标记和分类，像素的集合又称为超像素。

9.5.1 语义分割的定义与术语

1. 图像分割

图像分割可以分为下述三种：

(1)普通分割:将分属于不同物体的像素区分开,例如前景区和后景区的分割。

(2)语义分割:在像素级别上的分类,属于同一级别的像素都需要归为同一类。

(3)实例分割:在语义分割的基础上,分割出每个实例物体。例如将图像中的多个物体分割出来,识别出来它们是不同的个体,不仅仅是属于哪个类别。

2. 语义分割的定义与步骤

语义分割其实就是细化的分类,将像素按照图像中表达语义的不同进行分组/分割,将图像中的每个像素划分为一类图像分析过程。对于一张图像,传统的图像分类是将图像中出现的物体进行检测并识别是属于何类,也就是对于一整张图片进行分类。现在需要对于图中每一个像素点都进行分类。与分类不同的是,语义分割不仅需要在像素级别上进行区分,而且还需要一种机制将不同阶段学习到的区分特征投影到像素空间上。

语义分割就是为图片中的每个像素打上相应的标签,即将其所代表的语义具现化,呈现出的视觉效果就是图片中不同的目标有不同的颜色。当对一张图上每一个像素点都进行分类后,每一个像素点都会标记属于某一个类别。当每一个像素标记上不同的类别之后,再将每一个对应不同类别的像素点赋予新的颜色,之后再次重新组合成一张图片。这个时候对于这张图片,就从像素级别上进行了区分,在图像上表现出图中的某个物体从这整张图片上分割了出来,并且具备这个物体所有的语义信息。与图像识别相比,图像分割是图像分类的细推理的过程。

随着深度学习的普及,许多语义分割问题正在采用深层次的结构来解决,最常见的是卷积神经网络,在精度上大大超过了其他方法。

语义分割是从粗推理到精推理的自然步骤:

(1)原点可以定位在分类,分类包括对整个输入进行预测。

(2)本地化/检测,它不仅提供类,还提供关于这些类的空间位置的附加信息。

(3)语义分割通过对每个像素进行密集的预测,推断标签,来实现细粒度的推理,从而使每个像素都被标记为其封闭对象区域的类别。

例 9-6　图 9-18(a)为原始图像,图 9-18(b)为语义分割结果。不仅识别图像中的摩托车和骑在摩托车上的人,还需要勾画出每个类别的边界。因此,语义分割任务不同于分类任务,语义分割需要从模型中获取像素级别的识别信息。

(a)　　(b)

图 9-18　语义分割

3. 语义分割主要的问题

进行语义分割时面临许多需要解决问题,主要如下:

(1)如何恢复原有的分辨率。

(2)如何尽可能地增大感受野。

(3)如何处理多尺度问题。

9.5.2 语义分割方法

一个通用的语义分割体系结构可以是一个编码器-解码器结构。编码器通常是一个预先训练的分类网络,解码器的任务是将编码器学习到的低分辨率识别特征语义投影到高分辨率像素空间上,得到密集的分类。但是语义分割与分类不同,语义分割不仅需要在像素级别上进行区分,而且还需要一种机制将编码器不同阶段学习到的区分特征投影到像素空间上,所以不同的方法使用不同的机制作为解码机制的一部分。

1. 基于区域的语义分割

基于区域的方法通常遵循"使用识别的分割"管道,首先从图像中提取自由形式的区域并对其进行描述,然后进行基于区域的分类。在测试时,基于区域的预测转换为像素预测,通常通过根据包含该预测的最高评分区域标记像素。

R-CNN(具有 CNN 特征的区域)是基于区域的方法的代表性工作之一。根据目标检测结果进行语义分割。具体来说,R-CNN 首先利用选择性搜索来提取大量的目标提案,然后计算每个提案的 CNN 特征。最后,使用类特定的线性支持向量机对每个区域进行分类。与传统的以图像分类为主要目的的 CNN 结构相比,R-CNN 能够处理更复杂的任务,如目标检测和图像分割,甚至成为这两个领域的重要基础。此外,R-CNN 可以建立在任何 CNN 基准结构之上,如 Alexnet、VGG、Googlenet 和 Resnet 等。

2. 全卷积网络语义分割

2014 年,加州大学伯克利分校的 Long 等人提出全卷积网络(fully convolutional networks,FCN),这使得卷积神经网络无需全连接层即可进行密集的像素预测。FCN 网络管道是经典 CNN 的延伸,其主要思想是使经典的 CNN 以任意大小的图像作为输入。FCN 与 CNN 的区别是 CNN 仅接受和生产特定尺寸输入的标签的限制来自完全连接的固定层。与之相反,FCN 只有卷积层和池化层,它们能够对任意大小的输入进行预测。FCN 将 CNN 最后的全连接层换成卷积层,输出一张已经贴标签的图。使用这种方法可生成任意大小的图像分割图,且该方法比图像块分类法要快。现在语义分割几乎所有先进方法都采用了全卷积网络模型。

除了全连接层,使用卷积神经网络进行语义分割存在的另一个大问题是池化层。池化层虽然扩大了感受野、聚合语境,但因此造成了位置信息的丢失。但是,语义分割要求类别图完全贴合,因此需要保留位置信息。对于这个问题,有两种不同的解决方法:一种是采用全卷积网络时,编码器逐渐减少池化层的空间维度;另一种方法是使用空洞/带孔卷积结构,去除池化层。

空洞卷积主要是为了解决图像分割中的一些问题而提出的,在 FCN 中通过池化增大感受野缩小图像尺寸,然后通过上采样还原图像尺寸,但是这个过程中造成了精度的损失,为了减小这种损失而去掉池化层,这样就导致特征图感受野太小,空洞卷积应运而生。因此图像分割全卷积网络中有两个关键,一个是池化减小图像尺寸增大感受野,另一个是上采样扩大图像尺寸。在先减小再增大尺寸的过程中,一些信息将损失。为此,提出了扩张卷积,不通过池化操作也能有较大的感受野,可以看到更多的信息。扩张卷积操作如图 9-19 所示。

扩张卷积可以在不改变特征图尺寸的同时增大感受野,摒弃了池化的做法。扩张卷积的原理也比较简单,在核的各个像素点之间加入 0 值像素点,变相地增大核的尺寸从而增大感受野。

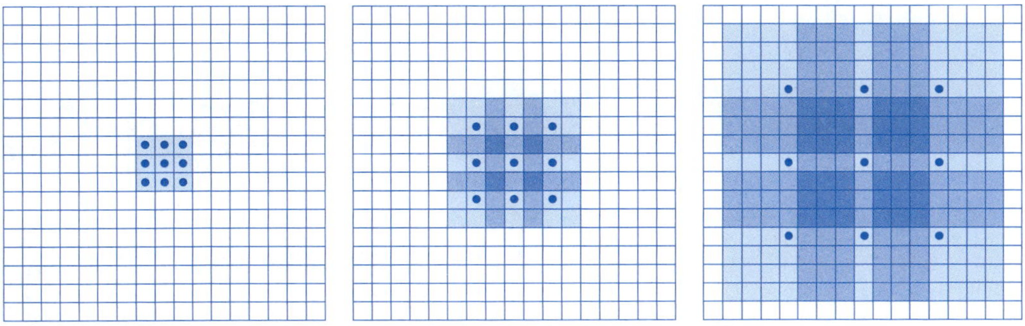
(a)　(b)　(c)

图9-19　扩张卷积

小　　结

计算机视觉是指使用计算机来实现人的视觉功能，是人工智能的重要研究领域之一，主要内容包括图像分类、目标检测、目标追踪、图像分割、风格迁移、图像重构等。本章主要介绍了图像识别与分类、目标检测、目标跟踪和语义分割等内容。通过本章学习，可以掌握计算机视觉的基本原理、内容和方法，为构造与应用智能视觉系统和机器人系统建立基础。

第10章 自然语言处理

语言是思维的载体，是人际交流的工具，自然语言处理是一门融合语言学、计算机科学、数学等于一体的科学，其目标是让计算机能够处理自然语言，以执行回答问题和翻译等基本任务。人类历史上以语言文字形式记载和流传的知识占知识总量的80%以上。就计算机应用而言，有85%左右的应用都是用于语言文字的信息处理。自然语言处理（natural language processing，NLP）是人工智能中最为困难的问题之一，而对自然语言处理的研究也充满魅力与挑战。

本章知识导图

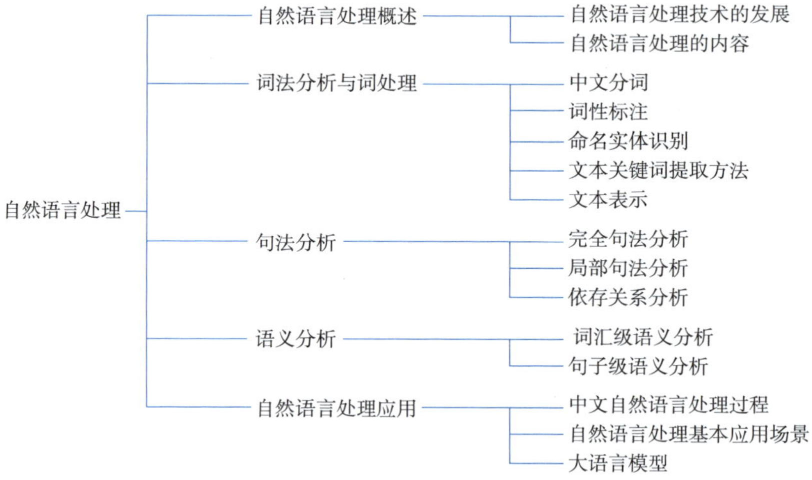

10.1 自然语言处理概述

自然语言处理是人工智能领域中的一个重要方向，主要研究人与计算机之间用自然语言进行通信的理论与方法。自然语言是人类日常使用的语言，例如，汉语、英语、俄语、法语、德语等都为自然语言。自然语言处理与语言学存在密切的联系，自然语言处理的核心是构建有效地实现自然语言通信的计算机系统。

10.1.1 自然语言处理技术发展

自然语言是一种随着文化自然演化的语言，而世界语则为人造语言，它是一种为某些特定目的而创造的语言。将所有人类使用的语言,以及人造语言都广义地称为自然语言。自然语言是人类交流和思维的主要工具,也是人类智慧的结晶。

1. 自然语言的主要特点

(1)自然语言是专门为传达说话人的意图而构建的系统。

(2)自然语言是离散的、符号的高可靠性信号系统。

(3)语言的分类符号可以编码为通信信号,如声音、手势、写作和图像等。

(4)与其他形式语言不同,自然语言在表达、学习和使用等方面存在高度复杂性。

2. 自然语言层次

自然语言是人类在其社会生活中发展出来的用于互相交际的声音符号系统,现已发现数千种自然语言。语言学上将语言划分为如下四个层次:

(1)语音和文字:是基本语言信号的构成。

(2)词法和句法:合称语法,语言基本运用单位的构成和组合的形式规律。

(3)语义:语言所要表达的概念结构。

(4)语用:语言与语言使用环境的相互作用。

3. 自然语言处理技术的挑战

要实现不限领域的自然语言理解,在技术上还面临很多困难,主要表现下述几方面:

(1)自然语言是极其复杂的符号系统,传统的语言学是在没有计算机参照的条件下发展起来的,要使语言学知识在计算机上可操作,困难较大,需要多门学科的学者合作研究。

(2)在自然语言的各个层次上都存在不确定性。在语音和文字层次上,有一字多音、一音多字的问题;在词法和句法层次上,有词类词性、词边界、句法结构的不确定性问题;在语义和语用层次上,有内涵、外延、指代(用抽象概念代替具体事物)的不确定性,并将这些不确定性称为歧义。人类具有依靠整体消除局部不确定性的能力和常识推理能力,在语言上体现就是利用语境信息和常识消除歧义的能力,自然语言理解的目标是使计算机获得与人同样的能力。

(3)自然语言不是一成不变的语言,一个词、一个说法可能在短时间突然流行起来。这就要求理解自然语言的计算机软件具有对外界语言环境的应变能力。

(4)自然语言是人们交流思想的工具。在知识表示上的突破,对于自然语言理解来说异常重要。

4. 自然语言处理的发展

自然语言处理的发展大致经历了四个时期:

(1)萌芽期(1956 年以前)。1948 年 Shannon 将离散马尔可夫过程的概率模型应用于描述语言的自动机。接着,又将热力学中“熵”(entropy)的概念引用于语言处理的概率算法中。20 世纪 50 年代初,Kleene 研究了有限自动机和正则表达式。1956 年,Chomsky 又提出了上下文无关语法,并把它运用到自然语言处理中。

(2)快速发展期(1957—1970)。自然语言处理融入人工智能的研究领域中。自然语言处理的研究在这一时期分为符号派和随机派。采用规则方法的是符号派(symbolic),采用概率方法的是随机派(stochastic)。

(3)低速发展期(1971—1993)。自然语言处理也同样取得了一些成果。20 世纪 70 年代,基于隐马尔可夫模型的统计方法在语音识别领域获得成功。20 世纪 80 年代初,话语分析也取得了重大进展,有限状态模型和经验主义研究方法也开始复苏。

(4)复苏融合期(1994 年至今)。下述两件事从根本上促进了自然语言处理研究的复苏与发展。

一件是计算机的速度和存储量大幅增加,为自然语言处理改善了物质基础,使得语音和语言处理的商品化开发成为可能;另一件是互联网商业化和网络技术的发展使得基于自然语言的信息检索和信息抽取的需求变得更加突出。

2000 年之后的自然语言处理技术重要里程碑事件:

- 神经语言模型(2001 年)。
- 多任务学习(2008 年)。
- Word 嵌入(2013 年)。
- NLP 的神经网络(2013 年)。
- 序列到序列模型(2014 年)。
- 注意力机制(2015 年)。
- 基于记忆的神经网络(2015 年)。
- 预训练语言模型(2018 年)。
- 大语言模型(2023 年)。

10.1.2 自然语言处理的内容

自然语言处理是指以计算机为工具,对自然语言进行处理和加工的过程,是研究人与人交际以及人与计算机交际的一门学科,是人工智能的主要内容之一。自然语言处理是研究语言能力和语言应用的模型,建立计算机算法框架来实现这样的语言模型,并完善、评测,最终用于设计各种实用系统。

1. 自然语言理解与生成

自然语言处理就是用计算机来处理人类的自然语言,主要内容是分析与理解、生成与应用、产生相应的动作,如图 10-1 所示。在听到别人问话之后,需要理解和思考所听到的内容,这个过程就是分析与理解过程。当听懂别人问话之后,需要产生动作,进行沟通,这就是互动与生成过程。自然语言处理指的是使用计算机来按照这种语言所表达的意义做出相应的反应的机制。自然语言理解的关键是文字进入计算机以后的词法和句法分析、语义分析和语用分析。现在已经可以在受限制的领域内懂得英语等自然语言,根据数据库的信息来回答问题或处理事务。

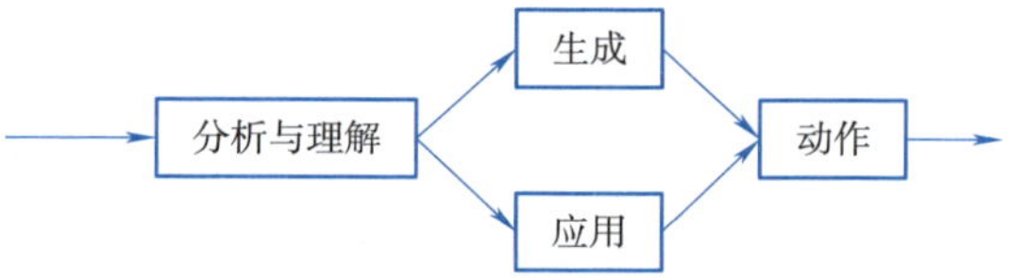

图 10-1 自然语言理解与生成

无论实现自然语言理解,还是自然语言生成,都是十分困难的工作。基于现有的理论和技术,通用的、高质量的自然语言处理系统构建仍然需要经过较长期的努力。

2. 歧义性或多义性

实现自然语言理解和生成的困难是自然语言文本与对话的各个层次上,都存在各种歧义性或多义性。在形式上,一个中文文本是由汉字(包括标点符号等)组成的一个字串。由字串可组成词,由词可组成词组,由词组可组成句子,进而由句子组成段、节、章、篇。在上述的各种层次中,无论字、词、词组、句子、段,还是在层次之间转变中都存在着歧义性和多义性。也就是说,形式上一样的一段字串,在不同的场景或不同的语境下,可以理解成不同的词串、词组串等,并有着不同的意义。在一般情况下,大多数歧义性和多义性都可以根据相应的语境和场景的规定而得到解决,达到在总体上并不存在歧义,这也就是并不感到自然语言歧义,能用自然语言进行正确交流的原因。

歧义现象的广泛存在,消除歧义现象需要大量的知识和推理,这就给基于语言学的方法带来了巨大的困难。现存的问题有两个主要方面：一方面，迄今为止的语法都限于分析一个孤立的句子，对上下文关系和谈话环境对本句的约束和影响缺乏系统的研究，另一方面，人理解一个句子不是单凭语法，还需要大量有关知识，包括生活知识和专门知识，这些知识无法全部存储在计算机中。

3. 自然语言处理主要内容

自然语言处理主要内容如图 10-2 所示，可以看出：

（1）大规模真实文本的处理成为自然语言处理的主要目标。

（2）需要通过机器学习来获取语言知识。

（3）统计方法越来越受到重视。

（4）越来越重视词汇的作用。

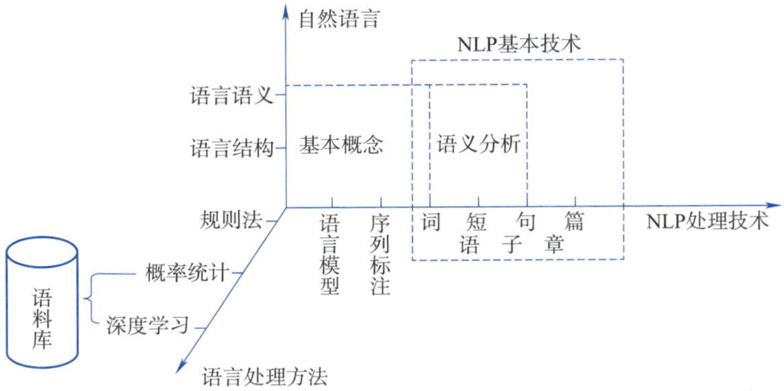

图 10-2　自然语言处理主要内容

10.2　词法分析与词处理

因为词是最小的能够独立运用的语言单位，所以词法分析是自然语言处理的基础。而词法分析的任务就是：将输入的句子字串转换成词序列并标记出各词的词性。例如：

- 原始语句：工程师正在详细调试设备。
- 分词结果：工程师/正在/详细/检测/设备。
- 标注词性：工程师/NN 正在/AD 详细 AD/检测 VV/设备 NN。

这里的“字”并不仅限于汉字，也可以指标点符号、外文字母、注音符号和阿拉伯数字等任何可能出现在文本中的文字符号，所有这些字符都是构成词的基本单元。

不同的语言的词法分析不同。因为英文特点是用空格隔开而无需分词，且使用词形态变化来表示语法关系，所以英文的词法分析所完成的主要任务是英文词识别、词形还原、未登录词识别和词性标注。中文特点是词与词紧密相连，没有明显的分界标志、词形态变化少、靠词序或虚词来表示，所以中文的词法分析所完成的主要任务是分词、未登录词识别和词性标注。在本章仅以中文为背景介绍词法分析、句法分析、语义分析和语用分析。

10.2.1　中文分词

完整的中文自然语言处理过程包括下述核心技术：分词、词性标注、命名实体识别、句法分析、语义分析等。搜索引擎、文本挖掘、机器翻译、关键词提取、自动摘要生成、文本相似性等技术都将直接用到中文分词技术或与分词技术有关，因此，分词技术是中文自然语言处理的基础。

中文分词就是将中文语句中的词汇按照使用时的含义切分出来的过程，也就是将一个汉字序列切分成一个个有单独含义的词语。分词主要分为细粒度分词和粗粒度分词两种，不同的应用场景需要用到不同的粒度。细粒度分词是指将原始语句切分成最基本的词语，而粗粒度分词是指将原始语句中的多个基本词组合起来切成一个词，进而组成语义相对明确的实体。

例如，粗细粒度分词。

原始语句：计算机科学是算法科学

细粒度分词：计算机/科学/是/算法/科学/

粗粒度分词：计算机科学/是/算法科学/

中文词是承载语义的最小单元，由词构成语句，又由语句构成篇章。但是，中文文本是由连续的字序列构成，词与词之间没有天然的分隔符。在自然语言处理中，对于中文需要准确识别词与词之间的边界，这就是分词的任务。

1. 自动分词的问题

自动分词主要面临着切分歧义、未登录词和分词标准等问题。

1）切分歧义

切分歧义是指对同一个待切分字串存在多个分词结果。总结归纳为交集型歧义、组合型歧义和混合歧义。

（1）交集型歧义：字串 abc 既可以切分成 a/bc，也可以切分成 ab/c。其中，a、bc、ab、c 都是词。

（2）组合型歧义：如果 ab 为词，而 a 和 b 在句子中又可分别单独成词。

（3）混合歧义：将交集型歧义和组合型歧义两种歧义通过嵌套、交叉组合等产生的歧义。

2）未登录词

未登录词是指词典中没有收录过的人名、地名、机构名、专业术语、译名、新术语等，未登录词是分词出错的主要原因之一。未登录词在文本中的出现频率远高于切分歧义，未登录词类型有：

（1）实体名称：汉语人名、汉语地名、机构名。

（2）数字、日期、货币等。

（3）商标字号。

（4）专业术语。

（5）缩略语。

（6）新词语。

3）分词标准

缺乏统一的分词规范和标准。

2. 自动分词基本的方法

自动分词基本的方法主要有：基于词典分词、基于统计分词和基于深度学习分词等方法。

1）基于词典的分词方法

基于词典的分词方法是中文自动分词中最基本、最传统的技术之一。这种方法的核心思想是利用一部预先生成的词典，通过最大匹配、最小匹配等策略将文本切分成有意义的词汇单元。以下是几种常见的基于词典的分词方法。

（1）最大匹配法。

- 正向最大匹配法：从文本的起始位置开始，选择尽可能长的词作为切分结果。如果词典中最长的词为 n 个字符，就从文本的开始取出 n 个字符进行匹配，如果匹配失败，则减少一个字符继续匹配，直到匹配成功或只剩下一个字符，算法流程如图 10-3 所示。

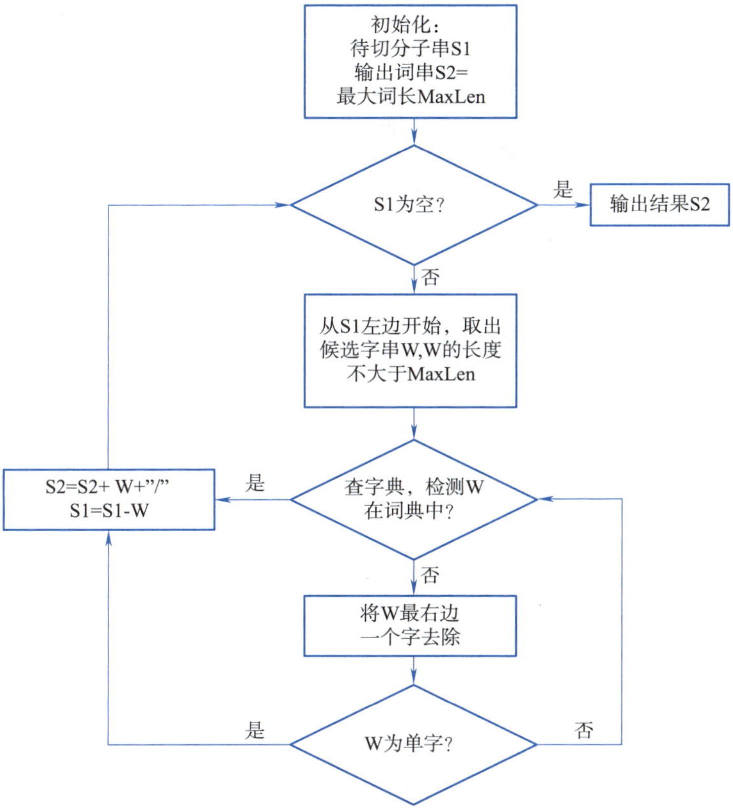

图 10-3 正向最大匹配法

- 逆向最大匹配法:与正向最大匹配法相反,从文本的末尾开始匹配。

(2)最小匹配法。

- 正向最小匹配法:与正向最大匹配法相反,每次从文本的开始取出最短的词进行匹配。
- 逆向最小匹配法:与逆向最大匹配法相反,每次从文本的末尾取出最短的词进行匹配。

(3)双向匹配法。结合正向最大匹配法和逆向最大匹配法,当两者的分词结果不一致时,可以采取一定的策略(如优先选择单字更少的分词结果,或者根据统计信息选择概率更高的分词结果)来确定最终的切分结果。

(4)基于词频的分词方法。在最大匹配或最小匹配的基础上,考虑词频信息。如果一个词在词典中出现频率较高,则优先进行匹配。

(5)基于词性标注的分词方法。结合词性信息进行分词,对于歧义较大的句子,可以根据词性标注来辅助确定正确的分词方式。

(6)基于规则的分词方法。除了词典匹配外,还可以结合一些预定义的规则,如标点符号规则、数字规则、专有名词规则等,来辅助分词。

基于词典的分词方法具有以下特点:

(1)实现简单:只需构建词典和匹配算法即可实现。

(2)速度快:算法复杂度较低,适合实时处理。

(3)准确性:对于常用词汇,分词准确性较高。

(4)局限性:对新词、未登录词的处理能力较弱,需要不断更新词典;对于歧义消解能力有限。

为了克服基于词典分词方法的局限性，通常会结合统计分词方法（如隐马尔可夫模型 HMM、条件随机场 CRF、神经网络等）来提高分词的准确性和鲁棒性。

2）基于统计的分词方法

基于统计的分词方法是一种无字典分词方法，主要思想是：在上下文中，相邻的字同时出现的次数越多，就越可能构成一个词。因此字与字相邻出现的概率能较好地反映词的可信度。使用的主要统计模型为：n 元文法模型、隐马尔可夫模型等。

基于统计分词是一种全切分方法，这种方法不依靠词典，而是将文章中任意两个字同时出现的频率进行统计，频率越高的就可能是一个词。具体过程是：首先切分出与词表匹配的所有可能的词，然后运用统计语言模型和决策算法决定最优的切分结果。其优点是可以发现所有的切分歧义并且容易将新词提取出来。由于大规模语料的建立和统计机器学习方法的进展与应用，促成了基于统计的中文分词成为了主流技术。

设待切分的汉字串：$C = c_1c_2\cdots c_m$

W 是切分的结果：$W = w_1w_2\cdots w_n$

$P(W|C)$ 是汉字串 C 切分为 W 的某种估计概率。

$w_a, w_b, \cdots. w_h$ 是 C 的所有可能的切分方案，则基于统计的切分模型能够找到目的词串 W，使得 W 满足：

$$P(W|C) = \text{MAX}(P(w_a|C), P(w_b|C), \cdots P(w_h|C))$$

其中函数 $P(W|C)$ 为评价函数。一般的基于统计的分词模型的评价函数都是根据贝叶斯公式，同时结合系统本身的资源限制，经过一定的简化而设计。

根据贝叶斯公式有：$P(W|C) = P(W)P(C|W)/P(C)$，对于 C 有多种切分方案，$P(C)$ 是一常数，而 $P(C|W)$ 是在给定词串的条件下出现字串 C 的概率，故 $P(C|W) = 1$。所以可用 $P(W)$ 来代替 $P(W|C)$。可以利用词的 n 元语法（n-gram）最直接地估计 $P(W)$ 的值：

$$P(W) = P(w_1)\ P(w_2|w_1)\ P(w_3|w_1w_2)\cdots P(w_k|w_1w_2\cdots w_{k-1})$$

n 元语法中的 n 可以是一个自然数，其含义是，假设一个词出现的概率只与前面 n 个词相关。例如：

2-gram 语法，$P(W) = P(w_1)\ P(w_2|w_1)$，

3-gram 语法，$P(W) = P(w_1)\ P(w_2|w_1)\ P(w_3|w_1w_2)$。

如果继续提升 n 的值，比如 4-gram、5-gram，则无实用性。因为处理任意长度的句子，无法选择 n；另外，模型的大小与 n 的关系呈指数级的关系，将占用更大的存储空间。

例 10-1 “北京冬奥会”的全切分有向无环图如图 10-4 所示。

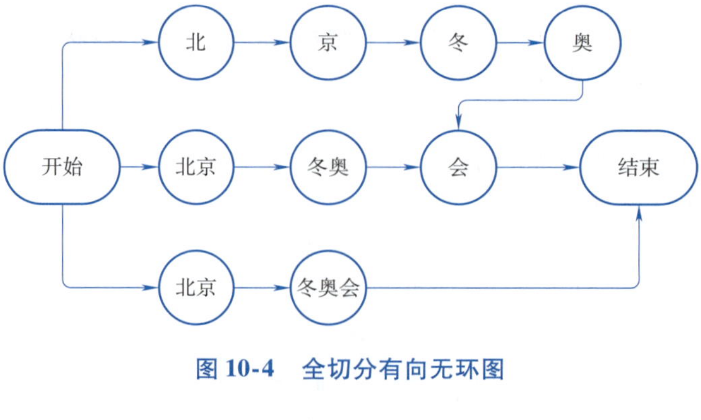

图 10-4 全切分有向无环图

构成有向无环图之后，使用 n 元文法模型可以找到一条概率最大的路径。其中，W 值是使用全切分方法切分出来的词语，全切分的实际使用过程通过词典将所有成词的切分方式找出来构成有向无环图。它也是无法完成识别新词，但是可以基本解决歧义词。但是，由于当前的计算机技术和现有的语料资源所限，使用 n 元文法模型方法存在的缺陷如下：

（1）对于词典，仅词和词的二元模型需要的统计空间巨大；

（2）需要与上述空间相当的熟语料（经过加工的语料），否则由于训练语料不足，会产生数据稀疏问题。

（3）由于不同领域的语料库的用词有所差异，某一个领域的语料库统计出来的 n-gram，如果用于其他领域，效果难以预料，所以大多数基于统计的分词模型都没有直接采用上述公式，而是采用估计方法，从不同的角度实现对 $P(W)$ 的近似。

3）基于规则和基于统计相结合的分词方法

这种分词方法的过程是：首先使用最大匹配做初步切分，然后对切分的边界外进行歧义探测，如发现歧义，再运用统计和规则相结合的方法来判断正确的切分。运用规则与统计方法解决人名、地名、结构名称识别，运用词法结构规则来生成复合词和衍生词。这种方法可以解决汉语中最常见的单字交集型歧义，并对人名、地名、结构名称、后缀、动词/形容词重叠、衍生词等词法结构进行识别处理，基本解决了分词所面临的最关键问题。如果词典结构设计优秀，分词速度会非常快。

10.2.2　词性标注

词性也称为词类，是词汇基本的语法属性。词性标注是在给定句子中判定每个词的词性并加以标注的过程。词性标注是自然语言处理的预处理步骤，词性标注最简单的方法是利用语料库统计每个词所对应的高频词性，将其作为默认词性。词性标注遇到的最重要的问题就是词性兼类问题。在任何一种语言中，词性兼类问题都普遍存在，在汉语中尤为明显。造成词性兼类问题的原因主要有以下几点：

（1）汉语缺乏词形态变化，无法通过词形变化判别词类。

（2）汉语中，常用词兼类现象严重。

（3）没有统一的汉语词类划分标准。

在这样的情况下，词性标注问题通常转化为序列标注问题来解决。除此之外，序列标注还可以解决很多问题，例如分词、短语识别、信息提取。序列标注常用隐马尔可夫模型、条件随机场等模型。

1. 词性标注规范

词性需要有一定的规范，如将词分为名词、形容词、动词等。例如，在本书涉及的词性标注规范说明如下：

VV：动词。

NR：人名。

NN：常用名词。

ROOT：要处理文本的语句。

IP：简单从句。

NP：名词短语。

VP：动词短语。

PU：断句符，通常是句号、问号、感叹号等标点符号。

LCP：方位词短语。

\PP:介词短语。

CP:由"的"构成的表示修饰性关系的短语。

DNP:由"的"构成的表示所属关系的短语。

ADVP:副词短语。

ADJP:形容词短语。

DP:限定词短语。

QP:量词短语。

NN:常用名词。

NR:固有名词。

NT:时间名词。

PN:代词。

VC:是。

CC:表示连词。

VE:有。

VA:表语形容词。

AS:内容标记(如"了")。

VRD:动补复合词。

CD: 表示基数词。

DT: determiner,表示限定词。

EX: existential there,存在句。

FW: foreign word,外来词。

IN: preposition or conjunction,subordinating,介词或从属连词。

JJ: adjective or numeral,ordinal,形容词或序数词。

JJR: adjective,comparative,形容词比较级。

JJS: adjective,superlative,形容词最高级。

PRP: pronoun,personal,人称代词。

RB: adverb,副词。

RBR: adverb,comparative 副词比较级。

RBS: adverb,superlative 副词最高级。

SYM: symbol,符号。

2. 词性标注方法举例

(1)原始句子:工程师详细检测故障原因。

(2)分词结果:工程师/详细/检测/故障/原因。

(3)词性标注:工程师/NN 详细/ADVP 检测/VV 故障/NN 原因/NN。

10.2.3 命名实体识别

命名实体(named entity recognition,NER)是指文本中具有特定意义或者指代性强的实体,例如人名、地名、组织机构名、日期时间、专有名词等。命名实体识别目的是识别语料中人名、地名、组织机构名等命名实体,也就是识别文本中具有特定意义的实体。其在信息提取、句法分析、机器翻译等应用领域中具有重要的作用。命名实体识别一方面要识别实体边界,另一方面要识别实体类别(人名、地名、机构名或其他）。对于中文系统，确定实体边界主要与分词相关。

发现命名实体的基本方法，一般首先找一些与定义相关的特征词，例如，什么是××，××是什么，这是××。找到具有这样模式的查询串后，可以在查询日志中通过频率统计等方法找到命名实体。因为命名实体的类别是一个不断变化着的集合，并非一个封闭集。一个命名实体随着时间的变化，通常具有不同的属性。例如，开始是一篇论文，然后又推出了专著，后来研制出实际系统，而这一过程是随着时间变化的，也就是说，在不同时间段，这些类别在用户查询需求中受关注程度是不一样的。与自动分词、词性标注一样，命名实体识别也是自然语言处理的一个基础任务，是信息提取、信息检索、机器翻译、问答系统等 NLP 技术重要组成部分。其目的是识别语料中人名、地名、组织机构名等命名实体。

1. 命名实体识别技术发展。

命名实体识别技术发展过程如图 10-5 所示。

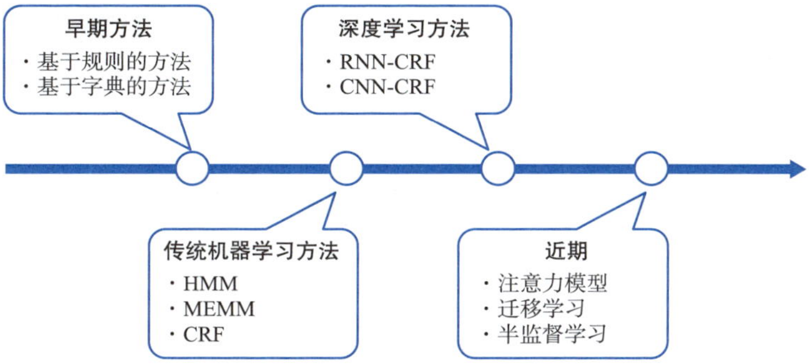

图 10-5　命名实体识别技术发展过程

早期使用基于规则、字典的方法，目前使用最广泛的应该是基于统计的方法（对语料库的依赖比较大），利用大规模的语料来学习标注模型，然后对各个位置进行标注。条件随机场（conditional random field，CRF）是命名实体识别的主流模型，它的目标函数不仅考虑输入的状态特征函数，而且还包含了标签转移特征函数。在已知模型时，给出输入序列，然后求预测输出序列，即求使目标函数最大化的最优序列是一个动态规划问题，可以使用维特比算法（Viterbi 算法）解码来得到最优标签序列。CRF 的优点是进行标注的过程中可以利用丰富的内部及上下文特征信息。

2. 实体识别的关键问题

实体识别的两个关键问题是实体边界的确认和实体类别的判断。实体边界的确认是指对一个句子中的实体词进行正确的划分。例如，句子“李＊＊同学是个好学生”，一个好的识别算法必须将实体词李＊＊进行正确的标记，而不是在其他的位置进行划分。实体类别的判断，仍以上例说明，算法必须判定宣竹为人名实体，而不是其他类型的实体。

一个好的算法应该能够对句子中每个字进行正确的标记以区分该字是否为实体，如果是实体，还需要标明该词在实体词中的位置信息，是实体词的第一个字，还是中间位置的字，还是最后一个字。

1）B-I-O 表示法

最简单的表示法有 B-I-O 表示法，B 表示实体的起始字，I 表示实体的其他字，O 表示非实体字。按照这种方法，上面的句子贴标签后表示如下（每个字均对应一个标签）：

李	＊	＊	同	学	是	个	好	学	生
B	I	I	O	O	O	O	O	O	O

这种方法最简单,但问题是实体的末尾字不容易得到区分。在实践中发现,如果语料库采用上述方式进行标记,在进行机构实体识别时可能产生错误。

2)B-M-E-S-O 表示法

另外一种相对复杂的表示方法可以表示为 B-M-E-S-O,类似地,B(begin)表示实体的开始字,M(middle)表示实体的中间字,E(end)表示实体的末尾字,S 为实体只有一个字时的标记(single,在中文任务中并不常见),O 表示非实体字。上述句子采用这种表示方法得到的结果是:

李	*	*	同	学	是	个	好	学	生
B	M	E	O	O	O	O	O	O	O

当然,还有其他的方法,但目的都是一致的,这里不再赘述。

3)基于条件随机场的命名实体识别

由若干个位置组成的整体,当按照某种分布给每一个位置随机赋予一个值之后,将其整体称为随机场。例如,假如有一个十个词形成的句子需要做词性标注。这十个词每个词的词性可以在已知的词性集合(名词,动词,…)中去选择。当为每个词选择完词性之后,这就形成了一个随机场。条件随机场是给定一组输入序列条件下,另一组输出序列的条件概率分布模型。在自然语言处理中,条件随机场得到了广泛应用。

假设随机场中某一个位置的赋值仅与和它相邻位置的赋值有关,与其不相邻位置的赋值无关。例如句子词性标注,如果假设所有词的词性只和它相邻的词的词性有关时,这个随机场就是一个马尔可夫随机场。马尔可夫随机场是 CRF 的特例,假设马尔可夫随机场中只有 X 和 Y 两种变量,X 一般是给定的,而 Y 一般是在给定 X 的条件下输出。这样马尔可夫随机场就特化成了条件随机场。给出准确的数学语言描述:设 X 与 Y 是随机变量,$P(Y|X)$是给定 X 时,Y 的条件概率分布,如果随机变量 Y 构成的是一个马尔可夫随机场,则称条件概率分布 $P(Y|X)$是条件随机场。

(1)链式条件随机场。

在 CRF 的定义中,并没有要求 X 和 Y 有相同的结构。而实现中,一般都假设 X 和 Y 有相同的结构,即:$X=(X_1,X_2,\cdots,X_n)$,$Y=(Y_1,Y_2,\cdots,Y_n)$。X 和 Y 有相同结构的随机场就构成了链式条件随机场,通常都默认随机场为链式条件随机场。

(2)机器学习模型。

在随机场中,定义一个特征函数集合,然后使用这个特征函数集合为标注序列进行打分,据此选出最合适的标注序列。特征函数分为两类,第一类是定义在 Y 节点上的节点特征函数(状态函数),这类特征函数只和当前节点有关。第二类是定义在 Y 上下文的局部特征函数(转移函数),这类特征函数只和当前节点和上一个节点有关。同时,可以为每个特征函数赋予一个权值,用以表达对这个特征函数的信任度。假设在某一节点有 K_1 个局部特征函数和 K_2 个节点特征函数,总共有 $K=K_1+K_2$ 个特征函数。使用 CRF 来做命名实体识别时,与隐马尔可夫模型求解最大可能序列路径一样,也是采用维特比算法。当解决标注问题时,CRF 能够捕捉全局的信息,并能够进行灵活的特征设计,因此效果要比 HMM 好,但实现起来复杂度也高很多。

3. 关系提取

信息提取的作用是从海量的非结构的文本中提取出有用的信息,并结构化成后续工作的使用格式。信息提取又可分为实体提取(命名实体识别)、关系提取以及事件提取等。命名实体对应真实世界的实体,一般表现为一个词或一个短语。关系则描述两个或多个命名实体的关系,关系提取的主要方法如下:

(1)监督的方法。将关系提取当做分类问题来看待,根据训练数据设计有效的特征,来学习各种分类模型。这种传统的分类方法需要大量的人工标注的训练语料,语料的标注非常耗时耗力。

(2)半监督的方法。半监督的方法是要对需要提取的关系,首先基于手工设定若干种子的实例,然后迭代性地从数据当中提取与关系对应的关系模板和更多的实例。

(3)无监督的方法。无监督的方法是一种聚类的方法,它可以利用每个实体上下文的信息来代表实体语义关系,对实体进行语义关系的聚类。

这三种方法当中,监督的方法能够提取出有效的特征,在准确率和召回率方面更有优势,半监督和无监督的方法一般情况下效果都不佳,现在用得比较多的还是有监督的方法。有监督的方法的困难的是如何获取大量分类的训练样本。

还有一种远程监督的方式,使用典型的知识提取的开源工具 Deepdive,通过弱监督学习的方法,从非结构化的文本中可以提取出结构化关系的数据。这种方式只要在概念层次思考基本特征就可以了,也可以使用已有领域的知识进行推理,也能够对用户的反馈进行处理,是能进行实时反馈的一种机制,能够提高整个预测的质量。

10.2.4 文本关键词提取方法

关键词是用于表达文本主题内容的词,无论文本的长短,都可以通过几个关键词描述整个文本的主题。关键词提取就是从文本中将与内容意义最相关的一些词语提取出来。由于无论基于文本的推荐还是基于文本的搜索,都依赖于文本关键词,所以关键词准确程度将关系到推荐系统或者搜索系统的最终效果。

1. 文本的关键词提取基本方法

文本的关键词提取方法采用机器学习方式,可分有监督、半监督和无监督三种基本方式。

(1)有监督。有监督的关键词提取算法是将关键词提取算法看作二分类问题,判断文档中的词或者短语是不是关键词。既然是分类问题,就需要提供已经标注好的训练语料,利用训练语料训练关键词提取模型,然后利用模型对需要提取关键词的文档进行关键词提取。

(2)半监督。半监督的关键词提取算法只需要少量训练数据,利用这些训练数据构建关键词提取模型,然后使用模型对新的文本进行关键词提取,对于这些关键词进行人工过滤,将过滤得到的关键词加入训练集,重新训练模型。

(3)无监督。无监督的方法不需要人工标注的语料,利用某些方法找出文本中比较重要的词作为关键词,进行关键词提取。有监督的文本关键词提取人工成本高,因此现有的文本关键词提取主要采用适用性较强的无监督关键词提取。

无监督关键词提取算法可以分为基于统计特征的关键词提取、基于词图模型的关键词提取和基于主题模型的关键词提取等算法。

2. 基于统计特征的关键词提取方法

基于统计特征的关键词提取是利用文档中词语的统计信息来提取文档的关键词,主要使用无监督算法,因为无监督算法不需要人工标注数据,所以更加方便、快速,但是无法衡量关键词提取的准确与否,更多的是依靠人的主观来判断关键词是否准确、是否反映文本的中心内容。

1)词频

词频(term frequency,TF)是指一个词在文中出现的次数。显而易见,一个词在文章中出现很多次,那么这个词肯定对文章的作用大,词频定义:TF =某个词在文章中出现次数/文章的总词数。

例如:$F=\{a,b,a,d,e,f,a,a\}$,

则 a 的词频值为:TF =4/8 =0.50,b 的 TF 值为 1/8 =0.125。

2)逆文本频率

逆文本频率(inverse document frequency,IDF)是文本频率的倒数,将停用词都过滤掉后,只考虑剩下的有实际意义的词。用统计学语言表达,就是在词频的基础上,要对每个词分配一个重要性权重。最常见的词("的""是""在"等)可给予最小的权重,较常见的词给予较小的权重,较少见的词给予较大的权重。这个权重的大小与一个词的常见程度成反比。

如果一个词越常见,那么分母就越大,逆文档频率就越小,越接近 0;反之,如果一个词越不常见,那么分母就越小,逆文档频率就越大。分母之所以要加 1,是为了避免分母为 0(即所有文档都不包含该词),用 log 表示对得到的值取对数计算。

逆文本频率定义:IDF = ln(语料库的文档总数/包括该词的文档数 +1)。

例如:$F_1 = \{a,b,c\}$,$F_2 = \{a,e,f\}$,$F_3 = \{m,n,p\}$。

则词 a 的 IDF = ln(3/(2 +1)) = ln 1,词 b 的 IDF = ln(3/(1 +1)) = ln(3/2)。

3)TF_IDF 值

将 TF 和 IDF 相乘,其积就为一个词的 TF_IDF 值。某个词对文章的重要性越高,则它的 TF_IDF 值就越大。TF_IDF 的 Top-k 值就是文章的关键词。

TF_IDF 定义:TF_IDF = TF × IDF

例 10-2 TF、IDF 和 TF_IDF 的计算。

假设有语料库一共只要 2 个文档 F_1 和 F_2,

其中 $F_1 = (A,B,C,D,A)$ 由 5 个单词组成,$F_2 = (B,E,A,B)$ 由 4 个单词组成。对于 F_1 和 F_2,每个文档中各词的 TF 值见表 10-1。

表 10-1 TF 值

单词	F_1	F_2
A	2/5	1/4
B	1/5	2/5
C	1/5	0/4
D	1/5	0/4
E	0/5	1/4

IDF = 文档总数/关键词 t 出现的文档数目,即 IDF = ln(全部文档的数量/(包含某字的文档 +1))

$$\text{IDF}(t) = \ln((\ |D|\ )/|\ D_t + 1\ |)$$

$F_1 = (A,B,C,D,E)$ 由 5 个单词组成,$F_2 = (B,E,A,B)$ 由 4 个单词组成。计算语料库中每个关键词的 IDF 值,见表 10-2。

表 10-2 IDF 值

单 词	F_1	F_2
A	ln(2/(1 +2))	ln(2/(1 +2))
B	ln(2/(1 +2))	ln(2/(1 +2))
C	ln(2/2)	ln(2/1)
D	ln(2/2)	ln(2/1)
E	ln(2/2)	ln(2/2)

TF_IDF = TF × IDF,TF_IDF 值见表 10-3。

表 10-3 TF_IDF 值

单 词	F_1	F_2
A	2/5 × ln(2/3)	1/4 × ln(2/3)
B	1/5 × ln(2/3)	2/5 × ln(2/3)
C	0	0
D	0	0
E	0	0

由语料库得到的字典长度为 5,所以最终文档向量化长度为 5。如果按 Top-1 选择关键词,文档 F_1 的关键词为 A,文档 F_2 的关键词为 B。

例 10-3 利用 TF_IDF 获取关键词。

假定该文长度为 1 000 个词,词 1、词 2、词 3 各出现 20 次,则这三个词的词频(TF)都为 0.02。然后搜索发现,假定这些中文网页总数共有 250 亿张。包含"词 1"的网页共有 62.2 亿张,包含"词 2"的网页为 0.483 亿张,包含"词 3"的网页为 0.972 亿张。则它们的逆文档频率(IDF)和 TF-IDF 值见表 10-4:

表 10-4 IDF 和 TF_IDF 值

单 词	包含该词的文档数/亿张	IDF 值	TF-IDF 值
词 1	62.2	0.601	0.012 2
词 2	0.483	2.712	0.054 2
词 3	0.972	2.409	0.048 3

可见,"词 2"的 TF_IDF 值最高,"词 3"其次,"词 1"最低。如果还计算"的"字的 TF_IDF 值,那将是一个极其接近 0 的值,所以,如果只选择 Top-1,"词 2"就是这篇文章的关键词。除了自动提取关键词,TF_IDF 算法还有多种用处,例如,信息检索对于每个文档都可以分别计算一组搜索词的 TF_IDF,将它们相加,就可以得到整个文档的 TF_IDF 值。这个值最高的文档就是与搜索词最相关的文档,也就是检索的内容。

从 IDF 的计算方法可以看出常用词(如"我""是""的"等)在语料库中的很多文章都会出现,故 IDF 的值会很小;而关键词(如"自然语言处理""NLP "等)只会在某领域的文章出现,IDF 的值会比较大;所以 TF-IDF 在保留文章的重要词的同时可以过滤掉一些常见的、无关紧要的词。

4)TF-IDF 的优点

TF-IDF 的优点是实现简单,相对容易理解,其主要缺点是严重依赖语料库,需要选取质量较高且和所处理文本相符的语料库进行训练。另外,IDF 本身是一种试图抑制噪声的加权,倾向于文本中频率小的词,这使得 TF-IDF 算法的精度不高。TF-IDF 算法另一个缺点就是没有考虑词的位置信息,例如文本的标题、文本的首句和尾句等含有较重要的信息,具有较高的权重。

基于统计特征的关键词提取算法通过特征量化指标对关键词排序,获取 Top-k 个词作为关键词。关键词提取的重点在于特征量化指标的计算,由于不同的量化指标得到的结果也不同。同时,不同的量化指标也有其各自的优缺点,所以在实际应用中,采用不同的量化指标相结合的方式得到 Top-k 个词作为关键词。

3. 基于词图模型的关键词提取

基于词图模型的关键词提取过程是,首先构建文档的语言网络图,然后对语言进行网络图分析,在这个图上寻找具有重要作用的词或者短语,也就是文档的关键词。语言网络图中节点是词,根据词的链接方式不同,语言网络图的形式主要分为共现网络图、语法网络图、语义网络图和其他网络图四种。

在语言网络图的构建过程中,都是以预处理后的词作为节点,词与词之间的关系作为边。边与边之间的权重用词之间的关联度来表示。在获得关键词时,需要评估各个节点的重要性,然后根据重要性将节点进行排序,选取 Top-k 个节点所代表的词作为关键词。常用的节点计算有 TextRank 等算法。

TextRank 算法核心思想是将文本中的词语当作图中的节点,通过边相互连接,不同的节点会有不同的权重,权重高的节点可以作为关键字。

当 TextRank 应用到关键字提取时,每个词不是与文档中所有词都有链接。为了界定链接关系,提出了一个窗口的概念。在窗口中的词相互间都有链接关系。得到了链接关系,就可以利用如下 TextRank 公式对每个词的得分进行计算。最后选择得分最高的 n 个词作为文档的关键词。

TextRank 一般模型可以表示为一个有向有权图 $G=(V,E)$,由点集合 V 和边集合 E 组成,E 是 $V\times V$ 的子集。图中任意两点 V_i,V_j 之间边的权重为 W_{ji},对于一个给定的点 V_i,In(V_i)为指向该点的点集合,Out(V_i)为点 V_i指向的点集合。根据下面的 TextRank 公式计算,点 V_i的得分 $WS(V_i)$ 如下:

$$WS(V_i)=(1-d)+d\sum_{V_j\in In(V_i)}\frac{W_{ji}}{\sum_{V_k\in Out(V_j)}W_{jk}}WS(V_j)$$

式中,d 为阻尼系数,取值范围为 0 到 1,代表从图中某一特定点指向其他任意点的概率,一般取值为 0.85。使用 TextRank 算法计算图中各点的得分时,需要给图中的点指定任意的初值,并递归计算直到收敛,即图中任意一点的误差率小于给定的极限值时就可以达到收敛,一般该极限值取 0.000 1。

TextRank 关键词提取的算法如下:

(1)把给定的文本 T 按照完整句子进行分割:

$$T=(S_1,S_2,\cdots,S_m)$$

(2)对每个句子进行分词和词性标注处理,并过滤掉停用词,只保留指定词性的单词,如名词、动词、形容词,其中 $t_{i,j}$是保留后的候选关键词。

$$S_i=(t_{i,1},t_{i,2},\cdots,t_{i,n})$$

(3)构建候选关键词图 $G=(V,E)$,其中 V 为节点集,由(2)生成的候选关键词组成,然后采用共现关系构造任两点之间的边,两个节点之间存在边的依据是,仅当它们对应的词汇在长度为 k 的窗口中共现,k 表示窗口大小,即最多共现 k 个单词。

(4)根据 TextRank 的公式,迭代传播各节点的权重,直至收敛。

(5)对节点权重进行倒序排序,从而得到最重要的 T 个单词,作为候选关键词。

(6)由(5)得到最重要的 T 个单词,在原始文本中进行标记,如果形成相邻词组,则组合成多词关键词。

4. 基于主题模型的关键词提取

基于主题模型的关键词提取方法主要是针对主题分布的性质进行关键词提取。算法步骤如下:

(1)从文章中获取候选关键词。即将文本分词,也可以再根据词性选取候选关键词。

(2)根据大规模语料学习得到主题模型。

（3）根据得到的主题模型，计算文章的主题分布和候选关键词分布。

（4）计算文档和候选关键词的主题相似度并排序，选取前 n 个词作为关键词。

主题模型是一种文档生成模型，对于撰写一篇文章，首先确定几个主题，然后根据主题提出描述主题的词汇，再将词汇按照语法规则组成句子、段落，最后生成一篇文章。主题模型也是基于这个思想，文档是一些主题的混合分布，主题又是词语的概率分布。同样地，反过来想，找到了文档的主题，然后主题中有代表性的词就能表示这篇文档的核心意思，也就是文档的关键词。

主题模型词语的计算公式为：

$$P(\text{词语}/\text{文档})=\sum_{\text{主题}}(P(\text{词语}/\text{主题})\times P(\text{主题}/\text{文档}))$$

10.2.5 文本表示

文本表示是将字词处理成向量或矩阵，以便计算机进行处理。文本表示是自然语言处理的开始环节。当语料预处理完成之后，需要将分词之后的字和词语表示成计算机能够计算与存储的数据结构，确切地说，应该是向量化。文本表示是指将字词转换成向量或矩阵来表示，以便计算机能够进行处理。按照粒度划分，可将文本表示分为字级、词语级和句子级。字级的表示是将一句话拆成一个个的字，例如，将“我想学习人工智能”这句话拆成一个个的字：{我，想，学，习，人，工，智，能}，然后将每个字用一个向量表示，这句话就转化为了由 8 个向量组成的张量（矩阵）。依此类推，也可以完成词语级别和句子级别的文本表示。

文本表示分为离散表示和分布式表示，离散表示的代表就是词袋模型。one-hot（又称独热编码）、TF-IDF、n-gram 都可以看作词袋模型。分布式表示又称为词嵌入（word embedding），经典模型是 word2vec，还包括后来的 Glove、ELMO、GPT 和 BERT 等模型。

1. One-Hot 编码

One-Hot 编码又称为独热编码，是最基础的词（或字）特征表示方法。这种编码将词（或字）表示成一个向量，该向量的维度是词典（或字典）的长度（该词典是通过语料库生成），在该向量中，当前词的位置的值为 1，其余的位置为 0。

例如，一个文档集如下：

小王喜欢编程。

小李也喜欢编程。

小王还喜欢学习人工智能。

将上面的两句话看作一个文档集，列出文档中出现的所有词：

“小王”“喜欢”“编程”“小李”“也”“还”“学习”“人工智能”

将其构建为一个词典如下：

{“小王”:1，“喜欢”:2，“编程”:3，“小李”:4，“也”: 5，“还”:6，“学习”:7，人工智能”: 8}

这是一个包含 12 个单词语料库中 8 个单词的词汇。因为已知道词汇表有 8 个单词，所以可以使用 8 的固定长度文档表示，在向量中有一个位置来对每个单词进行评分。最简单的评分方法是将单词的存在标记为布尔值，0 表示缺席，1 表示存在。使用词汇表中上面列出的单词的任意排序，浏览第一个文档：小王喜欢编程。小李也喜欢编程。小王还喜欢学习人工智能。并将其转换为二进制向量如下。

小王喜欢编程：[1,1,1,0,0,0,0,0]

小李也喜欢编程：[0,1,1,1,1,0,0,0,0]

小王还喜欢学习人工智能：[1,1,0,0,0,1,1,1]

该向量与原来文本中单词出现顺序无关,而是词典中每个单词在文本中出现的频率。

又例如,有 4 个样本,每个样本有 3 种特征如下:

样本	特征 1	特征 2	特征 3
1	1	4	3
2	2	3	2
3	1	2	2
4	2	1	1

上表用十进制数对每种特征进行了编码,特征 1 有两种可能的取值;特征 2 有 4 种可能的取值;特征 3 有 3 种可能的取值。独热编码用 N 位状态寄存器编码 N 个状态,每个状态都有独立的寄存器位,且这些寄存器位中只有一位有效,也就是只能有一个状态。如果寄存器编码有 3 种状态,可用 3 个状态位来表示,以保证每个样本中的每个特征只有 1 位处于状态 1,其他都是 0,即 001,010,100。样本特征表示如下:

样本	特征 1	特征 2	特征 3
1	01	1000	100
2	10	0100	010
3	01	0010	010
4	10	0001	001

将 4 个样本的特征向量表示如下:

样本 1:[0,1,1,0,0,0,1,0,0]

样本 2:[1,0,0,1,0,0,0,1,0]

样本 3:[0,1,0,0,1,0,0,1,0]

样本 4:[1,0,0,0,0,1,0,0,1]

One-Hot 编码特点如下:

One-hot 编码不考虑词与词之间的顺序问题,而在文本中,词的顺序是一个很重要的问题。One-hot 是基于词与词之间相互独立的情况下的,然而在多数情况中,词与词之间应该是相互影响的,One-hot 得到的特征是离散的、稀疏的。主要特点如下:

(1)词向量长度是词典长度,One-Hot 编码后长度都一样。

(2)在向量中,该单词的索引位置的值为 1,其余的值都是 0。

(3)得到的矩阵是稀疏矩阵,也就是向量的大部分元素为 0。

One-Hot 编码的缺点如下:

(1)不同词的向量表示互相正交,无法衡量不同词之间的关系。

(2)该编码只能反映某个词是否在句中出现,无法衡量不同词的重要程度。

(3)编码后得到的是高维稀疏矩阵,将浪费计算和存储资源。

2. 词袋模型

词袋模型假设不考虑文本中词与词之间的上下文关系,仅考虑所有词的权重。而权重与词在文本中出现的频率有关。词袋模型首先进行分词,在分词之后,通过统计每个词在文本中出现的次数,就可以得到该文本基于词的特征，如果将各个文本样本的这些词与对应的词频放在一起，就是向量化。向量化完毕后一般也会使用 TF-IDF 进行特征的权重修正，再将特征进行标准化。进行一些其他的操作后，就可以将数据代入机器学习模型中计算。词袋模型的三部曲：分词、统计修订词特征值与标准化。

词袋模型有很大的局限性，因为它仅考虑了词频，没有考虑上下文的关系，因此会丢失一部分文本的语义。词袋模型(bag of words model)是在自然语言处理和信息检索下被简化的表达模型。在这种模型中，文本(段落或者文档)被看作无序的词汇集合，忽略语法甚至是单词的顺序。词袋模型被广泛应用在文件分类，词出现的频率可以用来当作训练分类器的特征。文本中每个词的出现都是独立的，不依赖于其他词是否出现，或者说当这篇文章的作者在任意一个位置选择一个词汇都不受前面句子的影响而可独立选择。

例如，有 1 000 篇新闻文档，把这些文档拆成一个个的字，去重后得到 3 000 个字，然后将这 3 000 个字作为字典进行文本表示，词袋模型的特点是字典中的字没有特定的顺序，句子的总体结构也被舍弃了。

3. *n* 元语法模型

上述两种表示方法是假设字与字之间相互独立，没有考虑到字与字之间的顺序。为此，引入 n 元语法(n-gram)的概念。n 元语法是指从一个句子中提取 n 个连续的字的集合，这样可以获取字的前后信息，二元语法或者三元语法比较常用。

n 元语法模型是一种基于概率的判别式语言模型，就是计算某个句子出现的概率。例如，“我今天上班迟到了”这句话在整个语言中的概率，一般可以通过一个大的语料库来进行统计。用数学语言来描述，如果句子表示为 $s=w_1,w_2,\cdots\cdots w_t$，则该句子的概率(也就是这些单词的联合概率)为：

$$P(S)=P(w_1,w_2,\cdots,w_t)=P(w_1)P(w_2|w_1)P(w_3|w_1,w_2)\cdots P(w_t|w_{1,w2,w3,\cdots wt-1})$$

其中 $P(w_1)$ 表示第一个词 w_1 出现的概率；$P(w_2|w_1)$ 是第一个词出现的前提下第二个词出现的概率，以此类推。例如，s=“我今天上班迟到了”，那么 $P(s)=P$(我)P(今天|我)P(上班|我，今天)P(迟到了|我，今天，上班)。如果严格按照上述公式计算概率，当 n 较大时，句子长度也较长时，计算复杂性增大。

n 元语法模型的参数空间太大，而且数据稀疏，导致在实际中基本无法使用。可以使用马尔可夫假设，某个词出现的概率只与它前面的一个或几个词有关，使问题变得简单。

(1) 当 $n=1$ 时，称为一元语法，此时第 i 个词出现概率完全独立的情况。

(2) 当 $n=2$ 时，称为二元语法，称为一阶马尔可夫链，此时第 i 个词出现的概率与它的前一个词有关：

$$P(S)=P(w_1,w_2,\cdots,w_t)=P(w_1)P(w_2|w_1)P(w_3|w_2)\cdots P(w_t|w_{t-1})。$$

(3) 当 $n=3$ 时，称为三元语法，称为二阶马尔可夫链，此时第 i 个词出现的概率与它的前两个词有关。

$$P(S)=P(w_1,w_2,\cdots,w_t)=P(w_1)P(w_2|w_1)P(w_3|w_1,w_2)\cdots P(w_t|w_{t-2},w_{t-1})。$$

在 n 元语法模型中，并不是 n 取值越大越好，一般取 $n=1$ 或 $n=2$。

例 10-4 “李喜欢编程”，“张喜欢算法”两个句子，将其分解为二元语法词汇表：

{李，李喜，喜，喜欢，欢，欢编，编，编程，程，张，张喜，欢算，算法，法}

于是原来只有 10 个字的 1-gram 字典(就是一个字一个字进行划分的方法)就成了 14 个元素的二元语法词汇表。

结合 one-hot，对两个句子进行编码得到：

[1.1,1,1,1,1,1,1,1,0,0,0,0,0]

[0,0,0,1,1,0,0,0,0,1,1,1,1,1]

上述表示方法的好处是可以获取更丰富的特征，提取字的前后信息，考虑了字之间的顺序性。但是 n 元语法没有解决数据稀疏和词表维度过高的问题，而且随着 n 的增大，词表维度将变得更高。

文本的离散表示存在着数据稀疏、向量维度过高、字词之间的关系无法度量的问题。适用于浅层的机器学习模型，不适用于深度学习模型。

4. Skip-gram 模型

1954 年 Harris 提出分布式假说：上下文相似的词，其语义也相似。1957 年 Firth 对分布式假说做出进一步的阐述：词的语义由其上下文决定。不难看出，文本分布式表示的核心思想是利用一个词附近的其他词来表示该词。

如前所述，文本离散表示存在数据稀疏问题，经常遇到维数灾难，并且语义信息无法表示，无法揭示词之间的内部潜在联系。但是，如果采用低维空间表示法，不但解决了维数灾难问题，并且挖掘了词之间的关联属性，从而提高了向量语义上的准确度。

词嵌入是指将词映射到一个新的空间中，并以多维的连续实数向量表示。Word2vec 使用的词向量与 One-hot 词向量不同，而是采用分布表示的词向量表示方式。其基本思想是通过训练将每个词映射成 K 维实数向量，并且通过词之间的距离来判断它们之间的语义相似度。

Word2Vec 模型主要优点是考虑到词语的上下文，学习到了语义和语法的信息；得到的词向量维度小，节省存储和计算资源；通用性强，可以应用到各种 NLP 任务中。主要缺点是：词和向量是一对一的关系，无法解决多义词的问题；Word2Vec 是一种静态的模型，虽然通用性强，但无法将特定的任务做动态优化。

Word2Vec 有两种不同的方法：连续词袋（CBOW）模型和 Skip-gram 模型。CBOW 的目标是根据上下文来预测当前词语的概率。Skip-gram 刚好相反，是根据当前词语来预测上下文的概率。这两种方法都利用人工神经网络作为它们的分类算法。原先每个单词都是一个随机 N 维向量，但经过训练之后，可以获得每个单词的最优向量。

在自然语言处理中，Skip-gram 是根据给定输入词来预测上下文。如图 10-6 所示，输入是一个词 $w(t)$，其输出是 $w(t-1)$、$w(t-2)$、$w(t+1)$、$w(t+2)$。

例如，句子“我开车到大楼前”。如果将“车”作为输入数据，单词组{“我”，“开”，“到”，“大楼”，“前”}就是输出数据。

Skip-gram 模型可分为两个部分，第一部分为建立模型，第二部分是通过模型获取嵌入词向量。Skip-gram 的整个建模过程实际上与自编码器的思想相似，即先基于训练数据构建一个神经网络，当这个模型训练好以后，并不用这个训练好的模型处理新的任务，真正需要的是这个模型通过训练数据所学得的参数，例如隐层的权重矩阵，这些权重实际上就是试图去学习的“词向量”。

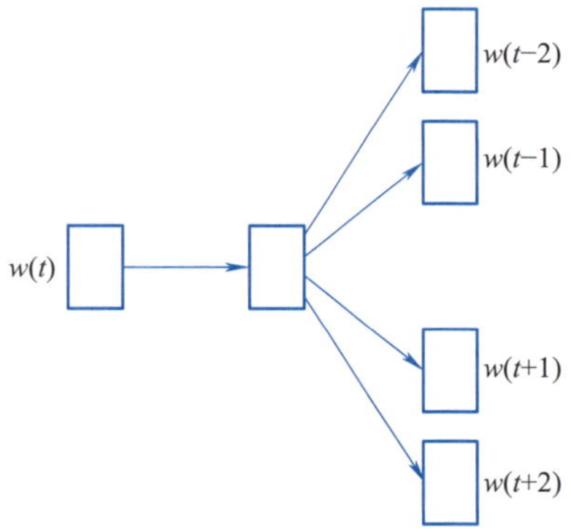

图 10-6 Skip-gram 模型

这种方法实际上在无监督特征学习中常见，最常见的就是自编码器：通过在隐层将输入进行编码压缩，继而在输出层将数据解码恢复初始状态，训练完成后，将输出层去掉，仅保留隐层。如果先用一组数据来训练神经网络，那么模型通过学习这个训练样本，就可得到词汇表中每个单词是输出词的概率大小。

5. CBOW 模型

CBOW 模型（continuous bag-of-words model）又称连续词袋模型，CBOW 模型与 Skip-gram 模型相反，CBOW 模型是给定上下文来预测输入词。CBOW 模型与 Skip-gram 模型的原理相同，只不过输入的是预测词周围的词向量。CBOW 模型通过一个词的上下文（n 个词）预测当前词。具体来说，不考虑上下文的词语输入顺序，是用上下文词语的词向量的均值来预测当前词。CBOW 模型的优点是对上下文词语的分布在词向量上进行了平滑，去掉了噪声，因此在小数据集上简单有效。

当 $n=2$ 时，CBOW 模型如图 10-7 所示。

CBOW 的神经网络模型如图 10-8 所示。

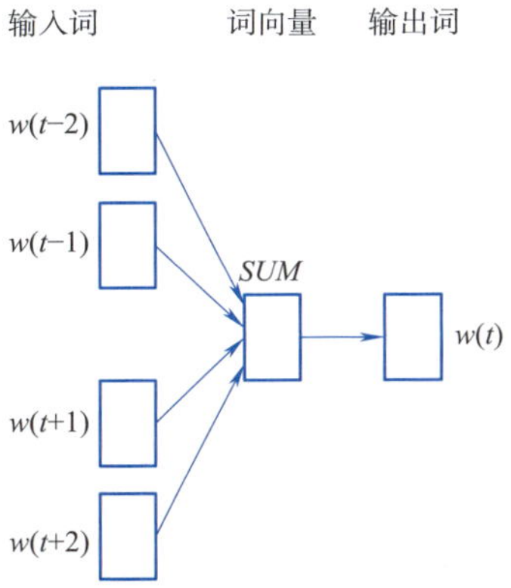

图 10-7　CBOW 模型

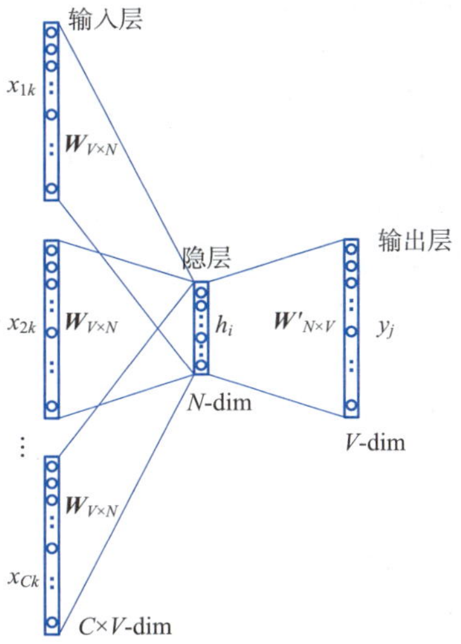

图 10-8　CBOW

CBOW 的神经网络模型与 Skip-gram 的神经网络模型互为镜像，该模型的输入输出与 Skip-gram 模型的输入输出相反。输入层是由 One-hot 编码输入的上下文 $\{x_1,\cdots,x_C\}$ 组成，其中窗口大小为 C，词汇表大小为 V。隐藏层是 N 维的向量。最后输出层是也被 One-hot 编码的输出单词 y。被 One-hot 编码的输入向量通过一个 $V\times N$ 维的权重矩阵 $\boldsymbol{W}$ 连接到隐层；隐层通过一个 $N\times V$ 的权重矩阵 $\boldsymbol{W}'$ 连接到输出层。接下来，假设已知输入与输出权重矩阵的大小。

（1）正向传播：

①计算隐层的输出。

②计算在输出层每个结点的输入。

③最后计算输出层的输出。

（2）反向传播：

通过 BP（反向传播）算法及随机梯度下降来学习权重，在学习权重矩阵 $\boldsymbol{W}$ 与 $\boldsymbol{W}'$ 的过程中，可以给这些权重赋一个随机值来初始化。然后按序训练样本，逐个观察输出与真实值之间的误差，计算这些误差的梯度并在梯度方向纠正权重矩阵。

①首先定义损失函数，这个损失函数就是给定输入上下文的输出单词的条件概率。

②更新矩阵 $\boldsymbol{W}'$。

③更新权重 $\boldsymbol{W}$。

例 10-5 CBOW 的三层结构:输入层、中间层、输出层。假设语料库有 10 个词:

(今天,我,你,他,小明,玩,大连,去,和,好)

现在有这样一句话:今天我和小明去香山玩。

很显然,对这个句子分词后应该是:

今天,我,和,小明,去,大连,玩

对于小明而言,选择他的前三个词和后三个词作为这个词的上下文。接下来,将它们分别表示成一个 One-hot 向量(向量中只有一个元素值为 1,其他都是 0),则"今天我和小明去大连玩"一句话向量的 One-hot 编码为:

今天:(1,0,0,0,0,0,0,0,0,0)记为 $\boldsymbol{x}_1$

我　:(0,1,0,0,0,0,0,0,0,0)记为 $\boldsymbol{x}_2$

和　:(0,0,0,0,0,0,0,0,1,0)记为 $\boldsymbol{x}_3$

去　:(0,0,0,0,0,0,0,1,0,0)记为 $\boldsymbol{x}_4$

大连:(0,0,0,0,0,0,1,0,0,0)记为 $\boldsymbol{x}_5$

玩　:(0,0,0,0,0,1,0,0,0,0)记为 $\boldsymbol{x}_6$

另外,小明的向量表示为:

小明 :(0,0,0,0,1,0,0,0,0,0)

可以看出来,向量的维度就是语料库中词的个数。接下来,将小明前后三个词的 6 个向量求和,作为神经网络模型的输入,即

$$\boldsymbol{x}=\boldsymbol{x}_1+\boldsymbol{x}_2+\boldsymbol{x}_3+\boldsymbol{x}_4+\boldsymbol{x}_5+\boldsymbol{x}_6=(1,1,0,0,0,1,1,1,1,0)$$

则 $\boldsymbol{x}$ 就是输入层,即输入层是由小明的前后三个词生成的一个向量,为 1×10 维(这里的 10 是语料库中词语的个数)

根据一个词语的上下文来预测这个词,这个例子中就是根据小明这个词的前后三个词来预测小明这个位置出现各个词的概率。因为训练数据中这个词就是小明,所以小明出现的概率应该是最大的,希望输出层的结果就是小明对应的向量。所以本例中,输出层期望的数据实际就是小明这个词构成的向量,可以认为是训练数据的标签:

小明:(0,0,0,0,1,0,0,0,0,0)

10.3 句法分析

句法分析的任务是确定句子的句法结构或句子中各词之间的依存关系,主要包括完全句法分析、局部句法分析和依存关系分析。其中,前两种句法分析是对句子的句法结构分析,也称为短语结构分析,主要是分析句子的"主、谓、宾、定、状、补"的句法结构,而后一种是对句子中词之间的依存关系进行分析,主要是分析词汇间的依存关系,如并列关系、从属关系、比较关系和递进关系等。

10.3.1 完全句法分析

完全句法分析的任务是:输入词法分析后的已分词并标注过的句子,再利用层次分析法分析,最后得到短语结构树。

1. 层次分析法

层次分析法就是利用语言学,从句子结构层面对句子进行分析:

（1）将句子分为主语、谓语、宾语、定语、状语、补语六个成分。

（2）以词或词组作为划分成分的基本单位。

（3）根据六个成分的搭配排列，按层次顺序确定句子的格局。

可将分析句子各成分间关系的推导过程用句法分析树表示出来，句法分析树也就是短语结构树，主语和谓语作为句子的主干，以其他成分作为枝叶来描述整个句子的结构。

例 10-6 对于"我同学已经准备好了所需数据"句子，使用层次分析法的层次分析结果如下：

我同学 （主语）	已经准备好了所需数据 （谓语）	。句号 （断句符）
我 同学 （定语）（主语）	已经准备 好了 （谓语） （补语）	所需数据 （宾语）
我 同学 （定语）（主语）	已经 准备 （状语） （谓语）	所需 数据 （定语） （宾语）

得到句法分析树如图 10-9 所示。其中，IP 表示简单从句；NP 表示名词短语；VP 表示动词短语；PU 表示断句符；NN 表示常用名词；JJ 表示形容词或序数词；AD 表示副词；VV 表示动词；QP 表示量词短语；ART 表示冠词。

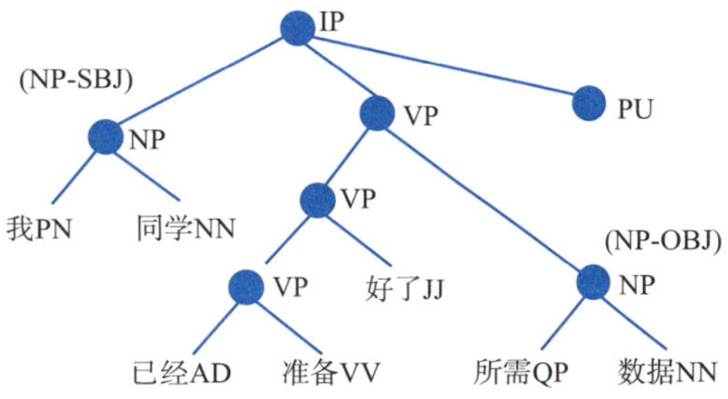

图 10-9 句法分析树

名词短语是指中心词为名词所构成的短语，其语法功能相当于名词性成分，一般可以在句子中充当主语、宾语、定语等。从语法的角度来看，该结构具有两种含义：一种是指按句法成分构成的短语，例如，组块在句子中充当主语、宾语等，这种 NP 可以增加辅助标签 NP-SBJ、NP-OBJ。

由此可见，虽然层次分析法枝干分明，便于归纳句型。但是，这种方法可能遇到大量的歧义，出现歧义的原因是：汉语的词类与句法成分之间的关系比较复杂，除了副词只能作状语（一对一）之外，其余的都是一对多关系，即一种词类可以作多种句法成分、词存在兼类、短语存在多义性等。

2. 完全句法分析解决方法

1）规则句法分析算法

从句法分析树的生成过程可以看出，规则句法分析算法有自底向上、自顶向下、自底向上与自顶向下相结合三种策略。自底向上的方法从句子中的词语出发，基本操作是将一个符号序列匹配归约为其产生式的左部（用每条产生式左边的符号来改写右边的符号），逐渐减少符号序列直到只剩下开始符 S 为止；自顶向下的方法从符号 S 开始搜索，用每条产生式右边的符号来改写左边的符号，然后通过不同的方式搜索并改写非终结符，直到生成了输入的句子或者遍历了所有可能的句子为止。

2）概率统计句法分析算法

概率统计句法分析算法主要采用概率上下文无关文法，可以直接统计语言学中词与词、词与词组以及词组与词组之间的规约信息，并且可以由语法规则生成给定句子的概率。

在自然语言处理领域中，如果引入了概率，这种方法的作用很有可能是消歧，因为可以根据概率的大小对可能出现的情况进行选择。

而概率上下文无关文法的主要任务有两个：一个是句法分析树的消歧；另一个是求最佳分析树；二者之间有很大的相似之处。

3）神经网络句法分析

在句法分析中，将句子按照结构进行分解，得到分析树。以此为目标，神经网络句法分析的基本思想是：希望将问题在结构上分解为一系列相同的单元，单元的神经网络可以在结构上展开，且能沿展开方向传递信息。

10.3.2 局部句法分析

完全句法分析要求对整个句子构建句法分析树，局部句法分析是浅层句法分析、语块分析，仅要求识别句子中某些结构相对简单的独立成分，如非递归的名词短语、动词短语等。这些识别出来的结构通常称为语块，其中语块、短语这两个概念可以换用。

例如：工程师正在详细检测故障原因。

输入：工程师/NN/正在/AD 详细/AD 检测/VV 故障/NN 原因/NN。

输出：三部分独立成分，两个名词短语，一个动词短语。

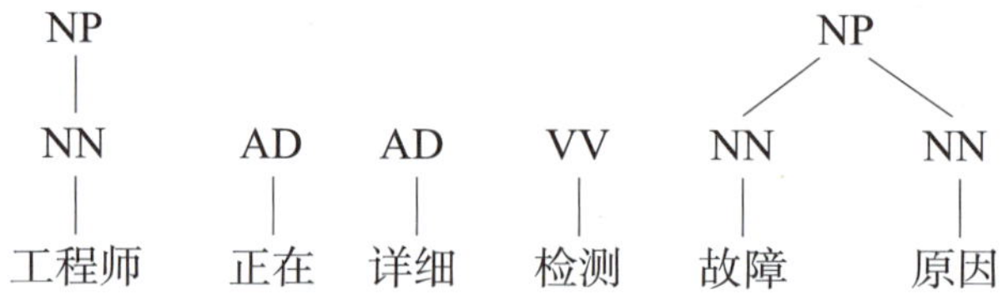

由此可见，在局部句法分析中，可以将语块的分析转化成序列标注问题。完成了序列标注，就完成了语块的分析。

10.3.3 依存句法分析

依存句法分析的主要任务是分析出词与词之间的依存关系。依存语法理论认为句法关系和词义体现在词之间的依存关系中。而且，参加组成一个结构词之间是有方向的，一些成分从属于另一些成分，每个成分只能从属于一个成分。而且，两个词之间存在依存关系是根据句法规则和词义来定义。

1. 依存树

在依存句法理论中，依存是指词与词之间支配与被支配的关系，显然这种关系不对等，具有方向性。确切地说，处于支配地位的成分称为支配者，而处于被支配地位的成分称为从属者。依存树的特点：每个节点只有一个父节点，（其中有一个节点的父节点是 Root），标点符号不参与依存树分析。依存关系的出边是控制词，入边是依存词。

例如："人工智能是计算机科学的前沿"句子，对于这样的依存关系，可以得到如下的依存关系树。

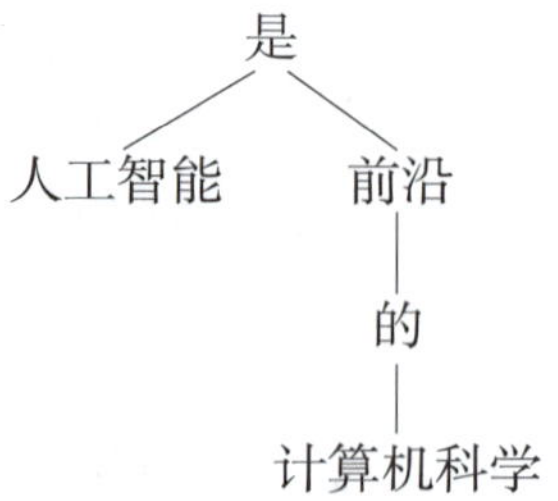

在一句话中动词是句子的中心，它支配其他成分，但不受其他成分支配。动词"是"是句子的中

心,其他成分依存于它。可以用有向图和依存树的形式表示依存语法,依存语法本身没有规定要对依存关系进行分类,但为了丰富依存结构传达的句法信息,在实际应用中,一般给依存树的边加上不同的标记。句子"人工智能是计算机科学的前沿"就可用有向图表示,如图 10-10 所示。

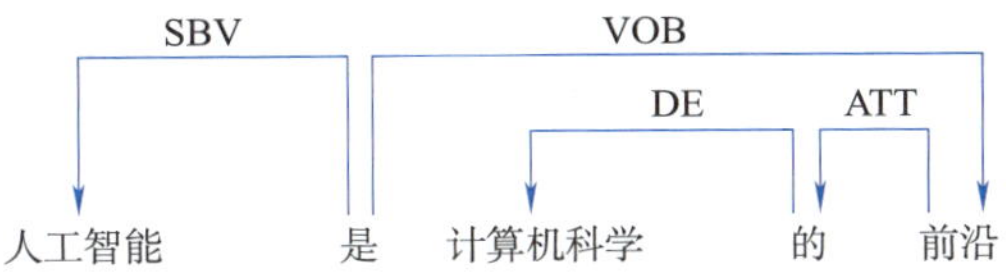

图 10-10　依存树

SBV、VOB、DE、ATT 是汉语句法分析中常用的依存关系标记,它们分别代表以下含义:

- SBV(subject,主谓关系):表示句子中的主语和谓语之间的关系。例如,在句子"他 学习"中,"他"是主语,"学习"是谓语,它们之间的关系就是 SBV。
- VOB(object,动宾关系):表示动词和它的宾语之间的关系。例如,在句子"他 看书"中,"看书"是谓语,"书"是宾语,它们之间的关系就是 VOB。
- DE(dependency,依赖关系):这个标记通常用于表示介词、连词等词语与其支配的成分之间的关系。例如,在句子"他在 学校"中,"在"是介词,"学校"是介词的宾语,它们之间的关系就是 DE。
- ATT(attribute,定中关系):表示修饰语和被修饰的名词之间的关系。例如,在句子"美丽的花"中,"美丽的"是定语,"花"是名词,它们之间的关系就是 ATT。

这些依存关系标记有助于人们更好地理解句子结构,分析句子成分之间的关联。

SBV、VOB、DE、ATT 表示词与词之间不同的依存关系。对于依存文法理论的其他内容,例如:依存关系的细化、依存语法的公理、句法的投射性与非投射性以及中文依存树语料库等,在此不再赘述。

例 10-7　输入:工程师/NN/正在/AD 详细/AD 检测/VV 故障/NN 原因/NN。

输出:利用依存文法分析,可得依存树,如图 10-11 所示。

图 10-11 中,各项含义如下:

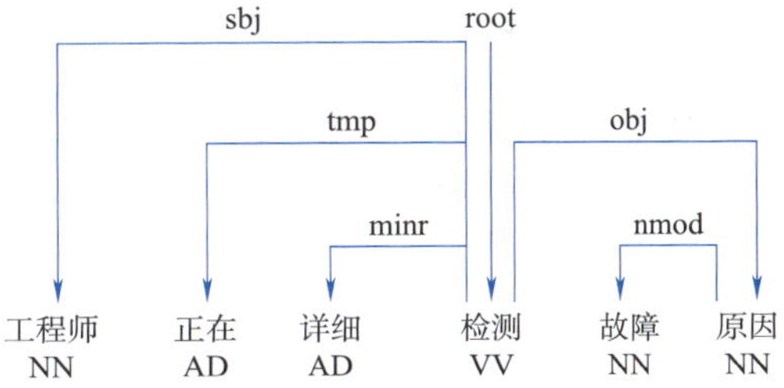

图 10-11　依存树生成举例

- "sbj"是"subject"的缩写,通常用来表示主语。在依存语法中,"sbj"作为一个依存关系标签,用来标识句子中的主语成分与谓语之间的关系。具体来说:sbj 指句子中的主语,即执行动作或处于某种状态的人或事物。
- "tmp"是"temporal"的缩写,用来表示时间状语或与时间相关的修饰成分。这个标签用于标识句子中表达时间信息的成分与句子其他部分的关系。具体来说:在依存句法树中,时间状语通常是谓语动词的子节点,表明它是对谓语动词所表示的动作或状态的时间描述。这种标记有助于理解句子中不同成分如何相互作用以及它们在句子结构中的功能。
- "minr"并不是一个标准的标签或者缩写。可能是某种特定语料库或者分析工具中的特定标签,但不是广泛认可的标准。如果"minr"出现在依存句法分析中,它可能是一个自定义的标签,用于表示某种特定的语法关系。在没有上下文的情况下,很难确定"minr"具体代表什么含义。
- "obj"是一个常见的缩写,通常代表"object",即宾语。在依存句法分析中,宾语是与动词有直接关系的名词或名词短语,表示动作的承受者或目标。"obj"可以进一步细分为:obj(直接宾语)、iobj(间接宾语)和 pobj(介词宾语)。
- "nmod"是"nominal modifier"的缩写,它用于描述名词修饰其他名词的依存关系。这种关系通常涉及名词短语(NP)内部的修饰关系,其中修饰名词(也称为修饰语或限定词)提供关于中心名词的额外信息。

2. 依存句法分析方法

依存句法分析主要是在大规模训练语料的基础上使用机器学习的方法(数据驱动方法)完成依存句法分析。数据驱动的依存句法分析方法主要包含基于图和基于转移两种方法。基于图的依存句法分析方法是将依存句法分析问题转换成从完全有向图中寻找最大生成树的问题。基于转移的依存句法分析方法是将依存树的构成过程看作一个动作序列,这样就将依存分析问题转化为寻找最优动作序列的问题。

1)基于图的生成式分析方法基本过程

(1)生成所有节点的完全有向图。

(2)用各种概率统计法(如最大似然估计)计算各边的概率。

(3)取权值最大的边加入有向图中。

(4)使用 Prim 最大生成树算法,计算出最大生成树,然后格式化输出。

很明显,可以转化为传统最小生成树问题,将边概率取负对数。不难看出,上述过程中最重要的部分是计算各边概率值。

2)方法举例

以分析句子“他玩排球”的依存关系为例,说明基于图的依存句法分析过程。

(1)输入进行过词法分析的句子:他/PN 玩/VV 排球/NN。

(2)生成完全有向图。

由于依存句方法树中含有虚根,因此,为完全有向图加入一个虚节点,这样图中共有 $n+1$ 个节点,n 为句子中的词数。

“他/PN /玩 VV 排球/NN”

变换成:

“核心”/ROOT 他/PN 玩/VV 排球/NN

句子节点由 3 变换为 4,每个节点都与另外三个节点构成一条有向边,总计 $4\times3=12$ 条,如图 10-12 所示。

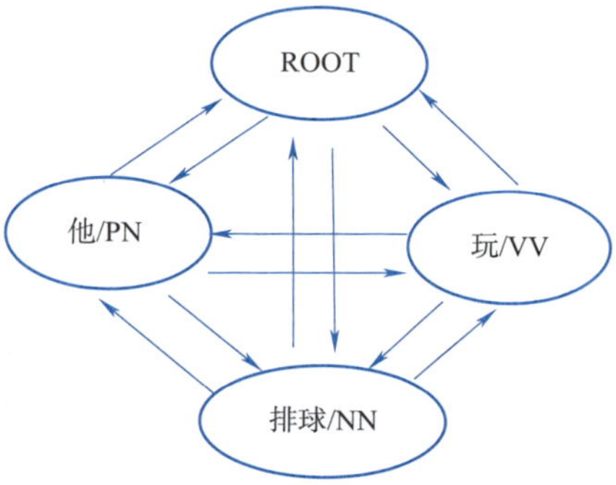

图 10-12 完全有向图

(3)计算各边权值。

依存关系是句法分析中用来描述词语之间支配与被支配关系的一种方式。如果用 wordA 表示词 A、wordB 表示词 B、tagA 表示 A 的词性、tagB 表示 B 的词性。那么各边权值为:

① $W_{\text{AtoB}} = -\log$(wordA to wordB 依存关系数/总数)

$W_{\text{AtoB}} = -\log$(wordA to wordB 依存关系数/总数)是一个用于计算两个词(wordA 和 wordB)之间依存关系权重的公式。这个公式是基于信息论中的对数几率,用于量化两个词在某种语言环境中的关联性。这个公式的组成部分如下:

- wordA to wordB 依存关系数:指的是在分析的语言材料中,词 wordA 指向词 wordB 的依存关系的次数。
- 总数:通常指分析文本中所有依存关系数目的总和,或者是特定类型的依存关系(比如 wordA

作为支配词的所有依存关系）的总数。

- $-\log(\ )$：这里的负对数用于将依存关系数转换为权重。这种转换有几个目的：

当依存关系数增加时，其权重会降低，因为常见的依存关系可能不那么具有信息量。

对数函数可以压缩权重的范围，使得即使是非常常见的依存关系也不会有太大的权重值。

使用负号确保了结果是正数，因为对数函数在(0,1]区间内是负的。

应用这个公式时，得到一个权值，这个权值可以帮助理解 wordA 和 wordB 之间依存关系的显著性和重要性。权值越低（即负对数结果越大），表示 wordA 到 wordB 的依存关系越不常见，因此可能携带更多的信息或语义重要性。

②$W_{AtoB} = -\log($wordA to tagB 依存关系数/总数$) \times 10$

$W_{AtoB} = -\log($wordA to tagB 依存关系数/总数$) \times 10$ 是一个计算词（wordA）和词性标签（tagB）之间依存关系权重的公式。这个公式与之前提到的相似，但这里关注的是词与其词性标签之间的关系，而不是两个词之间的关系。这个公式的组成部分和其含义如下：

wordA to tagB 依存关系数指在分析的语言材料中，特定词 wordA 与特定词性标签 tagB 之间的依存关系的次数。例如，如果 wordA 是"吃"，而 tagB 是"动词"，则依存关系数可能表示"吃"作为动词出现的次数。

最终得到的 W_{AtoB} 值是一个权重，它表示了 wordA 与 tagB 之间依存关系的重要性。权重值越低，表示这种依存关系越不常见，可能越重要。

③$W_{AtoB} = = -\log($tagA to wordB 依存关系数/总数$) \times 10$

公式 $W_{AtoB} = -\log($tagA to wordB 依存关系数/总数$) \times 10$ 用于计算词性标签（tagA）与词（wordB）之间的依存关系权重。权重可以帮助人们理解在文本中特定词性标签与特定词之间的关联强度。详细解释如下：

tagA to wordB 依存关系数表示在文本分析中，词性标签 tagA 指向词 wordB 的依存关系的次数。例如，如果 tagA 是"名词"，而 wordB 是"猫"，那么这个数可能表示"名词"依赖于"猫"的情况的次数。

权重 WAtoB 可以用于多种 NLP 任务：

- 特征重要性：在机器学习模型中，权重可以作为一个特征的重要性度量。权重越大，说明 tagA 和 wordB 之间的依存关系在语料库中越不常见，因此可能对句子的意义有更大的影响。
- 依存关系评分：在依存句法分析中，权重可以用来评分不同的依存关系路径，帮助选择最可能的句法结构。
- 异常检测：如果一个依存关系的权重非常高，可能表明这是一个异常或不常见的结构，可能需要进一步分析。
- 模型训练：在训练 NLP 模型时，权重可以作为一个特征输入，帮助模型学习词性之间的依存关系。
- 信息检索：在信息检索系统中，权重可以用来调整查询词与文档中词之间的匹配得分，使得更重要的依存关系对最终得分有更大的影响。

总之，这个公式提供了一个量化词性标签之间依存关系重要性的方法，它在 NLP 的多个领域中都有潜在的应用价值。

④$W_{AtoB} = -\log($tagA to tagB 依存关系数/总数$) \times 100$

公式 $W_{AtoB} = -\log($tagA to tagB 依存关系数/总数$) \times 100$ 是用来计算两个词性标签（tagA 和 tagB）之间的依存关系权重。这个公式与之前提到的类似，但是这里有几个关键的不同点：

tagA to tagB 依存关系数指在文本分析中，词性标签 tagA 指向另一个词性标签 tagB 的依存关系数。例如，这可能表示所有名词（NOUN）依赖于动词（VERB）的关系数。总数可能是指所有词性标签之间依存关系的总数，或者是特定类型依存关系（如所有名词指向动词的依存关系）的总数。“×100”指放大因子是 100，这意味着计算出的权重将被放大 100 倍，使得权重的差异更加显著。

两个词性标签（tagA 和 tagB）之间的依存关系权重在 NLP 中有多种用途，以下是一些具体用途：

- 关系识别：权重可以用来加强或削弱不同词性标签之间的关联，从而帮助识别实体之间的关系（如主谓、动宾等）。
- 特征重要性：在机器学习模型中，依存关系权重可以作为特征重要性的一部分，帮助模型聚焦于最重要的特征。
- 错误分析：在评估 NLP 模型性能时，分析依存关系权重可以帮助识别模型在哪些类型的依存关系上表现不佳。
- 数据增强：通过理解词性标签之间的关系权重，可以生成更符合语法规则的数据，用于训练 NLP 模型。

对数函数中的内容可从语料中利用最大似然估计统计获得，词到词（第一行）的转移概率作为主要因素，其余转移概率主要为平滑操作使用，防止零概率问题。此外，为了各种权重的公平起见，对后三行的转移概率进行了加权操作（×10，×100）。

（4）获取最小生成树。

对图 10-12 所示的完全有向图，通过最小生成树算法处理，获得的最小生成树如图 10-13 所示。

（5）格式化输出，根据最小生成树，得到依存关系树并输出可视化结果，如图 10-14 所示。

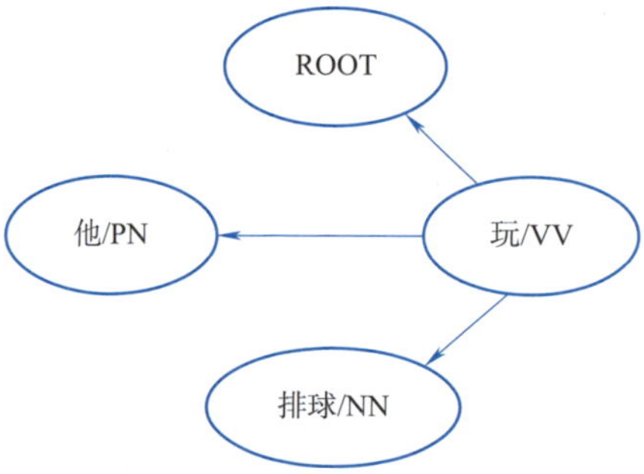

图 10-13 最小生成树

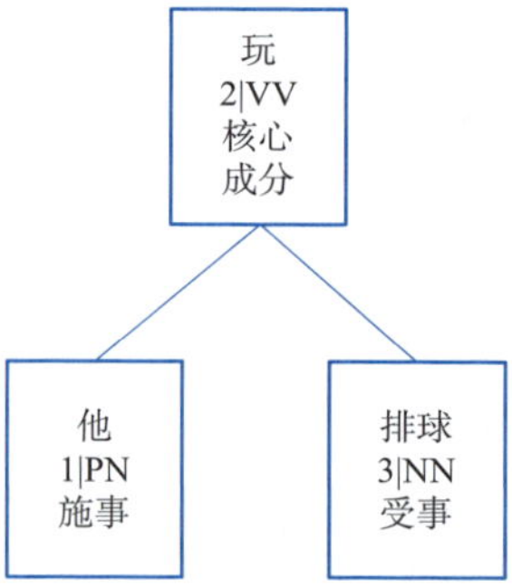

图 10-14 最小生成树

基于图的依存句法分析方法准确率较高，但是算法的复杂度较高，一般为 $O(n^3)$ 或 $O(n^5)$，而且不易加入语言特征。基于转移的依存句法分析的基本思想如下：模仿人的认知过程，按照特定方向，每读入一个词，根据当前状态做出决策，判断是否与前一个词存在依存关系。一旦做出决策，将不再改变。

10.4 语义分析

语义分析分为词汇级语义分析以及句子级语义分析两个部分。语义分析指运用各种方法，学习与理解一段文本所表示的语义内容，任何对语言的理解都可以归为语义分析的范畴。一段文本通常由词、句子和段落来构成，根据理解对象的语言单位不同，语义分析又可进一步分解为词汇级语义分析、句子级语义分析以及篇章级语义分析。一般来说，词汇级语义分析关注的是如何获取或区别单词的语义，句子级语义分析则试图分析整个句子所表达的语义，而篇章语义分析旨在研究自然语言文本的内在结构并理解文本单元（可以是句子从句或段落）间的语义关系。简单地讲，语义分析的目标就是通过建立有效的模型和系统，实现在各个语言单位（包括词汇、句子和篇章等）的自动语义分析，从而实现理解整个文本表达的真实语义。

10.4.1　词汇级语义分析

词汇级语义分析的内容主要包括词义消歧和词语相似度计算两部分，词义消歧是自然语言处理中的基本问题之一，在机器翻译、文本分类、信息检索、语音识别、语义网络构建等方面都具有重要意义；而词语语义相似度计算则在信息检索、信息提取、词义排歧、机器翻译、句法分析等处理中有重要作用。

1. 词义消歧

词汇的歧义性是自然语言的固有特征。词义消歧根据一个多义词在文本中出现的上下文环境来确定其词义。

在自然语言中，一词多义的现象普遍存在。主要自动获悉某个词的多种含义，或者已知某个词有多种含义，根据上下文确认其是何种含义。词义消歧的任务就是通过机器学习方法，根据词语的上下文对词语的意思进行判断。

语义消歧的基本方法分为基于背景知识的语义消歧、监督的语义消歧和无监督的语义消歧等。基于背景知识的词义消歧方法是通过词典中词条本身的定义作为判断其语义的条件，在语义消歧时，每个词所有可能的各项都为已知；监督的语义消歧方法是通过一个已标注的语料库学习得到一个分类模型。然后根据分类模型实现分类，进而消除歧义；无监督的语义消歧方法按照消岐数据源不同分为基于知识方法和基于统计方法两大类。

例如，自然语言中一个词具有多种含义的现象非常普遍。如何自动获悉某个词的多种含义；或者已知某个词有多种含义，如何根据上下文确认其含义，是词义消歧研究的内容。

例如：

- 能打家具。
- 打鼓很在行。
- 打碎碗。
- 很会与人打交道。
- 打车回家。

于是，基于这样的现状，词义消歧的任务就是给定输入，根据词语的上下文对词语的意思进行判断。

给定输入：善与外界打交道。

期望的输出：很会与人打交道。

给定输入：打车票回家。

期望的输出：打车回家。

2. 词语相似度

两词语相似度是指两个词语在不同的上下文中可以互相替换使用而不改变文本的句法语义结

构的程度。在不同的上下文中可以互相替换且不改变文本句法语义结构的可能性越大,二者的相似度就越高,否则相似度就越低。相似度以一个数值表示,一般取值范围在[0,1]之间。一个词语与其本身的语义相似度为1;如果两个词语在任何上下文中都不可替换,那么其相似度为0。值得注意的是,相似度涉及词语的词法、句法、语义甚至语用等方面的特点。显然,对词语相似度影响最大的应该是词的语义。

1)词语距离

词语距离是度量两个词语关系的另一个重要指标,用一个[0,∞)之间的实数表示。词语距离和词语相似度之间一定是存在某种关系的。

(1)两个词语距离为0时,其相似度为1,一个词语与其本身的距离为0。

(2)两个词语距离为无穷大时,其相似度为0。

(3)两个词语的距离越大,其相似度越小,单调下降。

2)词语相关性

词语相关性是指两个词语相关的程度,可以用这两个词语在同一个语境中共现的可能性来衡量。词语相关性和词语相似度不同。例如,学生和教师这两个词之间的相似度很低,但是相关性很高,因为这两个词经常在同一语境中出现。词语相似性反映的是词语之间的聚合特点,而词语相关性反映的是词语之间的组合特点。词语相关性也可以一个数值表示,一般取范围在[0,1]之间的实数。虽然相关性与相似性不同,但实际上,词语相关性和词语相似性存在密切联系。如果两个词语非常相似,那么这两个词语与其他词语的相关性也非常接近。反之,如果两个词语与其他词语的相关性特点很接近,那么这两个词语一般相似程度也很高。

语义相似度与词向量相关,根据词向量的性质,语义相似词的词向量空间距离更相近,训练后,词义相近的词向量具有聚簇的语言学特性。

10.4.2 句子级语义分析

句子级语义分析根据句子的句法结构和句中词的词义等信息,推导出能够反映一个句子意义的某种形式化表示。根据句子级语义分析的深浅,又可以进一步划分为浅层语义分析和深层语义分析。

1. 格文法

Fillmore在1968年提出格文法,格文法从语义的角度出发,也就是从句子的深层结构出发研究句子结构,格文法是研究句法结构与语义之间关系的文法理论。在分析句子的过程中,经常需要找出句子中的主语、宾语等语法关系。在格文法上,认为这仅是句子表层结构上的概念。在语言的底层,所需要的不是表层的语法关系,而是用施事、受事、工具、受益等概念所表示的句法语义关系,这些句法语义关系经过变换之后,形成表层结构中的主语或宾语,如图10-15所示。

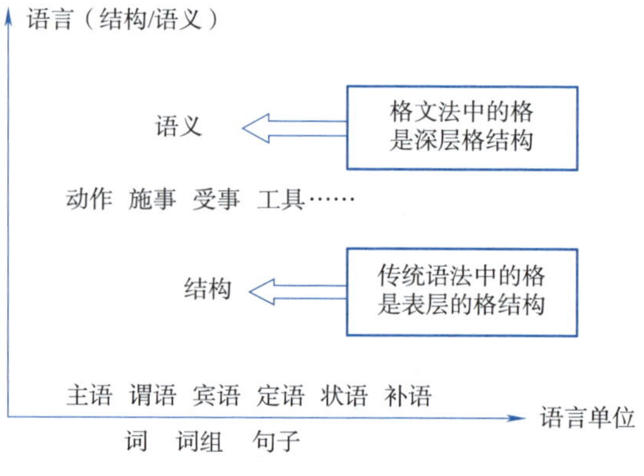

图10-15 格文法

在格文法中,格是指句子中的体词(名词、代词等）和谓词（动词、形容词等）之间的及物性关系。例如，动作和施事者的关系、动作和受事者的关系等，这些关系是语义的关系。深层格由底层结构中名词与动词之间的句法语义关系来确定，不管表层句法结构如何变化，底层格语法不变。底层的格与任何具体语言中的表层结构上的语法概念，如主语，宾语等没有对应关系。语义分析是指将自然语言句子转化为反映这个句子语义的形式化表达。

例 10-8　格文法。

我吃了一个苹果。

一个苹果被我吃了。

在语义上都表示为吃（我，苹果）的意思，但句子结构却有不同。

格文法为：

（1）谓词：吃（主动格）。

（2）施事：我（实事格），施事是事件中自发动作行为或状态的主体。

（3）受事：苹果（受事格），受事是施事是事件中自发动作行为所涉及的已存在的直接客体。

又例如，王教授昨晚在科学报告厅讲授人工智能。

这个句子中包括：

（1）谓词：讲授。

（2）施事：王教授。

（3）受事：人工智能。

（4）时间：昨晚。

（5）地点：在科学报告厅。

又例如，表层结构与深层语义。

（1）语料

- 小明打坏玻璃。
- 锤子打坏玻璃。
- 玻璃打坏。
- 小明用锤子打坏了玻璃。
- 玻璃被小明打坏。

（2）格文法

句子深层语义是：

- 谓词：打（主动格）
- 施事：小明（实事格）
- 受事：玻璃：（受事格）
- 受事：锥子：（工具格）

（3）表层结构与深层语义的区别如下：

小明	打坏	玻璃。
|	|	|
主	谓	宾
锤子	打坏	玻璃。
|	|	|
主	谓	宾

深层语义：

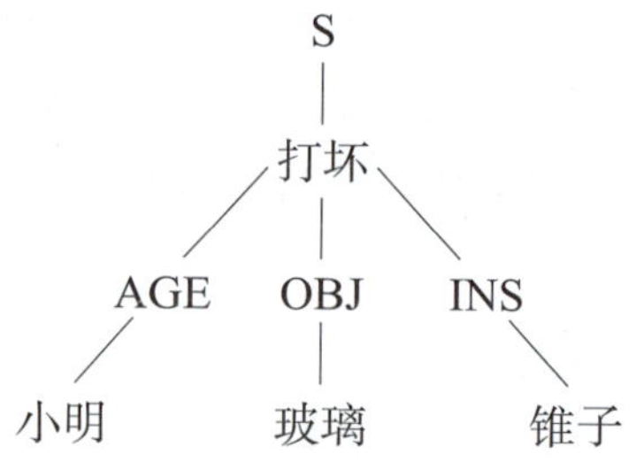

由这个例子可以看出，在格文法中，无论具体的句子的主语、宾语等如何改变，其深层语义不变。利用格文法分析的结果可用格框架表示。一个格框架由一个主要概念和一组辅助概念组成，这些辅助概念以一种适当定义的方式与主要概念相联系。在实际应用中，主要概念一般是动词，辅助概念为施事格、方位格、工具格等语义深层格。具体地说，将格框架中的格映射到输入句子中的短语上，识别一句话所表达的含义，需要清楚"干了什么""谁干的""行为结果是什么"以及发生行为的时间、地点和所用工具等。

2. 语义角色标注

语义角色标注是浅层语义分析的主要内容，语义角色标注主要分析和描述句中各成分与谓词之间的结构关系。即以句子为单位，分析句子的谓词-论元结构，不对句子所包含的语义信息进行深入分析。具体来说，语义角色标注的任务就是以句子的谓词为中心，研究句子中各成分与谓词之间的关系，并且用语义角色来描述他们之间的关系，针对句子中的谓词来确定其他论元以及其他论元的角色。

1）句子成分

主要成分包括三种：

（1）谓词是整个句子的核心词，一般是动词或者形容词。

（2）核心论元表示与这个谓词直接相关的论元，用 ArgN 来表示。

（3）语义修饰语是不与谓词直接相关的论元，可独立存在，用 ArgM-XXX 来表示，例如时间、地点、目的、程度、范围等。

SRL 语义角色标签和含义见表 10-5。

表 10-5 SRL 语义角色标签和含义

标签	含义	标签	含义
Arg0	施事	ArgM-DIS	标记语
Arg1	受事	ArgM-DGR	程度
Arg2	范围	ArgM-EXT	范围
Arg3	动作开始	ArgM-FRQ	频率
Arg4	动作结束	ArgM-LOC	地点
Arg5	与其他动物相关	ArgM-MNR	方式
ArgM-ADV	状语	ArgM-PRP	目的
ArgM-BNF	受益人	ArgM-TMP	时间
ArgM-CND	条件	ArgM-TPC	主题
ArgM-DIR	方向	—	—

语义角色标注(SRL)方法是基于格文法的一种语义分析的方法,正如句法分析需要基于词法分析的结果进行一样,语义角色标注需要依赖句法分析的结果进行。

2)语义角色标注方法

语义角色标注方法分为如下三种:

(1)基于完全句法分析的语义角色标注。

(2)基于局部句法分析的语义角色标注。

(3)基于依存句法分析的语义角色标注。

语义角色标注过程如图 10-16 所示。

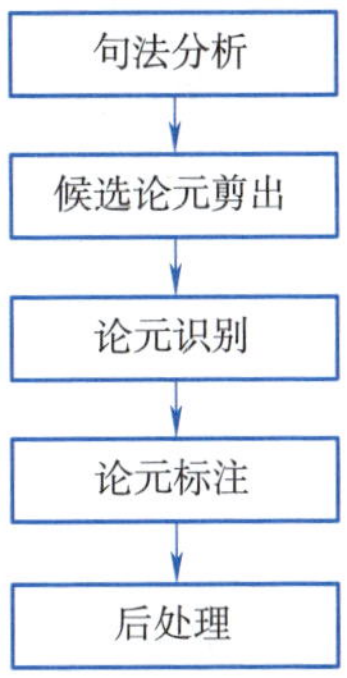

图 10-16 语义角色标注过程

- 候选论元剪除:指从句子中剪除掉不可能成为论元的词,通常采用基于规则的方法,例如遍历语法树、句法依存树等方法。
- 论元识别:采用 SVM 或者最大熵分类等方法。
- 论元标注:指对识别出的论元赋予语义角色,一般看作多值分类问题。
- 后处理:指对标注结果进行进一步处理,例如,删除语义重复的论元等,或者加上一些更加丰富的信息。

10.5 自然语言处理应用

10.5.1 中文自然语言处理过程

中文自然语言处理的过程是获取语料、语料预处理、特征工程、模型训练和评价指标等。

1. 获取语料

语料是指语言材料,语料是语言学研究的内容,语料是构成语料库的基本单元。可以使用文本替代,并将文本中的上下文关系等同自然语言的上下文关系。文本集又称为语料库,将多个这样的文本集称为语料库集合。按语料来源划分,可以将语料分为已有语料和网上下载、抓取的语料两种类型。

1)已有语料

很多业务部门都积累了大量纸质或者电子文本资料。对于这些资料,在允许的条件下稍加整合,并将纸质的文本全部转为电子化文档,就可以作为语料库。

2)网上下载、抓取语料

可以选择获取标准开放数据集,例如,国内有中文汉语搜狗语料、人民日报语料。也可以选择通过网络爬虫抓取一些数据,然后进行后续的工作。

2. 语料预处理

在中文自然语言处理过程中,语料预处理占整个工作量的 50% ~70% ,所以开发人员大部分时间在进行语料预处理,需要通过数据洗清、分词、词性标注、去停用词等步骤来完成语料的预处理工作。

1)语料清洗

数据清洗是将语料中的数据进行清洗,去除脏数据,找到满足质量的数据,包括对于原始文本提取标题、摘要、正文等信息,对于爬取的网页内容,去除广告、标签、HTML、JS 等代码和注释等。常用的清洗方式有去重、对齐、删除和标注等,或者规则提取内容、正则表达式匹配、根据词性和命名实体提取、编写脚本或者代码批处理等。

2)分词

中文语料数据是一批短文本或者长文本,例如句子、文章摘要、段落或者整篇文章组成的一个集合。一般句子、段落之间的字、词语是连续的,具有一定含义。而进行文本挖掘分析时,希望文本处理的最小单位粒度是词,所以需要将文本全部进行分词处理。

常用的分词算法有:基于字符串匹配的分词方法、基于理解的分词方法、基于统计的分词方法和基于规则的分词方法,每种方法都包括许多算法。中文分词算法的主要难点是歧义识别和新词识别。

3)词性标注

词性标注就是给每个词或者词语加上词类标签,表明是形容词、动词、名词等。这样可以使文本在后面的处理中融入更多有用的语言信息。词性标注是一个经典的序列标注问题,不过对于有些中文自然语言处理,词性标注不是必需。例如,文本分类就不用词性,但是,类似情感分析、知识推理等需要词性标注。

4)去除停用词

停用词一般指对文本特征没有任何贡献的字词,如标点符号、语气、人称等词。在文本分词之后,下一步就是去除停用词。但是对于中文来说,去停用词操作不是静止不变的,这是由于停用词词典是根据具体场景来决定。例如,在情感分析中,语气词、感叹号应该保留,因为他们对表示语气程度、感情色彩有一定的贡献和意义。

3. 特征工程

当语料预处理完成之后,接下来需要考虑如何将分词之后的字和词语表示成计算机能够计算的类型。显然,如果要计算至少需要将中文分词的字符串向量化。中文自然语言处理的最初步骤就是将文本中的句子表示成计算机能够处理的数字矩阵,而句子是由多个单词组成的,所以表达句子的任务就变成了如何表达单词。常用的表达单词方法有词袋模型和词向量模型。

在文本挖掘相关问题中,特征提取也必不可少。在一个实际问题中,构造好的特征向量,需要选择合适的、表达能力强的特征。文本特征一般都是词语,具有语义信息,使用特征选择能够找出一个特征子集,其仍然可以保留语义信息,但通过特征提取找到的特征子空间,将丢失部分语义信息。

4. 模型训练

在特征向量选择完成之后需要训练模型,对于不同的应用需求,可使用不同的模型,学习方式可为监督、无监督和半监督,如 KNN、SVM、Naive Bayes、决策树、GBDT、K-means 等模型;深度学习模型如 CNN、RNN、LSTM、Seq2Seq、FastText、TextCNN 等。这些模型已在分类、聚类、序列、情感分析等方面广泛应用。在模型训练时需要注意避免过拟合、欠拟合问题,不断提高模型的泛化能力。对于神经网络,需要注意梯度消失、梯度爆炸和局部最小等问题。

5. 评价指标

1)主要评价指标

训练好的模型上线之前要对模型进行必要的评估,其目的是使模型对语料具备较好的泛化归纳能力。主要评价指标有错误率、精度、准确率、精确度、召回率等。

2)经常使用的曲线

(1)ROC 曲线。ROC 曲线全称是受试者工作特征曲线。根据学习器的预测结果,将阈值从 0 变到最大,刚开始是将每个样本作为正例进行预测,随着阈值的增大,学习器预测正样例数越来越少,直到最后没有一个样本是正样例。正样例是指属于某一类别的样例,反样例是指不属于某一类别的样例。例如,在做字母 A 的图像识别时,字母 A 的样本就属于正样本,不是字母 A 的样本就属于负样本。在这一过程中,每次计算出两个重要量的值,分别以它们为横、纵坐标作图,就可画出 ROC 曲线。ROC 曲线主要作用如下:

能很容易地查出任意阈值对学习器的泛化性能影响,有助于选择最佳的阈值;ROC 曲线越靠近左上角,模型的查全率就越高;最靠近左上角的 ROC 曲线上的点是分类错误最少的最好阈值,其假正例和假反例总数最少;可以对不同的学习器比较性能,将各个学习器的 ROC 曲线绘制到同一坐标中,直观地鉴别优劣,靠近左上角的 ROC 曲线所代表的学习器准确性最高。

(2) AUC 曲线。随机给定一个正样本和一个负样本,用一个分类器进行分类和预测,得出该正样本的得分比该负样本的得分要大的概率。而根据这一含义,可以确定,AUC 越大(越接近 1),模型的分类效果越好。

10.5.2 自然语言处理基本应用场景

自然语言处理基本应用场景如下:

(1)机器翻译:将一种语言自动翻译成另外一种语言。

(2)信息检索:利用计算机系统从大量文档中找到符合用户需要的相关信息。

(3)信息提取:从指定文档或者海量文本中提取出用户感兴趣的信息。

(4)自动文摘:将原文档的主要内容或某方面的信息自动提取出来,并形成原文档的摘要。

(5)问答系统:计算机系统对人提出的问题进行理解,利用自动推理等手段,在有关知识资源中自动求解答案并做出相应的回答。

(6)阅读理解:类似英语考试中的阅读理解问题,要求系统回答一些非事实性的、高度抽象的问题,通常要求信息源被限定于给定的一篇文章。

(7)文档分类:利用计算机系统对大量的文档按照一定的分类标准实现自动归类。

(8)情感分类:利用计算机实现对文本数据的观点、情感、态度、情绪等进行分析挖掘。

10.5.3 大语言模型

大语言模型通常指基于深度学习技术构建的,能够处理和理解自然语言的大规模预训练模型。这些模型的功能、基本结构和构建方法如下:

1. 功能

大语言模型具有以下功能:

(1)文本理解:模型能够理解文本中的语义和上下文信息,从而能够回答问题、进行文本分类、情感分析等。

(2)文本生成:模型能够根据给定的上下文生成连贯的文本,如自动写作、机器翻译、对话系统等。

(3)文本标注:模型能够为文本中的单词或句子分配标签,用于命名实体识别、词性标注等任务。

(4)知识提取:模型能够从大量文本中提取有用信息,用于构建知识图谱或提供信息检索服务。

2. 基本结构

大语言模型的核心结构通常是基于神经网络,尤其是以下几种架构:

(1)循环神经网络 (RNN):RNN 及其变体 LSTM(长短期记忆网络)和 GRU(门控循环单元)能够处理序列数据,通过循环连接来传递信息,适合处理语言模型中的序列依赖问题。

(2)卷积神经网络(CNN):CNN通过卷积层和池化层来提取特征,可以用于文本的局部特征提取,但对于长距离依赖的处理能力较弱。

(3)Transformer:Transformer架构自2017年提出以来,由于其自注意力机制(self-attention)和能够并行处理长序列的能力,迅速成为了构建大语言模型的主流选择。Transformer包括多个编码器-解码器层,每个层包含多头自注意力机制和前馈神经网络。

(4)Transformer变体:如BERT(双向编码器表示从转换器)、GPT(生成预训练)系列等,都是基于Transformer架构的模型。BERT主要用于理解语言,而GPT系列则更侧重于生成文本。

3. 构建方法

构建大语言模型的方法通常包括以下几个步骤:

(1)数据收集:收集大量的文本数据,这些数据可以是网页文本、书籍、新闻文章、社交媒体帖子等。

(2)数据预处理:对收集到的文本进行清洗、分词、编码等预处理操作,以便于神经网络处理。

(3)预训练:使用预处理后的文本数据对模型进行预训练。预训练的目标是让模型学习到语言的通用知识,这通常通过语言建模任务来完成,即给定前面的单词,预测下一个单词。

(4)微调:在预训练完成后,模型可以在特定任务上进行微调。微调通常需要针对特定任务的数据集,通过在这些数据上继续训练模型,使其适应特定的应用场景。

(5)评估和优化:使用验证集评估模型的性能,并根据评估结果调整模型参数、学习率等,以提高模型的准确性和泛化能力。

(6)部署:将训练好的模型部署到服务器或设备上,供用户使用。

构建大语言模型是一个资源密集型的过程,需要大量的计算资源和存储空间。随着模型规模的增大,如何高效地进行训练和推理成为了研究的重点。此外,随着模型规模的增大,如何避免过拟合、提高模型的可解释性和伦理问题也成为了重要的研究方向。

目前,我国杭州深度求索人工智能基础技术研究有限公司开发的大语言模型DeepSeek,在多个方面均展现出了优异的性能,尤其在性能与效率之间取得了绝佳平衡,实现了在训练效率和推理速度方面的重要进步。

小　　结

自然语言处理是人工智能的重要研究领域。经过多年的研究,仅在弱智能方面取得了进展,在强智能方面研究还方兴未艾。本章介绍了自然语言处理的基本内容,主要包括词法分析、句法分析、语义分析和自然语言处理应用场景方面的内容。通过这部分的学习,可以了解和掌握自然语言处理基本方法和基本处理过程,为自然语言处理建立必备的理论基础。

第11章 知识图谱

在2006年出现语义网之后,使用本体模型来形式化表达数据中的隐含语义,资源描述框架(resource description framework,RDF)模式和万维网本体语言(Web ontology language,OWL)随之产生。在2012年提出了知识图谱(knowledge graph)的概念,知识图谱是对语义网标准与技术的一次升华。其初衷是优化搜索引擎返回的结果,增强用户搜索质量。随着智能信息服务应用的不断发展,知识图谱被广泛应用于智能搜索、智能问答、个性化推荐等更为广泛的领域,是实现人工智能从“感知”跃升到“认知”的基础。作为实现认知智能的核心驱动力,已广泛应用在金融、电商、医疗、政务等诸多领域。

本章知识导图

- 知识图谱
  - 知识图谱概述
    - 知识图谱理论的形成
    - 知识图谱表示
    - 本体
    - 知识图谱的优势
    - 知识存储
  - 知识图谱架构
    - 知识图谱的逻辑架构
    - 知识图谱的技术架构
  - 知识图谱构建
    - 知识图谱构建方式
    - 知识图谱设计原则与构建策略
    - 知识图谱的自动构建
  - 知识图谱推理
    - 知识图谱推理的任务
    - 基于逻辑规则的关系推理
    - 基于表示学习的关系推理
    - 基于图结构的关系推理
  - 知识图谱应用

11.1 知识图谱概述

知识图谱蕴含丰富的人类先验知识,具有重要的学术价值和广泛的应用前景,能够极大地扩展现有知识的边界,有力地辅助人类进行智能决策。

知识是人工智能的基础。计算机可以模仿人类的视觉、听觉等感知能力,但这种感知能力不是人类的专属,动物也具备感知能力,甚至某些感知能力比人类更强。而认知语言是人类区别于其他动物的标志,同时,知识也使人不断地进步,不断地凝练,传承知识是推动人类不断进步的重要基础,知识对于人工智能的价值是让计算机具备认知能力。而构建知识图谱这个过程的本质就是让计算机形成认知能力,去理解客观世界。

知识图谱是最为重要的知识表示形式之一,是实现认知智能的核心技术。知识图谱脱胎于符号主义，相对传统知识表示具有规模巨大、语义丰富、质量精良和结构友好等特点。知识图谱的构建和基于知识图谱数据结构的应用是知识图谱的核心问题。

11.1.1 知识图谱理论的形成

知识图谱的出现经历了一个缓慢演进的过程，从多个方面推动了知识图谱的产生，例如，开放链接数据、知识表示、知识推理和知识存储等，随着人工智能的发展，知识图谱不断融合新的技术而发展和完善。

1. 信息机器 Memex

1945 年，美国科学家 Vannevar Bush 提出一种信息机器的构想，如图 11-1 所示。

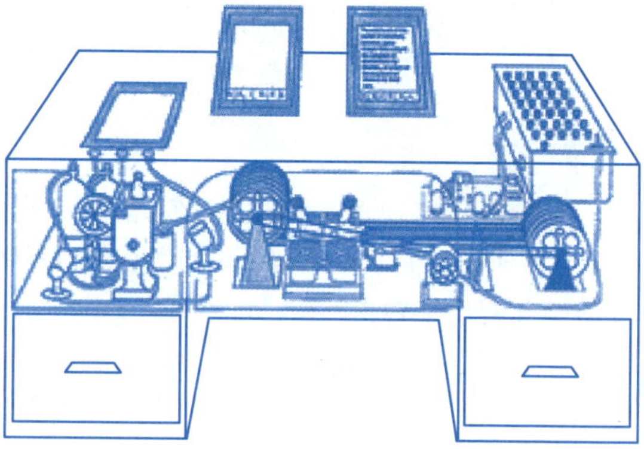

图 11-1 信息机器的构想

这种机器可以与图书馆联网。通过某种机制，将图书馆收藏的胶卷，自动装载到本地机器上。因此，只通过这一个机器，就可以实现海量的信息检索。将这种机器命名为 Memex，也就是 memory extender 这两个单词词首的组合，意思是记忆的延伸。文中关于信息切换的描述，直接启发了超文本协议的出现。以超文本为核心的 Web 比利用层级结构的方式更容易接受和传播。

2. 以超链接为主的 Web

1）以链接数据为核心的语义网

语义网的核心是通过给万维网上的文档（如 HTML 文档、XML 文档）添加能够被计算机所理解的语义元数据，从而使整个互联网成为一个通用的信息交换媒介。语义网不同于 WWW，WWW 是面向文档，而语义网则面向文档所表示的数据。语义网更重视计算机理解与处理，并且具有一定的判断和推理能力。

2）知识图谱的提出

链接数据不断积累，数据量以几何量级增长。为了更好地使用这些数据，提出了知识图谱的概念。知识图谱的提出目的在于更好地利用开放链接数据，将搜索字符串变为搜索真实世界中的事物，将一个事物通过内部特征（属性）和外部联系（关系），立体地呈现在人们面前，可将知识图谱看作一张以关联关系构成的巨大图谱，图谱中的点代表客观事物，边代表了事物的属性或关系。

3）链接数据

在语义网的技术中，数据表示占了很大比重，按照语义网技术标准要求，所有的实体或属性除了用文本描述的数据，所有数据都应该有一个统一的标识，标识的形式可以是 XML、RDF、RDFS 或者本体语言 OWL，这表明数据表示是整个语义网的基础。

11.1.2 知识图谱表示

知识工程核心内容是建立专家系统与智能系统，其目的是让计算机能够利用专家知识以及推理能力解决实际问题。知识图谱是一个重要的知识表示形式。知识图谱侧重于用关联方式表达实体与概念之间的语义关系。知识图谱就是将所有不同种类的信息连接在一起而得到的一个关系网络。知识图谱提供了从关系的角度去分析问题的能力，知识图谱又称为多关系图，由多种类型的节点和多种类型的边组成。

知识表示、语义网、本体、三元组等概念是知识图谱产生与应用的基础。知识图谱是知识表示的一种形式,其本质上是一种大型的语义网络,可以对现实世界的事物及其相互关系进行形式化描述。知识图谱也可泛指各种大规模的知识库,知识图谱是传统知识工程在大数据时代的延续,知识图谱的可视化表示如图 11-2 所示,圆点表示实体,连线表示关系。

知识图谱定义为:知识图谱是结构化的语义知识库,用于以符号形式描述物理世界中的概念及其相互关系。其基本组成单位是 <实体,关系,实体> 三元组或者 <实体,属性,值> 三元组,实体间通过关系相互联结,构成网状的知识结构。知识图谱也可以定义为:知识图谱是一种特殊的图数据,每个结点都有若干个属性及其属性值,实体与实体之间的边表示结点之间的关系,边的指向表示关系的方向,边上的标记表示关系的类型。

例如,动物概念之间的关联描述如图 11-3 所示,如果输入鱼这个名词,可以得知它是一种住在水中的动物。

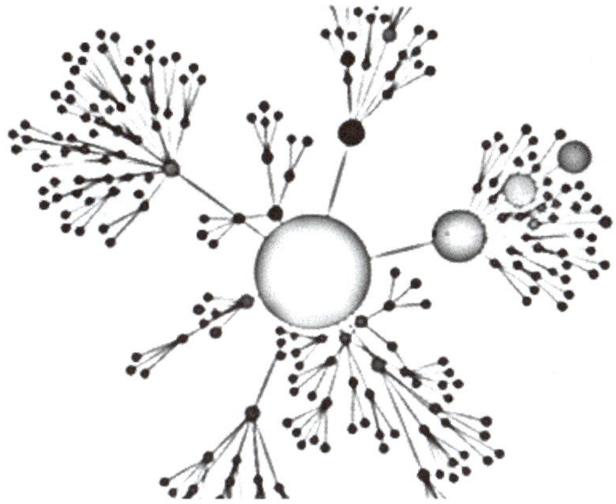

图 11-2　知识图谱的可视化表示

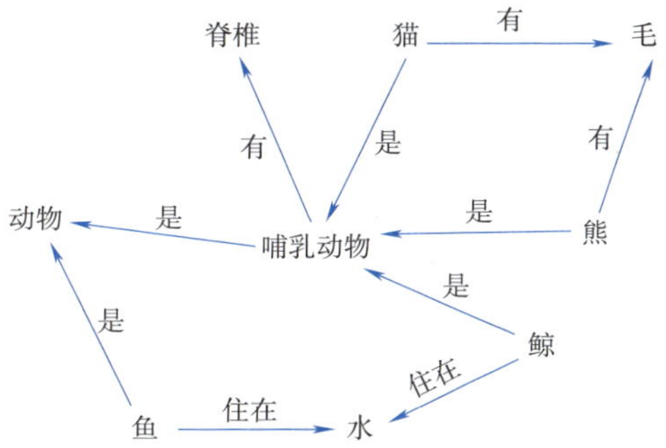

图 11-3　动物概念之间的关联描述

为了人机自然地交互和计算机可以智能决策,都需要将足够多的知识输入计算机。计算机输入知识的核心技术就是知识图谱,将人类掌握的不同知识进行关联,存储于计算机中,形成网状结构并持续动态完善,可使计算机不断汲取知识,对客观世界的认知日益完善。简单地说,知识图谱就是通过不同知识的关联而形成网状的知识结构,知识图谱的形成过程本质是建立认知,理解世界。

11.1.3　本体

1. 本体定义与分类

本体(ontology)的概念源自哲学领域,在哲学中的定义为世界上客观事物的系统描述,即存在论。哲学中的本体关心的是客观现实的抽象本质。而在计算机科学领域,本体可以在语义层次上描述知识,可以看作描述某个学科领域知识的一个通用概念模型。本体是共享概念模型的形式化规范说明。这个定义包含下述含义:共享、概念化、明确性和形式化。

(1)共享:指本体中体现的知识是共同认可的,反映在领域中公认的术语集合。

(2)概念化:指本体对于事物的描述表示成一组概念,概念模型所表现的含义独立于具体环境。

(3)明确性:指本体中全部的术语、属性及公理都有明确的定义,所使用的概念及使用这些概念的约束也都有明确的定义。

(4)形式化:指本体能够被计算机所处理。

本体通常用来描述领域知识。本体是从客观世界中抽象出来的一个概念模型,这个模型包含了某个学科领域内的基本术语和术语之间的关系(或者称为概念以及概念之间的关系)。本体不等同于个体,它是团体的共识,是相应领域内公认的概念集合。

本体主要分为顶层本体、领域本体、任务本体和应用本体4类,如图11-4所示。

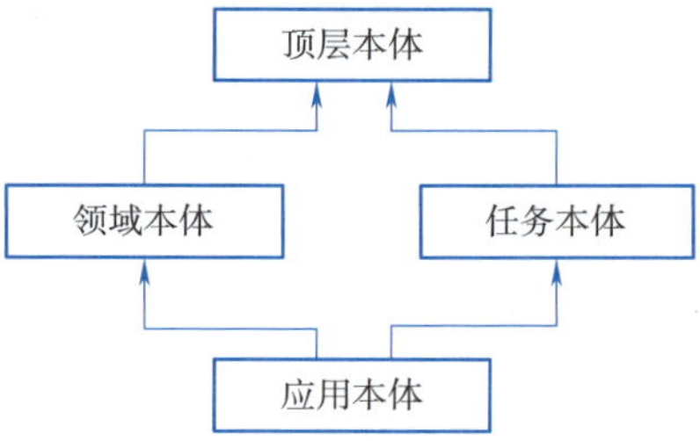

图 11-4 本体分类

(1)顶层本体:是通用的概念以及概念之间的关系,如空间、时间、事件、行为等,与具体的应用无关,完全独立于限定的领域,因此可以在较大范围内进行共享。

(2)领域本体:是特定领域内概念及概念之间的关系。

(3)任务本体:定义一些通用任务或者相关的推理活动,用来表述具体任务内的概念及概念之间关系。

(4)应用本体:用来描述一些特定的应用,既可以引用领域本体中特定的概念,又可以引用任务本体中出现的概念。

2. 本体元素

一个本体可以由类、关系、函数、公理和实例五种元素组成。其中类也称为概念。

(1)类:描述领域内的实际概念,既可以是实际存在的事物,也可以是抽象的概念,如大学、公司、医院等。

(2)关系:用于描述类(概念)之间的关系,如part-of、kind-of等。本体类(概念)之间的基本关系如下:

①part-of:局部与整体的关系。

②kind-of:父类与子类之间的关系。

③instance-of:在类中填充实例,类与实例之间的关系。

④attribute-of:类的属性,有对象属性和数据属性。

(3)函数:函数是一类特殊的关系,在这种关系中前 n-1 个元素可以唯一决定第 n 个元素,如farther-of关系就是一个函数,farther-of(x,y)表示 y 是 x 的父亲,x 可以唯一确定它的父亲 y。

(4)公理:公理代表本体内存在的事实,可以对本体内类或者关系进行约束,如概念B属于概念A的范围。

(5)实例:表示具体某个类的实际存在,如××大学是大学的一个实例;

3. 本体的描述语言

本体的描述语言众多,常用的有RDF、RDFS和OWL。

1)RDF

客观世界中任何一种关系都可以用一个三元组(主体/主语、谓语、客体/宾语)来进行表达。资源描述框架(resource description framework,RDF)用于描述Web上的资源,是使用XML语言编写、计算机可读,不是为了向用户展示。RDF使用Web标识符(主体/主语)来标记资源,使用属性(谓语)和属性值(客体/宾语)来描述资源。这里的资源、属性和属性值就构成了一个陈述(或者被称为陈述中的主体、谓语和客体),如图11-5所示。

图 11-5 RDF 三元组

例如一个陈述:The author is Liming.

这里,陈述的主体是author,谓语是is,客体是Liming。

本体中的类(概念)就是 RDF 三元组中的主体/客体,类的属性就是 RDF 三元组中的谓语。RDF 数据也可以被表示为一个带有标记的有向图,图上的节点对应三元组中的主体和客体,边对应谓语。在 RDF 中,知识总是以三元组的形式出现,一条知识都是分解为主语、谓语和宾语的三元组来表示。

根据现存的三元组,可以推导出新的关系,这对构建知识图谱非常重要。知识图谱要有丰富的实体关系,才能真正达到它实用的价值。为了克服人工操作的弊端,可在内部设定一个自动推理的机制,可以不断地通过推理,得出新的关系数据出来,也就是说,可以不断地丰富知识图谱。例如:

由 <翅膀,part-of,鸟>,<麻雀,kind-of,鸟>,可以推导出 <翅膀,part-of,麻雀>。

三元组是人和计算机都易于理解的结构,人可以理解,计算机也可以通过三元组去处理,所以三元组是一个既容易被人类理解,又容易被计算机来处理和加工的结构。

2)RDFS

词汇描述语言(RDFSchem,RDFS)是在 RDF 基础上对其进行扩展而形成的本体语言,是用于定义元数据属性元素,以描述资源的一种定义语言。RDFS 解决了 RDF 模型原有的缺点,定义了类、属性、属性值来描述客观世界,并且通过定义域和值域来约束资源,更加形象化表达了知识。

3)OWL

Web 本体语言(Web ontology language,OWL)是由 W3C 开发的网络本体语言,用来对本体进行语义描述。OWL 保持了原有 RDF、RDFS 的兼容性,有保证率较好的语义表达能力,根据表达能力的增强顺序 OWL 分为三种子语言:OWL-Lite、OWL-DL 和 OWL-Full。OWL 本体中有三种基本元素:类、属性和实例。

11.1.4　知识图谱的优势

知识图谱可以最有效、最直观地表达出实体间的关系。简单地说,就是把大量不同种类的信息连接在一起而得到一个关系网络,为人们提供了从关系的角度分析问题的能力。知识图谱是一种揭示实体之间关系的语义网络,可以对现实世界的事物及其相互关系进行形式化的描述。使用节点和关系所组成的图谱,为真实世界的各个场景直观地建模。运用图的基础性、通用性,高保真地表达客观世界的各种关系,并且直观、自然、直接和高效,不需要中间过程的转换和处理,避免复杂化,或者遗漏很多有价值的信息。凡是有关系的地方都可以用到知识图谱,与传统数据存储和计算方式比较,知识图谱的优势如下:

(1)规模巨大。知识图谱规模巨大,包含信息量巨大。数据是以(实体、属性、值),(实体、关系、实体)混合的形式组织,采用 CSV 数据格式,总计可达到数亿个三元组。

(2)语义丰富。知识图谱包含各类语义关系,建模多样,表达能力强;可以处理复杂多样的关联分析,满足各种角色关系的分析和管理需要。

(3)质量精良。大数据多源特性使得可以通过多个来源验证简单事实。

(4)结构友好。知识图谱通常可以表示为三元组,这是典型的图结构。

(5)能像人类一样思考与分析。基于知识图谱的交互探索式分析,可以模拟人的思考过程去发现、求证、推理等。

(6)方便使用。业务人员自己就可以完成全部过程,不需要专业人员的协助。

(7)知识学习。利用交互式计算机学习技术,支持推理、纠错、标注等交互动作的学习功能,不断沉淀知识逻辑和模型,提高系统智能性。

(8)高速反馈。图式的数据存储方式调取数据速度快,可计算超过百万潜在的实体属性分布,可实现秒级返回结果,真正实现人机互动的实时响应,可以实现用户即时决策。

11.1.5 知识存储

知识图谱的基本单位便是“实体-关系-实体”构成的三元组，这是知识图谱的核心。

1. 知识图谱存储方式

知识图谱主要有两种存储方式：一种是基于资源描述框架 RDF 的存储；另一种是基于图数据库的存储。RDF 一个重要的设计原则是数据的易发布以及共享，图数据库则将重点放在了高效的图查询和搜索上。其次，RDF 以三元组的方式来存储数据，但不包含属性信息，但图数据库一般以属性图为基本的表示形式，所以实体和关系可以包含属性，这就表明更容易表达现实的业务场景。知识图谱是结构化的语义知识库，用于迅速描述物理世界中的概念及其相互关系，通过将数据粒度从文档级别降到数据级别，聚合大量知识，从而实现知识的快速响应和推理。

2. 数据类型

知识图谱的原始数据类型分为三种类型。

1）结构化数据

结构化数据可以在结构数据库中进行存储与管理，并可用二维表来表达实现的数据。这类数据是先有结构，然后才有数据。例如，关系数据库系统存储的是结构化数据。

2）非结构化数据

非结构化数据是指在获得数据之前无法预知其结构的数据，目前所获得的数据 85% 以上是非结构化数据，而不再是纯粹的结构化数据。例如，图片、音频、视频等都是非结构化数据。

3）半结构化数据

半结构化数据具有一定的结构性，这样的数据与结构化数据、非结构化数据都不一样，例如，网页数据是一种典型的半结构化数据。例如，HTML、XML、JSON 等为半结构化数据。

结构化数据、非结构化数据、半结构化数据的比较结果见表 11-1。

表 11-1 结构化数据、非结构化数据、半结构化数据的比较

对比项	结构化数据	非结构化数据	半结构化数据
定义	具有数据结构描述信息的数据	不方便用固定结构来表现的数据	处于结构化数据和非结构化数据之间的数据
结构与内容的关系	先有结构，再有数据	只有数据，无结构	先有数据，再有结构
示例	各类表格	图形、图像、音频、视频信息	HTML 文档，它一般是自描述的，数据的内容与结构混在一起

11.2 知识图谱架构

架构是抽象的顶层结构描述，知识图谱架构主要包括其自身的逻辑架构以及构建知识图谱所采用的技术体系架构。

11.2.1 知识图谱的逻辑架构

知识图谱的逻辑架构可分为数据层与模式层两个层次。模式层构建立在数据层之上，是知识图谱的核心。

1. 数据层

数据层存储真实的数据，存储的是具体数据信息。主要由一系列事实组成，而将知识以事实为单位进行存储。如用(实体 1,关系,实体 2)、(实体、属性,值)三元组来表达事实,用图数据库作为存储介质。

2. 模式层

模式层在数据层之上,是知识图谱的核心,在模式层存储的是经过提炼的知识,通常采用本体库来管理知识图谱的模式层,主要是通过本体库来规范数据层的一系列事实表达。本体是结构化知识库的概念模板,通过本体库而形成的知识库不仅层次结构强,并且冗余程度小。

11.2.2 知识图谱的技术架构

知识图谱的技术架构如图 11-6 所示,其中虚线框内所示的是知识图谱的构建与更新的部分。

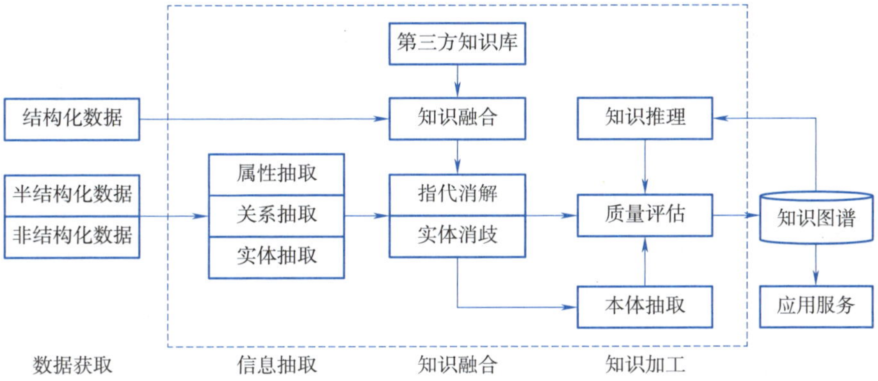

图 11-6 知识图谱的技术架构

在图 11-6 中,知识图谱的构建与更新过程是输入原始的数据(结构化数据、半结构化数据、非结构化数据),采用一系列自动或者半自动的技术处理。从原始数据库和第三方数据库中获取数据、提取知识事实,并将其存入知识库的数据层和模式层。这一过程主要包括信息抽取、知识表示、知识融合、知识加工四个阶段。在这一节中所涉及的内容在第 3 章机器推理、第 10 章自然语言处理中有系统介绍,这里仅从在知识图谱中的应用角度作一说明,对其原理不再赘述。

1. 信息抽取

信息抽取是从不同数据源、不同结构的数据中进行知识提取,形成知识(结构化数据)存入知识图谱,对于不同类型数据的知识提取与对应的技术如图 11-7 所示。

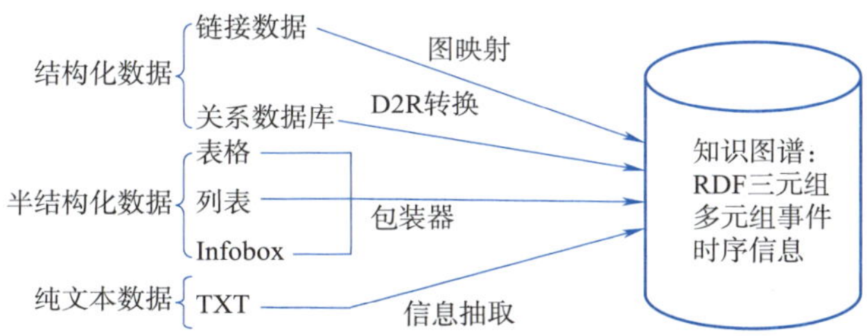

图 11-7 任务分类与对应技术

构建知识图谱的第一步是信息抽取,这一步的任务是从半结构化或无结构的数据源中自动抽取实体、关系、实体属性等信息,主要技术包括实体抽取、关系抽取和属性抽取等。根据不同的数据类型采用不同的抽取和处理方法。对于结构化数据,数据结构清晰,将关系型数据库中的数据转换为

RDF 数据，普遍采用的技术是图映射和 D2R（将数据库转换为 RDF）技术。半结构化数据主要是指那些具有一定的数据结构，但需要进一步提取整理的数据。例如百科的数据、网页中的数据等。对于这类数据，主要采用包装器的处理方式。包装器是一个能够将数据从 HTML 网页中抽取出来，并且将其转换为结构化的数据的程序。对于非结构化的文本数据，实体抽取是指概念、人物、组织、地名、时间等的抽取。关系抽取也就是实体和实体之间的关系抽取，需要采用一定的技术手段将关系信息提取出来。属性抽取也就是实体的属性信息抽取，与关系相类似，关系反映实体的外部联系，属性体现实体的内部特征。

非结构化数据的抽取问题复杂，针对具体的语料环境，采用的技术也不尽相同。在这里，仅介绍非结构化的文本数据的信息抽取过程与方法。

1）实体抽取

实体抽取又称命名实体识别，是指从文本数据集中自动识别出命名实体，并标注出其位置以及类型，即将实体抽取转化为序列标注。命名实体识别就是需要识别出待处理文本中的实体类、时间类和数字类三大类别，人名、机构名、地名、时间、日期、货币和百分比七小类命名实体，主要包括实体边界识别和确定实体类别（人名、地名、机构名或其他）两部分。

英语中的命名实体具有比较明显的形式标志，实体中的每个词的第一个字母要大写，所以实体边界识别相对容易。汉语命名实体识别任务较复杂，而且相对于实体类别标注子任务，实体边界的识别更加困难。

命名实体识别是一个分类问题。给定一个单词，需要根据上下文判断，它属于 n 类中的哪一个类，如果属于某类，则类别为 1，表示是实体；如果都不属于，则类别为 0，表示不是实体，所以这是一个 $n+1$ 分类的问题。

2）关系抽取

文本语料经过实体抽取之后，得到的是一系列离散的命名实体，为了得到语义信息，还需要从相关语料中提取出实体之间的关联关系，通过关系将实体联系起来后，才能够形成网状的知识结构。根据关系抽取方法的不同，可以将其分为：基于模板的方法（触发词的模式、依存句法分析的模式）、基于监督学习的方法、弱监督学习的方法（远程监督、Bootstrapping）。基于模板的方法在小规模数据集上容易实现且构建简单，缺点为维护困难、可移植性差、模板需要专家构建。基于监督学习的方法的优点为准确率高，标注的数据越多越准确。缺点为标注数据的成本太高，不能扩展新的关系。弱监督学习的方法主要有远程监督、Bootstrapping 等方法。远程监督可以利用知识库的丰富信息，减少一定的人工标注，但其假设过于肯定，因此会引入大量噪声，同时由于是在知识库中抽取存在的实体关系对，因此不易发现新的关系。Bootstrapping 方法的优点为构建成本低，适合大规模的构建，同时还可以发现新的关系。缺点为对初始给定的种子集敏感，容易出现语义漂移现象，所获的结果准确率较低等。

（1）基于触发词的模式。首先定义一套种子模板，根据触发词找出关系，同时通过命名实体识别给出关系的参与者。

（2）基于依存分析的模式。以动词为起点，构建规则，对节点上的词性和边上的依存关系进行限定。一般情况下是形容词 + 名字或动宾短语等情况，因此相当于以动词为中心结构做的模式。其执行流程如图 11-8 所示。

（3）监督学习。在给定实体对的情况下，根据句子上下文对实体关系进行预测，执行流程为：

预先定义好关系的类别→人工标注部分数据→设计特征表示→选择一个分类方法（SVM、NN、朴素贝叶斯）→评估方法。

(4)远程监督方法。监督学习效果好,但标注数据集的获取困难。因此可以借助半监督学习的方法,远程监督学习是半监督方法。

远程监督方法是知识库与非结构化文本对齐来自动构建大量训练数据,减少模型对人工标注数据的依赖,增强模型跨领域适应能力。远程监督方法认为如果两个实体在知识库中存在某种关系,则包含该两个实体的非结构化句子均能表示出这种关系,远程监督流程为:

从知识库中抽取存在关系的实体对→从非结构化文本中抽取含有实体对的句子作为训练样例。Bootstrapping 方法通过在文本中匹配实体对和表达关系短语模式,寻找和发现新的潜在关系三元组,这个方法执行流程为:

从文档中抽取出包含种子实体的新闻→将抽取出的模式放到文档集中匹配→根据模式抽取出的新文档(如种子库)→迭代多轮直到不符合条件为止。

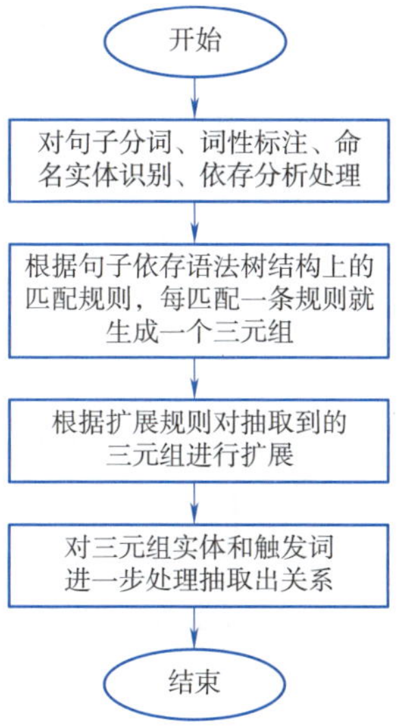

图 11-8　基于依存分析的模式

3)属性抽取

属性抽取的目标是从不同信息源中采集特定实体的属性信息,例如,针对某个公众人物,可以从网络公开信息中得到其昵称、生日、国籍、教育背景等信息。将实体的属性视作实体与属性值之间的一种名词性关系,可将属性抽取任务转化为关系抽取任务。具体方法是:

通过将基于规则和启发式算法等方式抽取结构化数据、基于百科类网站的半结构化数据,然后自动生成训练语料,用于训练实体属性标注模型,然后将其应用于对非结构化数据的实体属性抽取。通过采用数据挖掘的方法直接从文本中挖掘实体属性和属性值之间的关系模式,据此实现对属性名和属性值在文本中所示的定位。

2. 知识融合

知识融合是指合并两个知识图谱(本体),基本的问题都是研究怎样将来自多个来源的关于同一个实体或概念的描述信息融合起来。知识融合是指将多个知识库中的知识进行整合形成一个知识库的过程,在知识融合过程中,主要解决的问题是实体对齐。不同的知识库,收集知识的侧重点不同,对于同一个实体,有知识库的可能侧重于其本身某个方面的描述,有的知识库可能侧重于描述实体与其他实体的关系,知识融合的目的就是将不同知识库对实体的描述进行整合,形成全面、准确、完整的统一实体描述。知识融合主要包含实体链接与知识合并两部分内容。

通过信息抽取所获的结果中可能含有大量的冗余和错误的信息,而且数据之间的关系也是扁平化的,缺乏层次性和逻辑性,因此需要对其进行知识融合,通过知识融合可以消除概念歧义,剔除冗余和错误,从而确保知识的质量。

1)实体链接

完成实体链接的具体流程是首先从文本中通过实体抽取得到实体指称项;然后进行实体消歧和共指消解,最后在确认知识库中对应的正确实体对象之后,将该实体指称项链接到知识库中对应实体。

(1)实体消歧。实体消歧是解决同名实体产生歧义问题的技术,通过实体消歧就可以根据当前语境准确建立实体链接。主要采用聚类法,类似于词性消歧和词义消歧。

(2)共指消解。共指消解技术用于解决多个指称对应同一实体对象的问题。多个指称可能指向的是同一实体对象。利用共指消解技术,可以将这些指称项关联(合并)到正确的统一实体对象,共指消解又称对象对齐、实体匹配和实体同义。

2)知识合并

实体链接的是从半结构化数据和非结构化数据中通过信息抽取提取出来的数据。除了半结构化数据和非结构化数据以外,还有结构化数据源,如外部知识库和关系数据库。对于这部分结构化数据的处理就是知识合并过程。知识合并主要分为下述两种:

(1)数据层的融合,包括实体的指称、属性、关系以及所属类别等,主要是如何避免实例以及关系的冲突、冗余等问题。通过模式层的融合,将新得到的本体融入已有的本体库中。合并外部知识库,主要处理的是各数据层、模式层的冲突。

(2)在合并关系数据库中,知识图谱构建的一个重要的高质量知识来源是企业或者机构自己的关系数据库。为了将这些结构化的历史数据融入知识图谱中,可以采用资源描述框架(RDF)作为数据模型。这一过程就是将关系数据库的数据转换成 RDF 的三元组数据。

3)知识融合的基本技术流程

知识融合一般分为两步,实体对齐和实体匹配,它们的基本流程相似,如图 11-9 所示。

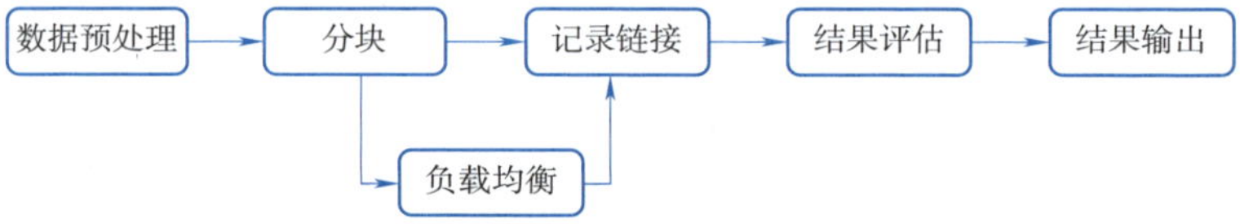

图 11-9 知识融合的流程

(1)数据预处理。数据预处理阶段,原始数据的质量直接影响到最终链接的结果,在不同的数据集中对同一实体的描述方式往往不同,进行归一化处理是提高后续链接精确度的重要步骤,主要包括语法正规化和数据正规标准化。

(2)分块。分块是从给定的知识库中的所有实体对中,选出潜在匹配的记录对作为候选项,并将候选项的大小尽可能缩小。为了使数据可以分而治之,使每一块较小的同时要保证覆盖率,使不需要链接的、不相关的实体排除在块外。为了在保证覆盖率的情况下来减少精确匹配的必要性。

(3)负载均衡。负载均衡保证所有块中的实体数目相当,从而保证分块对性能的提升程度。最简单的方法是多次 Map-Reduce 操作。

(4)记录链接。假设两个实体的记录 x 和 y,x 和 y 在第 i 个属性上的值是 x_i、y_i,可通过如下两步完成记录链接:首先综合单个属性相似度得到属性相似度向量,然后根据属性相似度向量得到一个实体的相似度。属性相似度的计算有多种方法,常用的有编辑距离、集合相似度计算、基于向量的相似度计算等。其中集合相似度计算有 Jaccard 系数、Dice 系数等;基于向量的相似度计算有 Cosine 相似度、TFIDF 相似度等;实体相似度的计算有聚合、聚类和表示学习。

①聚合。加权平均方法,即对相似度得分向量的各个分量进行加权求和,得到最终的实体相似度

②聚类。聚类又可分为层次聚类、相关性聚类、Canopy + K-means 等。

③表示学习。表示学习即知识嵌入,将知识图谱中的实体和关系都映射低维空间向量,直接用数学表达式来计算各个实体之间相似度。这类方法不依赖任何文本信息,获取到的都是数据的深度特征。

(5)结果评估。结果评估主要包括准确率、召回率、运行时间等。

3. 知识加工

通过知识抽取，可以从原始语料中提取实体、关系和属性等知识要素。再经过知识融合，消除实体指称项与实体之间的歧义，可得到一系列基本的事实描述。为了最终获得结构化的知识体系，还需要进行知识加工，知识加工的基本过程是：本体构建、知识推理、质量评估。

1）本体构建

本体是对概念进行建模的规范，是描述客观世界的抽象模型，以形式化的方式对概念及其之间的关系给出明确的定义。本体可以借助本体编辑软件采用人工编辑的方式手动构建，也可以以数据驱动的自动化方式构建本体。因为人工方式工作量巨大，所以当前技术主流都是从一些面向特定领域的现有本体库出发，采用自动构建技术逐步扩展而完成。基于数据驱动的自动构建本体过程分为三个阶段：实体并列关系相似度计算、实体上下位关系抽取、本体生成。

例 11-1　当知识图谱刚得到公司 A、公司 B、手机这三个实体的时候，认为它们三个之间无差别。刚开始实际上还没有上下层的概念，不知道公司 A 和手机不隶属于一个类型，无法比较。但当它去计算三个实体之间的相似度之后，通过实体上下位关系抽取确立了实体上下位关系，发现公司 A 和公司 B 之间可能更相似，但与手机差别更大一些。其过程如图 11-10 所示，最后生成本体。

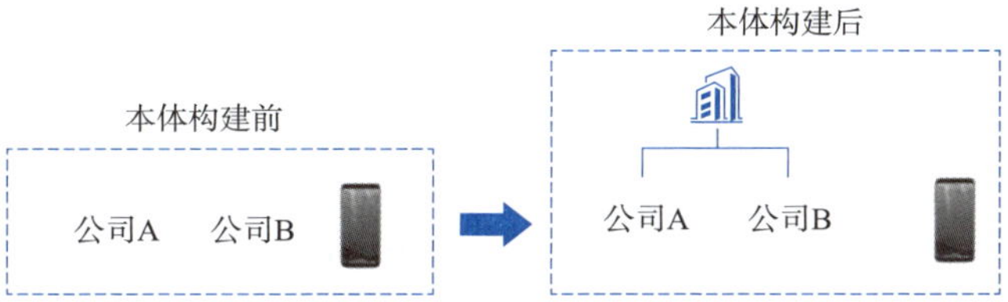

图 11-10　本体构建举例

2）知识推理

在完成了本体构建这一步之后，一个知识图谱的雏形已经形成。但知识图谱之间大多数关系可能是残缺的，这时可以通过知识推理技术来进一步地完善知识图谱。

知识推理是指从知识库中已有的实体关系数据出发，经过计算机自动推理，建立实体之间新关联，从而拓展和丰富网络知识。更详细的知识图谱推理说明见 11.4 节。

3）质量评估

基于技术的限制，采用开放域信息抽取技术得到的元素有可能存在实体识别错误、关系抽取错误，因此需要质量评估。质量评估就是对最后的结果数据进行评估，将合格的数据放入知识图谱中。质量评估的方法根据所构建的知识图谱的不同而不同，其目的是要获得合乎要求的知识图谱数据，要求的标准根据具体情况确定。例如，对于行业的知识图谱，因为只有行业专家能够给出权威正确的答案，所以可采用知识的质量评估方法。

质量评估也是知识库构建技术的重要组成部分，可以通过对知识的可信度进行量化，通过舍弃置信度较低的知识来保障知识库的高质量。

4. 知识更新

由于人类所拥有的信息和知识量都是随时间而单调递增，因此知识图谱的内容也需要知识更新，进而使得知识图谱的构建过程成为一个不断迭代更新的过程。只有通过知识更新，才可使知识图谱不断完善，并能够反映现代知识体系。

1)知识更新层面

在逻辑上,知识库的更新包括概念层更新和数据层更新。

(1)概念层更新:概念层的更新是指新增数据后获得了新的概念,需要自动将新的概念添加到知识库的概念层中。

(2)数据层更新:数据层的更新主要是新增或更新实体、关系、属性值,对数据层进行更新需要考虑数据源的可靠性、数据的一致性等问题,并将在各数据源中出现频率高的事实和属性加入知识库。

2)内容更新方式

知识图谱的内容更新有两种方式:

(1)全面更新:指以更新后的全部数据为输入,重新开始构建知识图谱。这种方法比较简单,但资源消耗大,而且需要耗费大量人力资源进行系统维护。

(2)增量更新:以当前新增数据为输入,向现有知识图谱中添加新增知识。这种方式资源消耗小,但目前仍需要大量人工干预(定义规则等问题),因此实施较为困难。

11.3 知识图谱构建

知识图谱的构建主要关注整合结构化、非结构化的数据,实现统一的语义数据结构。基于知识图谱的应用主要关注如何从这种语义数据结构中挖掘、发现、推演出相关的隐藏知识或新知识或者实现更高层的应用,如搜索、问答、决策、推荐等。知识图谱构建的主要困难是数据来源的多样性、数据类型的多样性、需求多样性、需求规模大、支撑的业务范围大、数据稀疏与质量低下、知识分布不均匀、资源有限等因素。

11.3.1 知识图谱构建方式

知识图谱主要有自顶向下与自底向上两种构建方式。在知识图谱技术发展初期,主要采用自顶向下的方式构建知识图谱。随着自动知识抽取与加工技术的不断成熟与日益完善,当前的知识图谱大多采用自底向上的方式构建知识图谱。

1. 自顶向下构建方式

自顶向下的知识图谱构建方式是先为知识图谱定义本体与数据模式,然后再将实体加入知识库。也就是说,自顶向下的构建方式是先确定知识图谱的数据模型,再根据模型去填充具体数据,最终形成知识图谱。该构建方式需要利用一些现有的结构化知识库作为其基础知识库。自顶向下构建知识图谱的流程如图 11-11 所示。

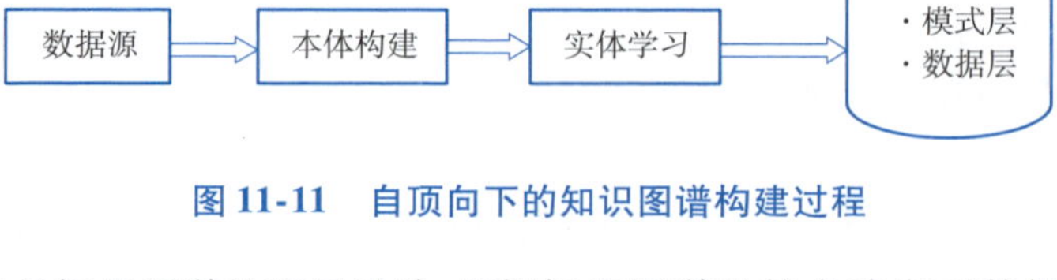

图 11-11 自顶向下的知识图谱构建过程

数据模型的设计是知识图谱的顶层设计,根据知识图谱的特点确定了数据模型,也就确定了知识图谱收集数据的范围,以及数据的组织方式。自顶向下的构建方式适用于知识内容比较明确,关系比较清晰领域的知识图谱构建。因为行业的数据内容、数据组织方式比较容易确定，所以自顶向下构建方式适用于行业知识图谱的构建。

2. 自底向上构建方式

与自顶向下的知识图谱构建方式相反，自底向上的知识图谱构建方式是指从一些开放链接数据中提取出实体，选择其中置信度较高的实体加入知识库，然后再构建顶层的本体模式。自底向上的知识图谱构建过程如图 11-12 所示。目前，大多数知识图谱都采用自底向上的方式进行构建，也符合互联网数据内容知识产生的特点。

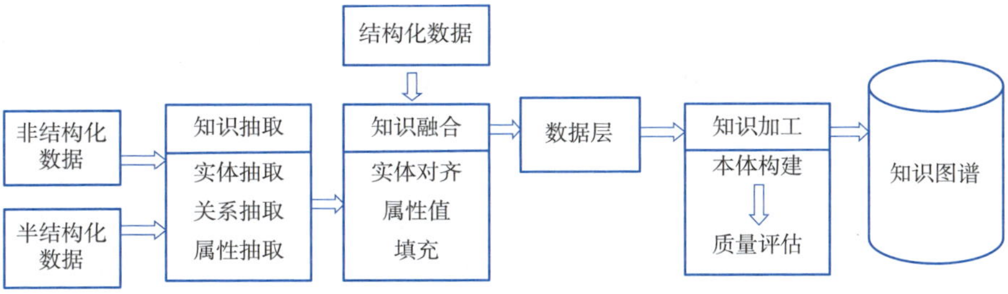

图 11-12　自底向上的知识图谱构建流程

自底向上的知识图谱构建方式中，首先按照三元组的方式收集具体数据，然后根据数据内容来提炼数据模型。采用这种方式的原因是，在开始构建时，还不清楚收集数据的范围，也不清楚数据如何使用。首先将所有的数据收集起来，形成一个庞大的数据集，然后再根据数据内容，总结数据的特点，将数据进行整理、分析、归纳、总结，形成一个框架结构，也就是数据模型。公共领域的知识图谱都采用这种方式构建，这是由于公共领域的知识图谱涉及大量数据，并且包括多方面的知识，数据模型大而全，在构建初期，很难确定数据的整体架构，只能是根据数据的内容总结提炼特征，形成数据框架模型。

在实际应用场景中，两种构建方式也可以混合使用。对于自顶向下的构建方式，随着数据量不断积累，可能会发现原来的数据模型并不完整，还有很多数据没有包含在数据模型中，这时就需要根据数据的特点，完善数据模型。同样，在自下向上的构建方式中，慢慢形成的数据模型对于后期的数据收集也有指导作用。

11.3.2　知识图谱设计原则与构建策略

1. 知识图谱设计原则

知识图谱设计中，需要考虑业务、效率、分析和冗余原则。

(1) 业务原则：设计的图谱结构需要结合自身设计的业务，避免掺杂干扰数据。一切从业务逻辑出发，通过观察知识图谱的设计，推测其背后业务的逻辑，并且设计时也需要预测未来业务可能的变化。

(2) 效率原则：设计成小而轻的知识库系统。可使知识图谱尽量轻量化、并决定哪些数据放入知识图谱，哪些数据不需要放入知识图谱。例如，将常用的信息存放在知识图谱中，将那些访问频率不高，对关系分析无关紧要的信息放在传统的关系型数据库当中。效率原则的核心在于将知识图谱设计成小而轻的存储载体。

(3) 分析原则：分析图谱主要应用的业务，考虑如何设计一个逻辑清晰的图谱。不需要将与关系分析无关的实体放在知识图谱当中。

(4)冗余原则:有些重复性信息、高频信息可以放到传统数据库中。

2. 知识图谱构建策略

1)端到端技术

使用流水线的方法,如果对于每一步都有可能出错,它会带来错误的传播和累积。而使用端到端技术,可以避免错误积累和传播。深度学习是端到端的框架。如果在达到同样效果的前提下,显然端到端模型在避免错误积累和传播方面占有优势。

2)无监督方法

由于无监督方法可以降低成本,所以在知识图谱构建过程中大量采用了无监督方法,现在基本上有足量文本,就能从文本中把词汇、缩略词、同义词、上位词、下义词以及一些定义都抽取出来,但这依赖大量的统计特征,还充分应用了外部领域的知识来做校正,这是一种综合的办法,避免了数据标注,就是一个无监督的知识图谱构建。

3)用户数据

在很多领域除了文本数据还有很多用户数据,用户数据对于构建图谱很重要。例如,首先是基于搜索的数据,很多企业有知识管理平台,有用户的搜索日志,通过用户的搜索日志就能构建很多图谱。

4)复合模型

统计模型+符号的复合模型优于单一的统计模型。如果能将统计模型加上符号知识,可提升纯统计模型的准确率。

5)间接知识引导

选间接知识引导以前的关系获取或者关系分类,间接知识引导是先从舆论上挖掘知识,将关系的主题词挖掘出来,利用这个关系的主题词增强这个关系的描述,再输入深度模型中。以前就是所有的数据输进去,现在是先挖掘一下这些有用的知识,甚至还可以做一些筛选,选择高质量的知识,可增强和提升效率。

6)图模型

图模型表达能力强、普适、可解释,所以是常用的方法。图模型还可以应用于领域知识图谱精化,细粒度的主题区分需要很多很精细的模型来区分,图模型可以完成这种很细粒度的划分。

7)利用专家构建的知识图谱自动构建样本

很多自动化构建知识图谱时都已经有了一个专家构建的小规模图谱,此时,可以利用专家构建的小规模图谱做自动样本标注,也就是利用小规模知识图谱构建样本。

8)复合架构

当需要更多数据时,可以在生成阶段把更多内容吸纳进来,然后再紧跟一个非常精细的验证来表示它的准确率,这就是生成+验证复合框架。

11.3.3 知识图谱的自动构建

知识图谱是一个大型知识库,以知识自动获取为根本特征。算力、大数据、算法、互联网的出现也为大规模自动获取知识提供了机遇和条件,自下而上的构建过程就是从数据集中自动挖掘得到知识图谱的过程。

自动构建高质量大型知识图谱三个核心的要素是:规模、质量、成本。知识图谱自动构建的过程中,如果数据是结构化的,已知属性名称、属性间的层次结构等,那么构建知识图谱相对较为容易;如果缺乏以上信息,则只能通过文本信息等非结构化数据提炼知识构建知识图谱,技术上将面临很多困难与挑战。

如图 11-13 所示，知识图谱自动构建的总体架构的两个核心要素，一个要素是后台的领域知识库，另一个要素是强化学习配合人机交互。

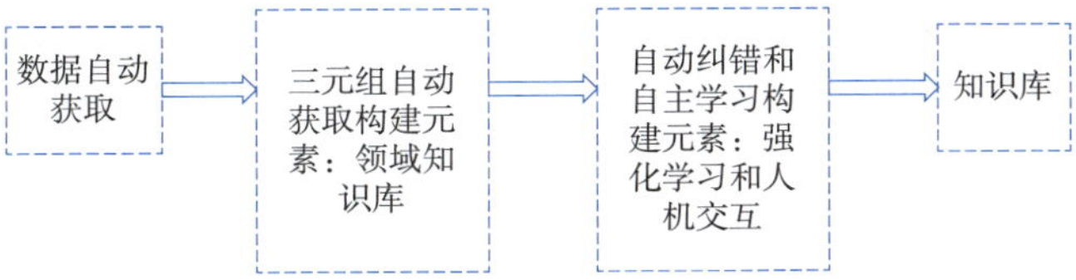

图 11-13　知识图谱自动构建的总体设计框架

1. 数据自动获取

通过使用较为流行的网络数据获取工具获取多源异构数据。

2. 三元组自动抽取

结合自然语言处理工具和领域知识库，初步识别和抽取文本中的三元组信息。在图谱自动构建过程中，由领域专家和专业组织提供的领域知识库能够有效提高实体、关系的识别和抽取精度。其中领域知识库是构建要素。

3. 自动纠错和自主学习

结合智能模型和强化学习方法，通过人机交互接口对代表性错误三元组进行人工纠正，并以此对强化学习模型进行训练和提高，实现自动纠错和自主学习。为保证图谱构建质量，需要通过人机交互接口对错误信息进行人工纠正，并以此作为种子案例，通过强化学习加强模型的识别精度和鲁棒性。其中强化学习 + 人机交互是构建要素。

11.4　知识图谱推理

知识图谱推理的主要任务是完成知识图谱的补全、知识图谱的去噪、加载业务模型等更高层次的应用。知识图谱推理的主要方法有基于规则的关系推理、基于表示学习的推理和基于图结构关系推理。

11.4.1　知识图谱推理的任务

1. 知识图谱的补全

大量数据表在知识图谱转化的时候，有部分数据是没有直接关联的，需要通过推理算法来进行类别标注/关系连接补全。知识图谱补全是利用已有的完整的三元组，来为已经确定实体或者关系的三元组进行补全，也就是在给定三元组的两个元素的情况下，利用已有的三元组来推理出缺少的部分。例如，给定头实体和关系，利用知识图谱上的其他的三元组推理出尾实体，或者给定头尾实体，利用知识图谱上的三元组来推导出头尾实体的关系。

2. 知识图谱的去噪

知识图谱的去噪是指识别出知识图谱中错误的三元组，并将其删除。在知识图谱上三元组数量规模巨大，并且知识图谱是自动构建的，这难免使得知识图谱中的三元组存在一定的误差。为此，就需要获知当前知识图谱中的哪些三元组是无效的。然后将这些无效的三元组从整个知识图谱中删除。这也需要应用知识图谱的推理技术。

加载业务模型时，需要使用一些业务规则（或逻辑规则）进行推理，这些业务规则是常用人机交互流程的固化，也可以是用户编辑的业务规则。使用分布式表示学习方法时，可以利用表示学习后的向量做一些更高层次的应用，例如，计算相似度搜索、推荐，或输入其他机器学习算法中，完成相关的分类、聚类和推荐等。

11.4.2 基于逻辑规则的关系推理

知识图谱本质上是大型语义网络，是一种基于图的数据结构，由节点（实体）和边（关系）组成。在知识图谱中，每个节点表示现实世界中存在的实体，每条边为实体与实体之间的关系。知识图谱是关系的有效的表示方式，知识图谱就是将所有不同种类的信息连接在一起而得到的一个关系网络，因此，知识图谱提供了从关系的角度去分析问题的环境。

最常用的知识图谱表示方式是三元组的表示方式，通过三元组可以表示不同事物之间的语义关系。在获取知识图谱的表示之后，就拥有了一部分的事实，而知识图谱的推理就是基于已有的知识图谱的事实，推理出知识图谱上新的知识或者识别出知识图谱上已有知识的错误。

知识图谱推理是前提都是关系判断且结论也是关系判断的推理。关系推理是前提至少有一个是关系判断，并按其关系的逻辑性质而进行推演的演绎推理。

1. 逻辑规则关系的推理形式

在知识图谱上可以运用规则进行推理，一条规则的形式如下：

规则：head←body

可以根据规则的主体来推理出规则的头部，其中规则头由一个二元原子构成，而规则的主体则由一个或者多个一元原子或者二元原子构成，原子是指包含了变量的元组。例如，位置(x)是一个一元原子，表示实体变量 x 是一个位置实体。而父亲(x,y)是一个二元原子，表示的是实体变量 x 的父亲是实体变量 y。

如果规则主体中仅包含肯定的原子，则称这样的规则为霍恩规则。可以表示为如下形式：

$$a_0 \leftarrow a_1 \land a_2 \land \cdots\cdots \land a_n$$

其中每一个 a_i 是一个原子。利用霍恩规则进行知识图谱推理时，如果使用三元组，可以表述为如下形式：

$$r_0(e_1,e_{n+1}) \leftarrow r_1(e_1,e_2) \land r_2(e_2,e_3) \land \cdots \land r_n(e_n,e_{n+1})$$

r_i 为关系，e_i 为实体。这种规则在知识图谱推理中称为路径规则。其中，规则主体中的原子都为含有两个变量的二元原子，并且在规则主体中，所有的二元原子构成了两个实体之间的路径，整个规则在知识图谱中形成了闭环的路径。

知识图谱中已存在非常多的实体对和关系事实，但是，数据的更新迭代以及不完整性，导致了知识图谱的不完整，其中也隐藏了难以发现的信息。如果路径简单，很容易猜到，但是，要从多条这样的路径得出信息，对信息的选择进行预判，得出的信息又到底是对错等问题，这些问题是关系推理需要完成的工作。

2. 基于规则推理的评价

基于规则推理的评价主要有三种：

（1）支持度。支持度指满足规则主体和规则头的实例的个数，规则的实例化是指将规则中的变量替换成知识图谱中真实实体后的结果。所以支持度一般是一个大于等于 0 的整数。一个规则的支持度越大，说明这个规则的实例在知识图谱中存在得越多。

（2）置信度。置信度的计算公式为：

置信度 = 满足规则的实例数量/满足规则主体的实例的个数

其中置信度是满足规则的实例数与只满足规则主体的实例的个数的比值。一个规则的置信度越高，其质量也就越高。

(3)规则头覆盖度。规则头覆盖度的计算公式为：

规则头覆盖度 = 满足规则的实例数量/满足规则头部的实例数量

基于逻辑规则的关系推理能够模拟人类的逻辑推理能力，可以引入人类的先验知识辅助推理。发展趋势是逐渐摒弃对人工规则的依赖，转而借助模式识别的方式进行规则(模式特征)发现，采用机器学习方法进行特征建模。

11.4.3　基于表示学习的关系推理

1. 表示学习

为了提高机器学习系统的准确率，需要将输入信息转换为有效的特征，又称为表示。如果有一种算法可以自动地学习出有效的特征，并提高最终机器学习模型的性能，这就是表示。知识表示学习主要是对知识图谱中的实体和关系进行表示学习。使用建模方法将实体和关系在低维稠密向量空间中表示，然后进行计算和推理。简单来说，表示学习就是将三元组表示成向量的建模学习过程。

知识表示的代表模型有翻译模型、距离模型、单层神经网络模型、能量模型、双线性模型、张量神经网络模型、矩阵分解模型等。

2. TransE 模型

在基于表示学习中，TransE 模型属于翻译模型，其核心作用就是将知识图谱中的三元组翻译成嵌入向量。TransE 模型已经成为知识图谱向量化表示的基准，并衍生出不同的变体。

TransE 模型假设：如果一个三元组不满足"尾实体向量 = 头实体向量 + 关系向量"关系，即不满足 $\boldsymbol{t}=\boldsymbol{h}+\boldsymbol{r}$ 关系，就可以认为这是一个错误的三元组，如图 11-14 所示。$\boldsymbol{h}$ 表示知识图谱中的头实体的向量；$\boldsymbol{t}$ 表示知识图谱中的尾实体的向量；$\boldsymbol{r}$ 表示知识图谱中的关系的向量。

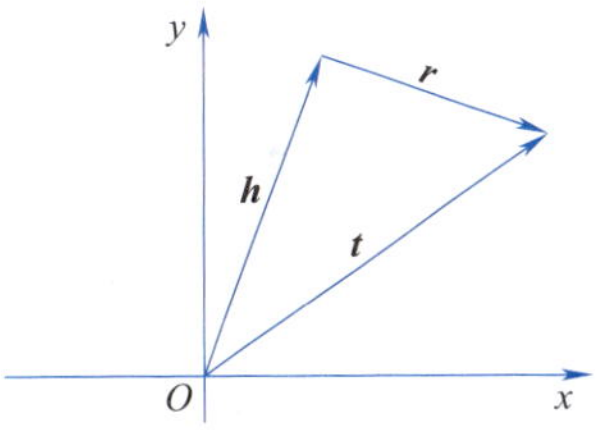

图 11-14　$\boldsymbol{t}=\boldsymbol{h}+\boldsymbol{r}$

对于一个三元组而言，头实体向量和关系向量之和与尾实体向量越接近，则该三元组越接近一个正确的三元组，差距越大，则三元组越不正常。可以选择 L_1 或者 L_2 范数来衡量 $\boldsymbol{h}+\boldsymbol{r}$ 和 $\boldsymbol{t}$ 的差距。而目标就是使得正确的三元组的差距越小越好，错误的三元组差距越大越好。

一个三元组(主体，关系，客体)，前者是主体，中间是关系，后者是客体。主体和客体统称为实体。关系有一个不可逆属性，也就是说主体和客体不能颠倒过来。

基于表示学习的推理需要将实体以及实体之间的关系映射到向量空间，然后通过向量空间的操作进行逻辑关系建模。虽然这种方式易于捕获隐含的信息，但却丢失了可解释性。

定义一个函数，希望三元组映射到向量空间后，头实体 + 关系的向量表示尽量接近尾实体的向量表示。$f(\boldsymbol{h},\boldsymbol{r},\boldsymbol{t})$ 函数可以是 Loss 函数，也可以是打分函数。打分函数在某种程度上是三元组为真的置信度。

例 11-2　关系推理。

已知 $(x,>,y)$ 三元组的 $f(\boldsymbol{h},\boldsymbol{r},\boldsymbol{t})=0.98$

$(x,=,y)$ 三元组的 $f(\boldsymbol{h},\boldsymbol{r},\boldsymbol{t})=0.25$

$(x,<,y)$ 三元组的 $f(\boldsymbol{h},\boldsymbol{r},\boldsymbol{t})=0.16$

提问:$(x,?,y)$

由于$(x,>,y)$三元组的$f(\boldsymbol{h},\boldsymbol{r},\boldsymbol{t})=0.98$,是上述元祖的$f(\boldsymbol{h},\boldsymbol{r},\boldsymbol{t})$值最高,所以关系推理得出的结论是:$(x,>,y)$,即$x>y$。

3. TransE 训练算法

TransE 训练算法的目标是学习出实体和关系的低维向量表示。对于一个三元组$(\boldsymbol{h},\boldsymbol{r},\boldsymbol{t})$,希望嵌入表示$(\boldsymbol{h},\boldsymbol{r},\boldsymbol{t})$有如下关系:$\boldsymbol{t}\approx\boldsymbol{h}+\boldsymbol{r}$,也就是说$\boldsymbol{t}$要和$\boldsymbol{h}+\boldsymbol{r}$尽可能接近,反之如果这三者不构成三元组,则要尽可能远离。

d表示向量之间的距离,一般取L_1或者L_2,期望正确的三元组的距离越小越好,而错误的三元组的距离越大越好。为此给出目标函数为:

$$d(\boldsymbol{h}+\boldsymbol{r},\boldsymbol{t})=\left|\boldsymbol{h}+\boldsymbol{r}-\boldsymbol{t}\right|L_1/L_2$$

公式中的L_1/L_2指L_1或L_2距离,或者称为L_1或L_2范数,可用于优化正则化项,可以避免过拟合。因此,只要最小化这个损失函数即可,但为了增强区分度,TransE 算法构造了一些反例三元组,希望反例的距离要尽可能大,这样最终的优化目标(损失函数)为:

$$\min\sum_{(\boldsymbol{h},\boldsymbol{r},\boldsymbol{t})\in S}\sum_{(\boldsymbol{h}',\boldsymbol{r},\boldsymbol{t}')\in S'}\left[\gamma+d(\boldsymbol{h}+\boldsymbol{r},\boldsymbol{t})-d(\boldsymbol{h}'+\boldsymbol{r},\boldsymbol{t}')\right]$$

式中,γ为超参数,事先设定,表示正负样本之间的间距,是一个常数。$(\boldsymbol{h}',\boldsymbol{r},\boldsymbol{t}')$是构造的反例三元组,构造方法是将正例三元组的头实体或尾实体替换成一个随机的实体,但二者不能同时被替换。

最终的优化目标(损失函数)的说明如下:

(1)需要找到一个向量来表示对应的实体、关系。

(2)当表示后的向量能构成$\boldsymbol{t}\approx\boldsymbol{h}+\boldsymbol{r}$这样一个等式关系,就说明这三个向量可以表示对应的对象。

(3)在向量维度确定的情况下,通过构造一个损失函数,来训练生成的向量满足$\boldsymbol{t}\approx\boldsymbol{h}+\boldsymbol{r}$关系,使损失函数值最小,否则调整向量。

(4)调整向量,获得第i个维度上的$\boldsymbol{t}$-$\boldsymbol{h}$-$\boldsymbol{r}$,理论上应该接近于零,如果不等于零,则通过学习率来修改$\boldsymbol{t}/\boldsymbol{h}/\boldsymbol{r}$在该维度上的值,等整个维度都学习一遍,则$\boldsymbol{t}/\boldsymbol{h}/\boldsymbol{r}$分别对应的向量完成了一次整体的学习。

(5)预测:固定头/尾实体和关系,对计算的尾/头实体与真实的尾/头实体进行比较(遍历所有的实体,代入距离评分函数),利用 top-k 准则对于给定的k值,预测算法会给出基于每个实体计算某种评分的排序来输出前k个答案。评估的方法:排名的平均值越小越好;排名在前K位所占的比例越大越好。

(6)训练/测试过程。

①训练过程:初始化K维的实体向量和关系向量,对于每一个训练的三元组,从初始化的向量中获得对应的表示向量,通过计算 loss 函数来不断调整实体向量和关系向量(在每一个维度上根据学习率来修改)。

②测试过程:如果是预测关系,对于输入的每一个测试三元组,用所有的关系向量依次去替代原关系向量,分别计算L_1或L_2距离作为评估分数,根据分数计算原关系的排名。

(7)算法能完成的任务。

①链接预测:对头/尾实体缺失的三元组进行实体预测。对于每一个测试的三元组,用知识库中的所有实体来代替首/尾实体,并对实体进行降序排序。

②三元组分类:判断一个给定的三元组是否正确,这是个二分类问题。设定一个阈值,通过该三

元组的分数与阈值进行比较，确定三元组的正负。

③关系抽取：对抽取的三元组进行分类，判断抽取的关系是否正确。

4. 推理

基于表示学习的知识图谱推理又分为简单推理和复杂推理两类。

1）简单推理

简单推理类似链接预测，根据知识图谱中已有实体和关系推理两个给定实体的关系，其难点是难以理解已有实体和关系的语义。输入形如（$\boldsymbol{h},\boldsymbol{r}$,？）的查询语句，补齐训练集中缺失的链接。直观理解简单推理。

例如，有一个头实体和一个尾实体，希望补齐与之对应关系，从而最大可能让三元组成立。

又例如，老虎是哺乳动物，老虎和狮子语义相近，就可以推理出狮子是哺乳动物；狮子属于猫科动物，猫科动物属于哺乳动物，根据语义分层现象可以推理出狮子是哺乳动物；语义融合是指结合知识图谱以及非知识图谱的非结构化文本描述，从而捕捉实体的潜在语义。

2）复杂推理

复杂推理相对于简单推理，其输入更加复杂。根据输入的不同，出现下述难点：

（1）建模关系间的语义结构，给定实体关系未在训练模型中出现过。

（2）建模复杂的结构化问题，包含若干个一阶逻辑。

（3）建模非结构化问题，输入数据包含人类口头语等。

复杂推理主要集中在归纳式推理、多步推理、自然语言查询三方面的工作。

11.4.4　基于图结构的关系推理

在知识图谱中，如果是自下而上地进行构建，那么知识图谱将以一个有向图的形式呈现。图中的节点表示的是实体或者实体的属性值，有向图的边表示的是不同实体之间的关系，或者实体和其属性值之间的属性关系。

1. 有向图的结构

有向图的结构能够很好地反映知识图谱的语义信息。当进行推理的时候，可以从知识图谱中的一个点出发，沿着有向边到达其他节点，从而形成一条推理路径。

例如，小明→（同学）→老李→（孩子）→小李。这是一条从小明到小李的路径。所表示的信息是“小明的同学是老李”，“老李的孩子是小李”。从语义关系的角度出发，可以推理出小明的同学是老李的孩子小李。

又例如：老刘→（儿子）→刘→（儿子）→小刘。通过这条路径，也可以推理出老刘和小刘是爷孙关系。由个体到一般化，可以总结出在图谱中有 A→（儿子）→B→（儿子）→C，其中 A、B、C 是三个实体变量。

例 11-3　已知 A 是 B 的配偶，B 是 C 的主任，C 坐落于 D，就可以认为，A 生活在 D 这个城市。也就是说，根据这一条规则，可以挖掘在图中是否有路径满足这个条件，如果满足，就可以将 A、D 关联起来。

上述例子表明，在知识图谱中路径是进行推理的一种重要的信息。除了路径之外，邻居节点也是一个进行推理的重要信息，在例 11-3 推理中，要求的是 A、B 是相邻节点，B、C 是相邻节点，这样才能对 A、C 的关系进行推理。

当将整个图谱视为一个有向图的时候，通常对图谱中的事实三元组使用较多，对实体上层的本体和概念关注得较少,但是本体和概念中通常包含了更多的语义信息。

2. PRA 算法

PRA(path ranking algorithm)算法是经典的基于图结构的推理算法,PRA 算法利用了实体之间的路径作为特征进行链接的预测推理。PRA 算法处理的推理问题是关系推理,在推理过程中主要有两个任务,第一个任务是给定头实体 $\boldsymbol{h}$ 和关系 $\boldsymbol{r}$ 来预测尾实体 $\boldsymbol{t}$。第二个任务是利用尾实体 $\boldsymbol{t}$ 和关系 $\boldsymbol{r}$ 来预测头实体 $\boldsymbol{h}$。PRA 算法是自底向上构建的知识图谱算法,构建的知识图谱中存在着较多的噪声。

PRA 算法将关系推理问题转换成了一个排序的问题,对每个关系的头实体预测和尾实体预测都单独训练一个排序模型。PRA 将知识图谱中的路径作为特征,并且通过图上的计算对每个路径赋予相应的特征值,然后利用这些特征学习一个逻辑回归模型。

11.5　知识图谱应用

知识图谱为互联网上大量、异构、动态的大数据表达、组织、管理以及应用提供了一种更为有效的方式,使得网络的智能化水平更高,更加接近于人类的认知思维。知识图谱应用广泛,下面仅介绍几种比较成熟的应用场景。

1. 推荐系统

知识图谱与推荐系统结合可以丰富对用户和物品的描述、增强推荐算法的挖掘能力,能有效地弥补交互信息的稀疏或缺失。更具体地说,将知识图谱作为推荐系统的动态数据库,可以提升推荐系统的功能。

1)知识图谱与推荐系统结合的特性

(1)精确性:知识图谱为推荐算法引入了更多的语义关系,可以深层次地发现用户和物品之间的相关关系。

(2)多样性:通过知识图谱中不同的关系链接种类,有利于推荐结果的扩散。

(3)可解释性:知识图谱具有丰富的用户和物品的语义关系,能够提高用户对推荐结果的满意度和接受度,增强用户对推荐系统的信任。

2)处理方式

将知识图谱引入推荐系统主要有下述两种不同的处理方式。

(1)基于特征的知识图谱辅助推荐,核心是知识图谱特征学习的引入。一般而言,知识图谱是一个由三元组 <头节点,关系,尾节点> 组成的异构网络。由于知识图谱天然的高维性和异构性,首先使用知识图谱特征学习对其进行处理,从而获得实体和关系的低维稠密向量表示。这些低维的向量表示可以较为自然地与推荐系统进行结合和交互。在这种处理框架下,推荐系统和知识图谱特征学习成为两个相关的任务。

(2)基于结构的推荐模型,则更加直接地使用知识图谱的结构特征。具体来说,对于知识图谱中的每一个实体,进行广度或者深度优先搜索,获取其在知识图谱中的多条关联实体并从中得到推荐结果。

图 11-15 所示为基于知识图谱与推荐系统结合的智能推荐系统架构。

2. 互联网金融

1)反欺诈

反欺诈是风控中非常重要的一个环节。基于大数据的反欺诈的难点是如何将不同来源的数据

(结构化,非结构)整合在一起,并构建反欺诈引擎,从而有效地识别出欺诈案件,如身份造假、团体欺诈、代办包装等。而且不少欺诈案件涉及复杂的关系网络,这也给欺诈审核带来了新的挑战。知识图谱作为关系的直接表示方式,可以很好地解决这两个问题。首先,知识图谱提供非常便捷的方式来添加新的数据源,其次,知识图谱本身就是用来表示关系的,这种直观的表示方法可以更有效地分析复杂关系中潜在的特定风险。

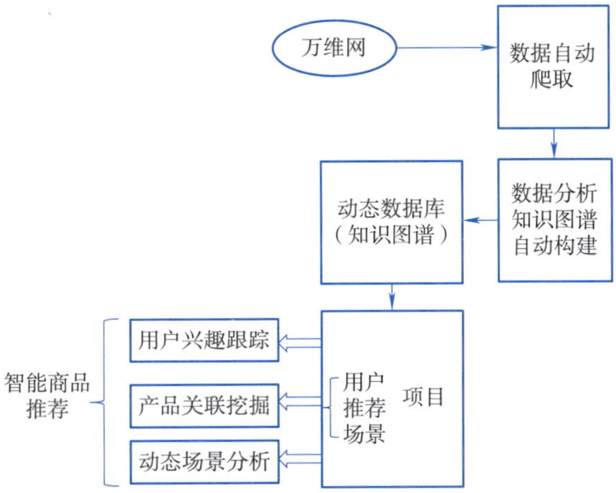

图 11-15　跟踪、产品动态变化等

2)不一致性验证

不一致性验证可以用来判断一个借款人的欺诈风险,与交叉验证类似。例如,借款人 A 和借款人 B 填写的是同一个公司电话,但 A 填写的公司和 B 填写的公司完全不一样,这就成了一个风险点,需要审核人员格外注意。

相比虚假身份的识别,组团欺诈的挖掘难度更大。这种组织在非常复杂的关系网络里隐藏着,不容易被发现。只有将其中隐含的关系网络梳理清楚,才有可能去分析并发现其中潜在的风险。知识图谱作为天然关系网络的分析工具,更容易识别这种潜在的风险。

3)异常分析

异常分析是数据挖掘研究领域里比较重要的课题。可以将它简单理解成从给定的数据中找出异常点。在应用中,这些异常点可能会关联到欺诈。既然知识图谱可以看作一个图,知识图谱的异常分析也大都是基于图的结构。由于知识图谱里的实体类型、关系类型不同,异常分析也需要将这些额外信息考虑进去。大多数基于图的异常分析的计算量都比较大,可以选择做离线计算。在我们的应用框架中,可以将异常分析分为静态分析和动态分析两种类型。

(1)静态分析指给定一个图形结构和某个时间点,从中发现一些异常点(比如有异常的子图)。从知识图谱中可以检测到其中五个点的相互紧密度非常强,可能是一个欺诈组织。所以针对这些异常的结构,可以做出进一步的分析。

(2)动态分析指分析其结构随时间变化的趋势。假设在短时间内知识图谱结构的变化不会太大,如果它的变化很大,就说明可能存在异常,需要进一步关注。网络行为动态分析系统架构如图 11-16 所示,通过网络爬虫获取最新的网络信息数据,运用知识图谱自动构建技术,动态更新和扩充现有知识库,为网络行为分析提供知识支撑。其后台就是基于知识图谱基础上的舆情分析、热点跟踪、用户情感倾向分析和用户设计网络影响力分析等。

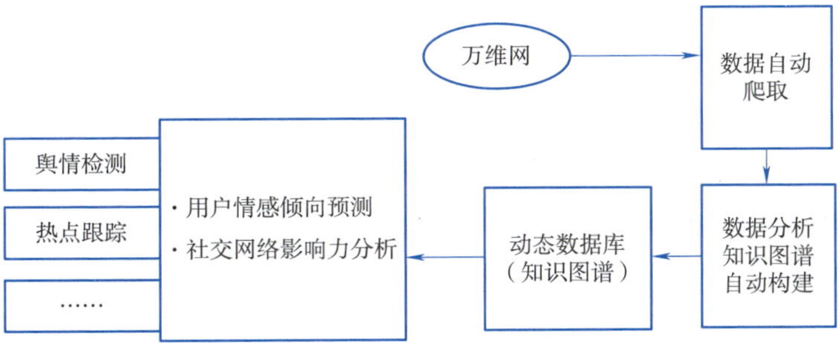

图 11-16　网络行为动态分析系统架构

3. 知识问答系统

通过人机交互和知识图谱自动构建,设计更智能的知识问答系统。

(1)人机交互:人与机器进行工作互补,共同完成问答场景。

(2)知识图谱自动构建:动态更新和扩充问答知识库,响应最新的网络知识。

基于知识图谱的知识问答系统的工作流程如图 11-17 所示。

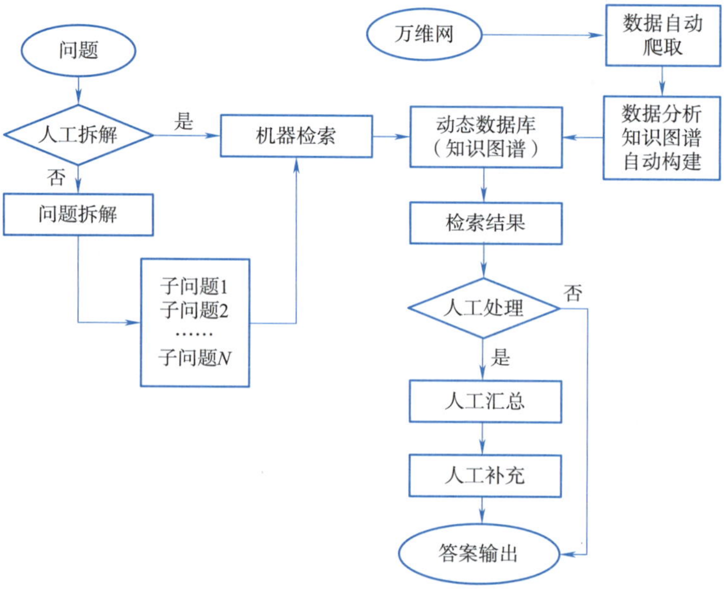

图 11-17 知识问答系统的工作流程

4. 证券

在证券领域,经常关心"一个事件发生了,将影响哪些公司,产生什么样的影响?"例如有一个消息是关于公司 1 的高管,而且公司 1 和公司 2 的合作关系密切,公司 2 的主营产品是由公司 1 提供的原料基础上做出来的。有了知识图谱,很容易回答哪些公司有可能会被这次的消息所影响。当然,仅是有可能,具体会不会有强相关性必须由数据来验证。知识图谱的好处就是将所需要关注的范围很快给圈定。接下来的问题会更复杂一些,如果知道公司 3 有可能被这次消息所影响,具体影响程度仅靠知识图谱很难回答,必须要有一个影响模型,以及需要一些历史数据才能在知识图谱中做进一步推理以及计算。

小 结

知识图谱是一个大型的知识库、是一个新型的智能工具。知识图谱的主要作用是用于关系分析,尤其是深度的关系分析。通过机器的深度学习和知识图谱推理相结合,能够很好地解决人类自然语言的语义鸿沟。本章主要介绍了知识图谱的概念、基本技术、创建方法和知识图谱应用。通过本章的学习,可为知识图谱的开发和应用建立基础,以便构建更好的智能系统。

第 12 章 人工智能博弈

博弈论是研究具有冲突和合作特性的决策问题的数学理论，是在互动过程中的策略选择和决策制定。人工智能博弈是指将人工智能技术应用于博弈论研究的领域，旨在开发出能够在各种博弈场景中自主决策并取得优胜的智能系统，智能系统需要能够理解博弈规则，评估当前局势，预测对手的行为，并据此制定出最优的策略。这个过程涉及知识表示、推理、学习、搜索和优化等多种人工智能技术。

人工智能博弈的应用范围广泛，主要包括棋类游戏、电子竞技、自动谈判、机器人足球、自动驾驶等众多领域。通过研究和开发人工智能博弈系统，可以更好地理解智能行为的本质，推动人工智能技术的发展，并解决实际应用中的复杂决策问题。

本章知识导图

- 人工智能博弈
  - 人工智能博弈定义与发展
    - 人工智能博弈的定义
    - 人工智能博弈的发展
    - 人工智能博弈的研究领域
    - 人工智能博弈与强化学习
    - 人工智能博弈与蚁群算法
  - 强化学习
    - RL模型与工作过程
    - RL算法分类
    - Q-Learning算法基本原理
    - Q-Learning算法流程
  - 深度强化学习模型与算法
    - 深度Q网络算法
    - 深度确定性策略梯度算法
  - 蚁群算法
    - 蚁群寻食过程
    - 蚁群算法设计
    - 基于蚁群算法的TSP求解
    - 蚁群算法的特点

12.1 人工智能博弈的定义与发展

人工智能博弈可以应用人工智能技术来模拟和解决博弈论中的问题，即在具有冲突、合作和竞争特性的环境中，智能体做出最优决策以达到特定的目标，这些目标是赢得游戏、最大化收益、实现合作或其他策略目标。

12.1.1 人工智能博弈的定义

在人工智能博弈中,系统通常包括多个参与者(智能体),它们之间通过相互作用进行竞争或合作。每个智能体都需要根据其他参与者的行为和可能的策略来制定自己的策略,以实现最佳的决策。这涉及对博弈状态的评估、对手行为的预测、策略的选择与执行。

随着人工智能技术的飞速发展,越来越多的应用场景需要智能系统具备博弈能力,如自动驾驶、机器人足球、在线游戏等。人工智能博弈不仅有助于提高智能系统的决策能力,也有助于深化对智能行为和认知的理解。人工智能博弈是人工智能和博弈论交叉领域的一个研究方向,它旨在创建能够智能决策并成功应对博弈场景的系统。

人工智能博弈的基本定义围绕着博弈论的核心思想展开。博弈论是研究具有冲突和合作特性的决策问题的数学理论。在人工智能博弈中,人工智能博弈用于设计和分析智能体在各种博弈场景中的行为和决策,以下是一些基本术语:

(1)参与者:博弈中的决策者,可以是个人、团队、计算机程序或其他智能体。

(2)策略:参与者选择的行动方案或决策规则,用于在博弈中最大化自己的支付。

(3)支付函数:用于评估参与者采取特定策略组合时的收益或效用。

(4)均衡:在博弈中,当每个参与者选择的策略都是在其他参与者策略不变的情况下,自己最优策略时,达到了均衡状态。常见的均衡包括纳什均衡、贝叶斯均衡等。

(5)序贯均衡:在多阶段结构的博弈中,序贯均衡要求在每个子博弈中都要达到均衡。

(6)完美信息:博弈中所有参与者都了解所有其他参与者的历史行动和支付。

(7)不完美信息:参与者不完全了解其他参与者的信息和策略。

12.1.2 人工智能博弈的发展

人工智能博弈研究起源于20世纪50年代的博弈论研究。早期的研究主要关注理论上的一致性和完备性。随着人工智能技术的发展,研究者开始关注实际应用场景中的博弈问题,如棋类游戏、电子竞技等。人工智能博弈的发展历程可以分为几个阶段:

1. 早期探索(20世纪50~70年代)

(1)博弈论的基础理论开始发展,被应用于经济学、政治学等领域。

(2)人工智能领域开始出现一些基本算法,如最小最大搜索和博弈树搜索。

2. 算法和应用发展(20世纪80~90年代)

(1)启发式算法、蒙特卡洛树搜索、动态规划等方法被广泛应用于棋类游戏。

(2)博弈论在经济学和自动化谈判领域的应用取得显著成果。

3. 机器学习和强化学习(21世纪00~10年代)

(1)深度学习技术的应用使得智能体能够在大规模博弈环境中进行有效的决策和学习。

(2)AlphaGo等标志性项目的成功展示了强化学习在复杂博弈场景中的应用潜力。

4. 现实世界应用(21世纪20年代至今)

(1)人工智能博弈开始拓展到更多领域,如自动驾驶、网络安全、智能电网等。

(2)随着技术的不断进步,人工智能博弈在实际应用中的可能性不断增加。

在整个发展历程中,人工智能博弈不断地吸收和融合计算机科学、经济学、心理学等多个领域的知识,成为一个多学科交叉的研究领域。随着算法的进步和计算能力的提升,人工智能博弈在理论和实践中都展现出巨大的潜力和价值。

12.1.3 人工智能博弈的研究领域

人工智能博弈的研究方法和技术策略涉及多个领域,主要包括以下几种:

(1)符号主义方法:主要使用符号表示和逻辑推理来解决博弈问题;适用于有限状态和有限行动空间的博弈;典型方法包括最小最大搜索、α-β 剪枝、决策树搜索等。

(2)启发式方法:主要利用经验规则或启发式规则来简化问题,指导搜索;例如,在棋类游戏中,基于模式的启发式搜索可以快速找到好走法。

(3)机器学习方法:主要通过数据驱动的方式训练模型,使其能够从经验中学习并做出决策;包括监督学习(如决策树、支持向量机)、无监督学习(如聚类、关联规则学习)。

(4)强化学习:主要包括智能体通过与环境的交互,学习如何在博弈中采取行动以最大化长期回报;强化学习在博弈中的成功应用包括 AlphaGo、DQN(深度 Q 网络)、策略梯度等。

(5)演化算法:主要模拟自然选择和遗传学的原理,通过种群演化找到最优策略;包括遗传算法、遗传编程、蚁群优化等。

(6)多智能体系统:主要研究多个智能体在共享环境中的相互作用和协作;包括协调、竞争、合作和冲突解决等策略。

(7)混合方法:主要结合多种方法,以适应不同的博弈场景和需求,例如,将符号主义方法与机器学习方法结合,用于处理复杂博弈问题。

(8)博弈论分析:主要运用博弈论理论分析智能体之间的相互作用和策略选择,包括均衡概念、序贯均衡、贝叶斯均衡等。

(9)仿真和实验经济学:主要通过计算机仿真或实验设置来模拟博弈场景,收集数据进行分析。

(10)神经网络和深度学习:主要利用深度神经网络模型来学习博弈中的复杂决策模式;包括卷积神经网络(CNN)、循环神经网络(RNN)、长短期记忆网络(LSTM)等。

随着技术的发展,新的方法和策略不断被提出,以应对更加复杂和动态的博弈场景。

12.1.4 人工智能博弈与强化学习

强化学习(reinforcement learning, RL)是机器学习的一个重要分支,它主要研究如何让智能体在环境中通过探索和利用来学习最佳策略,以实现最大化累积奖励的目标。强化学习与人工智能博弈之间有着紧密的关系,它们之间的关键联系如下:

1. 博弈作为强化学习的一个场景

在博弈中,智能体需要根据当前的状态(如棋盘布局、游戏得分等)做出决策(如走棋、出牌等),这些决策会影响后续的状态和最终的收益(胜利或失败)。强化学习提供了一种框架,使得智能体可以在没有完整环境模型的情况下,通过与环境的交互来学习如何做出最优决策。

2. 探索与利用的平衡

在博弈中,智能体需要在探索未知的策略和利用已知的优势策略之间找到平衡。强化学习中的策略如 ε-贪婪方法、置信上限(upper confidence bound, UCB)算法等都是为了解决探索与利用的平衡问题。

3. 策略迭代和学习

在博弈中,智能体需要不断迭代和改进自己的策略。强化学习中的算法,如 Q-learning 算法、SARSA 算法、策略梯度等都是用来迭代和学习最优策略的方法。

4. 对手建模

在博弈中,了解对手的策略对于制订自己的策略至关重要。强化学习可以用来对对手的行为进行建模,从而更好地预测对手的下一步行动,并据此调整自己的策略。

5. 多智能体强化学习

在多智能体博弈中,每个智能体都在学习如何与其他智能体互动。

多智能体强化学习研究如何在多个智能体共存的环境中学习策略,这在博弈中尤为重要。

更具体地说,强化学习在人工智能博弈中的应用包括:

(1)棋类游戏:如国际象棋、围棋等,强化学习算法可以用来训练智能体学会下棋。

(2)电子竞技:如星际争霸、DOTA(多人在线战斗竞技场游戏)等,强化学习可以帮助智能体学会复杂的游戏策略。

(3)扑克游戏:在信息不完全的博弈中,强化学习可以用来处理策略的不确定性和对手的隐藏信息。

强化学习在人工智能博弈领域的成功案例包括 AlphaGo、AlphaStar 等,这些智能体通过强化学习在各自的游戏领域达到了超越人类专家的水平。强化学习与人工智能博弈的这种紧密关系,使得强化学习成为开发高级博弈智能体的关键技术之一。

12. 1. 5 人工智能博弈与蚁群算法

蚁群算法(ant colony optimization, ACO)是一种模拟自然界蚂蚁觅食行为的优化算法,属于人工智能领域中的一种群智能算法。而人工智能博弈则是指人工智能系统在博弈环境中进行决策和行动的问题。蚁群算法与人工智能博弈之间的关系可以从以下几个方面来理解:

(1)问题求解。蚁群算法可以用来解决人工智能博弈中的优化问题。例如,在棋类游戏(如围棋、象棋)中,可以使用蚁群算法来寻找最优或近似最优的走棋策略。

(2)路径规划。在多智能体博弈场景中,蚁群算法可以用于路径规划,帮助智能体找到从起点到终点的最佳路径,这在游戏中表现为智能角色的移动策略。

(3)学习与适应。蚁群算法通过信息素的正反馈机制,使得算法能够学习和适应环境变化。在博弈过程中,智能体可以通过蚁群算法来学习对手的行为模式,并调整自己的策略。

(4)多目标优化。在复杂的博弈环境中,可能存在多个目标需要同时优化,蚁群算法能够处理这类多目标优化问题,帮助智能体在多个目标之间找到平衡。

蚁群算法在人工智能博弈中的具体应用如下:

(1)决策制定。在博弈过程中,智能体需要做出一系列决策。蚁群算法可以帮助智能体评估不同决策的潜在后果,并选择最有利的行动。

(2)资源分配。在多人在线战略游戏中,资源分配是一个关键问题。蚁群算法可以优化资源分配策略,提高游戏中的胜率。

(3)平衡搜索与利用。在强化学习中,智能体需要在探索新策略(搜索)和利用已知策略(利用)之间找到平衡。蚁群算法的信息素更新机制可以看作是一种平衡搜索与利用的方法。

总结:蚁群算法作为一种优化工具,可以在人工智能博弈中发挥重要作用,帮助智能体在复杂、动态的博弈环境中做出更优的决策。然而,蚁群算法也面临计算复杂度高、收敛速度慢等问题,因此在实际应用中需要根据具体问题进行算法的改进和优化。

12.2 强化学习

强化学习（reinforcement learning，RL）又称增强学习，是机器学习的重要学习方式之一。在智能体与环境的交互过程中，是通过学习策略达成回报最大化或者实现特定目标。强化学习的目的是让智能体通过不断的学习，找到解决问题的最好的步骤序列。强化学习不同于监督学习和非监督学习，不要求预先给定任何数据，而是通过接收环境对动作的奖罚获得学习信息并更新模型参数，这是强化学习的精髓。

有限理性原理是寻找满意解的理论依据，强化学习可以解释有限理性条件下的平衡态、设计机器人交互系统。一些复杂的强化学习算法在一定程度上具备了解决复杂问题的通用人工智能，是更接近于通用人工智能的范式。

如图 12-1 所示，强化学习与计算机科学、工程、数学、经济学、心理学、神经科学、机器学习、最优控制、运筹学、博弈论、条件反射、奖赏系统等都有内在的联系。强化学习、运筹学、最优控制这些学科都以应用数学、优化、统计为基础，同时为科学工程各方面的应用提供工具。强化学习可以不用模型，直接通过数据进行训练，从而做出接近最优或最优的决策。数据可以来自完美模型、精准仿真器或大数据。强化学习可以处理很复杂的问题。

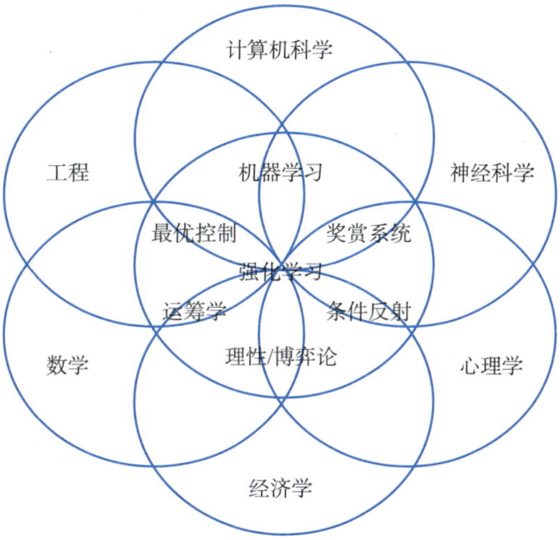

图 12-1　强化学习与各领域的联系

深度学习模型在强化学习中的应用形成了深度强化学习（deep reinforcement learning，DRL）。DRL 是一种崭新的机器学习方式，这种方式是深度学习与强化学习的结合，感知能力和决策能力结合涵盖了算法、规则和框架，并广泛应用于智能机器人控制、多智能体、推荐系统、多任务迁移等领域，具有极高的理论与应用价值。

强化学习是智能体以试错的方式进行学习，通过与环境交互获得的奖赏来指导动作，其目标是使智能体获得最大的奖赏。

12.2.1 RL 模型与工作过程

RL 模型由智能体、状态、动作、奖励和策略等组成。RL 与其他机器学习的不同之处是没有教师信号，也没有标签数据，只有奖罚信号；反馈有延时，但不是能立即返回；数据是序列数据，数据与数据之间相关，而不是独立无关；智能体当前执行的动作将影响后面的数据。RL 解决的问题是针对一个具体问题得到一个最优的策略，使得在该策略下获得最大的长期回报。智能体与环境的交互主要包括动作、奖励和状态。

1. 智能体与环境的交互过程

为简单起见，可将智能体与环境的交互看作离散的时间序列，具体步骤如下：

（1）智能体感知到的初始环境 s_0，做一个相应的动作 a_0。

（2）环境相应地改变到新的状态 s_1，并反馈给智能体一个即时奖罚 r_1。

(3)然后智能体又根据状态 s_1 做一个动作 a_1,环境相应改变为 s_2,并反馈奖罚 r_2,……,这样的交互可以一直进行下去:s_0,a_0,s_1,r_1,a_1,…… 。

其中是第 t 时刻的即时奖罚,与上一个状态、上一个行为、当前状态有关。图 12-2 描述了智能体与环境的交互过程。

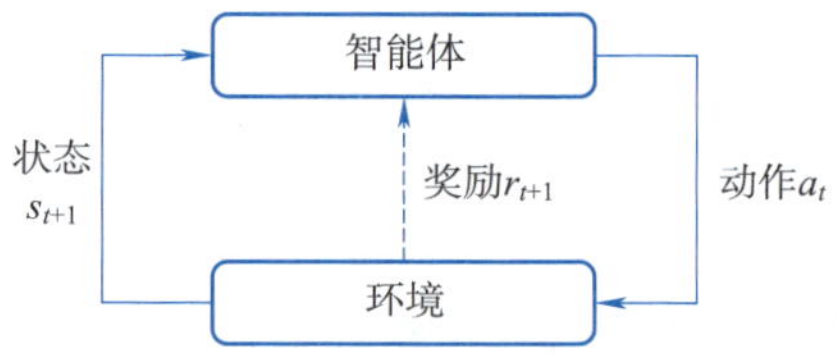

图 12-2 智能体与环境的交互

智能体与环境的交互过程可以看作一个马尔可夫决策过程(markov decision process,MDP)。在强化学习中有两个进行交互的对象:智能体和环境。

- 智能体:可以感知外界环境的状态(state)和反馈的奖罚(reward),并进行学习和决策。智能体的决策功能是指根据外界环境的状态来做出不同的动作(action),而学习功能是指根据外界环境的奖罚来调整策略。
- 环境:是智能体外部的所有事物,并受智能体动作的影响而改变其状态,反馈给智能体相应的奖罚。环境将发生改变也就是状态将发生改变。

智能体通过不断的尝试发现环境的最大奖罚的动作。动作不仅影响瞬时奖罚,还将影响下一个状态,并由此影响后续的奖罚。

2. RL 的四元组

在交互中学习是 RL 的最大特点。智能体在与环境的交互中,根据获得的奖罚使之更加适应环境。RL 的范式类似于人类学习知识的过程,也正为如此,RL 被视为实现强人工智能的重要途径。

$<a, s, r, p>$是 RL 中经典的四元组。a 代表智能体的所有动作;s 代表智能体所能感知的状态;r 代表奖罚;p 代表环境的状态转移概率。

1)策略

策略是指智能体在状态 s 时,所要做出动作的选择,用 π 表示策略。策略可以视为在智能体感知到环境后,状态 s 到动作 a 的一个映射。如果策略是随机的,则根据每个动作的概率选择动作;如果策略是确定性的,策略则是直接根据状态 s 选择动作。

2)奖罚信号

奖罚信号定义了智能体的学习目标。智能体每次与环境交互,环境返回信息,告诉智能体动作是好的还是不好的,可以理解为对智能体的奖罚,智能体与环境交互的序列流如图 12-3 所示。需要注意的是奖罚不等于目标,智能体的目标并非当前奖罚最大值,而是平均累计回报的最大值。

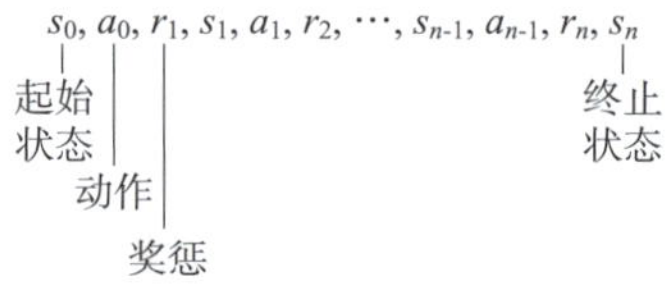

图 12-3 智能体与环境交互的序列流

3)值函数

奖罚信号是评判一次交互中的立即回报,而值函数是指长期得到的动作平均回报结果,即一个状态 s 的值表示对其长期期望奖罚的高低。$v_\pi(s)$是策略 π 状态 s 长期期望收益,$Q_\pi(s,a)$表示策略 π 在状态 s 下,采取动作 a 的长期期望收益。

值函数计算公式如下:

$$V(s_t) = \sum_{a \in A} (a \mid s_t) Q(s,a)$$

4)状态转移概率

状态转移概率:$p(s_{t+1}, r_{t+1} \mid s_t, a_t)$

表示在 t 时刻,处于 s_t 的状态,选择了 a_t 的动作的情况下,转移到 s_{t+1} 状态,并且获得 r_{t+1} 奖罚的概率。

3. 环境描述

使用 p 函数和 r 函数描述环境。

1）p 概率函数

p 概率函数为 $p(s_{t+1}, r_{t+1} \mid s_t, a_t)$，反映了一个环境的随机性：在一个状态下作出的决策可能有多种结果，不同结果存在不同的概率。

2）r 函数

奖罚功能为 $r(s_t, a_t)$ 。

在基于模型情况下，p 函数和 r 函数都为已知，可以根据现有条件作出最优规划。

4. 无模型试错探索

在强化学习的实际环境中，p 函数和 r 函数都为未知。价值函数 $v(s_t)$ 表示在 t 时刻的状态 s_t 的优劣。

5. Q 表

Q 表表示状态动作价值，是累积的经验，也是获得成功所需要的知识。

例 12-1　在某一状态 s 下，可以采取 a 和 b 两个动作。

采取 a 动作以后，100% 获得 10 分；采取 b 动作以后，90% 获得 5 分，10% 获得 15 分，则：

$$Q(s,a) = 100\% \times 10 = 10$$

$$Q(s,b) = 90\% \times 5 + 10\% \times 15 = 6$$

以上的例子中，之所以知道概率分布，是因为这个 Q 表是训练后的结果。

1）Q 表中累积知识

Q 表中存储的是学习到的知识积累，所以很自然地在 s 状态下选择 a 的动作，以获得最大的回报。上面的例子仅是一次选择。在实际中，将面对多次选择，于是要看的是完成了一系列选择以后，最终回报最大的才是最优路径。因为预估后续的所有收益及其对应概率，都累计到当前状态下做计算，所以在强化学习中，利用环境给的奖罚反馈非常重要。

2）Q 表的目标导向型

需要根据总收益，来更新 Q 表。每一步设定的 $Q(s,a)$ 不仅只看当前这一步的收益，还需要看未来总收益 G：

$$G = r_1 + r_2 + r_3 + r_4 + \cdots + r_t$$

例 12-2　快速到达目的地的悬崖问题。

在一张地图上，要从起点 S 到达终点 G，每走一步奖罚为 -1（因为希望越快到达越好），掉下悬崖一次奖罚为 -100（所以希望避免发生），并回到起点。到达终点 G 时，游戏结束。

设定奖罚的衰减因子 γ；

当前时刻 t，可获得的收益预期总计：

$$G_t = r_{t+1} + \gamma r_{t+2} + \gamma^2 r_{t+3} + \cdots$$

γ 取 0 代表目光短浅；γ 取 1 代表目光过于长远。

选择一条路走完之后，就可以知道这条路径上的每一个状态路径的价值。当多次尝试以后，就可以得出更优的选择，不断地尝试，再不断更新 Q 表，由这个 Q 表指导每一步动作。这个表格的维度是状态总数、每个状态下的动作总数，初始化时都为 0，智能体与环境的交互就是不断更新 Q 表。更新 Q 表利用到时序差分更新方法，由于每一次都用下一个状态来更新这一个状态，于是最后累积的奖罚将向前传递，最终影响整个路径。

在强化学习中，根据是否使用模型来模拟环境，可分为有模型方法和无模型方法：有模型方法是通过构建环境的数学模型来预测环境的行为，智能体利用这些模型进行规划，以找到最优策略；无模型方法不依赖对环境的显式建模，而是通过与环境的直接交互，利用经验数据来学习策略。

12.2.2 RL 算法分类

主要的 RL 算法如图 12-4 所示。

RL 算法分类主要依据如下：

1. 无模型和有模型

无模型算法就是不去学习和理解环境，环境给出什么信息就是什么信息，常见的方法是策略梯度和 Q-learning 算法。有模型是去学习和理解环境，学会用一个模型来模拟环境，通过模拟的环境来得到反馈。有模型算法比无模型算法多了模拟环境环节，通过模拟环境预判接下来将发生的所有情况，然后选择最佳的情况。

有模型的 RL 算法与无模型的 RL 算法的共同点是通过与环境交互获得数据，不同点是利用数据的方式不同。基于模型的 RL 算法利用与环境交互建立的数据学习系统或者环境模型，再基于模型进行序贯决策（用于随机性或不确定性动态系统最优化的决策方法）。无模型的 RL 算法则是直接利用与环境交互获得的数据改善自身的动作。两类方法各有优缺点，基于模型的 RL 算法效率要比无模型的 RL 算法效率更高，因为智能体在探索环境时可以利用模型信息。无模型的 RL 算法不需要建模，所以与基于模型的 RL 算法相比，更具有通用性。

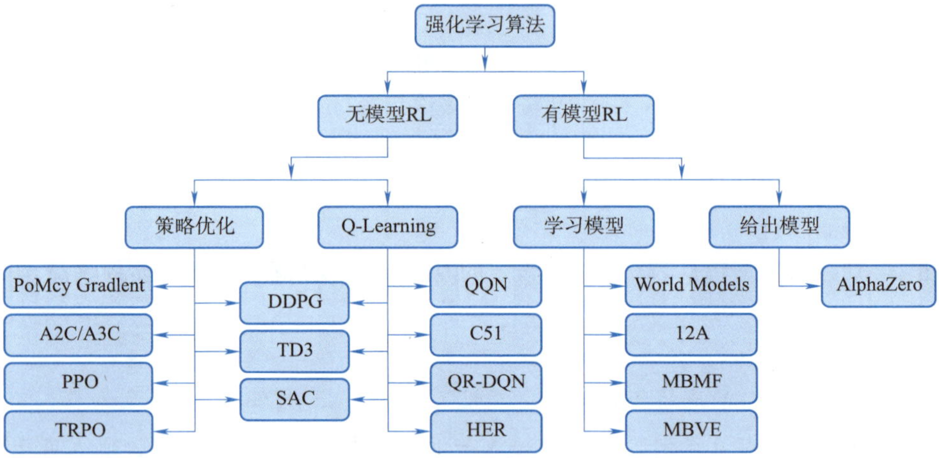

图 12-4 强化学习算法分类

2. 策略与值

基于策略的算法直接输出下一步动作的概率，根据概率来选取动作。但不一定概率最高就将选择该动作，还需从整体进行考虑，常见的算法有策略梯度算法。基于值的算法输出的是动作的价值，选择值最高的动作。适用于非连续的动作。常见的方法有 Q-learning 和 SARSA 算法。将策略和值两者结合出现了 Actor-Critic（演员-评论家）算法，Actor 根据概率做出动作，Critic 根据动作给出值，从而加速学习过程。

3. 回合更新和单步更新

回合更新的方法是指整个学习过程全部结束后再进行更新，单步更新的方法是指学习过程中的每一步都在更新,不用等到回合全部结束后再进行更新,常见的单步更新方法有 SARSA、Q-learning 和升级版的策略梯度算法,单步更新的算法效率更高。

4. 在线控制与离线控制

时序差分法的控制问题可以分为两类,一类是在线控制,另一类是离线控制。在线控制是始终使用一个策略来更新价值函数和选择新的动作,而离线控制则使用两个控制策略,一个策略用于更新价值函数,另一个策略用于选择新的动作。

5. RL 和逆向 RL

根据回报函数是否已知进行分类。正向 RL 是已知回报函数,寻找策略。而逆 RL 则是给定一个专家策略后,学习寻找最佳的回报函数,即根据专家实例学习回报函数。

6. 强化学习的要素

状态集 S、动作集 A、即时奖罚 R、衰减因子 γ、探索率 ϵ 是求解最优的动作价值函数 q^* 和最优策略 π^* 的要素。

12.2.3 Q-Learning 算法基本原理

Q-learning 是一种基于值的无模型 RL 算法。

1. 行为准则与决策

如果现在处于状态 s_1,有两个行为 a_1,a_2,在 s_1状态下,a_2带来的潜在奖励回报要比 a_1高,所以判断要选择 a_2作为下一个行为。更新状态为 s_2后,还是有两个选择,重复上面的过程。在 Q-Learning 算法中,潜在奖励用一个关于 s 和 a 的 Q 表格代替。在 Q 表格中,如果 $Q(s_1,a_1)=-2$ 小于 $Q(s_1,a_2)=1$,可在 Q 表中寻找到 $Q(s_2,a_1)$ 和 $Q(s_2,a_2)$ 的值后,并比较它们的大小,选取比较大的一个。接着根据 a_2到达 s_3并再次重复上面的决策过程。

例如,小学生作完作业,如果选择学习功课,则比选择看电视要获得较高的奖励。

2. Q-Learning 更新

在 Q-Learning 中,Q 表是可以通过更新来修改和提升的。根据 Q 表的估计,因为在 s_1中,a_2的值比较大,通过决策,在 s_1采取了 a_2,并到达 s_2,这时开始更新用于决策的 Q 表,但接着并没有在实际中采取任何行为,而是在想象自己在 s_2上采取了每种行为,分别检测两种行为中的最大的一个 Q 值,如果 $Q(s_2,a_2)$的值比 $Q(s_2,a_1)$的大,可将大的 $Q(s_2,a_2)$乘上一个衰减值 γ(比如是 0.9)并加上到达 s_2时所获取的奖励 R(这里奖励为 0),因为会获取实实在在的奖励 R,将这个作为现实中 $Q(s_1,a_2)$的值,但是之前是根据 Q 表估计 $Q(s_1,a_2)$的值。所以有了现实和估计值,就能更新$Q(s_1,a_2)$,根据估计与现实的差距,将这个差距乘以一个学习效率 α 累加上旧的 $Q(s_1,a_2)$的值变成新的值。但是,虽然用 $\max Q(s_2)$估算了一下 s_2的状态,还没有在 s_2上做出任何的行为,s_2的行为决策要等到更新完了以后再重新另外做。这就是无策略的 Q-Learning 是决策和学习优化决策的过程。

3. ε-贪婪选择动作

ε-贪婪选择动作的流程如下:智能体观测到状态 s 时,首先以 $1-\varepsilon$ 的概率在 Q 表里面选择 Q 值最大所对应的动作,然后以 ε 的概率随机选择动作。不再使用完全贪婪的算法,而是有一定的动作选择的完全随机性,这样就可以保证在迭代次数足够多的情况下使 Q 表中的所有动作都会被更新到。

例 12-3 如果使用 Q-learning 算法,观看在 s_2上选取哪一个动作将带来最大的奖罚,但是在真正要做决定时,却不一定将选取到那个带来最大奖罚的动作。Q-learning 在这一步只是估计了一下接下来的动作值,而 SARSA 算法则是在 s_2 这一步估算的动作也是接下来要做的动作。Q-learning 的 $Q(s_1, a_2)$ 现实的计算值也将改动,去掉最大 Q 值,取而代之的是在 s_2 选取的 a_2 的 Q 值,求出现实和估计的差距并更新 Q 表中的 $Q(s_1,a_2)$。

4. Q 表结构

$Q(s,a)$ 是在状态 s 时采取动作 a 之后可以获得的奖罚期望值。$Q(s,a)$ 越大,则智能体采取更好的动作,Q 表的结构如下:

状　态	动作 a_1	动作 a_2	动作 a_3
s_1	$q(s_1,a_1)$	$q(s_1,a_2)$	$q(s_1,a_3)$
s_2	$q(s_2,a_1)$	$q(s_2,a_2)$	$q(s_2,a_3)$
s_3	$q(s_3,a_1)$	$q(s_3,a_2)$	$q(s_3,a_3)$
s_4	$q(s_4,a_1)$	$q(s_4,a_2)$	$q(s_4,a_3)$

Q 表可以间接决定智能体的决策,因为 Q 表记录了所有的状态和动作的组合情况,例如,智能体在状态 s_2 时,就将在状态 s_2 所在的行选取最大的 Q 值所对应的动作。

假设下表是已经更新完成了的 Q 表:

状　态	动作 a_1	动作 a_2	动作 a_3
s_1	-1	1	3
s_2	2	0	1
s_3	1	5	7
s_4	5	6	3

智能体根据 Q 表完成决策的过程:当 $t=1$ 时,智能体观测到状态 s_2,于是查找状态 s_2 所在的行,发现 $Q(s_2,a_1)>Q(s_2,a_3)>Q(s_2,a_2)$,因此选择动作 a_1。如此时环境发生变化,智能体观测到环境的状态 s_4,接着查找状态 s_4 所在的行,智能体发现 $Q(s_4,a_2)>Q(s_4,a_1)>Q(s_4,a_3)$,于是智能体采取决策选择动作 a_2。

5. 更新公式

根据以上推导可以对 Q 值进行计算,有了 Q 值就可以进行学习,也就是 Q 表的更新过程,其中 α 为学习率 γ 为奖罚性衰变系数,采用时间差分的方法进行更新。

$$Q(s,a)\leftarrow Q(s,a)+\alpha[r+\gamma\max_{a'}Q(s',a')-Q(s,a)]$$

上式就是 Q-learning 更新的公式,根据下一个状态 s' 中选取最大的 $Q(s',a')$ 值乘以衰变 γ 加上最大真实回报值为 Q 现实值,而根据过往 Q 表中的 $Q(s,a)$ 作为 Q 估计值。

例 12-4　Q 表如下:

状　态	a_1	a_2
S_1	-2	-1
S_2	-4	2

$Q(s_1,a_2)$ 现实:　　　　　　$r+\gamma\max Q(s_2)$

$Q(s_1,a_2)$ 估计:　　　　　　$Q(s_1,a_2)$

$$差距=现实-估计=r+\gamma\max Q(s_2)-Q(s_1,a_2)$$

$$新\ Q(s_1,a_2)=老\ Q(s_1,a_2)+\alpha^*差距$$
$$=老\ Q(s_1,a_2)+\alpha^*(r+\gamma\max Q(s_2)-Q(s_1,a_2))$$

6. 更新 Q 表方法

算法开始的时候，需要随机初始化 Q 表，更新 Q 表就是一件非常关键的事情。

首先随机初始化一个 Q 表，然后任意初始化一个状态 s，也可以理解为智能体观测到的环境的状态，根据 Q 表使用 ε-贪婪选择动作选择状态 s 对应的动作 a，因为智能体做出了一个动作，将从环境中获得一个奖罚 r，由于环境发生变化，智能体又可观测到一个新的状态 s'，然后根据 Q 表在状态 s'所在的行来查询 Q 表，求得最大值，并按照公式更新 Q 表。

当 $r+\gamma\max_{a'}Q(s',a')=Q(s,a)$时，迭代收敛，也就是 Q 表的更新完成。

12.2.4　*Q*-Learning 算法流程

1. Q-Learning 算法工作步骤

1）初始化

（1）创建一个 Q 表，用于存储每个状态-动作对的 Q 值。初始时，Q 表可以随机初始化或者全部设为 0。

（2）选择一个初始状态 s。

2）循环执行以下步骤直到达到终止条件：

（1）在当前状态 s 下，选择一个动作 a。这个动作可以是基于 Q 表的选择（ε-greedy 策略）。

（2）执行动作 a，观察环境给出的下一个状态 s'和奖励 r。

（3）更新 Q 表中的 Q 值，使用以下公式：

$$Q(s,a)=Q(s,a)+a[r+\gamma\max_{a'}Q(s',a')-Q(s,a)]$$

其中，α 是学习率，用于控制更新的幅度。$Q(s',a')$是在状态 s'下所有可能动作的 Q 值中的最大值。

- 更新状态：$s=s'$。
- 如果达到终止状态，则重置环境并选择一个新的初始状态。

2. 关键参数

- 学习率 α：α 控制 Q 值更新的速度。通常随着时间逐渐减小。
- 探索率 ε：ε 用于 ε-greedy 策略，控制智能体探索未知动作的概率。通常随着时间逐渐减小。

3. 算法特点

- 无模型：Q-Learning 不需要知道环境的详细模型，只需要知道状态、动作和奖励。
- 收敛性：在满足一定条件下，Q-Learning 可以保证收敛到最优策略。
- 离线策略（off-policy）：即使智能体在执行其他策略，Q-Learning 可以学习最优策略。

4. ε-greedy 策略

ε-greedy 策略是一种在强化学习中常用的探索-利用策略。它以概率 ε 随机选择一个动作（探索），而以概率 $1-\varepsilon$ 选择当前 Q 值最高的动作（利用）。这是一种遗憾最小化算法，遗憾是指实际选择策略的损失与最优策略的损失之间的差值。换句话说，它衡量了由于未采取最佳行动而错过的机会。最小化长期遗憾是指遗憾最小化算法的目标是设计一种策略，使得长期累积的遗憾尽可能小。

1）策略描述

- 探索：以概率 ε 随机选择一个动作。这种随机选择可以帮助智能体探索环境，发现新的状态和动作的回报。

- 利用:以概率 $1-\varepsilon$ 选择当前状态下具有最高 Q 值的动作。这种选择基于智能体目前对环境的了解,目的是最大化累积奖励。

2)策略步骤

(1)在每个时间步,生成一个[0, 1]区间内的随机数。

(2)如果这个随机数小于 ε,则执行探索:从所有可能的动作中随机选择一个动作。

(3)如果这个随机数大于或等于 ε,则选择当前状态下具有最高 Q 值的动作。

(4)执行所选动作,观察环境反馈的奖励和下一个状态。

(5)更新 Q 值表。

12.3 深度强化学习模型与算法

深度强化学习(deep reinforcement learning,DRL)简称深度 RL,是人工智能的一种途径,因为它通过探索和接收来自环境的反馈来反映人类的学习。深度学习具有较强的感知能力,但是缺乏一定的决策能力,而强化学习具有决策能力,但对感知问题束手无策。因此,深度强化学习将两者结合起来,优势互补,为复杂系统的感知决策问题提供了一种新的解决算法。

深度强化学习系统对端的感知与控制系统具有很强的通用性,其学习过程可以描述为:

(1)在每个时刻智能体与环境交互得到一个高维度的观察结果,并利用深度学习算法来感知观察结构,并以具体的状态特征表示。

(2)基于预期回报来评价各动作的价值函数,并通过某种策略将当前状态映射为相应的动作。

(3)环境对此动作做出反应,并得到下一步观察。

通过不断循环以上过程,最终可以得到实现目标的最优策略。

12.3.1 深度 Q 网络算法

Deep Q-Learning 算法的基本思路来源于 Q-Learning。但是与 Q-Learning 不同的地方在于,它的 Q 值的计算不是直接通过状态值 s 和动作来计算,而是通过 Q 网络来计算的。

经典 QRL 算法和神经网络结合形成 DQN(Deep Q-Network)算法,可以有效地解决 Q 学习算法计算效率低和数据内存受限的问题。DQN 算法是一个基于值的 DRL 算法,主要是目标网络和经验池,结构如图 12-5 所示。DQN 算法的网络结构由目标网络和估计网络组成,这两个网络的结构相同,但参数不同。估计网络具有最新的网络参数,计算当前状态-动作对的价值,并且定期更新目标网络的参数,完成目标 Q 值计算。双网络结构打破了数据之间的相关性,使得 DQN 算法具有更好的泛化性。经验回放部分存储了智能体历史动作信息,打破了经验池中数据相关性和非静态分布问题。

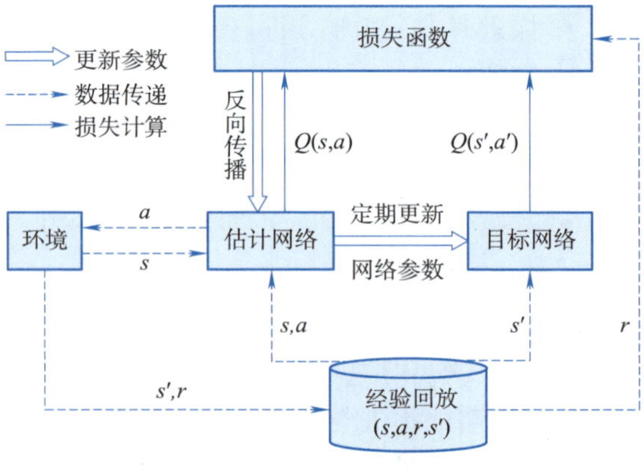

图 12-5 Q 网络结构

DQN 算法的 Q 更新方式如下:

$$Q(s,a) \leftarrow Q(s,a) + \alpha(r + \gamma \max_{a'} Q(s',a') - Q(s,a))$$

s'和 a'分别表示下一时刻的状态和动作，r 和 γ 分别表示动作奖罚和折扣因子。

DQN 算法的损失函数为

$$L(\theta) = \mathrm{E}[(r + \gamma \max_{a'} Q(s',a';\theta) - Q(s,a;\theta))^2]$$

DQN 算法的动作策略为

$$a_t = \operatorname{argmax}_a Q(\boldsymbol{\phi}(s_t), a;\theta)$$

$\boldsymbol{\phi}(s_t)$表示状态的特征向量，θ 为网络参数。

12.3.2　深度确定性策略梯度算法

深度确定性策略梯度算法(deep deterministic policy gradient, DDPG)是一个基于策略的 DRL 算法，其结构如图 12-6 所示。

DDPG 算法的网络结构分为评论家模块和演员模块，包含了四个神经网络。评论家模块采用时序差分误差(temporal difference error, TD-error)的方式更新网络参数 ω，并且定期复制 ω 到目标网络。演员模块采用 DPG 算法的方式更新网络参数 θ，并且动作策略根据其策略网络的输出结果来选择动作作用于环境。DDPG 算法与 DQN 算法、AC 算法相比具有良好的稳定性，而且能够处理连续动作空间任务。但是 DDPG 算法对超参数的变化很敏感，需要经过长时间的参数微调才能实现较好的算法性能，而且评论家的 Q 函数存在高估 Q 值的问题，将导致动作策略学习不充分而收敛到非最优状态。

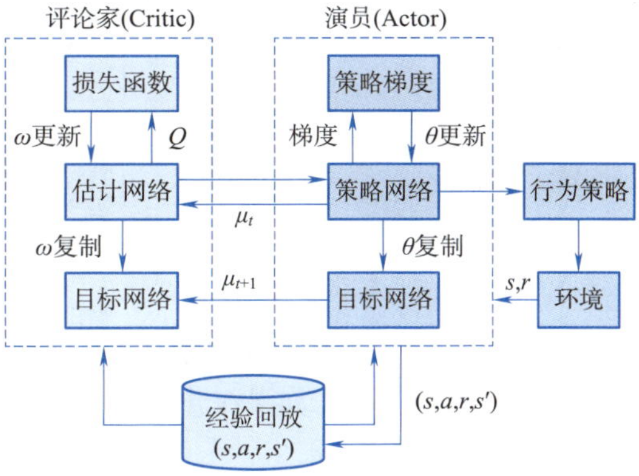

图 12-6　深度确定性策略梯度算法结构

在 DDPG 算法的基础上，提出了下述改进算法：

(1)双延迟深度确定性策略梯度算法。

DDPG 算法的优化包括三部分：采用双 Q 网络的方式解决了评论家中 Q 函数高估 Q 值的问题；通过延迟演员的策略更新使得演员的训练更加稳定；利用目标策略平滑化的算法在演员的目标网络计算 Q 值的过程中加入噪声，使网络准确且鲁棒性强。

(2)MA-BDDPG(model-assisted bootstrapped DDPG)算法。将 DDPG 算法中的经验池分为传统经验池和想象经验池，想象经验池数据来自动力学模型生成的随机想象转换。训练前智能体计算当前状态动作序列 Q 值的不确定性。Q 值的不确定性越大，则智能体从想象经验池中采集数据的概率越大。该方法通过扩充训练数据集显著加快了训练速度。

12.4　蚁群算法

蚁群算法是一种模拟蚂蚁觅食行为的模拟优化算法，它是由意大利学者 Dorigo M 等人于 1992 年首先提出，并首先应用于解决旅行商问题(TSP 问题)，之后又系统研究了蚁群算法的基本原理和数学模型。

蚁群算法是一种群智能算法，是基于生理学的智能仿生模型。蚁群算法是由一群无智能的个体或有轻微智能的智能体通过相互协作而表现出智能行为，从而为求解复杂问题提供了一个新途径。

12.4.1 蚁群寻食

1. 蚁群寻食过程

在蚂蚁觅食过程中，蚁群总能够按照一条从蚁巢和食物源的最优路径进行觅食，如图 12-7 所示。

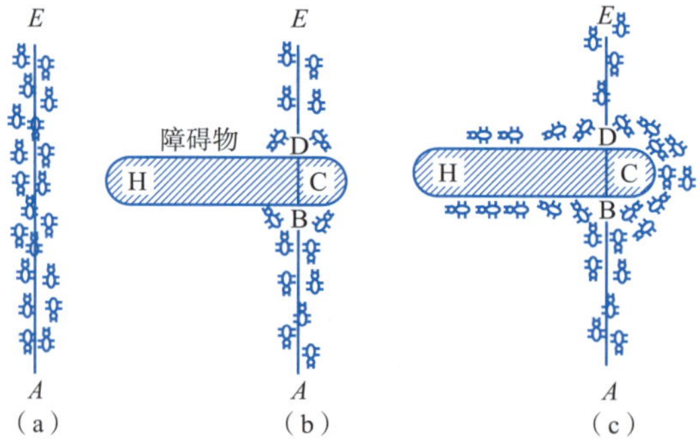

图 12-7 蚁群寻食过程

在图 12-7(a)中，有一群蚂蚁。其中 A 是蚂蚁巢，E 是食物源。这群蚂蚁将沿着蚂蚁巢和食物源之间的直线路径行驶。如果在 A 和 E 之间突然出现了一个障碍物[图 12-7(b)]，那么蚁群可以找到最短路径[图 12-7(c)]。

2. 基本原理

生物学研究结果表明，一群相互协作的蚂蚁能够找到食物和巢穴之间的最短路径，但是，单只蚂蚁却不能。生物学家经过大量细致观察发现，蚂蚁个体之间的行为是相互作用和相互影响。蚂蚁在运动过程中，能够在它所经过的路径上留下一种称之为信息素的物质，而此物质恰恰是蚂蚁个体之间信息传递交流的载体。蚂蚁在运动时能够感知这种物质，并且习惯于追踪物质爬行，而且爬行过程中还会释放信息素，一条路上的信息素踪迹越浓，其他蚂蚁将以越高的概率跟随爬行此路径，从而该路径上的信息素踪迹会被加强。因此，由大量蚂蚁组成的蚁群的集体行为可以表现出一种信息正反馈现象。某一路径上走过的蚂蚁越多，则后来者选择该路径的可能性就越大。蚂蚁个体之间就是通过这种间接的通信机制实现协同搜索最短路径的目标。蚂蚁觅食行为进一步的分析说明如图 12-8 所示。

图 12-8(a)是原始状态，蚂蚁起始点为 A，终点为 C，中途有障碍物 BD，要绕过 BD 才能到达 C。AB 和 AD 是绕过障碍物的两条路径。各个路径的距离 d 已经标定，分别为：

$AB=0.5, AD=1, BC=0.5, CD=1$

图 12-8(b)是 $t=0$ 时刻状态，各个边上有相等的信息素浓度，假设均为 10。

图 12-8(c)是 $t=1$ 时刻蚂蚁经过后的状态，各个边的信息素浓度有变化；因为大量蚂蚁的选择概率不同，由于选择概率和路径长度相关，所以路径越短，蚂蚁的选择概率越大，路径的信息素浓度也越高，经过此短路径达到目的地的蚂蚁也会比其他路径多。这样大量的蚂蚁实践之后就找到了最短路径。上述过程可以概括为以下几点：

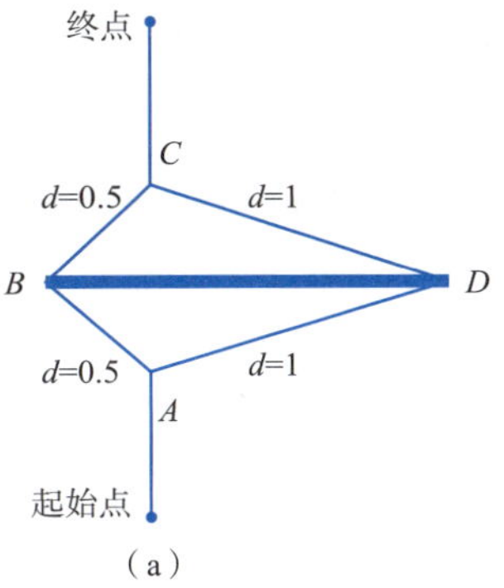

图 12-8　蚂蚁觅食行为的分析

(1)路径概率选择原则是信息素越浓的路径,则被选中的概率越大。

(2)信息素更新原则是路径越短,路径上的信息素增长越快。

(3)协同工作机制是蚂蚁个体通过信息素进行信息交流。

从蚂蚁觅食的过程可见,单个个体的行为非常简单,蚂蚁只知道跟踪信息素爬行并在爬行中释放信息素,但组合后的群体所体现的智能更高,蚂蚁群体能够在复杂的地理分布情况下,轻松地找到蚁穴与食物源之间的最短路径。

12.4.2　蚁群算法设计

蚁群算法是基于生态学现象的启发后进行模拟和改进的结果,觅食的蚂蚁由人工蚁来替代,人工蚁群释放的信息素为人工信息素,人工蚁群爬行和信息素的蒸发不在连续时空中进行,而是在离散时空中进行。

人工蚁群与真实蚁群对比见表 12-1。

表 12-1　人工蚁群与真实蚁群比较

相　同　点	不　同　点
(1)都存在个体相互交流的通信机制。 (2)都要完成寻找最短路径的任务。 (3)都采用根据当前信息进行路径选择的随机选择策略	(1)人工蚂蚁具有记忆力。 (2)人工蚂蚁不是完全盲目地选择路径。 (3)人工蚂蚁处于离散时间的环境中,而真实蚁群生活在连续时间的环境中

以求解 TSP 问题为例。即在有限个城市内找到路径最短的距离组合,来说明设计蚁群算法的过程。

1. 初始化参数

由于蚁群算法涉及的参数较多,且这些参数的选择对程序又都有一定的影响,所以选择合适的参数组合很重要。蚁群算法的特点是在寻优的过程中带有一定的随机性,这种随机性主要体现在出发点选择的随机性。蚁群算法正是通过这个初始点的选择将全局寻优转化为局部寻优。参数设定就是在全局和局部之间建立一个平衡点。蚁群算法中需要设定如下主要参数。

1)蚂蚁数量 m

蚂蚁数量 m 一般设置为目标数的 1.5 倍,例如,50 个城市的 TSP 问题求解,需要 75 只以上的人工蚂蚁,如果蚂蚁数量参数设置过大,则每条路径上的信息素趋于平均,正反馈作用减弱,从而导致收敛速度减慢；如果参数设置过小，则可能导致一些从未搜索过的路径信息素浓度减小为0，导致过早收敛，解的全局最优性降低。

2）信息素常量 Q

信息素常量 Q 根据经验一般取值在[10,1 000]，如果参数设置过大，将使蚁群的搜索范围减小，容易过早地收敛，使种群陷入局部最优；如果参数设置过小，则每条路径上信息含量差别较小，容易陷入混沌状态。

3）最大迭代次数

最大迭代次数 t 一般取[100,500]，建议取200。如果参数设置过大，则运算时间过长；如果参数设置过小，则可选路径较少，易使种群陷入局部最优。

4）信息素因子 a

信息素因子 a 反映了蚂蚁运动过程中路径上积累的信息素的量，表示蚁群搜索中的相对重要程度。取值范围通常在[1,4]之间。如果信息素因子参数 a 设置过大，则蚂蚁选择以前已经走过的路的可能性较大，容易使随机搜索性减弱；如果参数 a 设置过小，则蚁群易陷入纯粹的随机搜索，使种群陷入局部最优。

5）启发函数因子 β

启发函数因子 β 反映了启发式信息在指导蚁群在路径搜索中的相对重要程度，其大小反映的是蚁群寻优过程中先验性、确定性因素作用的强度。当它越大时，也更容易导致收敛过快。一般设置为[0,5]。

6）信息素挥发因子 ρ

信息素挥发因子 ρ 是指信息素的消失水平，它的大小直接关系到算法的全局搜索能力和收敛速度、过大导致信息素挥发过快，一些较好的路径会被排除；过小导致路径残留信息素较多，影响算法效率。一般设置为[0.2,0.5]。

2. 构建模型

目标蚂蚁是在固定的解空间内寻找最优解，首先肯定是将蚂蚁放在各个不同的出发点，然后让蚂蚁根据选择依据选择下一个要访问的城市，这个选择依据是使用轮盘选择法。

1）蚂蚁选择城市

每个蚂蚁都随机选择一个城市作为其出发城市，并维护一个路径记忆向量，用来存放该蚂蚁依次经过的城市。蚂蚁是根据信息素的浓度来判断所走的路线，在这里应说明，不是说哪条路的信息素浓度高蚂蚁就一定走哪条路，而是走信息素浓度高的路线的概率比较高。那么首先就需要知道蚂蚁选择走每个城市的概率，然后再通过轮盘赌法（相当于转盘）确定蚂蚁所选择的城市。

蚂蚁选择城市的概率计算公式如下：

$$P_{ij}^{k} = \begin{cases} \dfrac{\tau_{ij}^{\alpha}(t) * \eta_{ij}^{\beta}(t)}{\sum_{S \in \text{allowed}_k} \tau_{ij}^{\alpha}(t) * \eta_{ij}^{\beta}(t)} & j \in \text{allowed}_k \\ 0 & \text{其他} \end{cases}$$

式中，ij 分别为起点和终点，k 表示第 k 只蚂蚁，$\eta_{ij}(t) = 1/d_{ij}$ 为启发函数，用于表示蚂蚁从 i 到 j 路径距离的倒数，$\tau_{ij}(t)$ 为时间 t 时刻由 i 到 j 的信息素浓度，allowed_k 表示蚂蚁 k 未访问过的节点集合。

该公式表明蚂蚁选择城市的概率主要与 $\tau_{ij}(t)$ 和 $\eta_{ij}(t)$ 有关，分母为蚂蚁 k 可能访问的城市之和（为常数），这样才能使蚂蚁选择各个城市的概率之和为1，符合概率的定义。$\tau_{ij}(t)$ 和 $\eta_{ij}(t)$ 上的指数信息素因子 a 和启发函数因子 β 只决定了信息素浓度以及启发函数对蚂蚁 k 从 i 到 j 的可能性的贡献程度。

2）轮盘选择法

轮盘选择法确定蚂蚁所选择的城市。

假设蚂蚁在 D 点，A、B、C 为已经去过的点，E、F、G 为没去过的点。现在蚂蚁要在 E、F、G 三个点中选择一个点作为下一步要到达的点。

假设信息素因子 $a=1.0$，启发函数因子 $\beta=2.0$。

DE 间信息素为 2，DE 间距离为 2；

DF 间信息素为 5，DF 间距离为 2；

DG 间信息素为 3，DG 间距离为 3。

则根据公式上述的蚂蚁选择城市的概率计算公式，计算出 E、F、G 点被选择的概率值分别是

pro_E = 2/(2×2) = 0.5

pro_F = 5/(2×2) = 1.25

pro_G = 3/(3×3) = 0.333 3

总的概率值 pro_total = pro_E + pro_F + pro_G = 0.5 + 1.25 + 0.333 = 2.083

那么 E、F、G 被选择的概率分别是：

p_E = pro_E/pro_total = 0.5/2.083 = 24%

p_F = pro_F/pro_total = 1.25/2.083 = 60%

p_G = pro_G/pro_total = 0.333/2.083 = 16%

如果蚂蚁往选择概率最大的地方走，应该选择 F 点为下一个点，这样会导致一个问题，每只蚂蚁到了 D 点都会选择 F 点作为下一个点，同样在其他的点上也会有这种情况发生，每只蚂蚁选择的下一个点都是同一个点，这将导致所有蚂蚁找到的路径都是相同的，将使蚂蚁失去探索新路径的机会，算法陷入停滞。

为了避免这个问题，可使用轮盘选择法来选定下一个点，方法如下：

在[0,1]之间取一个随机数 R。然后用 R 减 p_E，如果减去后的结果小于等于 0 就选 E 作为下一个点，如果减去后还大于 0，就继续再减去 p_F，直到减去后的结果小于等于 0。然后用最后减去时的那个概率值对应的点作为下一个点。

假设[0,1]之间取得的随机数字是 0.9，则转盘上蓝色的小箭头就顺时针旋转 0.9 圈。可以看到蓝色的小箭头落在了 G 所在的扇区里，因此蚂蚁就选择 G 作为下一个点。

可以看出，在[0,1]之间取一个随机数，这个数字落在 F 区间里的可能性最大，E 次之，G 最小。可以看出使用轮盘选择法可以使蚂蚁往概率值大的地方走的可能性增大，但也有一定的可能往概率小的地方走，这样可以使蚂蚁探索新的路径，避免算法停滞或者进入局部最优解。

蚁群算法是带有正反馈的随机搜索算法，随机性和正反馈是算法的核心，丢失任何一个都会使算法失去作用。正反馈是通过信息素来实现的，而随机性正是通过轮盘选择法来实现的。如果不用轮盘选择法，那么算法就是贪心搜索算法。

例 12-5　蚂蚁选择城市。

如图 12-9 所示，计算蚂蚁从起点城市 2 到可达城市 1、3、5 的概率。

在图 12-9 中，城市 2 与城市 1、3、5 相连，每条路径上的数字代表 i 和 j 两城市间的距离 d_{ij}。设置初始时每条路径上的信息素浓度均为 1，信息素因子 a 为 2，启发函数因子 β 为 3，一只蚂蚁 k 的起点为城市 2，到下一个城市 $j(j=1,2,3)$ 的概率计算如下：

$$P_{21}^{k}=0.039$$

$$P_{23}^{k}=0.039$$

$$P_{25}^{k}=0.93$$

利用轮盘选择法，个体被选中的概率与其适应度大小成正比。如果产生一个随机数为0.03，则选择城市1；如果产生一个随机数为0.05，则选择城市3；如果产生一个随机数为0.20，则选择城市5。

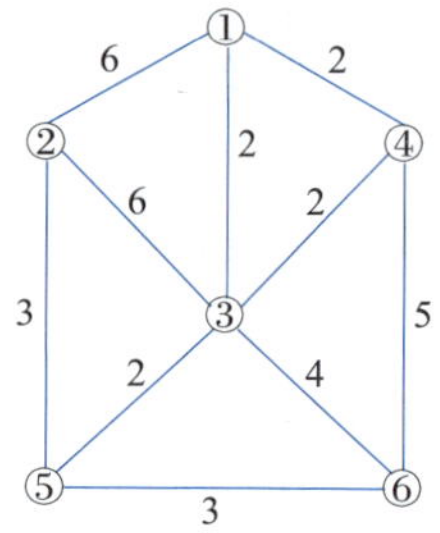

图 12-9　六个城市间距离

3. 更新信息素

计算各蚂蚁经过的路径长度，记录当前最优解，之后将路径上的信息素进行更新，新的信息素量等于原本就有的信息素挥发后剩下的量加上此蚂蚁走过留下的信息素。在迭代过程中始终对信息素进行累加，以保证最终蚂蚁能够收敛到最优解。其中增加的信息素为：

更新信息素的计算公式如下：

$$\tau_{ij}(t+1)=\tau_{ij}(t)\ (1-\rho)+\Delta\tau_{ij},\quad 0<\rho<1$$

$$\Delta\boldsymbol{\tau}_{ij}=\sum_{k=1}^{m}\Delta\tau_{ij}^{k}$$

式中，$\tau_{ij}(t+1)$为第$t+1$次循环后，城市i到j的信息素含量；ρ为信息素挥发因子，信息素残留系数$=(1-\rho)$；$\tau_{ij}(t)(1-\rho)+\Delta\boldsymbol{\tau}_{ij}$为第$t$次循环后剩余的信息素含量；$\Delta\tau_{ij}^{k}$为第$k$只蚂蚁在路径$(i,j)$上留下的信息素含量；$\Delta\boldsymbol{\tau}_{ij}$为新增信息素含量，等于$m$只蚂蚁在城市$i$到$j$路径上留下的信息素总和。

根据不同的规则，可以将蚁群算法分为三种模型：蚁周模型、蚁量模型和蚁密模型。蚁周模型是完成一次路径循环后，蚂蚁才释放信息素，其利用的是全局信息。蚁量模型和蚁密模型蚂蚁完成一步后就更新路径上的信息素，其利用的是局部信息。在这里使用最常用的蚁周模型。三种信息增量$\Delta\tau_{ij}^{k}$计算方法如下：

（1）蚁周模型的$\Delta\tau_{ij}^{k}$计算：

$$\Delta\tau_{ij}^{k}=\begin{cases}Q/L_k & \text{如果第}\ k\ \text{只蚂蚁在本次循环中经过路径}\ i\ \text{到}\ j\\ 0 & \text{否则}\end{cases}$$

式中，Q为信息素常量；L_k为第k只蚂蚁在本次循环中所走路径的长度。

（2）蚁量模型的$\Delta\tau_{ij}^{k}$计算：

$$\Delta\tau_{ij}^{k}=\begin{cases}Q/d_{ij} & \text{如果第}\ k\ \text{只蚂蚁在本次循环中经过路径}\ i\ \text{到}\ j\\ 0 & \text{否则}\end{cases}$$

式中，Q为之前设置的信息素常量；d_{ij}为城市i到城市j的距离。

（3）蚁密模型的$\Delta\tau_{ij}^{k}$计算：

$$\Delta\tau_{ij}^{k}=\begin{cases}Q & \text{如果第}\ k\ \text{只蚂蚁在本次循环中经过路径}\ i\ \text{到}\ j\\ 0 & \text{否则}\end{cases}$$

式中，Q为信息素常量。

上述三种模型的区别是：蚁周模型利用了全局信息，在走一圈后更新。第2和第3种模型中利用的都是局部信息。

例 12-6　信息素的更新过程

参阅图12-4，假设初始时各路径信息素浓度都为10，则信息素矩阵为：

$$
\begin{array}{c c}
 & \begin{array}{cccccc} 1 & 2 & 3 & 4 & 5 & 6 \end{array} \\
\begin{array}{c} 1\\2\\3\\4\\5\\6 \end{array} &
\begin{bmatrix}
0 & 10 & 10 & 10 & 10 & 10 \\
10 & 0 & 10 & 10 & 10 & 10 \\
10 & 10 & 0 & 10 & 10 & 10 \\
10 & 10 & 10 & 0 & 10 & 10 \\
10 & 10 & 10 & 10 & 0 & 10 \\
10 & 10 & 10 & 10 & 10 & 0
\end{bmatrix}
\end{array}
$$

如果信息素挥发因子 $\rho = 0.5$，则信息素矩阵为：

$$
\begin{array}{c c}
 & \begin{array}{cccccc} 1 & 2 & 3 & 4 & 5 & 6 \end{array} \\
\begin{array}{c} 1\\2\\3\\4\\5\\6 \end{array} &
\begin{bmatrix}
0 & 5 & 5 & 5 & 5 & 5 \\
5 & 0 & 5 & 5 & 5 & 5 \\
5 & 5 & 0 & 5 & 5 & 5 \\
5 & 5 & 5 & 0 & 5 & 5 \\
5 & 5 & 5 & 5 & 0 & 5 \\
5 & 5 & 5 & 5 & 5 & 0
\end{bmatrix}
\end{array}
$$

添加第 k 只蚂蚁在路径上释放的信息素，设蚂蚁 k 走过的路径 1→2→5→6→3→4→1，总路径长度 $L_k = 6 + 3 + 3 + 6 + 2 + 2 = 22$，信息素常量 Q 为 66，$\Delta\tau_{ij}^{k} = Q/L_k = 3$，则更新了第 k 只蚂蚁的路径信息素矩阵如下：

$$
\begin{array}{c c}
 & \begin{array}{cccccc} 1 & 2 & 3 & 4 & 5 & 6 \end{array} \\
\begin{array}{c} 1\\2\\3\\4\\5\\6 \end{array} &
\begin{bmatrix}
0 & 8 & 5 & 8 & 5 & 3 \\
8 & 0 & 5 & 5 & 8 & 5 \\
5 & 5 & 0 & 8 & 5 & 8 \\
8 & 5 & 8 & 0 & 5 & 5 \\
5 & 8 & 5 & 5 & 0 & 8 \\
5 & 5 & 8 & 5 & 8 & 0
\end{bmatrix}
\end{array}
$$

4. 判断算法是否达到迭代次数

每当该蚂蚁走完之后都判断是否达到最大迭代次数，算法停止依据也可以选择当前最优解近似作为全局最优解。其流程图如图 12-10 所示。

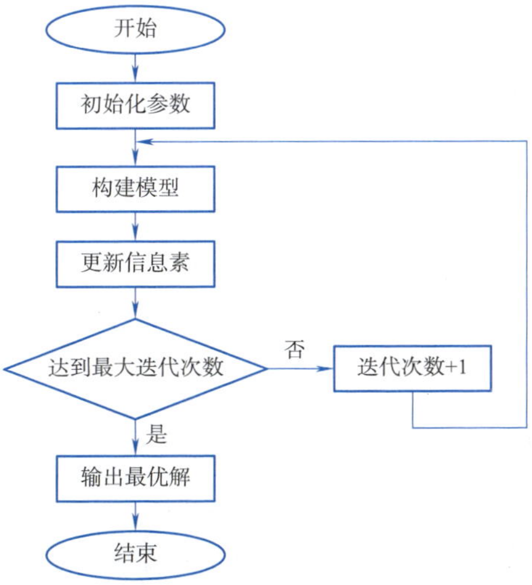

图 12-10　蚁群算法工作过程

12.4.3 基于蚁群算法的 TSP 问题求解

利用蚂蚁算法解决 TSP 问题的过程如图 12-11 所示。

1. 首先初始化

需要对相关参数进行初始化,蚂蚁数量 m、信息素因子 α、启发函数因子 β、信息素挥发因子 ρ、信息素常数 Q、最大循环次数 t 等。

2. 构建解空间

将各个人工蚂蚁随机放置于不同的城市出发,对每个人工蚂蚁 $k(k=1,2,\cdots\cdots,m)$,计算其下一个待访问的城市,直到所有人工蚂蚁都访问完所有的城市为止,即 $k=m$ 为止。在这一步需要通过计算状态转移概率来选择下一个城市,并修改禁忌表,禁忌表体现了人工蚂蚁的记忆性,登记了每个人工蚂蚁所访问过的城市,使得每个人工蚂蚁不会走重复的路,保证了只访问一次。还有允许表的概念,允许表是指蚂蚁站在当前点上,下一步允许选择的所有点的集合;与之对应的是禁忌表,禁忌表中记录不允许选择的点,也就是蚂蚁已经经过的点。那么从当前点 i 到下一点 j 的概率 $p_{i,j}$ 计算公式为:当下一点 j 在禁忌表中,这个概率就是公式下面的 0;当 j 在允许表中,概率计算就是上面的公式。首先看分子,$\tau(i,j)$ 是 i 到 j 的信息素,$d_{i,j}$ 是 i 到 j 的距离;分母就是所有允许表中 j 的和。

信息素的更新值是由蚁群内每一只蚂蚁的路径计算出来。对于蚁群内的第 k 只蚂蚁,如果他经过了边 (i,j),那么蚂蚁 k 引起 i 到 j 的信息素增量就是一只蚂蚁的信息素总量除以这只蚂蚁的路径长度;如果没经过,那该只蚂蚁引起的增量为 0。信息素更新矩阵计算完毕后,加上本代信息素矩阵衰减后的值,即为下一代迭代所用到的信息素矩阵。

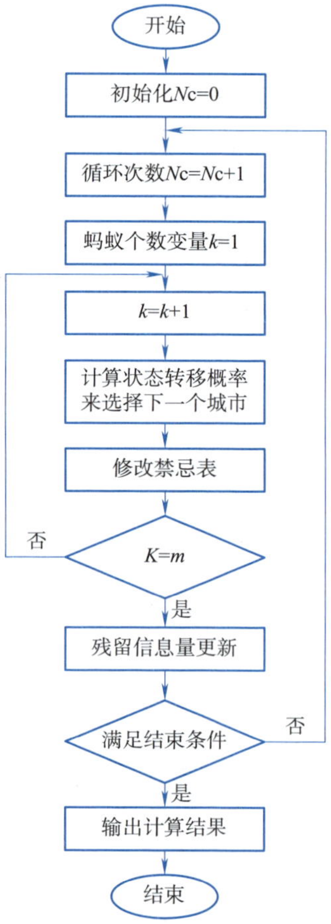

图 12-11 利用蚁群算法解决 TSP 问题的过程

3. 更新信息素

计算各个蚂蚁经过的路径长度 L,记录当前迭代次数中的最优解(最短路径)。同时,对各个城市连接路径上的信息素浓度进行更新。

4. 判断是否终止

由循环次数 Nc 控制最大循环次数,如果迭代次数小于预定的迭代次数且无退化行为(值找到的都是相同的解),则转向步骤 2,否则,输出目前的最优解。

迭代停止的条件可以选择合适的迭代次数后停止,输出最优路径,也可以看是否满足指定最优条件,找到满足的解后停止。这里算法每一次迭代的意义是:每次迭代的 m 只蚂蚁都完成了自己的路径过程,回到原点后的整个过程。

可以看出,蚁群的寻路过程就是重复个体寻路过程。

例 12-7 蚂蚁寻路过程。

如图 12-12 所示的一个简单网络有 4 个节点。单个蚂蚁寻路过程如图 12-13 所示。

在群蚁算法中,寻路和信息素更新计算是关键。蚂蚁种群的所有蚂蚁寻路完成后,就形成了一组路径，这一代的迭代基本结束，然后就是更新信息素了。信息素的更新值是由蚁群内每一只蚂蚁的路径计算出来。对于蚁群内的第 k 只蚂蚁，如果它经过了边 (i,j)，那么蚂蚁 k 引起 i 到 j 的信息素增量就是一只蚂蚁的信息素总量除以这只蚂蚁的路径长度；如果没经过，那该只蚂蚁引起的增量为 0。信息素更新矩阵计算完毕后，加上本代信息素矩阵衰减后的值，即为下一代迭代所用到的信息素矩阵。

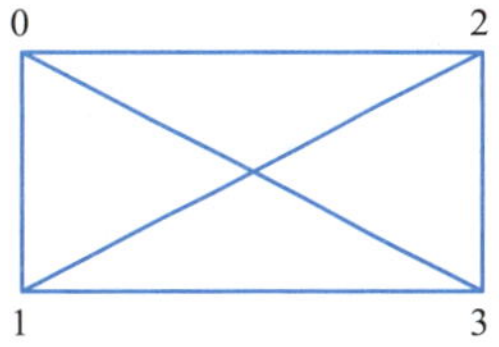

图 12-12　一个简单网络

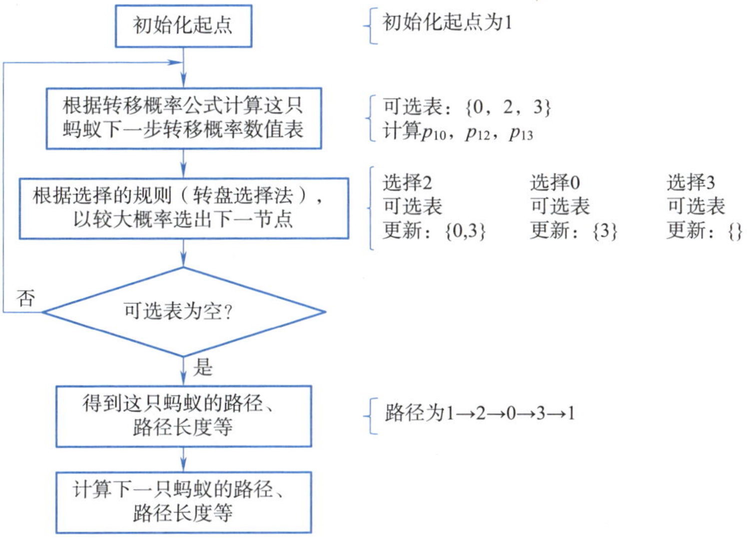

图 12-13　单个蚂蚁寻路过程

蚁周模型的 $\Delta\tau_{ij}^{k}$ 计算：

$$\Delta\tau_{ij}^{k}=\begin{cases}Q/L_K & \text{如果第 } k \text{ 只蚂蚁在本次循环中经过路径 } i \text{ 到 } j\\ 0 & \text{否则}\end{cases}$$

其中，Q 为信息素常量，L_k 表示第 k 只蚂蚁在本次循环中所走路径的长度。

$$\Delta\tau_{ij}=\sum_{k=1}^{m}\Delta\tau_{ij}^{k}$$

$$\tau_{ij}(t+1)=\tau_{ij}(t)(1-\rho)+\Delta\tau_{ij},\quad 0<\rho<1$$

如果蚁群有 3 只蚂蚁，每只蚂蚁携带信息素总量 $Q=1$。如果一次寻路完成得到 3 条路径，且路径长度各为 1、2、0.5，则蚂蚁各条路径对应边引起信息素增量分别为 1、0.5、2。找到各自经过的边，累加信息素增量如下：

蚁群路径	路径长度	边 (i,j)	$\Delta\tau_{ij}^{k}$
0 2 3 1 0	1	0,2　2,3　3,1　1,0	1
1 0 3 2 1	2	1,0　0,3　3,2　2,1	0.5
3 0 1 2 3	0.5	3,0　0,1　1,2　2,3	2

可得到信息素更新矩阵：

$$\Delta\tau_{ij}=\begin{bmatrix}0 & 2 & 1 & 0.5\\ 1.5 & 0 & 2 & 0\\ 0 & 0.5 & 0 & 2\\ 2 & 1 & 0.5 & 0\end{bmatrix}$$

信息素更新矩阵计算后，加上本代信息素矩阵衰减后的值，即为下一代迭代所用到的信息素矩阵。

应用蚁群算法解决 31 个城市的 TSP 问题，主要参数如下：

m：蚂蚁数量 50。

M：城市数量 31。

α：信息素重要程度因子为 1。

β：启发函数重要程度因子为 5。

ρ：信息素挥发因子为 0.1。

Q：信息素常系数为 1。

T：启发函数为 $1/D$。

Table：禁忌表，例如 Table = zeros(m, n)。

N_c_max：最大迭代次数为 150。

程序模拟结果如图 12-14 所示。

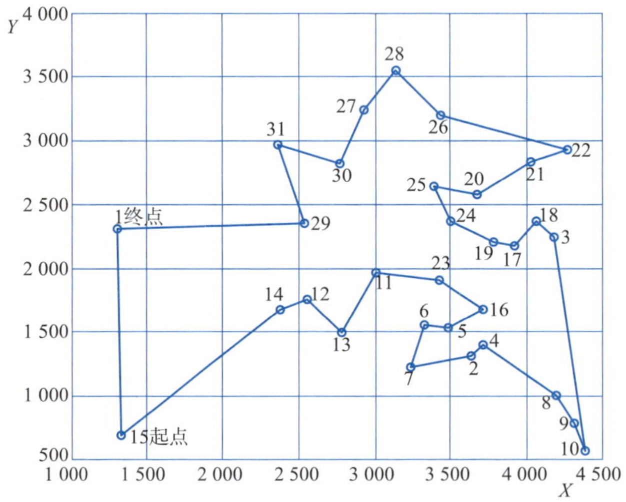

图 12-14　程序模拟运行结果

12.4.4　蚁群算法的特点

蚁群算法的主要特点如下：

(1) 蚁群算法是一种正反馈机制的增强型学习系统；它是通过最优路径上蚂蚁数量增加导致后来蚂蚁选择该路径概率增大，达到最终收敛于最优路径。

(2) 蚁群算法是通用型随机优化方法，吸收了蚂蚁的行为特征，使用人工蚂蚁进行仿真。

(3) 蚁群算法是分布式的优化方法，多个体同时进行搜索，具有本质并行性，大大提高了算法的搜索效率。

(4) 蚁群算法是启发式算法，不容易陷入局部最优而更容易搜索到全局最优。

(5) 蚁群算法是全局优化的方法，不仅可以用于求解单目标优化问题，而且也适用于求解多目标优化问题。

小　结

人工智能博弈研究是人工智能领域的一个重要分支,它不仅有助于提高智能系统的决策能力,也有助于推动人工智能技术的发展。RL 是针对序列决策问题通过试错的方式学习最优策略。在每一个时间步骤,智能体接受一个状态,根据策略选择一个动作,获得奖赏,然后根据环境的动态模型转移到下一个状态。在 RL 中,策略就是状态到动作的映射,经验是指状态、动作、奖赏、下一个状态系列的数据。而群智能是指无智能的群体通过合作表现出智能行为的特性,群智能计算已成为在没有集中控制并且不提供全局模型的场景下的复杂分布式问题求解的基础。本章主要介绍了 Q-Learning 算法、强化学习模型与算法和蚁群算法,通过这些内容的学习,可为人工智能博弈研究与学习和演化计算技术的应用建立基础。

第13章 智能机器人

本章知识导图

- 智能机器人
  - 概述
    - 智能机器人分类
    - 智能机器人要素
    - 智能机器人技术
  - 导航定位技术
    - 自主定位导航的任务
    - 智能自主定位导航技术
  - 智能机器人感知
    - 智能机器人视觉
    - 智能机器人触觉
    - 智能机器人听觉
    - 多传感器信息融合
  - 智能机器人交互技术
    - 语音交互
    - 情感交互
    - 体感交互

13.1 概　　述

机器人的应用越来越广泛，正在替代人发挥着日益重要的作用。随着计算机、微电子、信息技术的快速进步，机器人技术的发展速度越来越快、机器人的智能程度越来越高、应用范围也越来越广泛。在海洋开发、宇宙探测、工农业生产、军事、社会服务、娱乐等各个领域，机器人正朝着智能化和多样化等方向发展。

机器人的发展分为三代：

第一代机器人只有手，以固定程序工作，不具有对外界信息的反馈能力。这种机器人一般可以根据操作人员所编的程序，完成一些简单的重复性操作。从20世纪60年代后半叶开始投入实际使用，目前在工业界已得到广泛应用。

第二代机器人具有对外界信息的反馈能力，如触觉、视觉和力觉等。这一代是感知机器人，又称为自适应机器人。它是在第一代机器人的基础上发展起来的，能够具有不同程度的感知周围环境的能力。这类利用感知信息来改善机器人性能的研究开始于20世纪70年代初期，到1982年，已为装配线上的机器人装配了视觉系统，宣告了感知机器人的诞生，并在20世纪80年代得到了广泛应用。

第三代机器人具有识别、推理、规划和学习等智能机制，并将感知和智能行动结合起来，因此能在非特定的环境下作业，称为智能机器人。1956年在达特茅斯会议上，马文·明斯基提出了他对智能机器的看法：智能机器能够创建周围环境的抽象模型，如果遇到问题，能够从抽象模型中寻找解决方法。这个定义一直影响着智能机器人的研究方向。

机器人是人工智能的载体,智能机器人是机器人与人工智能之间的桥梁,是由人工智能程序控制的机器人。智能机器人是一个在感知、思维、效应方面全面模拟人的机器系统,外形不一定像人。智能机器人又是人工智能技术的综合试验场,可以全面地考察人工智能各个领域的技术与相互之间的关系。还可以在有害环境中代替人从事危险工作。

机器学习是人工智能的核心技术之一,其中算法通过使用已知的输入和输出,以某种方式训练,以对特定输入进行响应。将人工智能与更传统的编程区分开来的关键方面是智能,非人工智能程序只需执行一个定义的指令序列,人工智能程序模仿人类智力水平。

13.1.1　智能机器人分类

智能机器人是当前技术发展的重要方向,它们在不同的应用领域中扮演着越来越重要的角色。智能机器人可以根据不同的标准进行分类,以下是一些常用的分类方式与结果。

1. 按功能分类

- 工业机器人:用于制造业的自动化生产,如焊接、装配、搬运等。
- 服务机器人:用于服务业,如医疗、餐饮、家庭服务等。
- 特种机器人:用于特殊环境或任务,如军事、勘探、救援等。

2. 按移动能力分类

- 固定式机器人:不具有移动能力,如工厂流水线上的机器人。
- 移动式机器人:可以自主移动,如无人驾驶汽车、移动机器人助手等。

3. 按操作方式分类

- 遥控机器人:由人远程控制操作。
- 自主机器人:能够自主感知环境并作出决策。

4. 按智能程度分类

- 示教再现型机器人:通过预先编程或示教来执行任务。
- 感知型机器人:能够通过传感器感知外部环境,进行简单判断和操作。
- 智能型机器人:具有高级的认知和决策能力,能在复杂环境中自主工作。

5. 按应用领域分类

- 医疗机器人:用于手术、康复、护理等。
- 教育机器人:用于教学、科研等。
- 娱乐机器人:用于娱乐、陪伴等。

6. 按外形分类

- 人形机器人:外观类似人类的机器人。
- 动物形机器人:模仿动物外形的机器人。
- 机械臂:通常只有一部分类似臂膀的机器人。

7. 按交互方式分类

- 语音交互机器人:通过语音与人类交流。
- 视觉交互机器人:通过视觉识别与人类交流。
- 触觉交互机器人:通过触觉感应与人类交互。

智能机器人的分类方法多种多样,不同的分类标准可以交叉使用,以更准确地描述机器人的特性。随着技术的不断进步,智能机器人的种类和应用领域也将不断扩展。

13.1.2 智能机器人要素

以人工智能为基础的智能机器人拥有各种类型的传感器、灵活的构架和应用程序，无论在形体上还是在智力上，智能机器人已经具备了人的某种程度的属性。智能机器人由大脑、感受器、效应器和手、脚、鼻子、触角等组成。

智能机器人的大脑是中央处理器，中央处理器与操作它的人有直接的联系。最主要的是可以按目的安排而动作。智能机器人具备各种内部信息传感器和外部信息传感器，如视觉、听觉、触觉、嗅觉等传感器。利用摄像头、声呐、激光雷达、雷达和激光器来评估和测量它们的环境，以及使用陀螺仪和加速度计来测量它们的运动。除了具有上述感受器之外，它还有效应器来用于应对周围环境。效应器的唯一目的是对环境施加物理力，这种效应器就是智能机器人的筋肉或称自整步电动机，它们可使智能机器人的手、脚、鼻子、触角等都运动起来。

1. 智能机器人的特点

(1)智能机器人又称为自控机器人，与一般机器人不同，是控制论的产物。控制论主张，无论生命还是非生命有目的的行为在多方面一致。智能机器人是一种系统的功能实现，这种系统过去只能从生命细胞生长的结果中得到，但现在已由人工制造出来。

(2)智能机器人能够理解人类语言，并可以用人类语言与操作者对话，在它自身的意识中单独形成了一种使它得以生存的外界环境和实际情况的详尽模式。智能机器人能够分析出现的情况，并能够调整自己的动作以达到操作者所提出的全部要求，能够拟定所希望的动作，并在信息不充分的情况下和环境迅速变化的条件下完成这些动作。

(3)智能机器人视觉使用了相机硬件和计算机算法的组合来处理来自机器人外部世界的视觉数据。系统可以使用一个二维摄像头来检测机器人拾取的对象，也可以使用三维立体相机引导机器人完成更复杂的工作。如果没有机器人视觉，机器人行动是盲目的行动。

2. 智能机器人基本要素

1)感觉要素

感觉要素是指认识周围环境状态，能感知视觉等的非接触型传感器和能够感知力、压觉、触觉等的接触型传感器。感觉要素相当于人的眼、鼻、耳等五官，它们的功能可以利用摄像机、图像传感器、超声波传感器、激光器、导电橡胶、压电元件、气动元件、行程开关等机电元器件来实现。

2)运动要素

运动要素是对外界做出反应性的动作。智能机器人需要有一个无轨道型的移动机构，以适应平地、台阶、墙壁、楼梯和坡道等不同的地理环境。这些功能可以借助轮子、履带、支脚、吸盘、气垫等移动机构来完成。在运动过程中要对移动机构进行实时控制，这种控制不仅要包括位置控制，还要有力度控制、位置与力度混合控制、伸缩率控制等。

3)思考要素

智能机器人根据感觉要素所得到的信息，推理出采用的动作。智能机器人的思考要素是三个要素中的关键要素，也是智能机器人必备的要素。思考要素包括判断、逻辑分析、理解等方面的智力活动。这些智力活动实质上是一个信息处理过程，而计算机则是完成这个处理过程的主要手段。

13.1.3 智能机器人技术

1. 智能机器人基本技术

1)识别过程

智能机器人能将外界输入的信息向概念逻辑信息转化，可将动态静态图像、声音、语音、文字、触觉、味觉等信息转化为形式化的概念逻辑信息。

2)智能运算过程

智能机器人能用输入信息刺激自我学习、信息检索、逻辑判断、决策,并产生相应反应。

3)控制过程

将需要输出的反应转化为肢体运动和媒介信息。实用机器人在这方面做了多方面的工作,但识别和智能运算很弱,尤其是概念知识的存储形式、逻辑判断和决策这些方面的工作,这正是人工智能需要重点解决的问题。

2. 智能机器人关键技术

智能机器人具有感知、认知和行为控制的功能,为了完成上述功能,智能机器人的关键技术主要包括多传感器信息融合、导航与定位、路径规划、机器人视觉、智能控制、人机接口技术等。

13.2　导航定位技术

导航定位技术是实现智能机器人行走的第一步,其本质就是帮助机器人实现自主定位、建图、路径规划及避障等能力。这就需要涉及机器人的感知能力,需要借助激光雷达来帮助机器人完成周围环境的扫描,配合相应的算法来构建有效的地图数据,完成运算,实现智能机器人的自主导航定位。

13.2.1　自主定位导航的任务

自主定位导航技术一直以来都是研究发展重点。除了机器人行业,自主定位导航技术也是无人驾驶汽车行业的关键性技术之一。

自主智能导航系统的任务是将感知、规划、决策、动作等模块有效结合完成指定的任务。自主定位导航技术是实时定位、自主构建地图、运动规划与控制技术的统称。利用自主定位导航技术,可以实现智能机器人在非结构化的环境中无须人工参与而自主地移动完成既定的任务。自主定位导航需要解决定位及其跟踪问题,也就是说,解决"我在哪里"、"我要到哪里去"及"我该如何过去"等问题。

移动机器人通过传感器感知环境和自身状态,进而实现在有障碍物的环境中面向目标自主运动。而定位则是确定移动机器人在工作环境中相对于全局坐标的位置及其本身的姿态,是移动机器人导航的基本环节。机器人的自主导航定位方式主要有视觉导航定位、光反射导航定位、GNSS 卫星定位系统、超声波导航定位、空间信标定位等技术。

自主定位导航技术框架如图 13-1 所示。

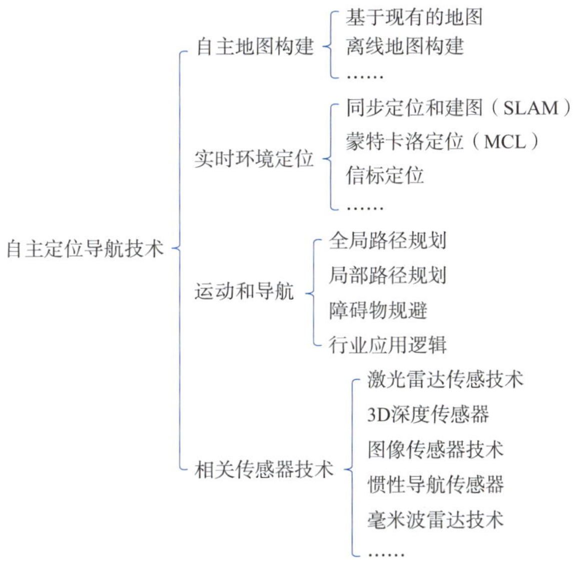

图 13-1　自主定位导航技术框架

13.2.2 智能自主定位导航技术

1. 智能导航

智能机器人的一个重要标志是智能导航，智能导航是指智能机器人利用自带的传感器系统对内部姿态和外部环境进行感知，并通过对环境信息的识别、存储和搜索等操作之后，找出最优路径或准最优的路径，进而完成与障碍物无碰撞的安全运动。

智能导航方式主要有惯性导航、视觉导航、卫星导航等。不同的导航适用不同的环境，而环境又分为室外环境、简单环境和复杂环境等。常用的三种导航方式简介如下：

1）惯性导航

惯性导航的基本工作原理是以牛顿力学定律为基础，通过测量载体在惯性参考系的加速度，将其对时间进行积分后，变换到导航坐标系中，就可以得到在导航坐标系中的速度、偏航角和位置等信息。惯性导航系统应用推算导航方式，也就是从一已知点的位置根据连续测得的运动体航向角和速度推算出下一点的位置，因而可连续测出运动体的当前位置。惯性导航系统中的陀螺仪用来形成一个导航坐标系，使加速度计的测量轴稳定在该坐标系中，并给出航向和姿态角。加速度计用来测量运动体的加速度，经过对时间的一次积分得到速度，再经过速度对时间的一次积分即可得到距离。

惯性导航方式实现简单，但随着机器人航程的增加，误差积累也将增加，控制及定位的精度提高困难。

2）视觉导航

视觉导航主要包括视觉图像预处理、目标检测、目标跟踪、数据融合等。其中，运动目标检测采用背景差法、帧差法、光流法等，固定标志物检测采用角点提取、边提取、小变矩、Hough 变换、贪婪算法等；目标跟踪可以分析特征进行状态估计，并与其他传感器融合，用到的方法有卡尔曼滤波、粒子滤波器和人工神经网络等。还有很多方法，例如全景图像几何形变的分析、地平线的检测等没有进行特征提取，而是直接将图像的某一变量加到控制中去。

机器人视觉导航是指机器人利用自身装配的摄像机拍摄周围环境的局部图像，然后再利用图像处理技术将外部环境的相关信息存储，用于机器人自身定位及下一步动作的规划，从而可以达到机器人自主规划路线，最终安全到达终点。这种导航方式由于利用了图像处理技术，所以计算量大，实时性差，这是显著的缺点。

3）卫星导航

导航卫星是从卫星上连续发射无线电信号，为地面、海洋、空中和空间用户导航定位的人造地球卫星。导航卫星装有专用的无线电导航设备，用户接收导航卫星发来的无线电导航信号，通过时间测距或多普勒测速分别获得用户相对于卫星的距离或距离变化率等导航参数，并根据卫星发送的时间、轨道参数，求出在定位瞬间卫星的实时位置坐标，从而定出用户的地理位置坐标（二维或三维坐标）和速度矢量分量。由多颗导航卫星构成导航卫星网（导航星座），具有全球和近地空间的立体覆盖能力，实现全球无线电导航。导航卫星按是否接收用户信号分为主动式导航卫星和被动式导航卫星；按导航方法分为多普勒测速导航卫星和时差测距导航卫星；按轨道分为低轨道导航卫星、中高轨道导航卫星、地球同步轨道导航卫星。机器人卫星导航是指机器人利用卫星信号接收装置在室内或室外实现自身定位，这种导航方式存在近距离定位精度低等缺点。在实际应用中，需要结合其他导航技术相配合使用。

2. 机器人智能路径规划

路径规划技术，即最优路径规划，就是依据某个或某些优化准则，在机器人工作空间中找到一条从起始状态到目标状态的可以避开障碍物的最优路径。

1)机器人智能规划路径种类

机器人智能规划路径可以分为下述三种:

(1)基于地图的全局路径规划。

(2)基于传感器的局部路径规划。

(3)传感器的混合路径规划。

根据机器人对环境的掌控情况,可以选择使用规划路径。

2)机器人自动碰壁

机器人智能规划路径的核心是实现自动碰壁。机器人自动碰壁由数据库、知识库、机器学习和推理机构成。通过机器人本身的各类导航传感器收集本身和障碍物的运动信息、环境地图的信息及推理过程的中间结果等数据,并将收集到的信息存入机器人自动碰壁系统的数据库,为系统进行机器学习和推理时使用。

知识库主要包括机器人的碰壁规则、专家对碰壁规则的理解和认识以及成果,也包括运动规划的基础知识和规则,实现碰壁推理所用的算法,以及基本碰壁知识模块等。知识库是机器人实现自动碰壁系统决策的核心部分。在自动碰壁过程中,要求系统不断检测所有环境的动态信息,不断核实障碍物的运动状态,主要完成下述工作:

(1)确定机器人本身体长、宽及负载等静态参数;确定机器人速度及运动方向,在全速情况下到停止所需时间和前进距离、在全速情况下到全速所需时间和前进距离、机器人第一次避碰时机等动态参数;确定机器人本身与障碍物之间的相对速度、相对速度方向、相对方位等相对位置参数。

(2)根据障碍物参数分析机器人本身的运动态势,并判断哪些障碍物与机器人本身存在碰撞危险,并对危险目标进行识别。

(3)根据机器人与障碍物碰撞局面分析结果,调用相应知识模块求解机器人碰撞规划方案及目标避碰参数,并对避碰规划进行验证。

智能导航和智能路径规划系统将成为集导航、控制、监视、通信于一体的机器人综合管理系统,利用专家系统和来自雷达等设备的信息、传感器的环境信息、机器人本身状态信息及知识库中的其他静态信息,实现机器人运动规划的自动化,最终实现机器人从任务起点到任务终点的全自动运行。

3. 智能运动控制

智能运动控制是控制理论发展的高级阶段,主要用于解决复杂系统运动控制问题。智能运动控制的研究对象通常是不确定数学模型及复杂的任务需求。随着传感技术与人工智能技术的发展,智能运动控制和智能操作已成为机器人控制的主流技术。

传统的基于模型的机器人运动控制方法不能保证设计系统在复杂环境下的稳定性、鲁棒性和整个系统的动态性能。除此之外,这些运动控制方法也不能积累经验和学习人的操作技能。所以可以利用软计算理论和方法用于机器人控制。

对于智能机器人,机械手臂系统完成各种灵巧操作是机器人操作中最重要的基本任务之一。智能机器人能够智能地对形态、状态多样的目标物体提取抓取特征、对机械手臂抓取姿态进行决策,对多自由度机械臂的运动轨迹进行规划,以完成操作任务。

智能机器人的控制技术主要指基于自动控制技术的智能控制技术。智能控制技术使得机器人的行动可以更加灵活方便、复杂多样,并能够有效克服随机扰动,增加机器人的自由独立性。

13.3 智能机器人感知

人类利用自己的感觉器官，获得了视觉、听觉、味觉、嗅觉等不同的外部感觉，机器人利用传感器获得不同的外部感觉。根据检测对象的不同，机器人传感器可分为内部传感器和外部传感器。内部传感器主要用来检测机器人各个内部系统的状况，如各关节的位置、速度、加速度、温度、电机速度、电机载荷、电池电压等，并将所测得的信息作为反馈信息送至控制器，进而形成闭环控制。

而外部传感器是用来获取有关机器人的作业对象及外界环境等方面的信息，是机器人与周围交互工作的信息通道，用来执行视觉、接近觉、触觉、力觉等功能的传感器，如距离测量、声音、光线等。

13.3.1 智能机器人视觉

计算机视觉研究视觉感知的通用理论、视觉过程的分层信息表示和视觉处理各功能模块的计算方法。机器视觉侧重于研究以应用为背景的专用视觉系统，只提供对执行某一特定任务相关的景物描述。计算机视觉和图像处理有着截然不同的目标。图像处理技术主要用于提高图像质量，将其转换为另一种格式（如直方图）或以其他方式更改以进行进一步处理。计算机视觉更多的是从图像中提取信息以理解它们。因此，可以使用图像处理将彩色图像转换为灰度图像，然后使用计算机视觉检测该图像中的对象。如果进一步观察，就发现这两个域都受到物理学光学领域的影响。

对于机器人的研发一直以来都是借鉴人类本身，人类获取的信息有 80% 以上来自视觉。人可以通过眼睛看到周围的环境，如果想要去另一个地方，需要快速判断最佳路径，同时避开障碍物，才能顺利到达目的地。在人类的身体结构中，小脑占整个脑部神经元的 50%，而它的主要作用就是为了帮助人类实现行走。为机器人配备视觉系统是必要的，所以在机器人的整体结构中，也需要用到这样的"小脑"。一个帮助机器人控制运动的核心中枢，可以解决机器人构建地图、路径规划与自动避障这些问题。

机器人视觉是指机器人的视觉感知系统，它是机器人系统组成的重要部分之一。机器人视觉可以通过视觉传感器获取环境的二维图像，并通过视觉处理器进行分析和解释，进而转换为符号，可使机器人能够辨识物体，并确定目标和本身的位置。

机器人视觉与机器视觉密切相关，但它们都来自计算机视觉，计算机视觉、机器视觉和机器人视觉之间的关系如图 13-2 所示。

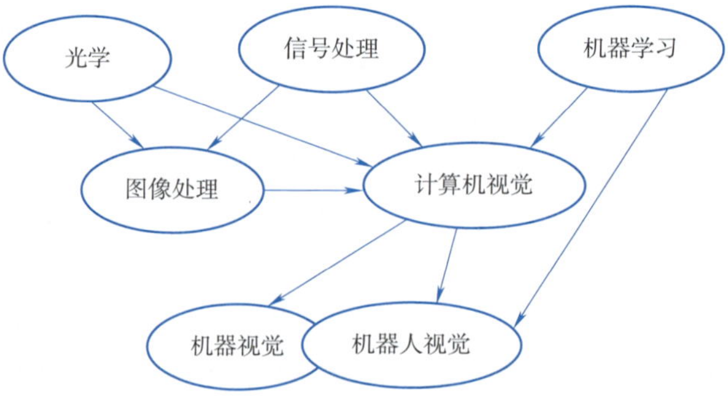

图 13-2 信号处理、图像处理与计算机视觉

视觉技术经过长时间的发展，机器人视觉在定位、识别、检测等多个方面出现了多种方法。机器

人视觉是以常用的相机作为工具，以图像作为处理媒介，获取环境信息。

机器人视觉结合了计算机视觉、传感器技术以及机器人技术等多个领域的技术，在许多应用中，机器人视觉和机器视觉技术相互借鉴，甚至可以互换使用。但严格来说，机器人视觉更强调与机器人平台的集成和交互。但是，它们存在一些细微的差别。一些机器视觉应用，例如零件检测，不涉及机器人交互或控制，只需将待检测部件放置在视觉传感器前即可。然而，机器人视觉不仅仅是一个工程应用领域，它已经发展成为一个拥有自身特定研究方向和挑战的科学领域。与纯粹的计算机视觉研究不同，机器人视觉必须将机器人技术的各个方面，如运动学、参考框架校准以及机器人对环境的物理作用能力，融入其技术和算法中。视觉伺服是机器人视觉的一个典型例子，它利用视觉反馈来控制机器人的运动，这超越了传统计算机视觉的范畴。它涉及通过使用由视觉传感器检测到的机器人位置的反馈来控制机器人的运动。

13.3.2　智能机器人触觉

人类皮肤触觉感受器接触机械刺激产生的感受称为触觉。皮肤表面散布着触点，触点的大小不尽相同，分布也不规则。一般情况下，指腹部最多，其次是头部，而背部和小腿部最少，所以指腹部的触觉最灵敏，而背部和小腿部的触觉较迟钝。如果使用纤细的毛轻触及皮肤表面，只有某些特殊点被触发时才能够引起触觉。触觉是人与外界环境直接接触时的重要感觉功能。

机器人通过触觉识别物体的滑动和定位物体，预测抓物成功与否。触觉传感器是用机器人模仿人类触觉功能的传感器。在机器人中使用的触觉传感器主要有接触觉传感器、压力觉传感器、滑觉传感器、接近觉传感器等。

机器人是一个复杂的过程系统，多模态融合感知器需要综合考虑任务特性、环境特性和传感器特性。通过触觉传感器采集的复杂的高维触觉信息，结合机器学习算法进行机械手抓取稳定性分析以及对抓取物体的分类与识别。

13.3.3　智能机器人听觉

人类的耳朵和眼睛一样，是人的重要感受器官。声波冲击耳膜，刺激听觉神经产生冲动，经听觉神经传给大脑的听觉区，形成人的听觉。

听觉传感器是一种可以检测、测量并显示声音波形的传感器，广泛应用于日常生活、军事、医疗、工业、航天和航海等，已成为智能机器人不可缺少的部分。听觉传感器用来接收声波、显示声音的振动图像。在某些环境中，还要求机器人能够检测声音的音调、响度，区分声源、判断声源的大致方位。更复杂的要求是与机器进行语音交流，使其具备人机对话功能，自然语言与语言处理技术在其中起到重要作用。应用听觉传感器，使得机器人能够完成上述任务。

13.3.4　多传感器信息融合

在智能机器人上，配备了各种不同模态的传感器，从摄像机到激光雷达，从味觉到嗅觉，几乎各种传感器都得到了应用。利用多传感器信息融合技术可以将分布在不同位置的视觉、听觉和触觉等多个传感器所提供的相关信息进行综合处理。产生更全面、更准确的信息，更精确地反映被检测对象的特征，除了消除了多个传感器之间可能存在的冗余，还提高了确定性。

对于一个目标或场景，通过不同的方法或视觉收集到的融合的数据样本就是多模态数据。将每一个方法收集的数据或视觉称为一个模态。多模态主要包括同一模态信息中的多特征融合以及多个同类型传感器的数据融合等。因此，多模态感知与学习这一问题与信号处理领域的多源融合、多传感器融合以及机器学习领域的多视学习或多视融合等存在密切联系。解多模态信息感知与融合在智能机器人的应用中起着重要作用。

机器人系统采集到的多模态数据各具特点，融合感知主要问题包括：

(1)动态的多模态数据。机器人通常在动态环境下工作，采集动态的多模态数据必然具有复杂的动态特性。

(2)受污染的多模态数据。机器人操作环境非常复杂，采集动态的多模态数据具有很多噪声和离群点数据。

(3)失配的多模态数据。机器人携带的各种传感器的工作频率、使用周期具有很大的差异，导致各个模态之间的数据难以匹配。

为了实现多模态信息的有机融合，可以建立统一的特征表示和关联匹配关系。例如，为了完成机器人的操作任务，很多机器人都配备了视觉传感器。在实际操作中，常规的视觉感知技术受到很多限制，如光照和遮挡等。对于物体，难以提高很多内在属性的视觉传感器感知。对于机器人，触觉也是获取环境信息的一种重要感知方式。但与视觉不同，触觉传感器可以直接测量对象和环境的多种性质和特征。

13.4 智能机器人交互技术

感知和认知是机器交互技术基础，如人与机器人交互框架、机器人图形交互、基于鼠标/键盘/手柄的机器人交互、基于数据手套的机器人灵巧手交互、人机物理交互安全技术、基于手势视觉识别的机器人交互、基于肢体动作识别的机器人交互，以及基于人脸表情识别的机器人交互等。

13.4.1 语音交互

机器人语音交互功能的主要技术如下：

(1)语音识别：将语音转换为文字。

(2)自然语义理解：基于统计的模型，神经网络等。

(3)语音合成：就是将文字变成有感情的声音。

借助人工智能语音技术，机器人也能学会听、说人类自然语言。当人和机器人交互时，需要语音唤醒机器人，让机器人能够进行语音识别。在嘈杂的场景下，语音识别能够定向拾音，确定谁是“说话人”，并且实现远场消噪和回声消除。除了在云端作识别，离线语音识别同样重要。

当语音转为文本的时候，机器人的“大脑”开始对文本进行理解，也就是语义理解。在这一过程中，包含了对话管理、纠错、内容管理、解读上下文信息。机器人回答是带有温度的，也就涉及情感和情景，随即机器人会通过语音合成来发出声音，完成人与机器人的对话。上述过程如图 13-3 所示。

在语音合成技术(text to speech，TTS)方面，是将任意文字信息快速转换成清晰自然、富有表现力的音频，相当于给机器装上了嘴巴，让机器人像人一样开口说话。

语音合成技术经历了从共振峰合成、拼接合成、统计参数合成，到基于神经网络的语音合成发展阶段。近年来，基于神经网络的声码器模型和基于注意力的端到端的语音合成声学模型，大大提升了语音合成的音质以及韵律建模的自然度。语音技术为机器人提供高品质、高表现力、多风格领域

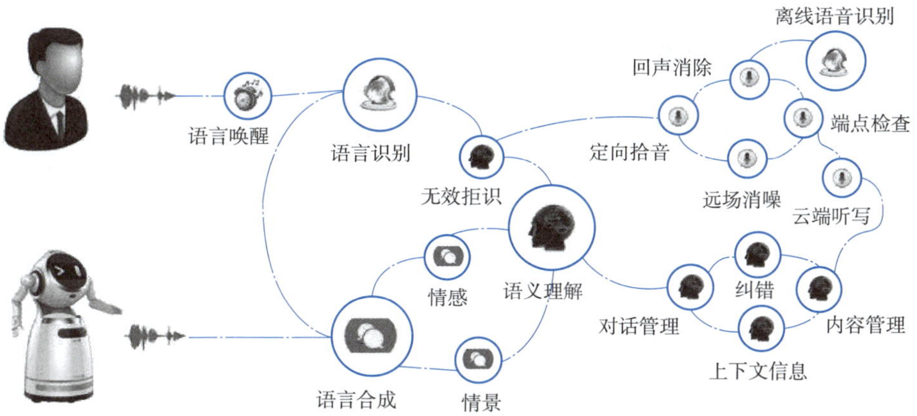

图 13-3　机器人说话的技术

的 TTS，同时满足多样化呈现，不同人的声音都可以在机器人上体现；机器人作为多模态的载体，也赋予了多模态的语音合成，如表情、动作、语音情感等。

1. 基于神经网络的语音合成技术

在语音合成技术上，选用了基于神经网络流水线深度学习参数语音合成技术。在主流架构中，包括了文本分析、时长模型、声学模型以及声码器等，如图 13-4 所示。

1）多音字发音和停顿问题的解决方案

在推理过程中，对文本进行分析后，同时加上儿化音、句末标点、语调的变化，来提高整个合成效果的自然度。

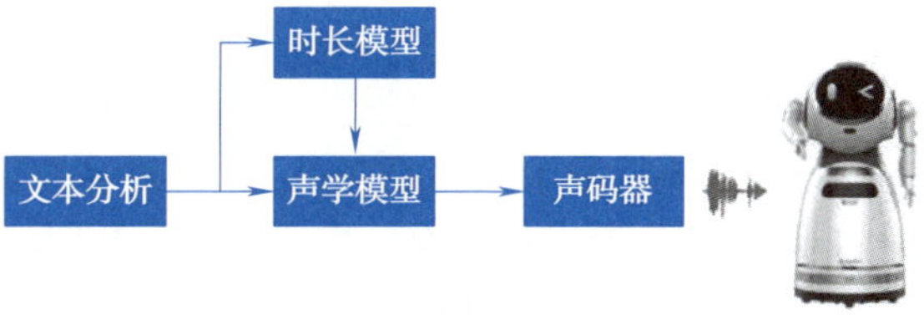

图 13-4　参数语音合成技术

2）中英文混合的衔接及一致性问题解决方案

在中英文混合 TTS 中，最大的需求是用同一声音播报中英文。通过运用混合深度学习和统计跨语言模型，能提高中英文混合 TTS 中英文发音的准确率，在实际场景准确率可达到 95%。

2. 端到端的语音合成

第一代语音合成技术，声音是自然流畅的，然而还没有达到高逼真、类人的声音。后来使用端到端的语音合成技术，也就是前面所说的从文本直接转到语音，通过多音字发音停顿、中英文混合合成的衔接及一致性、跨语言语音转换技术等方案优化，为教育、公益、智能家居、游戏娱乐等多领域提供了完整的自然语言交互系统。

语音合成技术解决的是从文本到语音转换，为智能机器人担当嘴巴的角色。满足了业务多方位合成需求。

13.4.2　情感交互

能够感知人类情感、意图的能力的机器人称为情感机器人。情感机器人的出现将改变传统的人机交互模式，实现人与机器人的情感交互。用人工的方法和技术赋予机器人以人类式的情感，使情感机器人具有识别、理解和表达喜怒哀乐的能力。情感计算就是赋予计算机像人一样的观察、理解和表达各种情感特征的能力，最终使计算机能与人进行自然、亲切和生动的交互。情感计算及其在人机交互系统中的应用必将成为未来人工智能的一个重要研究方向。

1. 情感计算

情感计算是一门综合性很强的技术，是人工智能情感化的关键一步。情感计算中两个关键的技术环节是如何让机器能够识别人的情感，如何根据人的情感状态产生和表达机器的情感。

情感识别主要包括语音情感识别、人脸表情识别和生理信号情感识别等。

(1)语音情感识别。通过语音对司机的情感状态进行分析，可有效减少车辆行驶过程中因不好的情感状态而引起的危险。

(2)人脸表情识别。人脸表情识别是情感识别中非常关键的一部分。在人类交流过程中，有55%是通过面部表情来完成情感传递的。高兴、生气、吃惊、恐惧、厌恶和悲伤六种基本表情作为识别对象，大多数情感机器人都具有较好的人脸表情识别能力。

(3)生理信号情感识别。研究结果表明，通过生理信号识别情感是可行的。例如，采用肌电、皮肤电、呼吸和血容量搏动四种生理信号，并提取它们的24维统计特征对这四种情感状态进行识别。对心电、肌电、皮肤电和呼吸四种生理信号进行分析来识别高兴、生气、喜悦和悲伤四种情绪，通过测量心脏心率、皮肤导电率、体温等生理信号可以有效地识别人的情感状态。

2. 情感合成与表达

机器的情感表达可以通过语音、面部表情和手势等多模态信息进行传递，因此机器的情感合成可分为情感语音合成、面部表情合成和肢体语言合成。

(1)情感语音合成。情感语音合成是将富有表现力的情感加入传统的语音合成技术。合成了带有情感的语音信号。

(2)面部表情合成。面部表情合成是利用计算机技术在屏幕上合成一张带有表情的人脸图像。常用的方法有基于物理肌肉模型的方法、基于样本统计的方法、基于伪肌肉模型的方法和基于运动向量分析的方法。

(3)肢体语言合成。肢体语言主要包括手势、头部等部位的姿态，其合成的技术是通过分析动作基元的特征，用运动单元之间的运动特征构造一个单元库，根据不同的需要选择所需的运动交互合成相应的动作。

13.4.3 体感交互

体感交互是一种直接利用躯体动作、声音、眼球转动等方式与周边的装置或环境进行互动的交互方式。相对于传统的界面交互，体感交互强调利用肢体动作、手势、语音等现实生活中已有的知识和技能进行人与产品的交互，通过看得见、摸得着的实体交互设计帮助用户与产品、服务以及系统进行交流。

体感技术使人们可以很直接地使用肢体动作，与周边的装置或环境互动，而无须使用任何复杂的控制设备，便可让人们身临其境地与内容做互动。例如，当站在一台电视前方，假使有某个体感设备可以侦测你手部的动作，此时如果将手部分别向上、向下、向左及向右挥来控制电视台的快转、倒转、暂停以及终止等功能，便是一种很直接的以体感操控周边的装置，或是将此四个动作直接对应于游戏角色的反应，便可让人们得到身临其境的游戏体验。其他关于体感技术的应用还包括3D虚拟现实、空间鼠标、游戏手柄、运动监测、健康医疗照护等。

体感交互作为新式的、富于行为能力的交互方式正在转变人们对传统设计的认识，从而利于人们探究新型的行为方式。

小　结

智能机器人是机器人发展的最高阶段，智能机器人具有感知能力和认知能力。感知是人作为主体认识世界和观察社会最基本的方法，认知是指人们获得知识或应用知识的过程。本章介绍了智能机器人的分类、特点与要素，智能机器人主要技术，导航定位技术，机器人感知和人机交互方式等。在人工智能、云计算、大数据等技术的支持下，智能机器人具备得天独厚的优势，发展强劲、前景远大。

参 考 文 献

[1] 李德毅. 人工智能导论[M]. 北京:中国科学技术出版社,2018.

[2] 贲可荣,张彦铎. 人工智能[M]. 3 版. 北京:清华大学出版社,2020.

[3] 王万良. 人工智能通识教程[M]. 2 版. 北京:清华大学出版社,2022.

[4] 周志华. 机器学习[M]. 北京:清华大学出版社,2016.

[5] 朱福喜. 人工智能基础教程[M]. 北京:清华大学出版社,2011.

[6] 徐洁磐,徐梦溪. 人工智能导论[M]. 北京:中国铁道出版社有限公司,2021.

[7] 陈明. 神经网络模型[M]. 大连: 大连理工大学出版社,1995.

[8] 陈明. 分布计算应用模型[M]. 北京:科学出版社,2009.

[9] 陈明. 数据科学与大数据技术导论[M]. 北京:清华大学出版社,2021.

[10] 陈明. 人工智能基础[M]. 北京:清华大学出版社,2023.